化学品免疫毒性风险评估指南

Guidance for Immunotoxicity Risk Assessment for Chemicals

〔瑞士〕世界卫生组织 著

陈会明 李 蕾 译

此项目由世界卫生组织（WHO）/国际化学品安全规划署（IPCS）的化学物质暴露风险评估方法协调计划执行

科学出版社

北 京

图字：01-2013-1142号

内 容 简 介

本指南为世界卫生组织（WHO）/国际化学品安全规划署（IPCS）免疫起草小组编写的协调项目文件。其包括免疫系统及其被外源物干扰的基本信息，并提供用于评价化学品暴露免疫毒性风险的评估方法。通过对免疫抑制、免疫刺激、变应性过敏反应及自身免疫和自身免疫疾病不同免疫类型的评估描述，帮助风险评估者识别数据，制定评估计划。

本指南有助于改善化学品免疫毒性评估协调统一，可供监管部门和其他风险评估机构、行业、研究机构采用。

Published by the World Health Organization in 2012
Under the title Guidance for immunotoxicity risk assessment for chemicals
© World Health Organization 2012

The Director General of the World Health Organization has granted translation and Publication rights for an edition in Chinese to China Science Publishing & Media Ltd. (Science Press), which is solely responsible for the Chinese edition.

图书在版编目（CIP）数据

化学品免疫毒性风险评估指南/世界卫生组织著；陈会明，李蕾译. —北京：科学出版社，2014.10
书名原文：Guidance for immunotoxicity risk assessment for chemicals
ISBN 978-7-03-041951-4

Ⅰ.①化… Ⅱ.①世…②陈…③李… Ⅲ.①化工产品-免疫-毒性-风险评价-指南 Ⅳ.①TQ086.5-62②R994.3-62

中国版本图书馆CIP数据核字（2014）第220632号

责任编辑：岳漫宇/责任校对：桂伟利
责任印制：吴兆东/封面设计：北京铭轩堂广告设计有限公司

科学出版社 出版
北京东黄城根北街16号
邮政编码：100717
http://www.sciencep.com

北京厚诚则铭印刷科技有限公司印刷
科学出版社发行 各地新华书店经销
*

2014年10月第 一 版　开本：787×1092 1/16
2025年1月第五次印刷　印张：19 1/4
字数：420 000

定价：108.00元
（如有印装质量问题，我社负责调换）

致　　谢

协调项目文件是在世界卫生组织（WHO）/国际化学品安全规划署（IPCS）研讨会议上规划的，由 WHO/IPCS 免疫毒性起草小组编写。研讨会议和起草小组均由 Henk Van Loveren 教授担任主席。其他专家在案例研究中、公共审查期间的评论提供中及在国家研讨会中做出了贡献。与文件编写相关的会议由 WHO 免疫毒理学和过敏反应合作中心在位于荷兰比尔特霍芬的国家公共卫生和环境研究所（RIVM）主持召开。

WHO 十分感谢编写文件和提供同行审评的专家所做出的贡献，并感谢 WHO 合作中心对指南文件编写的财务资助。

贡 献 者

在《化学品免疫毒性风险评估指南》的编写中执行了 WHO 的利益冲突管理程序，包括"所有 WHO 临时顾问必须填写 WHO 利益声明表"这一要求。

该指南文件是在 WHO/IPCS 的一次研讨会议上规划的，该会议于 2008 年 2 月 28~29 日由 WHO 免疫毒理学和过敏反应合作中心在位于荷兰比尔特霍芬的国家公共卫生和环境研究所（RIVM）主持召开。研讨会议的与会者如下：

Nursen Basaran 教授，土耳其，安卡拉，哈西德佩大学毒理学系；

Rodney Dietert 教授，美国，纽约州，伊萨卡，康奈尔大学微生物学和免疫学系；

Dory Germolec 博士，美国，北卡罗来纳州三角科技园，国家环境卫生科学研究院国家毒理学项目（NTP）；

Peter Griem 博士，德国，霍尔茨明登，Symrise AG 公司全球产品合规部；

Geert Houben 博士，荷兰，宰斯特省，国家应用科学研究院食品安全项目主任；

Andrew A. Rooney 博士，美国，北卡罗来纳州三角科技园，美国国家环境保护局（以下简称美国环保局，USEPA），国家环境评估中心研发办公室污染物风险信息集成系统（IPIS）；

Mary Jane Selgrade 博士，美国，北卡罗来纳州三角科技园，美国环保局，免疫毒理学分部；

F. X. Rolaf Van Leeuwen 教授，荷兰，比尔特霍芬，RIVM 物质和综合风险评估中心；

Henk Van Loveren 教授（会议主席），荷兰，RIVM 健康保护研究实验室（比尔特霍芬）和健康风险分析和毒理学部（马斯特里赫特）。

代表

George Fotakis 博士，意大利，伊斯普拉，欧盟委员会，欧洲化学品局联合研究中心，健康和消费者保护研究所。

秘书

Carolyn Vickers 女士，瑞士，日内瓦，世界卫生组织国际化学品安全规划署。

起草小组编写了供公开审查的指南文件草稿。其于 2009 年 4 月 27~29 日在 WHO 免疫毒理学和过敏反应合作中心和位于荷兰比尔特霍芬的国家公共卫生和环境研究所（RIVM）召开会议。起草小组成员如下：

Nursen Basaran 教授，土耳其，安卡拉，哈西德佩大学毒理学系；

Rodney Dietert 教授，美国，纽约州，伊萨卡，康奈尔大学微生物学和免疫学系；

Dori Germolec 博士，美国，北卡罗来纳州三角科技园，国家环境卫生科学研究院国家毒理学项目（NTP）；

Peter Griem 博士，德国，霍尔茨明登，Symrise AG 公司全球产品合规部；

Geert Houben 博士，荷兰，宰斯特省，国家应用科学研究院食品安全项目主任；

Robert W. Luebke 博士，美国，北卡罗来纳州三角科技园，美国环保局；

Andrew A. Rooney 博士，美国，北卡罗来纳州三角科技园，美国环保局，国家环境评估中心研发办公室污染物风险信息集成系统（IPIS）；

MaryJane Selgrade 博士，美国，北卡罗来纳州三角科技园，美国环保局，免疫毒理学分部；

Reiko Teshima 博士，日本，东京，国立医药品食品卫生研究所；

F. X. Rolaf Van Leeuwen 教授，荷兰，比尔特霍芬，RIVM 物质和综合风险评估中心；

Henk Van Loveren 教授，荷兰，RIVM 健康保护研究实验室（比尔特霍芬）和健康风险分析和毒理学部（马斯特里赫特）。

代表

Laura Gribaldo 博士，意大利，伊斯普拉，欧盟委员会，欧洲化学品局联合研究中心，健康和消费者保护研究所。

秘书

Carolyn Vickers 女士，瑞士，日内瓦，世界卫生组织国际化学品安全规划署。

说明性案例研究草稿由以下写作组编写，由起草组监督（主要作者排第一位）。

案例研究 1：铅暴露引起的免疫抑制评估

Michael Luster，美国疾病控制和预防中心（CDC），职业安全与健康国立研究所；

Carmen Booker，美国食品药品管理局；

Bob Luebke，美国环保局。

案例研究 2：六氯苯诱发的免疫刺激评估

Janine Ezendam，荷兰国家公共卫生和环境研究所；

Nursen Basaran，哈西德佩大学；

Bob Luebke，美国环保局；

MaryJane Selgrade，美国环保局；

Rolaf Van Leeuwen，荷兰国家公共卫生和环境研究所。

案例研究 3：卤代铂盐致敏作用过敏反应评估

Andy Rooney，国家环境卫生科学研究院。

案例研究 4：柠檬醛皮肤致敏反应评估

Susan Wijnhoven，荷兰国家公共卫生和环境研究所；

Peter Griem，Symrise AG 公司；

Gerlienke Schuur，荷兰国家公共卫生和环境研究所。

案例研究 5：汞相关的自身免疫性疾病评估

Michael McCabe，美国罗切斯特大学医学中心；

Dori Germolec，国家环境卫生科学研究院；

Andy Rooney，国家环境卫生科学研究院。

案例研究 6：三氯乙烯自身免疫刺激效应评估

Raymond Pieters，乌得勒支应用大学生命科学和化学研究所，乌得勒支大学风险评估科学研究所；

Dori Germolec，国家环境卫生科学研究院；

Geert Houben，国家应用科学研究院；

Andy Rooney，国家环境卫生科学研究院。

指南文件草案（及案例研究）在互联网上发布，2010年11月15日至2011年1月31日供公众和同行审评。2011年10月3~4日，WHO/IPCS国际化学品免疫毒性风险评估研讨会在RIVM举行，起草小组根据会议结论编写了修订版草案，此国际研讨会的目的是提供更多的同行评审。

国际研讨会的与会者如下：Cameron Bowes先生（加拿大，安大略省渥太华，卫生部有害物管理局），Danièle Court Marques博士（意大利，帕尔马，欧洲食品安全局科学评估与产品监管局杀虫剂分部），Cees de Heer博士（荷兰RIVM，有害物质和综合风险评估中心），Karel de Raat博士〔芬兰，赫尔辛基，欧洲化学品管理局（ECHA）〕，Dori Germolec博士〔美国，北卡罗来纳州三角科技园，国家环境卫生科学研究院国家毒理学项目（NTP）〕，Berit Granum博士（挪威，奥斯陆，公共卫生研究所环境免疫学部门），Laura Gribaldo博士（意大利，欧盟委员会，联合研究中心健康和消费者保护研究所），Peter Griem博士（德国，Symrise AG公司全球产品合规部），HelenHåkansson教授（瑞典，斯德哥尔摩，卡罗林斯卡学院环境医学研究所），Betty Hakkert博士（荷兰，RIVM REACH局，物质专业技术中心），Scott Hancock先生（加拿大，安大略省渥太华，卫生部风险评估局现有物质分部），Graham Harvey博士〔澳大利亚，新南威尔士州，国家工业化学品通告评估署（NICNAS）〕，Geert Houben博士（荷兰，国家应用科学研究院食物和营养部），Lata Koshy博士（英国，约克，英国健康安全局化学品监管理事会），Claude Lambré博士（法国，巴黎，卫生部卫生总局战略分析、预测、研究和科学支持部门），Robert W. Luebke博士（美国，北卡罗来纳州三角科技园，环保局心肺功能和免疫毒理学分部），Hub P. J. M. Noteborn博士（荷兰，乌德勒支，食品与消费品安全局综合风险评估，风险评估和研究办公室），Mary Elissa Reaves博士（美国，华盛顿特区，美国环保局健康效应部风险评估分部），Andrew Rooney博士（美国，北卡罗来纳州三角科技园，国家环境卫生科学研究院国家毒理学项目人类生殖风险评估中心健康评估和应用办公室），Christophe Rousselle先生〔法国，迈松阿尔福，国家食品安全、环境和劳工局（ANSES）化学品风险评估部〕，Reeder Sams博士（美国，北卡罗来纳州三角科技园，美国环保局国家环境评估中心危险污染物评估组），Andrea Terron博士〔意大利，帕尔马，欧洲食品安全局管食品接触材料、酶类、调味品和加工助剂专家组（CEF）〕，Reiko Teshima博士（日本，东京，日本国立医药品食品卫生研究所新型食品和免疫化学部）和Henk Van Loveren教授（荷兰，RIVM）。与WHO进行官方往来的非政府组织代表包括欧洲化学品生态学和毒理学中心（ECETOC）的Naveed Honarvar博士（德国，巴斯夫公司）和Winfried Steiling博士（德国杜塞尔多夫，Henkel AG & Co. KGaA公司）及国际生命科学学会（ILSI）的Raegan O'Lone博士（美国华盛顿特区，ILSI

健康和环境科学研究所）和 Kimber White 博士（美国弗吉尼亚州，里士满，弗吉尼亚联邦大学，施特劳斯研究实验室）。Carolyn Vickers 女士，世界卫生组织国际化学品安全规划署（瑞士日内瓦）担任秘书。

国际研讨会结束后，2011 年 10 月 5 日，起草小组召开会议就指南文件和案例研究定稿前的修订达成共识。起草小组最终会议的与会者如下：

Dori Germolec 博士，美国，北卡罗来纳州三角科技园国家环境卫生科学研究院国家毒理学项目；

Peter Griem 博士，德国，霍尔茨明登，Symrise AG 公司全球产品合规部；

Geert Houben 博士，荷兰，宰斯特省，国家应用科学研究院 BU 质量和安全部；

Robert W. Luebke 博士，美国，北卡罗来纳州三角科技园，环保局心肺功能和免疫毒理学分部；

Andrew Rooney 博士，美国，北卡罗来纳州三角科技园，国家环境卫生科学研究院国家毒理学项目人类生殖风险评估中心健康评估和应用办公室；

Dori Germolec 博士，美国，北卡罗来纳州三角科技园，国家环境卫生科学研究院国家毒理学项目（NTP）；

Peter Griem 博士，德国，霍尔茨明登，Symrise AG 公司全球产品合规部；

Geert Houben 博士，荷兰，国家应用科学研究院食品安全项目主任；

Andrew A. Rooney 博士，美国，北卡罗来纳州三角科技园，美国环保局，国家环境评估中心研发办公室污染物风险信息集成系统（IPIS）；

Robert W. Luebke 博士，美国，北卡罗来纳州三角科技园，美国环保局；

Reiko Teshima 博士，日本，东京，国立医药品食品卫生研究所；

Henk Van Loveren 教授，荷兰，RIVM 健康保护研究实验室（比尔特霍芬）和健康风险分析和毒理学部（马斯特里赫特）。

代表

George Fotakis 博士，意大利，欧盟委员会，欧洲化学品局联合研究中心，健康和消费者保护研究所。

秘书

Carolyn Vickers 女士，瑞士，日内瓦，世界卫生组织国际化学品安全规划署。

前　言

　　《协调项目文件》是由世界卫生组织（WHO）/国际化学品安全规划署（IPCS）颁发的一系列出版物。其作为化学品风险评估方法的权威文件，对环境健康标准（EHC）方法系列文件进行了补充。

　　1992 年的联合国环境与发展会议（UNCED）作为起始点，推动了国际、地区及国家对于危险化学物质评估和管理的协同努力。UNCED 议程 21 第 19 章提供了有毒化学品的环境管理"蓝图"。2002 年世界可持续发展首脑会议和 2006 年国际化学品管理战略方针（SAICM）再次确认上述政府承诺。IPCS 的化学品暴露风险评估方法协调项目（简称协调项目）在议程 21 第 19 章指导下执行，其有助于贯彻 SAICM。该项目阐述了 SAICM 减少风险的目标，并参与 SAICM "开发、使用新的统一方法进行风险评估"的全球活动计划。

　　IPCS 协调项目的目标是通过遵循共同的原则和方法促进全球化学品风险评估，从而加强国家和国际管理实践，在可持续发展的框架内更好地保护人类健康和环境。协调项目通过制定国家指南统一全球化学品风险评估的方法，指南可供各国和国际机构在执行化学品风险评估时采纳和使用。指南由全世界专家共同制定，该项目采用渐进式实施方法，首先分享各个国家和地区评估方法及实践的相关信息，将这些国家和地区的不同方法进行集中和统一，然后制定实施指南。该项目采用积木式方法，聚焦于免疫毒性风险评估方法的协调工作。

　　该项目使风险评估能够以国际认可的方法实施，因此这些评估可以共享，避免重复，并优化使用风险管理的宝贵资源。它还能够促进风险管理决策的健全科学基础，提高风险评估中的透明性，减少不必要的化学品试验。科学知识的进步可以转化为新的统一方法。

执 行 概 要

免疫系统的天职是维持宿主免于罹患感染性疾病的稳态环境，其功能障碍可严重影响人体健康，包括感染、肿瘤抵抗性降低和过敏性及自身免疫性疾病等。化学品可直接作用于免疫系统元件，导致免疫抑制，以及感染和肿瘤抵抗性降低。直接毒性还可导致动态平衡失调，造成过度免疫反应，加剧过敏或自身免疫现象。化学品作用免疫系统分为两种情况：一种情况是可被免疫系统识别为异物，引发个体过敏反应；另一种情况是以特定方式改变宿主组织从而导致自身免疫。过敏性和自身免疫性疾病患病率在过去几十年有所上升，同时传染病和肿瘤疾病仍然是公众健康的重大负担。化学品暴露在这些免疫相关健康结果变化中的作用依然是一个未解决的问题。因此，有必要对化学品的免疫毒性进行合适的风险评估。

与一般风险评估中其他组织系统毒性评估相比，免疫毒性并非以癌症为终点。免疫毒性风险评估依赖于能够反映免疫系统健康并共同提示疾病状态的多个终点。通常情况下，评估免疫毒性和其他形式毒性风险的方法差异甚微，其中较为明显的差异可能是由于人们并不完全了解联系细胞毒性与下游疾病结果的免疫系统终点。

同生殖和中枢神经系统一样，免疫系统在发育期间对于化学品暴露特别敏感，且免疫系统功能随着年龄而降低，这就导致在幼年和老年时期化学品暴露导致的不良健康风险增加。过敏反应剂量-反应关系属于特殊的一类，在未敏化个体中诱发过敏反应所需的剂量通常高于在敏化个体中诱发过敏症状所需剂量。因此，过敏反应的剂量-反应关系通常比其他免疫系统终点的剂量-反应关系更加复杂。

《化学品免疫毒性风险评估指南》包括免疫系统及其被外源物干扰的基本信息，并提供用于评价化学品暴露免疫毒性风险的分布式证据权重方法。该指南采用独立章节，介绍化学品暴露后可能出现的不同类型的免疫毒性。有关风险评估进程起点的表格将帮助风险评估者识别数据所提示的免疫毒性类型，并决定应遵循何种风险评估计划。不过，一定要认识到相同或相似种类的化学品可能产生不同免疫毒性，并且可能产生部分交叠的免疫毒性，因此综合风险评估要求阐述所有类型的免疫毒性。

风险评估过程的最终目标是将危险识别、危险特征描述和暴露评估整合到一个通俗易懂的风险特征描述中，后者旨在鉴定在暴露人群中不良效应发生的可能性，并提供对风险管理者有帮助的免疫毒性信息和参考值。评估应包括对评估质量（包括结论的可靠性和不确定性）的关键审查，其中包括证据权重法。

尽管人类相关数据与动物试验数据各有局限性，但前者更适合进行风险评估。流行病学研究通常缺乏精确的暴露信息，且对重要复杂的变量不可控。动物试验数据通常不存在这种缺陷，但外推至人类健康效应时会出现问题。这两种方法都应考虑剂量-反应关系、生物仿真性和作用方式，可以从中计算不确定系数用于获取可靠的参考值。

现行的几个免疫毒性测试指南存在明显的缺陷，因而抑制了免疫毒性风险评估的全面执行。小鼠或豚鼠皮肤试验指南用于皮肤致敏测试,但是尚无针对呼吸致敏物的类似指南文件。对于直接免疫毒性测试,啮齿动物慢性(亚慢性)毒性或生殖毒性指南包含一系列的免疫参数。尽管自身免疫动物模型还未经过验证用于监管,但已有自身免疫的评估指南(IPCS,2006a)。人体免疫毒性测试试验尚无具体指导原则。因此,风险评估者经常面对不完整的风险评估基础信息。根据免疫毒性侵入途径的完整与否,评估员在进行免疫毒性风险评估时需要寻求免疫毒理学家的建议,以期对数据有更准确的理解。

  本指南所介绍的国际性指南旨在改善化学品免疫毒性风险评估,减少或防止人体暴露于具有免疫毒性的化学品,从而维护公众健康。本指南还可促进免疫毒性风险评估的协调统一,提高已有化学品风险评估的透明度,加强相互了解和共享,避免重复劳动。本指南供监管部门和其他风险评估机构、行业、研究机构及参与化学品风险评估的其他机构采纳使用。

  本指南包含 6 个关于选定免疫毒性化学品的案例研究,以说明怎样使用风险评估指南来评估免疫毒性风险[①]。

[①] 案例研究仅用于例证,并非任何机构或政府完整风险评估的最终立场。

缩略语和缩写词列表

AA	adjuvant arthritis	佐剂性关节炎
ADI	acceptable daily intake	每日允许摄入量
ADME	absorption, distribution, metabolism and elimination	吸收、分布、代谢和排泄
AEL	acceptable exposure level	可接受的暴露水平
AFA	antifibrillarin autoantibody	抗原纤维蛋白自身抗体
AIDS	acquired immunodeficiency syndrome	获得性免疫缺陷综合征
AO Mix	antioxidant mix of 0.3% butylated hydroxytoluene/tocopherol/eugenol	Mix 0.3%丁基羟基甲苯/维生素E/丁香酚抗氧化剂混合物
ARfD	acute reference dose	急性中毒参照剂量
AUC	area under the concentration versus time curve	浓度-时间曲线下面积
BLL	blood lead level	血液中铅含量
BMC	benchmark concentration	基准浓度
BMD	benchmark dose	基准剂量
BrdU	5-bromo-2′-deoxyuridine	5-溴-2′-脱氧尿苷
$BW^{3/4}$	body weight raised to the 3/4 power	体重的使用提高至3/4效力
CAS	Chemical Abstracts Service	美国化学文摘社
CDC	Centers for Disease Control and Prevention (USA)	美国疾病控制和预防中心
CEL	consumer exposure level	消费者暴露水平
CET	closed epicutaneous test	封闭上皮试验
CI	confidence interval	置信区间
CMV	cytomegalovirus	巨细胞病毒
CSAF	chemical-specific adjustment factor	化学特异性调节因子

CSF	colony stimulating factor (e.g. CSF-1)	集落刺激因子（如 CSF-1）
CTL	cytotoxic T lymphocyte	细胞毒性 T 淋巴细胞
CYP	cytochrome P450	细胞色素 P450
DCAC	dichloroacetyl chloride	二氯乙酰氯
DDE	dichlorodiphenyldichloroethylene	二氯二苯二氯乙烯
DDT	dichlorodiphenyltrichloroethane	二氯二苯三氯乙烷
DEP	diethyl phthalate	邻苯二甲酸二甲酯
DEREK	Deductive Estimation of Risk from Existing Knowledge	基于现有知识的风险推论预估
DES	diethylstilbestrol	己烯雌酚
DNA	deoxyribonucleic acid	脱氧核糖核酸
DNEL	derived no-effect level	衍生无影响程度
DTH	delayed-type hypersensitivity	迟发型超敏反应
EAE	experimental allergic encephalomyelitis	实验性变态反应性脑脊髓炎
EBV	Epstein-Barr virus	艾伯斯坦-巴尔疱疹病毒
EC3	effective concentration of a chemical required to produce a 3-fold increase in proliferation of lymph node cells	淋巴细胞增殖产生 3 倍增长所需的化学物质有效浓度
EHC	Environmental Health Criteria	环境健康标准
ELISA	enzyme-linked immunosorbent assay	酶联免疫吸附测定
EtOH	ethanol	乙醇
EU	European Union	欧盟
FCA	Freund's complete adjuvant	弗氏完全佐剂
FCAT	Freund's complete adjuvant test	弗氏完全佐剂试验
GD	gestational day	妊娠日
GM-CSF	granulocyte macrophage colony stimulating factor	粒细胞-巨噬细胞集落刺激因子
GPMT	guinea-pig maximization test	豚鼠最大化试验
GRAS	Generally Recognized as Safe	公认安全

HCB	hexachlorobenzene	六氯苯
HgIA	mercury-induced autoimmune disease	汞诱导自身免疫性疾病
HHV	human herpes virus	人类疱疹病毒
HIV	human immunodeficiency virus	人类免疫缺陷病毒
HLA	human leukocyte antigen	人类白细胞抗原
HMT	human maximization test	人类最大限度试验
HRIPT	human repeated insult patch test	反复刺激性人体斑贴试验
HSV	herpes simplex virus	单纯疱疹病毒
IC_{50}	median inhibitory concentration	半数抑制浓度
ICH	International Conference on Harmonisation of Technical Requirements for Registration of Pharmaceuticals for Human Use	人用药品注册技术要求国际协调会议
IFN	interferon (e.g. IFN-α, IFN-γ)	干扰素（如 α-干扰素、γ-干扰素）
IFRA	International Fragrance Association	国际香料协会
Ig	immunoglobulin (e.g. IgA, IgE, IgM)	免疫球蛋白（如 IgA、IgE、IgG、IgM）
IL	interleukin (e.g. IL-4、IL-6、IL-10、IL-12)	白细胞介素（如 IL-4、IL-6、IL-10、IL-12）
IPCS	International Programme on Chemical Safety	国际化学品安全规划署
KLH	keyhole limpet haemocyanin	钥孔帽贝蓝蛋白
K_{ow}	octanol/water partition coefficient	正辛醇水分配系数
LD_{50}	median lethal dose	半致死剂量
LLNA	local lymph node assay	局部淋巴结试验
LOAEL	lowest-observed-adverse-effect level	最低可观察的不利影响水平
LOEL	lowest-observed-effect level	最低可观察影响水平
LPS	lipopolysaccharide	脂多糖
MDI	diphenylmethane diisocyanate	二苯基亚甲基二异氰酸酯
MET	minimum elicitation threshold	最低诱发阈值

MHC	major histocompatibility complex	主要组织相容性复合体
MLR	mixed leukocyte reaction	混合白细胞反应
MOA	mode of action	作用模式
mRNA	messenger ribonucleic acid	信使核糖核酸
ND	not determined	尚未确定
NESIL	no expected sensitization induction level	无预期致敏诱导水平
NK	natural killer	自然杀伤细胞
NOAEL	no-observed-adverse-effect level	无明显不利影响水平
NOD	non-obese diabetic	非肥胖型糖尿病
NOEC	no-observed-effect concentration	无可观察影响浓度
NOEL	no-observed-effect level	无可观察影响水平
NR	not relevant	不相关
NTP	National Toxicology Program (USA)	美国国家毒理学项目
OECD	Organisation for Economic Co-operation and Development	经济合作与发展组织
OET	open epicutaneous test	开放表皮试验
OPPTS	Office of Prevention, Pesticides, and Toxic Substances (USEPA)	美国环保局污染预防和有毒物质办公室
OR	odds ratio	比值比
PBB	polychlorinated biphenyl	多溴联苯
PBPK	physiologically based pharmacokinetic	生理学药代动力学模型
PBTK	physiologically based toxicokinetic	生理学毒代动力学模型
PCB	polychlorinated biphenyl	多氯联苯
PEG	polyethylene glycol	聚乙二醇
PFC	plaque-forming cell	空斑形成细胞
PHA	phytohaemagglutinin	植物凝血素
PLNA	popliteal lymph node assay	腘窝淋巴结试验
PMNL	polymorphonuclear leukocyte	多形核白细胞

PND	postnatal day	产后天数
POD	point of departure	出发点
POP	persistent organic pollutant	持久性有机污染物
PWM	pokeweed mitogen	商陆有丝分裂原
QRA	quantitative risk assessment	定量风险评估
QSAR	quantitative structure-activity relationship	定量构效关系
REACH	Registration, Evaluation, Authorisation and Restriction of Chemical Substances	欧盟化学物质注册、评估、授权和限制法规
RfC	reference concentration	参考浓度
RfD	reference dose	参考剂量
RIFM	Research Institute for Fragrance Materials	芳香原料研究所
RIVM	National Institute for Public Health and the Environment (the Netherlands)	荷兰国家公共卫生和环境研究所
RNA	ribonucleic acid	核糖核酸
ROAT	repeated open application test	重复开放性应用测试
RR	relative risk	相对风险
SAF	sensitization assessment factor	致敏评估因子
SAR	structure-activity relationship	结构-活性关系
SCC-NFP	Scientific Committee on Cosmetic Products and Non-Food Products Intended for Consumers	化妆品与非食品科学委员会
SD	standard deviation	标准差
SE	standard error	标准误差
SI	stimulation index	刺激指数
SIAT	single injection adjuvant test	单次注射辅助测试
SPT	skin prick test	皮肤点刺试验
SRBC	sheep red blood cell	绵羊红细胞
TCA	trichloroacetic acid	三氯乙酸
TCAH	trichloroacetaldehyde hydrate	三氯乙醛水合物

TCDD	2,3,7,8-tetrachlorodibenzo-p-dioxin	2,3,7,8-四氯二苯并二噁英
TCE	trichloroethylene	三氯乙烯
TDI	tolerable daily intake	耐受每日摄入量
TGF	transforming growth factor (e.g. TGF-β)	转化生长因子（如 TGF-β）
Th	T helper cell (e.g. Th1, Th2)	辅助性 T 细胞（如 Th1、Th2）
TNF	tumour necrosis factor (e.g. TNF-α)	肿瘤坏死因子（如 TNF-α）
TNP	trinitrophenyl	三硝基苯基
Toc	α-tocopherol	α-生育酚
TrlC	Trolox C	2-羟基-2,5,7,8-四甲基-6-羟基色满
TTC	threshold of toxicological concern	毒理学关注阈值
TWA	time-weighted average	时间加权平均值
USA	United States of America	美国
USEPA	United States Environmental Protection Agecy	美国环保局
USFDA	United States Food and Drug Administration	美国食品药品管理局
VNR	vehicle not reported	未明确介质
WBC	white blood cell	白细胞
WHO	World Health Organization	世界卫生组织

目 录

贡献者
前言
执行概要
缩略语和缩写词列表
1. 指南介绍 ·· 1
   1.1 本指南目的 ··· 1
   1.2 范围 ·· 1
   1.3 内容 ·· 2
2. 背景 ·· 3
   2.1 免疫系统的特殊性 ·· 3
   2.2 免疫应激在免疫毒性检测中的重要性 ·· 5
   2.3 剂量-反应关系和阈值 ·· 6
   2.4 耐受性诱导 ··· 8
   2.5 不良后果的可能性：免疫刺激、免疫抑制和免疫失调 ···················· 9
   2.6 发育免疫毒理 ·· 9
   2.7 生命早期暴露与后期效应 ··· 11
   2.8 现行免疫毒性测试方法 ·· 12
   2.9 测试新方法 ··· 13
3. 化学品免疫毒性风险评估框架 ·· 15
   3.1 风险评估 ··· 15
   3.2 免疫毒性中风险评估应用原则 ·· 16
   3.3 免疫毒性风险评估总论 ··· 17
   3.4 免疫毒性风险评估的切入点 ·· 38
4. 免疫抑制评估 ··· 41
   4.1 引言 ·· 41
   4.2 危害识别 ··· 41
   4.3 危害表征 ··· 42
   4.4 临床和流行病学数据 ··· 42
   4.5 实验室动物数据 ·· 43
   4.6 局部与全身效应 ·· 44
   4.7 效应的可逆/不可逆性 ·· 45
   4.8 生物学似真性 ··· 46
   4.9 剂量-反应关系和阈值 ·· 56

	4.10	高危人群（免疫系统发育、老年、免疫功能低下人群）	56
	4.11	急性与慢性暴露	57
	4.12	不确定性因子	58
	4.13	暴露评估	59
	4.14	从感染或肿瘤抵抗性降低角度进行的风险特征描述	60

5. 免疫刺激评估 61

	5.1	简介	61
	5.2	危害识别	61
	5.3	危害特征描述	62
	5.4	临床和流行病学数据	62
	5.5	实验动物数据	63
	5.6	局部与全身反应	67
	5.7	效应的可逆/不可逆性	68
	5.8	生物学似真性	68
	5.9	高危人群（免疫系统发育、老年、患有过敏性/自身免疫性疾病人群）	73
	5.10	剂量-反应关系和阈值	74
	5.11	急性与慢性暴露	75
	5.12	不确定性因素	75
	5.13	暴露评估	75
	5.14	风险表征	75

6. 变应性过敏反应评估 77

	6.1	简介	77
	6.2	危害表征	78
	6.3	危害表征描述（定量剂量-反应分析）	79
	6.4	生物合理性	94
	6.5	不确定性因子	101
	6.6	风险群体（免疫系统发展、老年、免疫功能低下人群）	107
	6.7	可接受暴露水平推导	108
	6.8	暴露评估	108
	6.9	风险特征描述	109

7. 自身免疫和自身免疫性疾病评估 111

	7.1	简介	111
	7.2	危害识别	111
	7.3	危害特征描述	113
	7.4	临床和流行病学数据	113
	7.5	实验动物数据	114
	7.6	效应的可逆/不可逆性	114
	7.7	生物合理性	114

  7.8 生活阶段考虑事项和风险群体 ······ 120
  7.9 剂量-反应关系和阈值 ······ 121
  7.10 不确定性因子 ······ 122
  7.11 暴露评估 ······ 124
  7.12 风险特征描述 ······ 124
参考文献 ······ 125
术语表 ······ 165
附件 ······ 169

案 例 研 究

案例研究 1：铅暴露引起的免疫抑制评估 ······ 175
  C1.1 简介 ······ 175
  C1.2 背景：铅暴露引发免疫毒性数据 ······ 176
  C1.3 铅引导免疫抑制评估 ······ 181
  C1.4 结论 ······ 192
  C1.5 参考文献 ······ 193
案例研究 2：六氯苯诱发的免疫刺激评估 ······ 198
  C2.1 简介 ······ 198
  C2.2 六氯苯诱导免疫影响背景 ······ 198
  C2.3 六氯苯诱导免疫刺激评估 ······ 200
  C2.4 结论 ······ 207
  C2.5 参考文献 ······ 208
案例研究 3：卤化铂盐致敏作用过敏反应评估 ······ 211
  C3.1 简介 ······ 211
  C3.2 背景：卤化铂盐致敏数据 ······ 211
  C3.3 卤化铂盐变应性过敏反应评估 ······ 213
  C3.4 结论 ······ 221
  C3.5 参考文献 ······ 221
案例研究 4：柠檬醛皮肤致敏反应评估 ······ 225
  C4.1 简介 ······ 225
  C4.2 香味成分和柠檬醛致敏相关背景 ······ 225
  C4.3 柠檬醛致敏和过敏性反应评估 ······ 227
  C4.4 结论 ······ 237
  C4.5 参考文献 ······ 238
案例研究 5：汞相关的自身免疫性疾病评估 ······ 246
  C5.1 简介 ······ 246
  C5.2 背景：汞诱导自身免疫潜在性相关数据 ······ 246

  C5.3 汞诱发或加重自身免疫潜在性评估 ·· 247
  C5.4 结论 ·· 262
  C5.5 参考文献 ·· 262
案例研究 6：三氯乙烯自身免疫刺激效应评估 ·· 268
  C6.1 简介 ·· 268
  C6.2 背景：三氯乙烯诱导或加重自身免疫潜在性数据 ······················ 268
  C6.3 三氯乙烯诱导自身免疫潜在性评估 ·· 269
  C6.4 结论 ·· 283
  C6.5 参考文献 ·· 283

1. 指南介绍

1.1 本指南目的

本指南为化学品免疫毒性风险评估提供支持，免疫毒性可以定义为暴露于各种环境因素（包括化学品）中导致的对免疫系统的任何不良影响。其中涵盖各种免疫病理研究，包括过敏、免疫失调（抑制或加强）、自身免疫和慢性炎症。

本指南可供监管部门和其他风险评估机构、行业、研究机构及参与评估的其他机构采纳使用。本指南可供从事免疫毒性风险评估的风险评估者使用，为其提供所需的专业免疫毒理学建议。

目前欧盟（EU）和美国（USA）已存在许多有关免疫毒性风险评估的指导原则。附录1中列出了欧盟和美国相关的要求和指导原则。本指南可促进免疫毒性风险评估的一致性，可提高已有化学品风险评估的透明度、相互了解和共享，避免重复劳动。最后，本指南将当前的科学知识转化为风险评估过程指导。

1.2 范围

本指南侧重于免疫毒性的风险评估方面。它旨在对风险评估过程指导进行补充。

在风险评估之前进行问题定义，在考虑政策及监管的条件下，设定风险评估的目标、范围和终点（图1.1）。风险评估过程由4个主要步骤组成：危险识别、危险特征描述、暴露评估和风险特征描述。术语"风险分析"用来描述包括风险评估、风险管理和风险沟通的所有步骤在内的整个过程。风险管理包括权衡政策选择、做出决策和采取行动的过程。

关于风险评估方法的指导，读者可登录 WHO/IPCS 网站（http://www.who.int/ipcs/methods/en/）。附录2中列出了相关文件精选。最后，本指南是对化学品分类及标记全球协调制度（GHS）（http://www.unece.org/trans/danger/publi/ghs/ghs_welcome_e.html）中所含分类标准的补充。

本指南以 WHO/IPCS 以往关于免疫毒性主题的出版物为基础，其中包括以下几种。

• 环境健康标准180：《与化学品暴露相关的直接免疫毒性的评估原则和方法》（http://www.inchem.org/documents/ehc/ehc/ehc180.htm）。

• 环境健康标准212：《与化学品暴露相关的过敏反应的评估原则和方法》（http://www.inchem.org/documents/ehc/ehc/ehc212.htm）。

• 环境健康标准236：《与化学品暴露相关的自身免疫性的评估原则和方法》（http://www.who.int/entity/ipcs/publications/ehc/ehc236.pdf）。

本指南显示了风险评估所用的分析数据。经济合作与发展组织（OECD）动物试验数

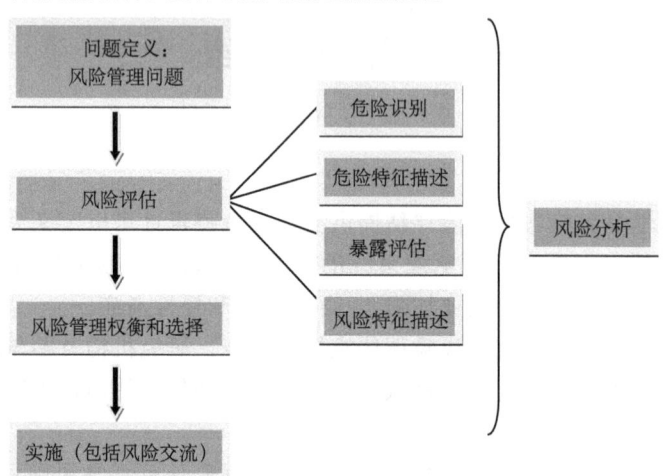

图 1.1 风险评估和风险分析的各个阶段

据相关的指导原则[①]包括皮肤致敏作用（试验指导原则 406 和 429）、重复给药/亚慢性毒性（试验指导原则 407，408，409，413）、慢性毒性（试验指导原则 452）和生殖毒性（包括发育中的免疫毒性，试验指导原则 443）方面的指导原则，以及人用药品注册技术要求国际协调会议（ICH）关于人用药品免疫毒性研究的三方指导原则（ICH S8）[②]。

1.3 内容

第 2 章概述了免疫系统的特殊功能，以及其在风险评估中的特殊性。

第 3 章介绍了化学品免疫毒性风险评估的框架，包括帮助确定是否需要考虑免疫毒性及需要评估哪种免疫毒性的切入点。其还提供了有关免疫毒性风险评估概括性的适用信息，由于一种指定化学品的数据可能提示一种或多种免疫毒性，因此建议风险评估者在评估时参考第 3 章及后续章节中提供的免疫毒性特定的指导。

后续各章介绍了不同类型免疫毒性的概论和风险评估指南，包括免疫抑制（第 4 章）、免疫刺激（第 5 章）、致敏反应和过敏反应（第 6 章）及自身免疫性和自身免疫疾病（第 7 章）。在本指南结尾出现的案例研究说明第 3～7 章风险评估指南的应用。应当强调的是，这些案例研究用于说明如何在各个免疫毒性领域使用风险评估指南，而不是对所讨论化学品的综合风险评估，也不代表最终的监管立场。

本指南中还包含了精选术语词汇表。

---

① http://www.oecd-ilibrary.org/environment/oecd-guidelines-for-the-testing-of-chemicals-section-4-health effects＿20745788；jsessionid＝1960xn9o2ktmr.delta

② http://www.ema.europa.eu/docs/en＿GB/document＿library/Scientific＿guideline/2009/09/WC500002851.pdf

2. 背 景

2.1 免疫系统的特殊性

免疫系统是一个完全分散的系统，它分布于多种组织、器官和外周位点中（例如，呼吸系统、表皮系统、肠胃系统、神经系统、心血管系统、生殖系统、肝脏系统和内分泌系统），所以无论何种途径的化学物质暴露，免疫系统都是一个极易受到影响的毒性靶标。外源化学物质通过任何途径的暴露都会导致某些免疫系统组分与其相互作用。因此，对免疫系统进行的风险评估并不是确定易感人群暴露于外源化学物质后免疫系统是否发生暴露，而在于确定此暴露是否产生不良的免疫毒性效应。

免疫系统的天职是维持宿主免于罹患感染性疾病的稳态环境，确保器官和组织正常行使功能。免疫系统必须能够从"自我"中区分外来物，并能够评估特异性组织细胞的状态和功能。免疫系统执行监督功能，防止大量潜在病原生物入侵宿主及宿主细胞向肿瘤细胞的转变，并且对组织损伤及可能导致威胁的外部刺激提供应答。人类一生中将接触各种病原体，包括小至细胞内的脱氧核糖核酸（DNA）、核糖核酸（RNA）和病毒，大至细胞外的各种细菌和寄生虫。理论上，免疫系统对外源病原体入侵和肿瘤细胞的免疫应答可根据激发疾病抗原的性质、激发时间及激发的具体位置做相应的调整。患病风险中所谓不充分的免疫反应概念日益被接受，即由各种外源化学物质介导的在范围、时间、位置或特异性不正确的免疫应答，因此免疫毒性风险评估不仅要确定化学物质暴露是否导致免疫反应不充分，还要评价此反应不充分的免疫反应可能增加的健康风险。

表 2.1 为以环境风险作为诱因且与免疫功能障碍相关的病例。其中包含两种类别：第一类为已确认环境因素介导的免疫功能障碍相关疾病或病症；第二类患者临床表现免疫功能障碍或紊乱的炎症反应，但此类疾病与免疫功能障碍的因果关系还未确定。降低此类疾病的发病率是有效的免疫毒性风险评估的预期结果之一。

表 2.1 免疫毒理学相关的风险降低的潜在目标疾病和紊乱[a]

疾病或紊乱	性别差异	参考文献
类别 1[b]		
急性中耳炎	—	Boyle 等（2006）；Dallaire 等（2006）；Hirano 等（2007）
过敏性疾病	发病年龄有差异	Boyle 和 Tang（2006）；Gao 等（2007）；Dietert 和 Zelikoff（2008）；Guedes 和 Souza（2009）
动脉粥样硬化	男性	Abou-Raya 和 Abou-Raya（2006）；Palinski 等（2007）；Varthaman 等（2008）
自身免疫性肝炎	女性	Diamantis 和 Boumpas（2004）；Hegde 等（2008）；Stanca 等（2008）

续表

疾病或紊乱	性别差异	参考文献
自身免疫性甲状腺疾病（格雷夫斯病和桥本病）	女性	Villanueva 等（2000）；Caturegli 等（2007）
儿童和职业哮喘	男性发病较早（儿童）	Yeatts 等（2006）；Tager（2008）；Tarlo（2008）；Wang 和 Pinkerton（2008）；Malo 和 Chan-Yeung（2009）
儿童白血病	男性（全部）	Greaves（2006）；MacArthur 等（2008）；Dietert（2009b）
腹腔疾病	女性（成年诊断）	Peters 等（2003）；Poole 等（2006）；Di Sabatino 等（2007）；Dietert 和 Zelikoff（2009）
克罗恩病	女性发病率稍高	Lerner（2007）；Peyrin-Biroulet 和 Chamaillard（2007）；Saruta 等（2007）
炎症性肠病	—	Innis 和 Jacobson（2007）；Neuman（2007）；Weng 等（2007）；Rahman 等（2008）
流行性感冒（易感性增加）	—	Vorderstrasse 等（2006）；Ciencewicki 等（2007）；Hogaboam 等（2008）
川崎病	男性发病率稍高	Lee 等（2007）；Yilmaz 等（2007）
迟发性新生儿败血症	男性	Graham 等（2006）；Gille 等（2008）；Molloy 等（2008）
多发性硬化症	女性	Guo 等（2007）；Bar-Or（2008）；Ebers（2008）
类风湿性关节炎	女性	Verwilghen 等（1993）；Cope 等（2007）
结节病	女性（根据住院记录）	Fireman 等（2006）；Kieszko 等（2007）；Allen 等（2008）
硬皮病	女性，某些职业性暴露除外	Gold 等（2007）；Boin 等（2008）；Tolle（2008）
干燥综合征	女性	Kroneld 等（1997）；Tabbara 和 Vera-Chnsto（2000）
系统性红斑狼疮	女性	Dahlgren 等（2007）；Pilones 等（2007）
Ⅰ型糖尿病	男性发病率略高	Kureja 和 Maclaren（2002）；Wen 和 Wong（2005）；Nicolls 等（2007）
类别 2c		
阿尔茨海默病	女性发病率略高；女性流行率显著更高	Reitz 等（2007）；Rosenkranz 等（2007）；Skaper（2007）
自闭症及自闭症系列障碍	男性	Ashwood 等（2006）；Dieted 和 Dietert（2008b）；Garbett 等（2008）；Pessah 等（2008）；T. Schneider 等（2008）
肌痛性脑脊髓炎	女性	Klimas 和 Koneru（2007）；Dietert 和 Dietert（2008a）；Nijs 和 Fremont（2008）
帕金森病	男性发病率略高	Barlow 等（2004）；Liu（2006）；Wang 等（2007）
精神分裂症	发病年龄有差异	Meyer 等（2008）；Romero 等（2010）

a 改编自 IPCS（2006a）；Dietert 和 Dietert（2007，2010）；Dietert（2008，2009a）；Dietert 等（2010）。
b 1 类疾病和紊乱的发病过程中，免疫功能障碍是关键因素。
c 2 类疾病与紊乱患者临床表现免疫功能障碍，但其是否为患病诱因或疾病发展因素还有待确定。

免疫系统第二个常被忽视的作用与器官和组织功能的同源调节维护有关。该作用由固有骨髓单核细胞的衍生细胞（如巨噬细胞）执行，它们形式多样且具有不同的组织特异性名称（如小胶质细胞、肺泡巨噬细胞、库普弗细胞、朗格汉斯细胞），因此在不同的组织中，此细胞群和环境之间的相互作用也会有变化，例如，库普弗细胞与肺泡巨噬细胞对同种化学物质暴露的潜在敏感性可能显著不同。问题在于，在免疫毒性的角度，化学物质诱导免疫系统同源调节的中断可能表现为器官功能的改变，所以除非化学物质与免疫细胞作用机制非常明确，否则免疫细胞依然难以作为免疫毒性的识别靶标。通过石棉对肺的毒性和醋氨酚对肝的毒性，可以证实特异巨噬细胞群在组织特异毒性中的重要性。表 2.1 还包括属于此类功能障碍的疾病。

免疫系统具有促进免疫细胞成熟的初级位点（包括骨髓、肝、胸腺、派伊尔结），以及能够进行抗原呈递和启动适应性免疫应答的二级位点（包括脾、淋巴结、扁桃体）。因此免疫毒物暴露可以通过不同方式影响各级的免疫成熟和细胞协同作用位点就不足为奇了。

除大部分组织中存在的免疫细胞外，还有黏膜相关淋巴组织（MALT）弥散分布于机体的浅表部位，在局部免疫中发挥重要作用。MALT 中两个淋巴组织位点（支气管相关淋巴组织、肠相关淋巴组织）与两种重要的化学物质暴露途径相关：呼吸和经口。另外，MALT 还存在于泌尿生殖道，朗格汉斯细胞构成了基于特异的经皮暴露途径的免疫系统。目前关于这些局部淋巴位点的免疫毒性比较性研究的信息刚刚开始出现。

2.2 免疫应激在免疫毒性检测中的重要性

免疫系统通过抵御外界刺激与潜在损伤保护宿主，因此检测免疫系统功能状态的最敏感指标还是激发宿主对外援刺激产生应答功能的评估。外源刺激可用感染因子（或肿瘤细胞）激发，或用外来抗原免疫。根据激发因子及免疫原的类型，各种免疫细胞将相互作用且以可预测的方式进行应答。若限定研究目标的种属、年龄及基因背景，应用免疫应答动力学、细胞动员和迁移类型、效应器功能谱及应答量级可以对上述应答进行十分精密的标准化。由于评估最终目标是检测影响健康风险化学物质介导的免疫功能障碍，因此评估时还需要免疫功能数据。

一般都假定人类与野生动物种群随时随地处于低水平的抗原激发状态，但即使如此，评估免疫系统对一明显激发（免疫、接种或以感染因子进行激发）应答的能力也有益于免疫毒性的检测。例如，Luster 等（2005b）提倡使用儿童疫苗接种应答代替标准的血细胞谱，因为前者是儿童免疫毒性更适合、更为敏感的生物标记物。Heilmann 等（2006）利用该生物标记物证实脐带血内多氯联苯（PCB）水平和 7 岁儿童疫苗的应答之间存在反向关系。因此应利用人群内正常免疫激发作为最敏感的免疫状态指标。

在采用实验动物（如啮齿类动物）进行安全性检测时还存在另一个问题，即试验中受控的环境可能会减少动物稳定的抗原刺激或感染因子激发的机会。因此在受控、相对无病原体的环境中，实验动物的静息免疫系统对于评估化学物质介导的免疫功能障碍并不是敏感的测试系统。相反，如果宿主已被激发，实验动物的低水平环境刺激会成为优势。但是以前有关生殖/发育或其他相关的安全检测并不对实验动物进行免疫或感染因子的激发，因为有研究者认为这样的动物处理方式会改变其他生理系统的常规毒理学评估结果。需要注意的是，一个静息免疫系统的评估不大可能外推出免疫功能障碍的可信数据。Luster 等（1992）采用美国国家毒理学项目（NTP）的数据报告了 8 种可以 100% 预测识别免疫毒物的免疫试验组合，每个组合内含 3 个参数。这 8 种组合均有功能试验，且其中大部分组合包含不止一种功能试验，7 个组合包含辅助性 T 细胞-1（Th1）驱动的迟发型超敏反应（DTH）试验，4 个组合包含空斑形成细胞（PFC）试验，3 个组合包含自然杀伤（NK）细胞活性试验。

如果抗原激发的免疫应答被视为评估免疫系统状态的敏感方式，则静息免疫系统的结构评估的敏感性就较低（Luster et al.，2005b），检测免疫毒性一级试验应包括抗原刺激后应答的功能试验。仅测定未激发的免疫系统结构（如免疫病理学）改变的检测方法很便利，但此方法测量采集的参数与最受关注的不良免疫毒性效应相差甚远。成人和儿童的疫苗接种应答将作为鉴定人体免疫毒性的黄金标准（Van Loveren et al.，2001；Luster et al.，2005b），此观点已有数据支持（Sleijffers et al.，2001；Weisglas-Kuperus et al.，2004；Heilmann et al.，2006）。

2.3 剂量-反应关系和阈值

外源化学物质的免疫参数敏感性随着毒物性质、毒物暴露途径和免疫细胞群的敏感性不同而调节，文献表明每种明确定义的免疫细胞群均在特定时候可作为免疫毒性研究中最敏感靶标。出于此原因，目前还未确定任何免疫生物标记物作为免疫系统危害识别的可靠指标。宿主状态也可能会影响免疫毒性标志物参数的敏感性，例如，如果进行了 NK 细胞激活处理（病毒感染），则免疫毒物暴露后激活 NK 细胞活性与未激活的细胞活性剂量-反应曲线会有所不同，所以使用非静息的 NK 细胞系统可提供更广泛的剂量-反应范围，更容易进行功能检测（如免疫抑制）。这可能会影响该参数的最低可观察的不利影响水平（LOAEL），继而影响剂量-反应的低剂量终点。Daniels 等（1987）在宿主激活和静息的状态下比较了免疫毒物剂量-反应曲线形状，但对于风险评估此研究方向还需要进一步的比对研究。

外源化学物质暴露后两种免疫参数可能具有不同的剂量-反应范围及不同形状的剂量-反应曲线，因此其中一种参数的"安全"剂量对于第二种参数可能并不"安全"。应注意的是，抗原免疫剂量或感染因子激发剂量可能会影响化学毒物的剂量-反应关系，另外如果敏化剂可引起宿主双相应答，致敏时期与致敏诱导期的剂量-反应关系会有不同。

对于免疫毒性风险评估及其他系统毒性评估而言，都需要关注非单调（如 U 形）剂量-反应关系。Hotchkiss 等最近针对内分泌干扰化学物质（双酚 A）详述了此应答的关系曲线（Hotchkiss et al.，2008）。对免疫和免疫毒性应答剂量-反应曲线最全面的综述来自 Calabrese（2005），其中包括以下研究者的观点（Dietert，2005；Hastings，

2005；Holladay et al.，2005；Ladics and Lovelace，2005）。综述得出以下结论：对于很多外源物，其很多暴露范围得到的反应曲线是直线或者单一的关系，而完成的反应曲线是呈现U形或者倒U形。在这种情况下，极低剂量产生的毒性效应与高剂量相反的现象，又称毒物兴奋效应（hormesis）。Portier和Ye（1998）讨论了毒物对于感染因子激发应答的U形剂量-反应曲线（Luster et al.，1993）。Holladay等（2005）讨论了免疫系统受到内分泌干扰后为何通常出现U形剂量-反应曲线，以及为何U形剂量-反应关系代表了不同的作用机制，每种机制对特定化学物质都有不同应答浓度范围。Hastings（2005）也列举了对免疫系统具有多种效应机制的免疫毒物，其中各种机制的剂量-反应曲线存在潜在的差异。根据从实验动物推导至人类的"无明显不利影响水平（NOAEL）"的实际讨论，Ladics和Lovelace（2005）指出在当前安全性检测背景下可能不会观察到最大毒物兴奋效应（hormetic response）并且它们可能比预期更常见。但是作者补充道，当考虑不同人群风险时，应用在一项高度免疫毒性化学物质研究中发现的潜在低剂量有益效应具有巨大挑战。

作为免疫毒性靶标的调节性淋巴细胞群（例如，CD4＋CD25＋highFoxp3＋调节性T细胞）是促进免疫毒物兴奋效应和通常剂量-反应曲线的因素之一，细胞有能力控制耐受性、自身免疫和肿瘤免疫（Allan et al.，2008；Apostolou et al.，2008；Kretschmer et al.，2008；Piccirillo et al.，2008；Sakaguchi et al.，2008；Welters et al.，2008）。已证实调节性T细胞是某些免疫毒物的靶标（Marshall et al.，2008），化学物质暴露后，调节性T细胞细胞群数量或活性的细微转变可能显著影响抗原驱动的免疫反应过程。因此，调节性T细胞可能是导致在某些剂量-反应曲线两端观察到的对立免疫应答结果的原因。

关于免疫毒性合适的阈值（或缺乏阈值）的问题依然存在争议。当然，目前已在很多免疫毒性研究中发现了NOAEL，包括那些生命早期的化学物质暴露研究。Kroes等（2000）阐述了采用毒理学关注阈值（TTC）标准来确定不同化学物质毒理学试验优先性的可能性，其分析包括免疫系统NTP数据库。其他研究则发现了延时效应，而外源化学物质的假定亚阈暴露量可能改变老年人已经出现问题的免疫系统（可能需要同一种化学物质的第二次亚阈暴露）。这些研究发现提出了关于阈值概念的问题。此外，毒物兴奋效应的U形剂量-反应曲线显示某些明显亚阈值结果可能在U形曲线的底部。这些矛盾的研究结果表明，在所评估的这些免疫参数背景下定义亚阈值/阈值界限的重要性。环境健康标准（EHC）170（IPCS，1994）是WHO之前公布的一份文件，其考虑了具有非阈值效应的化学物质暴露的风险评估（见EHC 170第3.1.1节）。此文件中使用评估方法是：①通过对剂量-反应曲线进行数学建模，从而进行定量外推；②实验范围内相对危害等级；③用效应水平除以不确定性因子。同一份文件（见EHC 170第3.1.2节）还利用阈值和一些未确定因素讨论了风险评估，未确定因素包括实验动物种属、性别、品系、年龄及发育状态，试验每组数量、方法敏感性、暴露持续时间和试验剂量选择等。

2.4 耐受性诱导

WHO 文件 EHC 236（IPCS，2006a）第 3.4 节阐述了自身耐受机制。

区分自身和非自身的能力是免疫系统的关键特征，该功能在自身多个位置执行，涉及多种类型的细胞、受体、细胞因子和代谢物。不能正确识别自身抗原而对自身抗原作出的应答可能导致自身免疫疾病。这些自身反应可通过多种机制发生，并可能引起多种组织或器官发生损伤（例如，I 型糖尿病、多发性硬化症、格雷夫斯病、系统性红斑狼疮、重症肌无力）。应当重视的是，大多数自身免疫疾病具有了性别偏差（如主要发生在女性或男性中）。因此，环境介导的特定自身免疫表现风险在男女之间是显著不同的。

T、B 淋巴细胞在胸腺和骨髓内发育过程中产生中枢免疫耐受。胸腺内胸腺细胞从上皮基质接收阳性或阴性选择信号。信号性质取决于某特定胸腺细胞对于自身主要组织相容性复合体（MHC）分子的结合力（Daniels et al.，2006）。自身反应性胸腺细胞可识别具有强结合力的自身 MHC 肽，并在胸腺内接收阴性选择信号，该信号导致程序化的细胞死亡或凋亡。此自身反应性胸腺细胞缺失与 T 淋巴细胞受体对自身 MHC 肽的亲和力水平直接相关（Naeher et al.，2007）。早期发育中的阴性选择对于降低自身免疫风险非常关键（Sohn et al.，2007）。正在发育的胸腺中经受损的阴性选择产生能够识别自身的 T 淋巴细胞（Parish and Heath，2008）会增加自身免疫风险。通过受体编辑、B 细胞库修改达到 B 淋巴细胞耐受，如骨髓内细胞的阴性选择性删除（胚胎）或外周的 T 淋巴细胞失能（Caucheteux et al.，2008）。

因为胸腺内的阴性选择不充分，T 淋巴细胞受体编辑和修改可能导致外周出现自身反应性 T 细胞，所以外周免疫耐受性是很重要的。外周多样性的产生有助于对广泛的病原体保持抵抗性，但负面效应是外周可能产生自身反应性 T 细胞（Wagner，2007）。拥有足够稳定的 T 淋巴细胞受体库和自身免疫的可能性，二者之间的平衡是关于外源性物质和免疫系统相互作用研究的主要关注领域。

很多类型的细胞和细胞衍生因子在耐受性控制中举足轻重（EHC 236 第 3.4 节；IPCS，2006a 进行综述）。转化生长因子 β（TGF-β）和白细胞介素 10（IL-10）的产生是耐受性维持中的关键环节（Li and Flavell，2008）。不变的自然杀伤 T 细胞（iNKT）与树突状细胞的相互作用在致耐受性网络中举足轻重（Yamamura et al.，2007；Tamura et al.，2008）。另外，典型免疫毒物通过不适当地刺激调节性 T 细胞引起持续性抗原特异性免疫耐受（即免疫抑制）（Kang et al.，2008）。调节性 T 细胞的状态与人类疾病风险紧密相连（Cools et al.，2007a，b）。这些细胞均可以诱导耐受性并抑制自身免疫反应，但如果提高其活性，它们可导致免疫抑制。相反，如果化学物质暴露后调节性 T 细胞活性受损，则会提高自身免疫性风险。目前已确定调节性 B 细胞和特定的髓细胞群通过生成 TGF-β 和 IL-10 介导，在耐受性中发挥作用（Mauri and Ehrenstein，2008）。

2.5 不良后果的可能性：免疫刺激、免疫抑制和免疫失调

免疫系统中许多效应器和调节性细胞功能在局部、区域性和系统层面运行，因此外源性物质暴露有可能产生以下公认不良后果中的一种或几种：①集中或广泛的免疫抑制；②增加过敏性疾病的可能性，包括遗传性过敏、食物过敏和哮喘；③对化学物质本身的过敏反应；④自身免疫疾病的风险增加；⑤造成组织或器官损伤或功能障碍的先天免疫细胞的功能失调性反应。这些功能失调性反应包括假过敏反应或加强延长炎性反应从而导致器官严重损伤、功能障碍及疾病的产生。先天性炎性免疫功能障碍还可能影响适应性免疫功能状态，引起额外的健康风险。

目前的文件确定上述不良后果都具有潜在严重健康风险影响。免疫抑制会增加传染病和肿瘤性疾病的风险，而不适当的免疫刺激可能会提高过敏性和自身免疫性疾病的风险。免疫反应失调可能导致炎症增加自身免疫性疾病风险。因此，本指南认为，不适当的免疫刺激、免疫抑制和免疫失调可引发同样严重的后果。正如指南后面所述，这些结果并不总相互排斥，相反它们在某些毒物暴露后可能并存。

文献中存在很多此类免疫毒性结果组合的示例。例如，暴露于 2,3,7,8-四氯二苯并二噁英（TCDD）可造成免疫抑制（Smialowicz et al.，2004）、自身免疫性疾病风险增加（Mustafa et al.，2008）和炎症失调（Luebke et al.，2002）。事实上，很大比例的免疫毒物似乎会产生超乎之前预期的广泛功能障碍或失调，而不只是免疫抑制。此外，在相应暴露水平几乎不会产生系统性免疫抑制作用的化学物质也可能在局部产生导致不良免疫毒性结果的效应。如果评估测试不包括过敏性疾病和自身免疫的风险评估，则存在潜在的不明风险。之前的免疫毒性测试分析主要集中在免疫抑制或化学物质特定接触过敏反应上，所以并未关注如此广泛的不良反应。从未检测过由不良反应组合引起的过敏性疾病、自身免疫性疾病、炎症失调，甚至限定的或局部的免疫抑制。将外源性物质分类为免疫抑制剂、过敏诱导剂或引起极小的免疫毒性风险试剂，该分类最好与检测范围精准性相匹配。因此很多情况下，风险评估并未完整地进行，应在这样的背景下考虑分类。

个体基因表型对确定潜在的免疫毒性不良后果具有重要的影响。基因表型决定了化学毒物在不同人群中代谢的毒代动力学（或药代动力学）和分布的区别，而且决定了免疫反应的特定范围和水平的不同。因此，如果一种化学物质暴露可以增加过敏性疾病的风险或者可以降低儿童疫苗的作用，则在暴露人群中只有一部分产生不良后果。暴露于可增加过敏性疾病的因素（汽车尾气）只能将暴露组的一个亚人群转变为遗传学过敏症。尽管如此，过敏性疾病增长 10%～15% 或儿童疫苗失败都代表应引起公共卫生方面的特别注意。

2.6 发育免疫毒理

由于免疫系统全身性分布和多功能性的特点，在毒理学研究中属于特殊的一类，发

育免疫系统风险评估则具有额外的复杂性（IPCS，2006b）。之前的关于化学物质暴露的免疫毒理 WHO 指南，EHC180 未包含发育免疫方面内容（IPCS，1996），最近在发育免疫毒理学研究和潜在的发育中免疫毒性试验中取得了重大进展，因此，本指南将发育免疫系统内容收纳在内。

体内免疫系统的成熟依赖于时间与位置的不同具有特定的进程，对于外源异物作用来说，非成年人的免疫系统是一个移动式的毒理学靶标（Dietert et al.，2000；Holladay and Smialowicz，2000；Van Loveren and Piersma，2004；Burns-Naas et al.，2008）。人类的免疫发育主要发生在妊娠期（Holsapple et al.，2003；Leibnitz，2005），尽管出生后免疫应答能力水平和范围及免疫记忆能力（免疫系统重要特点）都进行着持续的关键性的调整。因此，在风险评估角度，应将胚胎时期、新生儿、少年、青少年的免疫系统区分于成年人。

出生前个体的免疫发育过程依赖于不成熟免疫细胞的贮所（如胚胎肝脏、骨髓），以及特定器官（胸腺）和发生特定细胞成熟和细胞库选择的部位（派伊尔结）。细胞运输和细胞间相互作用都是免疫成熟的先决条件。正确区分自身与外来物，以及在同源调节器官中建立常驻免疫细胞群等这些关键的功能都出现在早期生命进程中。为方便检测免疫毒性损害的易感性，研究者将全身和局部免疫发育分为重要的时期与阶段，这些时期具有不同的易感性（Dietert et al.，2000；Landreth，2002；Dietert and Piepenbrink，2006b；Dietert and Dietert，2008b）。研究者按照免疫系统涉及的功能及活性进程的不同定义了潜在易感性差异的时间阶段。目前研究目标不是简单地为外源异物暴露后非成年与成年免疫系统特定的健康风险区别，还应该关注非成年在不同的生命时期呈现免疫系统明显的易感性差异。

使用以年龄计时的曝光和数个类别的外源物质进行的研究结果说明，就生命早期指定毒物暴露所产生的潜在健康风险而言，免疫发育的各个关键时间窗是不同的（Bunn et al.，2001a；Hogaboam et al.，2008）。例如，大鼠妊娠早期暴露于重金属铅，瞄准的是巨噬细胞活性，而妊娠晚期暴露导致 Th 功能向 Th2 型免疫偏倚转变（Bunn et al.，2001a）。

与成年人相比，未成年人要面临更多的免疫毒物引发的各种方式的健康风险（综述性文章参见 Dietert and Piepenbrink，2006b）。首先，胎儿和新生儿对更小剂量的免疫毒物更加敏感；其次，生命早期暴露后的持续时间（持续性对比短暂性不良后果）通常更长，范围通常更广；最后，生命早期的低水平毒物暴露可能影响免疫系统，使其在今后的生命进程中遭遇更低水平的相同毒物暴露时产生不可预知的宿主反应。此现象成为潜伏期，在后面章节里有所涉及。很明显，在考虑未成年人化学物质暴露安全水平时要考虑特殊的发育毒理学风险，例如，生命早期的剂量敏感性增加，停止化学物质暴露后存在的持久性效应，暴露影响的范围更广，以及对胎儿免疫系统的改变。

对于不同年龄的免疫毒物研究表明，生命早期的剂量敏感性明显大于成年人。Luebke 等（2006a）研究发现胚胎对于铅的剂量敏感性是成人的 10 倍，大鼠对 TCDD 基于年龄的敏感性胚胎与成年相差 100 倍。这提示在可能的情况下应使用发育免疫毒理学数据，因为使用不确定的数据标准将存在问题。

发育免疫毒性检测的不良结果可分为若干亚类，全部属于免疫功能障碍或失调。免疫抑制会增加感染与癌症的风险（Vorderstrasse et al.，2006；Ng et al.，2006），然而过分的应答则会增加过敏与自身免疫疾病的风险（Rowe et al.，2006）。相同的化学物质可产生靶定的免疫抑制（Gehrs & Smialowicz，1999），也可增加自身免疫风险（Mustafa et al.，2008）。因为特异性免疫测试通常局限于少数特定免疫参数，一系列检测中确定测试化学物质存在免疫抑制，除非预测免疫毒理测试确定其未增加过敏或自身免疫疾病风险，否则不能忽视这一可能性。己烯雌酚（DES）的例子证明了此论述，胚胎时期暴露于 DES 会导致明显的胸腺萎缩和 T 淋巴细胞损伤（Besteman et al.，2005），同时增加阳性选择和持续的自身反应 T 淋巴细胞克隆（Brown et al.，2006）。胚胎时期暴露于重金属（如铅、汞）可抑制某些免疫功能，同时增加过敏和/或自身免疫的风险（Miller et al.，1998；Pilones et al.，2007）。发育免疫毒性具有性别相关效应（Blyler et al.，1994；Bunn et al.，2001b；Rooney et al.，2003；Guo et al.，2005a），因此，化学物质暴露的风险评估应针对胚胎和新生儿的性别分别进行。

2.7 生命早期暴露与后期效应

最近很多研究人员研究生命早期免疫损伤与后期疾病之间的关系（Bakker et al.，2000；Holladay，2005；Dietert and Dietert，2007，2010；Selgrade，2007；Dietert，2008，2009a，b；Dietert and Zelikoff，2009；Dietert et al.，2010）。如表 2.1 所示，这些疾病和失调可以分为两类：①由环境风险因素和免疫功能障碍明显导致的疾病，其中免疫功能障碍与疾病之间具有因果关联；②由免疫功能障碍或炎症失调导致的疾病，其可能显示了疾病形成的原因，或指明了相关的不良后果。

第一类疾病包含严重的儿科疾病，如儿童耳部感染、白血病、流行性感冒、哮喘、Ⅰ型糖尿病和过敏性疾病（Greaves，2006；Yeatts et al.，2006；Hirano et al.，2007；Dietert and Zelikoff，2008；Schneider et al.，2008）。其他在儿童时期和（或）成年时发病的疾病包括多发性硬化症、类风湿性关节炎、炎症性肠病、腹腔疾病、自身免疫性肝炎、自身免疫性甲状腺炎（格雷夫斯病和桥本病）和动脉粥样硬化（Villanueva et al.，2000；Briani et al.，2008；Compston and Coles，2008；Rahman et al.，2008；Stanca et al.，2008；Hanson，2009）。

第二类疾病有可能与生命早期炎症失调和免疫损害有关，然而，还未建立免疫缺陷与疾病效应之间的明确关系。其包括自闭症、慢性疲劳综合征、精神分裂症、帕金森病、阿尔茨海默病（Block and Hong，2007；Klimas and Koneru，2007；Ashwood et al.，2008；Muller，2008；Steinman，2008；Lorusso et al.，2009；Rentzos et al.，2009）。此类疾病可能经历胚胎免疫毒性暴露，并由后天因素引发。例如，免疫功能失调系统对儿童常见的感染应答被视为是儿童白血病的引发因素（Greaves，2006）。新生儿免疫功能障碍通常都由环境诱导和先天及后天的免疫系统发育不良造成，此过程发生在感染及疾病引发因素之前（于 Dietert，2009b；Dietert and Dietert，2010 中讨论）。研究发现帕金森病风险可能与正常成熟过程中生命早期脑部炎症损伤及细胞损伤有关

(Block and Hong，2007；Soreq et al.，2008；Yankner et al.，2008）。所以生命早期的发育免疫毒性并不会立刻显现，在最初先天及后天免疫损伤后很长一段时期后才会对生命的某个时期产生健康风险（Dietert and Zelikoff，2009）。还存在另一种情况，即成年后个人暴露于相同或相似的化学物质中，发育免疫毒性相关的不良后果会表现得更加明显。Fenaux等（2004）已报道相关雌激素类化学物质证实此观点。

发育免疫毒性需要注意的是，老年人群中生命早期胸腺损伤可导致T细胞依赖性免疫应答随年龄增加而下降。小鼠模型表明，胸腺的正常老化不利于T细胞库的多样性，从而影响正常的免疫应答（Yager，2008）。T淋巴细胞多样性受损导致免疫系统对特定感染因子及肿瘤细胞应答失败，增加疾病发病概率。其具体表现为宿主耐受性应答范围降低，对疫苗应答低下（Yager，2008）。先天及后天外源性异物低水平的暴露可能导致成人宿主耐受性缺陷，且此类现象只在老年人群受感染或疫苗接种时出现。此研究方向尚待广泛研究。

2.8 现行免疫毒性测试方法

目前免疫毒性检测方法多种多样，使用试验免疫系统包括激发及未激发状态。因此风险评估所用测试数据也分属于各种类型。两篇研究综述中阐述了化学物质与药物免疫毒性测试的基本准则（Schulte and Ruehl-Fehlert，2006；Spanhaak，2006）。在此之前的大部分免疫毒理测试都归纳成不同层次，其特异性会随层次逐级增加。（Luster et al.，1988，1992；Hinton，2000）。第二级与第三级产生的数据更具准确性及特异性，但这就需要时间、经费及实验动物消费的增加。因此，危险评估者通常使用初级产生的数据，所以此层次数据的质量显得尤为重要。近10年中每一层次检测的组织和构成都有进化，下面内容将进行进一步的讨论，其主要问题如下。

（1）在免疫毒物危害鉴定中对未激发的免疫系统只进行组织病理学和细胞计数是否足够？

（2）在检测计划中应何时进行免疫功能评估？

（3）如何对免疫系统进行充分的功能评估？

（4）怎样及何时收集相关发育免疫毒性数据？

（5）怎样修改最初设计用于检测免疫抑制的检测策略，以用于全面检测免疫功能障碍（例如，免疫抑制、过敏、自身免疫和紊乱的炎症反应等风险）？

显然目前收集现有动物延伸组织病理学及细胞计数数据是最简单和低成本的方案，这些实验动物还可同时用于基于年龄的发育及生殖评估，但此信息也通常采自未激发的免疫系统。前面的章节已讨论过此方案的潜在缺陷。如果将未经免疫或未经激发免疫系统的组织病理学-血液学数据作为鉴定免疫相关危害的首要选择，[例如，OECD试验指南407、416、419和421，欧盟化学物质注册、评估、授权和限制法规（REACH）及ICH S8]，则将收集不到免疫功能数据。应当注意，美国环保局（USEPA）污染预防和有毒物质办公室1998年免疫毒性测试指南（OPPTS 870.7800；USEPA，1998）显示，单靠常规毒性测试（例如，组织学、器官质量和血液学）不足以预测免疫毒性。在缺少稳定功能测试的条件下，用结合组织学分析、器官称重及细胞计数的方法检测无意向免疫抑制及无意向免疫刺激很不合理。无意向免疫刺激是潜在疾病发病的明显指征（Karrow et al., 2004；Guo et al., 2005a；Ponce, 2008）。此外，无意向免疫刺激影响过敏和自身免疫性疾病风险，这两种疾病需要在免疫毒理风险评估中作为评估指标（Luster et al., 1999；Smith and Germolec, 1999；Selgrade et al., 2006；Yeatts et al., 2006）（见表 2.1）。

最近很多研究讨论了成人和发育免疫系统的检测问题，一些研究者强调测试可使用组织病理学、器官称重和细胞计数数据，并不需要功能性测试（Snodin, 2004），也有研究者特别重视病理学（Burns-Naas et al., 2008）。相反，其他研究者则赞成在主要的测试中使用激发的免疫系统，并对其进行包括免疫功能在内的组织病理学评估。(Luster et al., 2003；Putman et al., 2003；Van Loveren et al., 2003；Germolec et al., 2004a；Van Loveren and Piersma, 2004；Van der Laan and Van Loveren, 2005；Descotes, 2006；Dietert and Holsapple, 2007）。目前，通过近期的（2008 年）协调努力，除了美国的杀虫剂测试之外（OPPTS 870.7800；USEPA, 1998），任何主要测试层中不需要进行经过激发的免疫系统功能测试（如 OECD 试验指南，欧盟 REACH 和 ICH S8）。然而，近期为了加强对儿童保护需要收集直接的免疫功能相关数据（Luster et al., 2005b），经证实继续依赖于非激发动物收集得到的非功能数据似乎不符合要求。

目前很多测试方式都通过感染因子激发，结合免疫功能评估与宿主耐受性测量得到人类疾病风险评估相关的数据。(Mitchell and Lawrence, 2003；Vorderstrasse et al., 2006；Burleson and Burleson, 2007）。在获得广泛激发的免疫系统外（可超过蛋白抗原免疫得到的免疫系统），还可进行其他标准化的免疫功能测试，并直接评估细胞毒性 T 淋巴细胞功能。如果使用感染因子激发取代免疫接种［如使用绵羊红细胞（SRBC）或钥孔帽贝蓝蛋白（KLH）］，则使用常规免疫功能测定（如一项 T 淋巴细胞独立性抗体反应测定）要求同样的动物数量可得到免疫功能及宿主耐受性数据。

2.9 测试新方法

虽然在免疫毒性筛查中可获得比免疫功能状态预期试验更直接的数据，但还是希望在安全性筛查中尽量减少实验动物的使用。研究者已寻找到一些新的筛选工具途径（Chatterjee et al., 2006），新工具可直接显示哪些化学物质应接受更加详尽的免疫毒性测试，免疫毒性基因组学就是产生的新领域之一。以下研究者总结了此领域的研究进展：Luebke 等（2006b）、Vandebriel 和 Van Loveren（2010），以及 Vandebriel 等（2011）。该技术可直接检测免疫功能相关基因表达的关键性改变，对待选化学物质具有更广泛的功能测试途径。除了基因之外，蛋白表达谱（即蛋白质组学）也可用作筛选工具（Osman et al., 2009, 2010）。由于不可能将全部化学物质进行免疫毒性潜能检测，因此可通过一项免疫毒性基因组学筛选鉴定出具有最高健康风险关注的化学物质，从而进行进一步的检测。同样，Baken 等（2007, 2008）、Hochstenbach 等（2010）及 Vandebriel 等（2010）最近报告了用重叠基因表达进行免疫毒性评估的策略。免疫毒性基因组学和免疫蛋白质组学方法很新并具有良好的前景，但其还需要确定免疫功能关注的相关最优化的生物标志物组合。当前此类方法主要用于免疫毒性机制研究，在不久的将来，其将限定用于化学物质的危害鉴定。

除了传统的体内暴露评估之外，体外评估方法继续发挥着筛选工具的作用（Lankveld et al.，2010；Vandebriel et al.，2010）。如使用"细胞芯片"和各种免疫细胞系（如T淋巴细胞、肥大细胞、单核细胞）作为化学诱导的免疫相关基因表达变化（例如，细胞因子表达）的报告系统（Trzaska et al.，2005；Wagner et al.，2006）。通过体外试验可对大量的化学物质进行比较，需要准确确定将其整合至其他测试方式的时间和方式，当前此方法用于免疫毒性机制揭示研究。目前采用体外分子标记物识别免疫毒物的敏感性和预测性方法的开发工作正飞速进展，根据合适的表型定位，其确实可进行危害鉴定，并最终有助于风险评估的定性与定量研究（Adler et al.，2011）。

3. 化学品免疫毒性风险评估框架

3.1 风险评估

  风险评估过程由 4 个主要步骤组成：危害识别、危害表征（或剂量-反应评估）、暴露评估和风险表征。危害是由特定物质或场景是否可能造成有害影响决定的，即有机个体、系统或亚群暴露于可引起损害的物质中造成不利影响的现象，IPCS（2004）将其定义为此物质的内在固有特性。有机个体、系统或亚群中任何形态学、生理学、生长发育、生殖或生命周期中的改变被称为不良效应，其可导致损伤个体及系统的功能，损伤对附加影响的调节功能，增加其对外界影响的敏感性。风险则是指某一特定暴露下化学品或混合物对人或环境产生不利影响的概率。安全定义为在特定数量和方式下使用该物质不会造成不利影响的一种高度可能性。风险评估是一个过程，需要建立评估的目标、范围和风险评估的焦点。风险分析用来描述包括风险评估、风险管理及风险传播在内的过程。风险管理是一个决策过程，需要权衡政策可选性来制定及推行管理办法。

  风险评估可以作为安全评定的基础，其可以作为实际风险评估确定以下场景中潜在的不良健康影响：暴露量超过安全暴露限量；暴露安全限量数据缺失；暴露与特定物质安全限量未能确定毒性阈值。关于风险分析过程的一些综述（见第 1 章）已经出版，读者可利用其得到风险分析的详细信息。毒理学危害识别旨在鉴定特定化学物质潜在的健康不良影响。毒理学终点相关信息目前主要来自实验室动物试验，其急需人体毒性数据的加入。如果动物数据和人体数据都可取，应优先考虑人体数据。在危害表征数据库描述中，可根据作用模式（MOA）信息确定化学品暴露后是否会涉及人体免疫毒性，其还有助于权衡暴露途径。辅助于啮齿类动物试验观察及机制研究数据，特定的 MOA 在生物学上可特指特定的影响。作为观察效应中重要且必需的细胞学及生物化学变化 MOA 在逻辑框架内都有描述。MOA 与作用机制相对，作用机制一般通过分子基础详尽描述作用机制，从而建立分子生物学的因果关系（Boobis et al.，2006）。Julien 等（2009）研究讨论过"关键事件"（key event），Taylor 等（2009）将免疫紊乱（食物过敏）作为研究焦点。WHO 最近公布包括免疫毒性在内的 MOA 分析非癌症终点的框架文件（Boobis et al.，2008）。危害评估调查描述剂量-反应关系，毒理学阈值都是理论值，免疫毒理学也是如此，对于健康效应无影响的暴露剂量临界值也可根据 NOAEL 及适用的安全评估因素界定。各国家及国际机构得到上述基于健康的指导方法都很相似，但具体的定义和数据得到方法略有不同，此取决于所涉及的机构。通常推导可得出的数据包括：USEPA 使用的中毒参考剂量/参考浓度（RfD/RfC）；美国有毒物质与疾病登记署（ATSDR）；WHO 使用的每日允许摄入量/耐受每日摄入量（ADI/TDI）（IPCS，1994，1999a，2009）。但此通用的推导原则也有很多的修改，如作为敏感性风险分析指标的可接受的暴露水平（AEL）。推导健康指导值如 RfD/RfC 或 ADI/TDI 时，

NOAEL 很可能作为不确定因素的出发点（POD），通过基准剂量（BMD）方法也可推导出上述数据［EHC 239（IPCS，2009）中有更深入的探讨］。当暴露剂量小于或等于 RfD/RfC 或 ADI/TDI 时，健康指导值应作为安全评估的参考点，且可用来决定是否需要执行风险评估。风险评估过程还关注暴露评估，其整合暴露之前、暴露过程中及预期的暴露信息数据。风险评估最后一步为风险表征，其根据物质实际或预期的暴露，对人类种群或环境区间造成的不利影响的发生和严重程度进行估算。如果利用阈值效应，认为低于 RfD/RfC 和 ADI/TDI 的暴露无风险，但当数据超过健康指导值范围外时，即不能确定是否会有不良效应发生。健康指导值并不是人体毒性的最低下限。一般认为 RfD/RfC 和 ADI/TDI 是安全剂量，在此数据和毒性下限中存在安全范围。很多情况下，暴露剂量稍高于健康指导值并不会出现预期的风险，所以，因为个体差异，需要具体分析每个案例中的暴露时间或暴露剂量高于健康指导值的程度为多少时可引发风险。

TTC 方法用于物质毒理学数据很有限的情况下，其旨在建立人体化学品暴露的阈值数据，在该值暴露水平以下，预计观察不到显著的人类健康风险。Kroes 等（2000）确定 TTC 可用于免疫毒性研究，还进一步提出 TTC 在风险评估中的使用原则（Munro et al.，2008）。Kroes 等（2004）曾提出食物中低分子质量化学物质风险评估中 TTC 应用的指南，此指南采用分阶段方法根据不同类型的化学物质定位相应的 TTC。Munro 等（2008）提出风险分析中 TTC 应用指南的进一步细则。

本指南大体介绍了风险评估的确定性方法。在某些特定情况下，概率方法也是可行的，其更适用于定量人群层面的风险。例如，在食物过敏领域开发应用的一种概率方法，用于分析食品与抗原交叉感染的定量风险（Spanjersberg et al.，2007，2010；Kruizinga et al.，2008；Madsen，2009）。

3.2　免疫毒性中风险评估应用原则

免疫毒性风险评估应执行与其他毒理学终点风险评估相同的风险评估原则和评估方法。应按照其他（带阈值的）毒理学终点风险评估中采用的主要方法执行免疫毒性风险评估。目前还未有证据证明免疫毒性和其他毒理学终点存在根本性差别，在风险评估中需要不同的方法。但免疫系统也确实表现出很多特殊性（第 2 章），这些特殊性需要在风险评估中被考虑。另外相对于其他成熟的毒性领域，免疫毒性风险评估缺少统一的指南、可采用数据及研究草案，为免疫毒性风险评估造成一定的障碍。

暴露于外源物有可能产生以下一种或多种公认的不良结果（第 2 章）：①特异性或广泛非特异性的免疫抑制；②增加包括遗传性过敏、食物过敏和哮喘在内的过敏性疾病；③对化学本身的过敏反应；④增加自身免疫疾病的风险；⑤造成固有免疫细胞功能失调性反应，组织或器官损伤或功能障碍。

根据免疫毒性类型不同，在风险评估时应考虑其特殊性。以下章节中介绍了不同类型的免疫毒性及特殊性，并提供相应的风险评估指南：第 4 章为免疫抑制，第 5 章为免疫刺激，第 6 章为致敏反应和过敏反应，第 7 章为自身免疫及自身免疫疾病。对于免疫抑制和致敏反应较低程度的自身免疫风险评估可依赖已有模型系统、机制研究数据及经验，这些章节比免疫刺激更为详细。

在免疫毒性风险评估中对单一类型毒性评估可采用构造法，对于风险评估者，找到免疫毒性风险评估的切入点和对于不同类型的毒性研究遵循透明构造的评估方法同样重要。评估者可以根据已知化学品的毒理学数据推导出切入点，决定是否将免疫毒性及何种类型的免疫毒性纳入评估范围。本章3.4部分列出评估中可能用到的切入点。

在风险评估中专家对现有数据和场景的判断非常重要，对此可咨询免疫毒理学专家。本章提供的免疫毒性风险评估切入点可引发评估者与免疫毒理学家之间的互动。

本指南中提供的指导方法应帮助评估者确定考虑何时进行评估免疫毒性，评估对象为何种免疫毒性，且应采用何种评估方法，所以其并不是固定不变的。评估者可根据风险评估的目的与风险管理议题调整所采用的评估方法。如何鉴定处理理论知识及数据差异是风险评估中存在的普遍问题，所以在评价健康相关数据库中应考虑此情况。

3.3 免疫毒性风险评估总论

3.3.1 引言

为了准确预测外源性化学物质暴露在人群中的免疫毒性风险，需要一个科学完善的免疫毒性风险评估框架，支持对实验研究及流行病学研究进行准确、定量的解释及其在人类健康风险评估中的应用。尽管还未确切了解发育中及老龄相关的免疫功能差异，但应将这些生命阶段的特殊脆弱性考虑在内。与化学物质相关的免疫毒性包括超敏反应（第6章）、免疫抑制（第4章）、自身免疫（第7章）或意外刺激引发的免疫反应（第5章）。免疫抑制如果达到允许感染因子大量繁殖或阻止肿瘤细胞的自发性破坏，则其与感染性疾病和肿瘤疾病易感性增加有关（第4章）。与化学物质暴露相关的超敏（过敏）反应可能是化学物质导致的直接过敏反应的结果，或通过调节免疫反应改变其作用方向，使过敏反应更常见或结果更严重（第6章）。自身免疫是指机体免疫系统对自身抗原失去免疫耐受性，导致自身抗体或自身免疫效应细胞发生免疫应答的现象（第7章）。目前对意外刺激引发的免疫反应关注极其有限，并不确定其是否是引发疾病的直接原因（第5章）。但是，引起意外刺激的化学物质与自身免疫疾病相关，因此其可能是信号失衡后为平衡适当免疫反应和病理性免疫系统控制的恒定过程。

3.3.2 临床和流行病学数据

3.3.2.1 临床数据

人体免疫毒理学数据可通过良好试验设计的临床、流行病学研究及观察性研究和个例案件中推论得出，尽管临床研究提供了识别和描述免疫毒物的最好机会，但是对于环境或职业性化学物质而言，其并不遵循处方药品的管理流程。若妥善解决此问题，在可控的人体暴露后免疫功能数据仅需要稍微外推，可提供一般人群最可靠的暴露数据。

3.3.2.2 流行病学数据

为评估环境或职场物质暴露后的潜在人体免疫毒性,采用的主要研究为可追溯设计,一般个体短时间暴露于高水平的物质或大规模人群进行长期低水平的暴露,虽然在某些情况下,已确定化学品可造成身体负担,可由于试验条件的局限性很难得出广泛使用的结论。许多研究样本量很小,且受试者可能已经暴露于受试物之外的化学物质中,受试人群对暴露特征的描述依赖于回忆,具有自我选择性。免疫学检测通常仅限于一或两个试验,旨在识别非常严重的免疫学效应,而非轻度至中度变化。数名作者详细回顾了评价宿主抵抗性变化的研究(Thomas et al., 1995; Vial et al., 1996; Voccia et al., 1999; Luebke, 2002)。人类比较完整的免疫毒性研究是儿童在出生前及出生后暴露(通过母亲饮食和乳汁)后,持久性有机氯化合物检测试验。此类氯化物之前在杀虫剂和工业化学物质中发现过(如 PCB)(综述性文章参见 Luster et al., 2004)。暴露于杀虫剂与自身免疫之间的关系有很多证据证实(综述性文章参见 Holsapple, 2002)。

人类试验中最常用来评估免疫学变化的是免疫细胞表面标记物分析(免疫表型)和血清免疫球蛋白(Ig)水平。大医院定期进行上述试验,其提供了个体免疫及人类免疫系统激活状态的重要数据信息,而且帮助临床免疫学疾病[例如,原发性免疫缺陷、获得性免疫缺陷综合征(AIDS)]和造血功能障碍的诊断。由于实验室之间及实验者的个体差异,为了得到可精确显示免疫系统微小变化的数据,需重点关注试验设计及实验技术。Shearer 等(2003)与儿童 AIDS 临床试验组合作,以期确定一个大型($n=807$)对照人群中的免疫表型值,该作者证实尽管努力控制实验室间和实验室内方法差异并去掉最高和最低的第 10 个百分位数值,每个年龄组内的变化依然超过 2 倍。除了年龄,性别、不同的民族及环境因素也很大程度上影响免疫表型值(Marti et al., 2002)。很多人体研究中,已经发现对照人群和病例人群在血清免疫球蛋白水平和免疫表型方面存在统计学显著差异。但是,由于历史对照值变异性大,病例值可能显著不同于对照值,但依然落在历史正常范围内,这使得结果难以解释。从人类免疫缺陷病毒 1(HIV-1)感染儿童研究(Shearer et al., 2000)和卤代芳香烃暴露研究(Weisglas-Kuperus et al., 1995)中推导的 CD8+T 细胞计数可以提供该问题的实例。尽管两个实验人群的 CD8+T 细胞数量差异均具有统计学显著性,但是数值依然在正常范围内。还有一个可能出现在观察性研究中的关于个体间和年龄变异性的实例,评价流行病学研究或常规毒性检测期间收集常规免疫系统数据[例如,免疫球蛋白水平、白细胞(WBC)计数、免疫分型]时,评估员应少关注暴露人群的数值是否落在典型广泛历史正常范围内,而应多关注与合理匹配的对照人群的数值相比的变化是否具有统计学显著性,或者落在正常值范围之外的个体数量是否有变化。

分析人体免疫数据需更倚重于基于多项免疫试验的研究,其所产生的数据提供了生物学合理的解释。分析大量免疫表型分析物时,一类错误可能导致一项或多项免疫表型的异常值。所以在特定模式下多项变化能一致的免疫毒性指标则更加可靠。例如,在未观察到特定淋巴细胞标记物水平(特别是 B 细胞)持续降低的情况下,不太可能出现免疫球蛋白水平明显下降的现象。"Bilthoven 研讨会报告:评价环境和工作场所的免疫毒性物质对人体健康影响的流行病学的进步"（Van Loveren et al.，1999）和 EHC 180：《化学物质暴露的直接免疫毒性的评估原则和方法》（IPCS，1996）中描述了流行病学研究中一般免疫毒性数据使用的生物标记物。此外在 EHC 212：《与化学物质暴露相关的超敏反应的评估原则和方法》（IPCS，1999b）中描述了致敏反应和过敏反应的流行病学考虑事宜，EHC 236：《与化学物质暴露相关的自身免疫的评估原则和方法》（IPCS，2006a）中描述了自身免疫的流行病学考虑事宜。关于所分析化学物质的数据集中包含的免疫毒性、超敏反应和自身免疫终点，风险评估者应参考 EHC 180、EHC 212 和 EHC 236 的流行病学章节，以便获得用于风险评估的免疫毒性数据的特定背景、警告和信息。由于一种指定化学物质可能对应一种或多种免疫毒性，因此，预计风险评估者可能希望参考这三个 EHC 文件中的一个或多个文件的流行病学章节，并使用以下一个或多个关于免疫毒性特定领域的风险评估章节（即第 4 章免疫抑制数据，第 5 章免疫刺激数据，第 6 章致敏数据，第 7 章自身免疫数据）。

3.3.3 实验动物数据

3.3.3.1 引言

作为风险评估的第一步，需要了解用于评估实验动物模型中的特定方法学，进而评估化学物质危害表征研究数据库，EHC 180：《化学物质暴露的直接免疫毒性的评估原则和方法》（IPCS，1996）中详细讨论了描述一般免疫毒性所采用的终点和方法。EHC 212：《与化学物质暴露相关的超敏反应的评估原则和方法》（IPCS，1999b）中对描述致敏和过敏反应所用的终点和方法进行了类似的深入讨论。EHC 263：《与化学物质暴露相关的自身免疫的评估原则和方法》（IPCS，2006a）中描述并评价了描述自身免疫所采用的终点和方法。大多数化学物质的数据集不太可能包含全部已描述终点的数据。关于所分析化学物质的数据集中包含的免疫毒性、超敏反应和自身免疫终点，风险评估者应参考 EHC 180、EHC 212 和 EHC 236 的试验描述，以便获得可以帮助解释用于风险评估的免疫毒性数据的特定背景、警告和信息。风险评估者可能利用以下多个关于免疫毒性特定领域的章节（即第 4 章免疫抑制数据，第 5 章免疫刺激数据，第 6 章致敏数据，第 7 章自身免疫数据），因为一种指定化学物质的数据可能提示不止一种类型的免疫毒性。评估目标化学物质的所有免疫毒性数据时的一般性考虑事宜现提供如下。

3.3.3.2 评估免疫毒性数据注意事项

尽管 20 世纪 90 年代中后期以前发表的研究中常见的是 14 天暴露，且 EHC 180（IPCS，1996）中将 14 天暴露作为一些免疫毒性或筛查的分层方法的一部分，目前由很多不同机构（包括 USEPA）颁布的标准毒性检测指南将 28 天指定为最短多剂量暴露期。对于免疫毒性危害表征而言，28 天的暴露期通常足以引起反应。另外，USEPA 检测指南（USEPA，1996a，b，1998）指出应在临近暴露期结束前完成动物免疫，且应在最后一次暴露后次日采集样本。这样的安排确保供试化学物质及其代谢物存在的情况下发生宿主免疫反应的各个阶段，最大化识别潜在危害的机会。20 世纪 90 年代中后期之前，一部分研究主张暴露结束后再进行动物免疫，其认为"毒物和抗原之间不可预知或无法确定的相互作用可能会降低抗原的免疫原性"。目前暴露期进行免疫已经很大程度取代了上述方法，除非毒物毒性极低且代谢非常迅速，这两种方法可能得到相同的结果。

应激和免疫系统在化学诱导免疫毒性中的作用已引起广泛关注。如果在未引起明显毒性的剂量水平观察到免疫毒性，无论毒性是通过直接作用于免疫系统而发生还是通过间接效应（如诱发应激反应）发生，则可认为供试化学物质具有免疫毒性。鉴于明确的一般毒性证据，通常使用切除肾上腺的动物确定应激诱导的免疫毒性。血清皮质类固醇水平的变化或典型白细胞像（即淋巴细胞减少，单核细胞数升高）可以确定毒性，但不足以确定是否为应激性反应。

(a) 性别

在人类和实验动物中，已知基线免疫功能水平存在定性和定量的性别依赖型差异，这在某种程度上与性类固醇的相对水平和对性类固醇的反应相关。尽管内分泌和免疫系统之间的相互作用是复杂的，但是女性的抗体反应通常比男性更强，但细胞介导的反应则在男性中更强。需要抗体或细胞介导的免疫反应的抗感染性一般遵循相同的反应模式。有证据证明，接触过敏原时女性是反应更活跃的应答人群（Rees et al., 1989），但证据的权重说明女性和男性的反应相似（Felter et al., 2002）。最近随着成人免疫毒性测试的问世，与一般毒性检测平行的指南才同时评估了雄性和雌性啮齿动物。为了避免雄性小鼠与打斗相关的应激反应，过去免疫毒性测试很少使用雄性小鼠；雄性大鼠不像雄性小鼠那样好斗，因此广泛用于常规毒性试验。另外，已知啮齿类动物和人类的免疫功能都受发情周期和妊娠的影响。有试验证实在特别是发育免疫毒性研究中，已描述的化学物质对免疫功能影响存在性别差异。例如，在生命早期暴露于DES的雌性小鼠出现明显的免疫抑制，而雄性小鼠免疫功能则可迅速恢复正常（Kalland, 1980）；铅暴露大鼠的后代中也存在明显的性别相关的差异（Miller et al., 1998; Bunn et al., 2000, 2001a, b）。但极有限的证据证明免疫功能的变化可能影响自身免疫疾病易感型小鼠在发育期暴露之后的疾病（Stoll and Gavalchin, 2000）。给定化学物质如果是内分泌干扰物［特别是可能干扰性胆固醇水平或性胆固醇所介导终点的干扰素（IFA）］，则应收集此物质的免疫毒性评估时性别相关的潜在免疫毒性数据，减少评估中的不确定性。鉴于免疫功能中存在的已知性别差异，不同性别对免疫毒物反应的一致性会加强免疫毒性证据的权重，但在证明免疫毒性时对此并不做要求。在特定试验中，化学物质在两种性别中诱导的免疫毒性不一致并不一定代表相互矛盾的数据，可能代表性别依赖型差异。在一项有效开展的研究中，来自某一性别的负面数据并不能证明另一性别的正面数据是错误的。风险评估中应使用来自更敏感性别的数据（例如，具有最低过氧化物氧化酶的个体），以不良免疫效应为基础，证明剂量-反应关系。

(b) 种属与品系

尽管有确定人类免疫毒性证据的化学物质很有限，但是来自临床和流行病学研究的人体证据和动物实验数据之间大体一致（Descotes，2003；综述性文章参见 Vos and Van Loveren，1998；Koller，2001）。免疫抑制疗法的啮齿动物数据是后续临床观察的良好预测工具。例如，环孢素 A 在各种属（小鼠、大鼠、豚鼠、狗、恒河猴和人类）的免疫抑制效应中显示出比较良好的定量和定性的一致性（IPCS，1996）。研究证实 TCDD 存在种属特异性免疫毒性的例外情况。虽然 TCDD 在多个种属中具有免疫毒性（综述性文章参见 Vos and Van Loveren，1995，1998），但是在敏感性方面具有明显的种属差异（Luebke et al.，1994，1995；Smialowicz et al.，1996）。体外数据可能提供显示不同种属和品系对指定化学物质免疫毒性的潜在敏感性差异的数据。例如，检测潜在免疫毒性（细胞毒性、细胞因子的释放、骨髓毒性和抗原反应）选定的某些体外实验中，有些已知免疫毒物［三丁基氯化锡、环孢素 A 和苯并（a）芘］的半数抑制浓度（IC_{50}）具有种属和试验依赖性（Carfi et al.，2007）。如果证实了免疫毒性中存在种属或品系差异，则关于毒代动力学和 MOA 的数据将有助于选择用于研究人体内免疫毒性的最佳动物模型。

当前，关于种属特异性敏感性及哪个种属对免疫毒物引起的特定免疫抑制效应最敏感的预测，尚无可靠的试验基础。在特定试验中，化学物质在两个种属和品系中诱导的免疫毒性不一致并不一定代表相互矛盾的数据。在一项有效开展的研究中来自某一种属或品系的负面数据并不能证明另一种属或品系的正面数据是错误的。风险评估者应使用来自更敏感种属或品系、以不良免疫效应为基础、证明剂量-反应关系的数据。来自多个动物种属的数据可加强人类风险评估的意义，因此，大多数测试指南建议综合采纳来自多个动物种属中获取的数据。例如，按照 USEPA 关于免疫毒性协调健康影响试验指南（OPPTS 870.7800）执行的免疫毒性研究声明，除非物质在大鼠和小鼠吸收、分布、代谢和排泄（ADME）的数据可获得且相似，否则应采用两个种属进行试验（USEPA，1998）。

(c) 暴露持续时间

固有免疫和适应性免疫系统大多数细胞的生命相对较短，中性粒细胞从数小时至一天，淋巴细胞为数日，记忆细胞属于例外，可以存活数年。因此，免疫系统通过造血系统（成人骨髓）产生的前体细胞，或抗原刺激后淋巴细胞的克隆扩增，处于一种不断更新的状态。因为蛋白质分解代谢，免疫系统可溶性产物的寿命也较短。例如，循环抗体的半衰期为 3~28 天，其取决于免疫球蛋白种类。如果化学物质暴露跨越了被评估免疫系统组分的一个或多个半衰期，则应该通过简单计数循环中的骨髓细胞和淋巴细胞并测量各类血清免疫蛋白的浓度，来检测造血系统或抗体合成的严重抑制。然而，专门靶定免疫细胞或专门阻滞 DNA 或蛋白质合成的化学物质暴露之后不太可能发生造血或抗体合成的抑制，说明此类非特异性终点缺乏敏感性，在亚慢性毒性研究中的预测价值不高。

(d) 初次暴露年龄

随着免疫系统在生命周期内的发育和变化，其在各个生命阶段化学物质暴露的脆弱性不同。化学物质对免疫活性的评估影响通常使用暴露前免疫系统已经发育成熟的动物，目前尚未系统评估成年动物免疫影响的持久性，但根据暴露于强效免疫抑制剂的人体数据，预计随着免疫毒物的清除，免疫功能会恢复正常。相反，怀孕期间或产后早期暴露已被证明会产生更长的持续影响，持续数周、数月，甚至宿主寿命内的大部分时间（Luebke et al.，2006a；Dietert and Dietert，2007）。根据实验动物研究，发育中的免疫系统的紊乱可能表现为定性（影响发育中的免疫系统，但不影响成年免疫系统）或定量（低于成年免疫系统影响剂量对发育中免疫系统存在影响效应）差异。毒物暴露可延迟免疫成熟，其可随着时间逐步恢复正常成年水平，但如果暴露干扰成熟过程中的关键步骤，则可能会导致终生免疫功能缺陷（Dietert and Piepenbrink，2006b；Luebke et al.，2006a；Dietert and Dietert，2007）。

传染病在老年人中比在青年、中年人中更常见，产生此现象的原因并非免疫系统的不成熟，而是与年龄增长有关的免疫反应性丢失（免疫衰老），其可增加免疫敏感性。简言之，太年轻缺乏免疫经验，而老人尽管有丰富的经验，但已不能再像年轻人那样进行应答。当前，尚无数据证明老年人的免疫系统对免疫毒物敏感。然而，免疫衰老确实在老年人中可能产生更显著的不良影响。

(e) 暴露途径

免疫毒理学研究并没有标准暴露方法，"最好"的暴露方法应符合人类接触某种化学物质的最可能的途径（IPCS，1996，USEPA，1998）。例如，人类主要通过吸入和皮肤接触暴露于JP-8喷气燃料，这两种暴露途径（皮肤接触：Ullrich，1999；Ullrich and Lyons，2000；吸入：Harris et al.，1997）与小鼠胸腺质量减小及T细胞增殖抑制相关。人们普遍认为循环中的免疫毒物或免疫毒性代谢物的浓度决定免疫毒性水平，以不同暴露途径在血液中达到同样的免疫毒物浓度后，会产生相似的免疫毒性水平。如果有可以使用的数据，应考虑与暴露途径相关的毒物代谢差异可能性及由此造成的免疫细胞和免疫组织内不同暴露量的可能性。与免疫毒性研究一起进行的毒代动力学测定是极具价值的。在缺乏毒代动力学数据时，假定与皮肤或经口暴露相关的解毒或清除是由于物质吸收量的减少。

暴露途径相关的免疫毒性差异另一个需要考虑的问题是物质局部而非全身免疫反应的可能性，例如，化学物质免疫毒性可能抑制暴露部位的免疫功能，如对常驻性肺巨噬细胞群的吸入依赖性抑制，不会影响身体其他部位的巨噬细胞免疫功能。这可能是由于暴露部位浓度高，或者毒物进入血液循环时迅速被清除或解毒。下一节将更详细地讨论局部免疫性和全身免疫性之间的区别。

3.3.4 局部与全身效应

与暴露途径相关的明显局部毒性概念对于免疫毒理学而言不是唯一的，该概念产生的原因可能是直接暴露或暴露部位局部毒物浓度增加。在一项分析糠醛在Fischer 344大鼠中的暴露途径依赖性毒性的研究中，在一般性毒理学中比较了局部毒性和全身毒性，例如，与 6 mg/(kg·天) 糠醛最低吸入浓度相关的局部途径依赖性组织病理学变化显示其毒性低于与口服暴露相关的任何观察毒性（Arts et al.，2004a）。与暴露途径相关的局部暴露效应可以完美地解释局部毒性；如果大鼠通过吸入途径摄入糠醛，则可观察随着大鼠鼻腔特定形态变化导致局部暴露量增加而加剧毒性效应（Kimbell et al.，1997）。然而，与大多数毒理学终点不同，免疫毒理学暴露途径不只是局部浓度或摄入量增加的问题。免疫系统中存在与每个主要途径（吸入、皮肤和经口）相关的局部且非完全独立部分。因此，因为局部免疫毒理学效应可能独立于全身免疫性发生，所以对于免疫毒性终点和免疫毒性测试中使用的试验，暴露途径可能更加重要。

3.3.5 效应的可逆/不可逆性

人体研究表明，在暴露于强效免疫抑制剂之后，随着外源物质的清除，免疫功能可以恢复正常。同样通过治疗自身反应效应，药物诱导的自身免疫效应也往往减轻（参见第 7 章）。然而，成年动物体内效应的持久性尚未进行系统的评估，如果暴露对前体细胞或干细胞产生影响，则预计会对机体产生长期效应。怀孕期间或产后早期暴露有其特殊性，这个时期产生的免疫毒性效应要比成年后中持久，可持续数周、数月，甚至影响宿主生命周期中的大部分时间（Dietert and Piepenbrink，2006b；Luebke et al.，2006a；Dietert and Dietert，2007）。

暴露的剂量、持续时间、时机和 MOA 的联合效应都会影响免疫毒性的持久性（详见第 4 章第 4.7 节、第 5 章第 5.7 节和第 7 章第 7.6 节的额外讨论）。对于生物蓄积的化学物质，暴露持续增加将导致特定组织内物质剂量的增加，且在停止暴露后具有相对时间更长的作用过程。如 3.3.3.2（d）中初次暴露年龄的讨论，暴露时机是一个重要因素，特别是对于早期发育期间的暴露，此时产生持久免疫毒性的能力明显与成年后暴露不同。MOA 及参与特定化学物质免疫毒性关键事件的细胞或中介体半衰期也直接影响免疫毒性的持久性。因此，骨髓干细胞参与的免疫毒性持久性概率较高，而当 MOA 仅限于短寿命细胞，如外周血中性粒细胞时，持久性概率则下降。

3.3.6 生物学似真性

给定化学物质的数据可能预测一种或多种免疫毒性，因此，风险评估者可使用以下关于免疫毒性特定领域的风险评估章节：第 4 章免疫抑制数据，第 5 章免疫刺激数据，第 6 章致敏数据，第 7 章自身免疫数据。对于与健康相关的免疫毒性数据库的证据权重评估，应针对所有数据集进行分析，其决定了免疫毒性特定方向的选择，并且提供使用第 4~7 章风险评估指南的线索。之前各章均介绍了特定免疫毒性类型的证据权重评估，第 4~7 列出了免疫毒性相关的毒性终点大纲，其以第 3.4 节描述的重点关注化学物质免疫毒性数据为基础，以帮助风险评估者根据数据集选择合适的指南文件。

3.3.6.1 健康相关数据库

评估化学物质是否具有潜在免疫毒性危害时,应该判断此物质现有的数据可否足够描述免疫毒性的特征,即数据是否能够共同提供充分的证据以判断一种人体免疫毒性危险是否存在。一般存在以下3种可能性:①可提供充足的免疫毒性证据;②"缺乏免疫毒性"的充分证据;③关于免疫毒性的非充分证据。检查分析数据时,应涵盖所有相关的毒理数据,优先采用人体相关试验结果,相关试验应包括多样的暴露情景及毒性终点,数据可靠。单独的体外数据不足以证实免疫毒性,然而其与体内数据可帮助建立 MOA。

数据库中数据质量评估有助于物质的整体风险评估过程及与健康相关的免疫毒性数据库特征描述。应在证据权重评估中考虑每一个研究及更广泛的化学物质特定数据的优势和局限性。对研究标准的一致性(包括药品非临床试验质量管理规范的原则)、研究设计的合理性(受试者的数量是否充足,试验方法是够恰当)及相关分析技术的应用等因素均有助于对数据和研究质量进行科学的判断。

相同或相似的实验中,对免疫系统特异性的测量及种属间数据特征描述[①]时可使用证据权重法。人体相关的免疫毒性可仅仅根据宿主抵抗性的动物试验确定,而无需免疫试验数据,但宿主抵抗性试验的阴性数据并不能说明存在免疫毒性。评估者应按照个体研究的优缺点(如样本量及暴露持续时间),参考指定化学物质的免疫毒性数据库,评估相互矛盾的数据。评估过程包括整个数据库内观察到的宿主抵抗性变化,如免疫抑制程度,试验涉及毒性终点的数量及类型,暴露剂量、途径和持续时间的相关性,试验激发因素的相关性。虽然当前免疫毒性的结构-活性关系(SAR)还未确定建立相关联系,有关 SAR、MOA、毒代动力学数据和其他因素的信息可影响数据库的表征。

如上所述,与健康有关的数据库的证据权重评估一般导致以下三种结论。

1) 免疫毒性的充分证据,为收集到的相关数据可提供人类免疫毒性危害存在的详细信息,可提供上述信息的数据包括以下类型:
   - 流行病学研究(病例对照或队列研究)证实暴露与免疫毒性相关。病例研究可以支持证据权重,但是一般不足以单独构成充分的证据。
   - 人类相关试验或研究结果确定有潜在的免疫毒性危害,或一种、多种实验动物种属在抗病性研究或免疫毒性标志性参数显示剂量或处理相关的差异影响,其标志着明显的系统毒性。
   - 来自多个免疫毒性终点的数据与生物学保真性数据共同提示免疫毒性的可能性。体内试验研究数据(如14天或90天研究)可弥补免疫参数数据的缺失,这些研究显示了初级或次级免疫器官中的组织病理学效应,研究显示免疫器官从量

---

① NTP 数据库中有超过50个化学品相关系统的免疫毒性试验,其详细记录了评价一般免疫毒性及宿主抵抗力(Luster et al.,1992)的试验类型。其中白血球或 WBC 计数组合评价免疫毒性时一致性不超过50%,而抗体应答与空斑形成细胞试验(PFC)一致性则可达到78%。在两个试验显示免疫抑制时,如 PFC 与 NK 细胞试验,一般免疫毒性与宿主抵抗力降低的预测能力将增强,一致性达到90%。

变到质变受到不良影响（如淋巴器官萎缩、骨髓功能降低、血液学终点的显著变化）的高度可能性。化学物质与其他已知免疫系统毒物间关系及 SAR 相关数据也应加入支持证据的行列。

2）缺乏免疫毒性的充分证据，其将以能够证明以下两点的数据库为基础：①在数个种属中（首先包括人类），涵盖免疫系统不同方面的一系列终点不存在免疫毒性；②没有可以预测免疫毒性的其他毒性效应。

3）免疫毒性的非充分证据，其应包括以下数据库：①不充分；②并未试验设计差异的情况下，结果相互矛盾（如不同种属、品系或暴露持续时间）；③与缺乏化学品相关的免疫学参数相关数据，可提供的证据模棱两可（如在缺乏其他的证据支持下，中、低剂量水平多个免疫相关参数显示统计学显著变化）；④受限于不充足的免疫毒性研究数量或种类限制（例如，很多一般毒性研究仅评估胸腺质量，在没有其他证据的情况下不能确定免疫抑制的可能性）。示例：

- 缺乏体内功能数据，单独的体外数据被视为"不充分"数据。
- 缺乏相关功能参数发生明显变化（如抗体生成及功能性测量指标均未发生变化），免疫组织的病理学或淋巴细胞计数发生的统计学显著变化，或一种/多种敏感性较低的终点（如淋巴细胞增殖反应）出现缺陷，脾、胸腺、骨髓或淋巴结没有相关的组织学变化，都属于非明确的免疫抑制证据。

默认情况下，除非常识或有其他说明，风险评估应将任何效应考虑在内。

在确定指定化学物的数据库能够提供"免疫毒性"或"不存在免疫毒性"的充分证据时，风险评估者应执行第 3.3.6.2 节所列的证据权重评估，并完成风险评估中的危险识别步骤。如第 3.1 节所述，预计评估将贯穿危害表征（或剂量-反应评估）、暴露评估和风险表征。

另外，当确定指定化学物质的数据库缺乏证明"免疫毒性"或"不存在免疫毒性"的充分证据时，可以单独地分析评价是否需要额外的数据来确定潜在的免疫毒性危险。如第 3.3.6.3 节。

3.3.6.2 健康相关数据库的证据权重评估

美国 NTP 将免疫系统毒性证据的权重强度分为 5 类，按照从"较强证据"到"不确定结果"的顺序排列（Germolec，2009）。NTP 对这一免疫毒性证据系统强度的汇总可用于评估个体研究及大批证据的评估。尽管 NTP 的证据阐述以免疫抑制为焦点，但其原理可用于评估其他一般免疫毒性。

NTP 描述化学试剂和其他供试物的研究结果，并记录了每项研究结论的证据强度。虽然在某些情况下，一份研究报告内可能研究多个种属，但通常每个研究仅限于一种实验动物种类。实验动物未表现免疫毒性证据称为试验的阴性结果，阴性结果不能确定受试物非免疫系统毒物，而只表示该受试物在试验给予的特定条件下未产生免疫毒性。在与人类相关的实验条件下证明一种受试物具有免疫毒性称为试验的阳性结果，除非有明确证据证明其为非免疫器官系统明显毒性的继发性结果，通常认为阳性结果为原发效应。

此处所述的"证据水平"声明仅针对免疫危害。确定人类暴露的风险时，不采用上述声明所涉及的暴露数据，所以评估者在将研究结果通报时需时刻牢记这一点。

免疫毒性试验中可观察到的证据强度采用 5 类免疫系统毒性证据来描述：两类阳性结果（明确证据，若干证据）；一类不确定结果（模棱两可的证据）；一类无显著效应（无证据）；一类由于试验重大设计或执行缺陷而无法用于评估（不充分的研究）。应用这些标准对评估者的资历有很高的要求，需要评估者经验丰富，非常了解所用动物模型和研究设计，并根据上述条件进行专业判断。每项研究可采用上述 5 类证据中一类或多类支持结论报告，如有必要结论报告应针对性别分别进行。上述证据分类是针对实验结果的证据强度而言，而并非针对试验效力或机制。

用于评估免疫系统毒性的证据水平如下。

1) 免疫系统毒性的明确证据
   - 实验数据证实受试物与不止一项功能参数或原发性抗病试验存在剂量相关效应[①]（考虑试验效应和剂量-反应的量级）；或者
   - 实验数据证实受试物与一项功能性分析和其他预示生物学似真性终点存在计量相关性效应。

2) 免疫系统毒性的若干证据
   - 实验数据证实受试物与一项功能性参数存在剂量相关效应，无其他支持性数据；或者
   - 实验数据证实受试物与功能性免疫参数或抗病性分析中多种可观察参数存在剂量相关效应；或者
   - 实验数据证实受试物对一项功能性参数或抗病性分析具有效应关系，且提供其他生物学似真性数据表明该功能参数或抗病性分析与剂量无关。

3) 免疫系统毒性模棱两可的证据
   - 实验数据证实受试物对一项功能性参数或抗病性分析具有效应关系，且提供其他生物学似真性数据表明该功能参数或抗病性分析与计量无关；或者
   - 实验数据证实受试物与一项可观察参数存在剂量相关效应，而对功能性免疫参数或抗病性试验没有影响；或者
   - 实验数据证实受试物在对实验动物全身产生明显毒性的剂量条件下对免疫系统产生效应；或者
   - 重复试验的实验数据相互矛盾，未统一。

4) 无免疫系统毒性证据
   - 相关受试物数据来自有设计或执行缺陷的试验，且数据未显示生物学相关的效应证据。

5) 免疫系统毒性的非充分研究
   - 受试物研究设计或执行存在重大缺陷，试验结果不能用来决定是否产生了免疫

---

① 剂量相关效应特指任何形式的剂量-反应关系，旨在体现受试物在暴露饱和后与一些终点存在的非单一性的反应关系，其涵盖剂量-反应行为，不同剂量水平下免疫学临床表现的变化或其他现象。

系统毒性。

当选择一项特定研究用来支持最终的研究报告时，需特别注意此项研究用于证据分类的关键因素。研究报告需结合科学经历与当前实验动物免疫毒性研究，特别是毒性终点间的关系，对免疫功能的影响，终点的相对敏感性和效应的特异性。免疫系统毒性涉及证据选择的关键因素包括以下几方面。

- 免疫毒性是在"免疫反应可能被免疫毒物加强或抑制"这一背景下定义的。因此，在危害识别中将考虑与免疫抑制和免疫刺激相符的剂量相关效应。
- 功能性效应定义为"免疫系统回应激发或刺激的能力的变化"，其通常比细胞计数变化等观察性参数更受重视。
- 剂量涉及功能性损伤严重程度和（或）疾病流行率（剂量的函数）的增加（更多个体发生该效应）可强化证据水平，应注意特定的效应表现可根据剂量的增加而变化。例如，在低剂量水平的病理学变化可能反映了较高剂量水平的免疫功能缺陷。
- 在免疫毒性应答性质、应答的量级、应答模式和当前免疫系统结构功能的理解背景下应考虑免疫毒物的生物学似真性。
- 在阐述生物似真性变化时应整合如毒代动力学、ADME、计算模型、SAR 关系等研究的支持，以及体外动物试验的免疫学结果。
- 免疫毒性的表征描述必须考虑明显的毒性影响（例如，受试物处理后对免疫系统产生非直接的影响，但通过应激和（或）其他剂量相关反应介导间接的效应）。
- 免疫毒性的表征描述必须考虑供试物的预期病理学。免疫毒性留作分析意外免疫抑制或免疫刺激。
- 对于免疫毒性证据来说单一种属或单一性别的实验结果可作为确定毒性的充分证据。

3.3.6.3 "触发器"及确定免疫毒性危险的额外数据需求

免疫毒性测试的触发器可能源自化学物质的现有数据，例如，流行病学信息或来自体外筛查或机制研究的数据。在常规毒性测试中获得的相关免疫系统数据（如免疫系统器官质量）不是明确的免疫毒性指标，但其可能是某种特定物质仅有的数据。当在无明显毒性出现的情况下发生显著的效应影响，则风险评估需要可靠的功能测试的数据。识别合适的"触发器"或关注其发生的原因是确定是否需要特殊免疫毒性研究的关键问题。Holsapple 等（2005）；Ladics 等（2005）已基于免疫毒性的证据论述了可能的触发器，但除了扩展组织病理学（Germolec et al., 2004a, b）之外，尚未确定触发特定免疫毒性测试的数据准确预测免疫毒性的能力。这些数据仍然可以提供足够的证据支持免疫功能评估。需要考虑的因素包括以下几方面。

- SAR 和 MOA 警告：尚无可用于计算确定潜在免疫毒性的公共数据库。历史免疫毒性数据大多支持以下观点，即拥有相似结构或能够与特定受体相结合的化学物质可以调节免疫功能。尽管结构类别相对宽泛，但重金属（如铅，镉）、卤代芳香烃（TCDD 和类二噁英 PCB）、多环芳香烃［如苯并（a）芘和代谢为二醇环氧化物的含相关湾区结构的化合物］和各种真菌毒素均会对免疫功能造成不良影响。MOA 作用关系也只是泛泛而谈，其包括细胞增殖的改变或氧化还原状态，以及与免疫调节相关的细胞内或膜受体的结合。如过氧化酶增殖因子、麻醉剂、类固醇激素激动剂和拮抗剂（雄激素和雌激素化合物）及蕈毒碱物质的受体。

- **常规毒理学研究**：常规毒理学研究是大鼠的 28 天经口毒性试验，该研究使大鼠在经过与人类最相关的暴露途径后，筛选多个器官涉及的一系列终点。潜在免疫毒性指标包括血液学状况、淋巴器官质量和淋巴器官病理组织学的某些特定变化。例如，虽然白细胞数或白细胞分类计数的改变不是特别敏感的免疫毒性指标，但中性粒细胞减少症在接受免疫毒性药物的患者中很常见。即使白细胞计数或表现型的微小变化也与老年个体死亡风险（Izaks et al.，2003）及人群唇疱疹的发生（Parks et al.，2007）相关。一些细胞变化是免疫毒性的非特异性指标（如肺组织内巨噬细胞数量的增加或炎性皮肤病变发生率的增加）。淋巴器官（包括胸腺）、脾或骨髓质量的变化也可证明免疫毒性的存在。因为胸腺和淋巴结、脾脏分属于一级淋巴器官及二级淋巴器官，所以胸腺萎缩对于淋巴结或脾脏质量的变化成为更敏感的指示指标。在 Elmore（2006a，b，c，d，e）提出的更为明确的条件下，脾脏、胸腺和淋巴结显微镜检查结果或上述组织病理分析也可以是敏感的免疫毒性指标。
- **临床和数据观察**：传染病的传播不太可能发生在正常运行的无特定病原体的动物之间。然而，如果试验动物中自发传染病出现的概率与剂量增加存在依赖性，则证明宿主抵抗性受损，应触发研究确定传染发生率增加的根本原因。
- **数值范围和统计分析**：评价流行病学研究或常规毒性检测期间收集的常规免疫系统数据（例如，免疫球蛋白水平、白细胞计数、免疫分型）时，评估者应多关注与合理匹配的对照人群的数值相比，是否具有统计学显著差异，而不是关注暴露人群的数值是否落在典型广泛历史正常范围内。但是，应当注意的是，由于人体免疫毒性测试通常执行多个功能重叠的试验，因此最具说服力的免疫功能改变证据是共享一个生物学合理变化状况的若干参数变化，而不是单独一个参数的统计学显著差异。当分析很多个标记物（例如，一系列淋巴细胞表面标记物）时，为了避免第 1 类统计错误，必须使用适当的数据分析方法。

3.3.7 剂量-反应关系和阈值

确定和评价剂量-反应关系是定性免疫毒性危害表征描述中的重要步骤。剂量-反应关系是证实化学物质免疫毒性的一个必要标准。在评估剂量-反应关系过程中，除了鉴定剂量-反应曲线形状和免疫毒性的有效剂量范围之外，还需要考虑暴露（途径、时机和持续时间）、毒物动力学等因素及可能影响与人体暴露情况比较的其他问题。根据风险评估目标和建模效应性质，可通过多种方式使用剂量-反应分析的结果：确立健康指导值（RfD/RfC 或 ADI/TDI），估算暴露范围或定量估算人体暴露水平的风险量级（请参阅 IPCS，1999a，2009）。剂量-反应数据的分析应确定与不良效应（免疫毒性）相关的剂量及无不良效应的剂量，以确定最合适的终点或关键效应。对于致敏和随后的诱导，可能存在不同的阈值和剂量-反应关系，诱导剂量通常低于诱发过敏反应所需的剂量（关于进一步的讨论，请参阅第 6 章）。对于健康指导值的制定，使用关键效应制定 POD，根据 POD 可以计算 RfD/RfC 或 ADI/TDI。根据免疫毒性数据识别关键效应可能涉及相当多的判断，因此在风险评估过程中应由合适的免疫毒理学专家进行辅助。

3.3.7.1 剂量-反应曲线的形状

如同大多数非癌终点一样，化学物质诱发的免疫毒性的剂量-反应函数通常被假设是非线性的①，函数能够显示阈值，当暴露剂量低于阈值时，免疫系统不会受到影响。另外，根据当前对人体免疫过程的了解及现有人体研究数据（综述性文章参见 Luster et al.，2005a），普遍认为免疫功能丧失和疾病发病率之间存在线性关系。免疫毒理学文献包含整个免疫学测量指标谱内的非线性和双相剂量-反应曲线示例，如淋巴细胞增殖、抗体的产生、吞噬功能、DTH 和宿主抵抗性试验。对于这些免疫毒性相关终点，现有数据支持将阈值剂量看作风险评估的 POD。

除了线性和双相（阈值）的剂量-反应关系之外，暴露于免疫毒性化合物后也存在倒 U 形的剂量-反应关系（综述性文章参见 Calabrese，2005）。免疫毒理学中非线性效应的存在和有效性早已得到认可（Dietert，2005；Hastings，2005；Holladay et al.，2005；Ladics and Loveless，2005）。免疫系统发挥调节功能涉及内分泌、免疫系统和神经系统的整合作用，化学物质暴露可能导致一系列复杂效应，在某些浓度下对一些测量指标起刺激作用，而在其他浓度下又对另外的指标产生抑制作用（Hastings，2005）。例如，大鼠通过饮用水暴露于甲基汞 [0.35 μg/(kg 体重·天) 和 35 μg/kg (体重·天)] 之后，植物凝血素（PHA）诱发的外周血淋巴细胞增殖反应中观察到了低剂量刺激作用（3～6 倍）和高剂量抑制作用（0～3 倍）（Ortega et al.，1997）。Holladay 等（2005）提出，免疫系统的非线性反应可能表现为曲线的不同部分对应不同的 MOA，即与曲线的抑制段相比，曲线的刺激段可能代表不同的反应机制或来自不同免疫细胞亚群的反应。相比之下，有丝分裂原增殖试验中在剂量-反应曲线较低一端常规观察到的增殖增加可能只是反映发生在细胞损伤之后的 DNA 修复机制激活，当有证据表明所观察到的反应可以归因于以剂量或暴露持续时间为基础的不同 MOA 的明确效应时，应分别考虑每个效应的 NOAEL/LOAEL。虽然这些类型的反应会比较复杂，但并不能因此推测，由于免疫毒性被视为不利效应，就认为免疫系统刺激作用是正面或有益的。免疫系统的刺激可导致过敏和哮喘或自身免疫反应及严重不良结果（在第 5 章免疫刺激、第 6 章致敏反应和第 7 章自身免疫中讨论了与免疫系统刺激相关的免疫毒性解释）。

---

① 此处使用术语"非线性"，其含义比在数学建模领域的常用含义更窄。在本指南中，术语"非线性"是指阈值模型（在包含 0 在内的低剂量范围内未显示任何反应）和某些非阈值模型（例如，二次模型，大于 0 的所有剂量显示反应）。在本指南中，线性模型是剂量为 0（及可能大于 0）时斜率为 0 的模型。

3.3.7.2 作用方式和剂量度量

有关已识别的免疫毒性终点的 MOA 信息（包括对关键事件的表征）及相关的毒代动力学数据可以帮助风险评估者评估拟定的剂量-反应模型。需特别指出的是，对所关注终点的预期剂量-反应关系的认识可以支持特定模型的选择（如果现有数据支持定量建模）。MOA 信息还可以提高来自实验动物数据的免疫毒性风险外推至人类时所用方法的置信度。

选择适当的剂量度量方式将更准确地反映暴露与反应之间的关系。剂量-反应分析的基础假设是：如果没有毒理动力学（药效学）差异，则无论在哪个种属中及采用何种暴露途径，适当的剂量度量方式将反映同等剂量下的相同反应（Andersen and Dennison, 2001；Clewell et al.，2002）。剂量度量方式的选择可能需要考虑化学物质的活性形式、作用组织或作用系统、化学物质在体内的持久性及说明"关注的特定效应是更依赖于暴露的平均值，还是峰值，或者暴露频率"的可用 MOA 信息。目前已有很多度量指标，包括最大组织浓度，浓度-时间曲线下面积（AUC）。使用"mg/（kg 体重·天剂量）"之外的度量方式，可考虑使用解决种属间外推或种属内变异性的其他方式和标准（见下文）。例如，皮质酮 AUC 已是使用非常成熟的剂量度量指标，用于分析化学物质诱发应激反应的某些终点的免疫毒性（例如，对 KLH 的抗体反应）；但是，如果某些测量指标（例如，NK 细胞功能）的抑制大于以皮质酮为基础的预期值，则提示存在其他免疫毒性机制，此情况之下 AUC 将不适用（Pruett et al.，2003）。

3.3.7.3 剂量-反应分析方法

在确定健康指导值、暴露范围或人类暴露水平的风险量级定量估算中，剂量-反应评估允许估算 POD，从 POD 中可推导出 RfD/RfC 或 ADI/TDI（USEPA，1994，1995a，2000b；IPCS，1999a，2009）。BMD 或基准浓度（BMC）方法通常是确定现有数据低端附近 POD 的首选方法，USEPA（1995a，2000a，b）就首选 BMD 方法。如果相关数据不适合定量建模，则可以使用 NOAEL/LOAEL 方法。下述文件中有关于估算 BMD 和 BMC 的 BMD 方法（USEPA，1995a，2000b；IPCS，2009），标准技术方法已将此应用于获得免疫毒性数据。一般情况下，POD 根据合适种属（如果缺乏用于确定最合适种属的信息则采用最敏感哺乳动物）的最敏感不良免疫终点制定。大多数免疫毒性数据是可连续性的，因此，将 BMD 方法应用于免疫毒性数据时，通常估计"相对风险"。相比之下，组织病理学数据可能是二分数据，BMD 方法针对这类数据估算"额外风险"。可能很多化学物质没有定向的免疫毒性研究数据可以使用，免疫组织病理学检查往往作为标准毒理学研究的一部分执行，因此，组织病理学可能是某些化学物质唯一可用的免疫相关数据。已经证明半定量性质的扩展组织病理学分析是免疫毒性的良好预测工具。研究扩展组织病理学分析敏感性的报告显示胸腺皮质内的病变最具一致性（Germolec et al.，2004b），这些病变与胸腺质量/体重之比相关，在某种程度上与抗原特异性抗体反应相关（Germolec et al.，2004a）。

3.3.7.4 剂量-反应风险评估输出：健康指导值

IPCS 与 USEPA 文件内容涉及当前针对"健康指导值"推导和剂量测定调整应用及不确定性因子的方法（IPCS, 1999a, 2009；USEPA, 2002）。剂量-反应分析应说明如何计算 RfD/RfC 或 ADI/TDI，并应包含对使用的假设、剂量测定调整和不确定性因子及估算值置信度的讨论。下文第 3.3.10 节讨论了免疫毒性特定不确定性因子的应用。推导针对免疫毒性的"健康指导值"时（即使用免疫毒性数据作为关键效应），用总体不确定性因子［默认的不确定性因子或化学特异性调节因子（CSAF）的倍数］除以用不良反应的"基于免疫毒性的 POD"，以推导 RfD/RfC 或 ADI/TDI。在不同情况下，应根据其他的毒性数据背景分别对免疫毒性进行讨论。

通过慢性暴露或动物生命周期摄入推导出的健康指导值一般被认为无明显健康风险。但是，一些组织（例如，WHO 和一些 USEPA 项目办公室）已经建立了部分生命周期暴露风险计算应用规范。USEPA 出版物《参考剂量和参考浓度回顾》（USEPA, 2002）讨论了在各种暴露期限（包括慢性、中期和急性）的风险评估中，毒性数据在参考值推导中的使用。WHO 已经发布了《急性中毒参照剂量（ARfD）指南》，该指南专门用于考虑杀虫剂的急性效应（Solecki et al., 2005）。可确认明确的毒物暴露后不良效应的免疫毒性数据可用于上述计算推导过程。

3.3.8 高危人群（免疫系统发育、老年、免疫功能低下人群）

年龄相关的生理差异和免疫系统不成熟都可能在化学调节易感性增加中发挥作用。已经证实对某些化学物质而言，不成熟的免疫系统比完全成熟系统更加敏感。发育中的免疫毒物暴露后遗症可能比成年暴露后观察到的效应更持久，后者一般发生于较高剂量，预计在暴露停止后迅速消失（Holladay and Smialowicz, 2000；Dietert and Dietert, 2007）。根据不同实验动物研究中获得的结果，发育中免疫系统紊乱可能表现为定性（即仅影响发育中的免疫系统）或定量（即较低剂量影响发育中的免疫系统）差异。发育期间暴露后，免疫成熟可能只是被延迟，会随着时间逐步恢复正常成年水平，或者，如果暴露干扰了成熟过程中的关键一步，可能会发生终生免疫功能缺陷（例如，DES：Kalland and Forsberg, 1980；Kalland, 1984）。人类和啮齿动物免疫系统成熟步骤似乎非常相似，但是分属不同发育阶段，没有确凿证据说明在啮齿动物中观察到的效应不代表可能发生在人类中的效应。因此，假设该化学物质可以跨越胎盘，啮齿动物出生后不久的暴露效应很可能反映了人类孕晚期的可能暴露效应。Holladay 和 Smialowicz（2000）及 Holsapple（2003）关于此观点做过详细的综述。

老年人也被认为是潜在的敏感人群，EHC 144（IPCS, 1993）中描述了年龄相关的免疫功能变化。在分子、细胞和生物体水平与年龄相关的免疫功能和动态平衡下降被称为免疫衰老，一种表现为免疫活性（效应器和调节功能）降低，感染、自身免疫性疾病、炎症和肿瘤发生率升高的疾病（综述性文章参见 Hausman and Weksler, 1985；Miller, 1996；DeWitt and Luebke, 2009）。Targonski、Vignola 等还从免疫系统的多个方面描述了与年龄增长相关的免疫系统功能降低现象［例如，疫苗接种反应（Targonski et al.，2007），哮喘（Vignola et al.，2003）］。另外，正常免疫功能退化和老年人中观察到的某些癌症（cohen，1994）和/或自身免疫性疾病的较高发生率之间可能存在关联（goronzy and Weyand，2003）。

易感性的增加可能是基因倾向（即个体层面或人群层面的遗传多态性）、疾病状态（例如，AIDS）或药物干预（例如，器官移植治疗）的结果。在实验动物研究或流行病学研究中，免疫毒性物质反应的性别差异并不少见。

3.3.9 急性与慢性暴露

发育期间暴露于免疫毒物可能导致与其他生命阶段暴露不同（定性和定量）的免疫毒性［请参阅第2章、第3.3.3.2（d）节关于初次暴露时的年龄及第3.3.8节关于高危人群的讨论］，并且可能在急性或短期暴露后导致长期或永久性免疫毒性。尽管目前还没有广泛使用的、评价急性或发育中免疫毒性的测试指南。对于有充分数据证明具有发育免疫毒性的物质，适宜采用部分生命周期暴露风险评估方式。

3.3.10 不确定性因子

关于毒理学风险评估的其他领域，根据监管框架和（或）风险评估的范围和目的在免疫毒性风险评估中使用不确定性因子并根据各子系数考虑建立总系数。下述文件介绍过不确定性因子在人类健康风险评估中的应用（IPCS，1994，1999a；USEPA，2002；FAO/WHO，2009），本指南主要关注不确定性因子在免疫毒性风险评估开发中的应用。虽然已经讨论了通用系数值，但评估时还需要根据科学、范围和监管框架逐一建立每个系数的数值（通常为0.1～10）。将各子系数整合为总系数时，需要特别谨慎，防止过度保守。免疫抑制（第4章）、意外刺激（第5章）和自身免疫（第7章）的风险评估应全部使用标准不确定性因子（种属内，种属间，数据库）及按照风险评估范围和POD所用数据确定的、"从亚慢性向慢性外推"和"从LOAEL向NOAEL外推"的不确定性因子。下文描述了种属内（或个体间）、种属间和数据库不确定性因子用于免疫毒性数据时需要考虑的事项。用于超敏反应的不确定性因子通常包括种属内、种属间、矩阵、使用和时间系数，可能还包含数据库不确定性因子（详见第6章）。

应当注意的是，在某些情况下，特定的数据信息在风险评估过程做出某些纠正后是可以使用的，例如，毒理学数据证实该物质在人体表皮吸收率高于或低于实验动物的信息。此情况下，数据衍生的调整系数可以用在风险评估中。

3.3.10.1 种属内不确定性因子

推导POD时，如果人群对特定免疫毒性易感性的潜在变异性信息缺失，则推荐使用默认种属内不确定性因子10，该系数值与其他非癌症终点使用的系数相似。该不确定性因子用于阐述个人之间免疫反应的差异性,并保护敏感性亚人群。种属内不确定性因子可以再细分为毒代动力学[例如,IPCS(1994,1999a)中为$10^{0.5}$或3.2,USEPA(2002)中为$10^{0.5}$或3]和毒理动力学[例如,IPCS(1994,1999a)中为$10^{0.5}$或3.2,USEPA(2002)中为$10^{0.5}$或3]系数,当指定化合物在人体内的毒代动力学和毒理动力学数据存在时,可以用CSAF取代这两个数据。例如,第3.3.8节,年龄相关的生理差异及发育中免疫系统的不成熟可能影响免疫毒性的易感性。

因此,年幼者(宫内和产后暴露或儿童)和老年人可能处于较高的免疫毒性风险。遗传多态性也可能是与化学物质暴露相关的免疫毒性易感性变异的潜在来源,免疫接种反应(Hennig et al.,2008;Ovsyannikova et al.,2008)和某些自身免疫疾病的发生(Rose and Mackay,2006)也证实了上述观点。如果POD数据是从最敏感亚组人群推导来的,则风险评估者应考虑降低种属内不确定性因子。

3.3.10.2 种属间不确定性因子

如果免疫毒性的POD是从人体数据推导出来的,则不需要种属间不确定性因子,它被设定为1。但是,人体的剂量-反应数据的适用性一般有限,因此通常需要将实验动物数据外推至人类。现有数据支持该方法,因为来自实验动物的免疫毒性数据一般是后续临床数据或流行病学研究的良好预测工具。数据集中的暴露途径和暴露水平应与预期的人体暴露相比较。

至于其他非癌症终点,当采用动物数据推导免疫毒性的POD时,推荐使用默认种属间不确定性因子10从实验动物种属外推至人类。与种属内不确定性因子相似的是,种属间不确定性因子可以再细分为毒代动力学[例如,IPCS(1994,1999a)中为$10^{0.6}$或4,USEPA(2002)中为$10^{0.5}$或3]和毒理动力学[例如,IPCS(1994,1999a)中为$10^{0.4}$或2.5,USEPA(2002)中为$10^{0.5}$或3]。当有充分的数据可用于阐述所评估化学物质毒代动力学的种属差异时,可以使用数据衍生的不确定性因子或CSAF,而不要使用这些默认的种属间不确定性因子。例如,USEPA RfC过程描述通过剂量测定调整系数从实验动物暴露量到人体等效浓度的种属间调整(USEPA,1994,2002)。该过程适用于跨种属推导法的毒代动力学,没有阐述种属之间可能存在的毒理动力学差异。最近USEPA极力主张如果用于执行评价的数据有限,则在RfD推导中将体重的使用提高至$^{3/4}$效力($BW^{3/4}$)标度(USEPA,2011)。因此,当有种属特异性数据可以使用时,对于RfC和RfD而言均有CSAF应用程序(USEPA,2002)。如果有种属间变异性信息可以使用(例如,以动力学数据或内部剂量比较的形式),则数据衍生的调整系数可以用于种属间推导。

3.3.10.3 LOAEL至NOAEL不确定性因子

与毒理学中的其他非癌症终点一样,当采用LOAEL(而非NOAEL或BMD)推导POD时,推荐使用额外的不确定性因子(通常为10,除非另有说明,取决于剂量-反应数据和/或监管框架)。

3.3.10.4 亚慢性至慢性不确定性因子

问题建立期所列的评估范围将确定研究期间是否需要使用不确定性因子。如要评估整个生命周期内暴露的风险且用于推导 POD 的数据来自一项亚慢性暴露研究，则采用一个额外的不确定性因子（10 或 3，取决于研究持续时间）将亚慢性暴露的风险推导至慢性暴露。这个不确定性因子通常不适用于超敏反应数据。首先，皮肤或呼吸系统致敏反应的参考值通常是针对每日暴露推导出来的，因此外推法不适用。其次，对于卤代铂化合物的超敏反应而言，致敏反应和超敏反应可能发生在相对较少的几次暴露之后，也可能发生在数年的暴露之后（Merget et al.，2000）。因此，针对超敏反应使用从亚慢性至慢性过敏的不确定性因子是有争议的问题，应针对所讨论的化合物逐一评估。

3.3.10.5 数据库不确定性因子

审查数据库范围、单个研究的质量和数据缺陷将帮助确定有关数据库充分性的"证据权重"。尽管没有关于确定数据库充分性的监管指南，但是下面的讨论提供了在缺少免疫毒性数据情况下适合使用数据库不确定性因子的示例。

一种化学物质的数据库可能不含任何专为确定免疫毒性而设计的毒性研究。风险评估者如何才能筛选哪些数据可以提供免疫毒性信息呢？在缺少用于确定免疫毒性风险或执行剂量-反应评估数据的情况下，有限的数据集可能提示免疫毒性可能性。在这种情况下，评估者应考虑使用数据库不确定性因子补充缺少的该毒性终点数据信息。另外，风险评估者可以要求研究者提供附加的数据。下文通过举例说明描述免疫毒性危害表征时，因此应该考虑数据库中的不确定性因子或额外数据的要求。

数据库不确定性因子旨在说明根据一个无法完整描述化学物质毒性表征的数据库推导出保护性不足的参考值的可能性。描述一种外源性物质的总体毒性表征时，数据库不确定性因子常用在缺少特定毒性研究的情况下，例如，两代生殖研究；但是数值通常不以推理方式用于缺乏免疫毒性研究的数据库。相反，免疫毒性证据可能以多种方式促成数据库不确定性因子，这取决于免疫毒性的"证据权重"分析（详见上文第 3.3.6.2 节的证据权重讨论）。因此，数据库不确定性因子反映证据权重评估的结论，以及发育过程中附加数据影响 POD 特殊参考标准的潜在可能性。如下文所示，在不确定性因子应用中，应注意考虑附加的免疫毒性数据影响 POD 的潜力。

- 如果有足够的证据表明人类免疫毒性危害存在，且有限的数据表明之后的数据可能会降低 POD，则在指定数据库不确定性因子时应该考虑这一点。针对这类数据库缺陷，建议视具体情况酌情使用不确定性因子 3 或 10。

在没有充分证据可判断是否存在免疫毒性危害时，应根据证据不充分的理由选择不同的数据库不确定性因子。面临这种情况，风险评估者应：①停止风险评估；②对最敏感的终点进行风险评估，不调整免疫毒性相关的不确定性；③采用数据库不确定性因子对另一个终点执行风险评估，以描述免疫毒性相关的不确定性。另外需考虑的是如何利用缺失的免疫数据对指定化学物质进行潜在的免疫毒性评估。下面的例子说明在数据库不确定性因子使用中，为了处理可能影响"指定化学物质是否具有免疫毒性危险"判断

- 如果现有数据不提供任何免疫毒性证据（即标准毒理学研究中包括免疫器官质量在内的任何免疫参数无变化，且完全缺乏免疫毒性数据或者现有数据未提供免疫毒性证据），则对于免疫毒性此数据库的不确定性因子被设定为1。如上所述，风险评估者必须确定完全缺乏免疫毒性数据时是否需要使用数据库不确定性因子（注：这很可能随风险评估目的和涉及的监管任务而定）。当完全缺乏免疫数据时，保守方法是使用最大数据库不确定性因子10。因此，供试物只拥有少数免疫研究数据集时在保守方法中将数据库不确定性因子设置为1。
- 如果不是因为研究设计差异，存在的模糊证据、有限证据或者相互冲突证据，则在指定数据库不确定性系数时，必须考虑用于阐述不确定性的数据可能降低POD这一可能性。为解决数据库缺陷，建议视具体情况酌情使用不确定性因子3或10。第3.3.6.3节详细说明了额外的考虑及现有毒理学研究数据提出免疫毒性可疑性的示例。

待使用的数据库不确定性因子大小将取决于用于免疫毒性证据权重分析的数据及总体毒性研究数据库的完整性，还取决于缺失数据可能对确定POD造成多大影响。

3.3.11 暴露评估

通过暴露量评估可获得人体暴露量的估算值，以帮助量化人群风险。已发表的有关暴露量评估的具体指南（USEPA，1992；IPCS，2006a，2009）和专门评价儿童暴露量的指南（USEPA，2005a；IPCS，2006b），在此不再讨论。本指南将阐述暴露评估对免疫毒性而言比较重要的问题。暴露评估所产生的暴露量估计值是暴露人群行为及潜在暴露物质数量的函数。暴露量评估应该考虑人体暴露的频率、量级、持续时间、时间安排、来源和途径，人体生物利用度，以及会影响暴露量的任何人群特征。信息可能是通过监测数据、建立环境暴露模型并以此为基础进行估算应用于暴露数据库而得来的。

3.3.11.1 暴露对严重程度和持久性的影响

各种类型免疫毒性生物学和暴露范式之间的相互作用对于免疫毒物暴露量评估而言具有重大意义。暴露范式可定义发生暴露的特殊时间点，或者反映累积暴露量。每个方法都是对暴露与暴露产生后果之间的假设，例如，若采用累积暴露测量方法，则假定总暴露量或身体负担越大，发生效应的概率越大。采用二分法暴露模型时，则假设效应是不可逆的。仅在特定时间定义暴露量的模型可能假设只有当前暴露是重要的。如果存在免疫毒性，则不良效应的量级（例如，传染病发生率）将与免疫系统损伤的严重程度及效应持续时间（持续性）成正比。从生物学角度看，不良健康结果与免疫效应的严重程度和持久性均成正比。因此，如果有充分的生物学数据提示效应是持久的，那么仅需要考虑暴露量对结果严重性的影响。例如，如果损伤发生在无法取代的细胞内（来自骨髓的长期或短期干细胞），那么记忆细胞不受干扰，不诱导免疫学耐受性。相比之下，可以做出以下假设，即如果祖细胞不受干扰且作用仅集中于克隆扩增的免疫细胞（即抗原激发后），则大多数情况下暴露所引起的任何免疫效应都是完全可逆的。

3.3.11.2 暴露时机和易感性

关于免疫毒性暴露评估，另一个需要考虑的问题是暴露发生在哪个生命阶段。与免疫功能异常相关的疾病，包括一些常见传染病，在不成熟个体和老年人中更加流行。一般认为不成熟免疫系统比完全成熟的免疫系统对化学物质更敏感，发育中的免疫毒物暴露后遗症可能比成年暴露后观察到的效应更持久，后者一般发生于较高剂量，预计在暴露停止后迅速消失（综述性文章参见 Holladay and Smialowicz, 2000）。

由于年龄相关的免疫反应丢失（即免疫衰老），某些类型的传染病在老年人中比在新生儿或年轻成年人中更常见。简言之，太年轻缺乏免疫经验，而老人尽管有丰富的经验，已不能再像年轻人那样进行应答。没有数据证实只有老人的免疫系统对免疫毒物敏感。然而，与年轻成年人相比，免疫衰老造成的免疫功能和自身稳态控制的中度丢失在老年人中产生了更明显的效应。

一项暴露评估应描述至少 3 个一般年龄组（出生前、年轻成年和老年）发生暴露的可能性并尽量分析各组在风险评估中的易感性。

3.3.11.3 暴露途径和局部免疫

暴露评估中需要考虑与潜在全身或局部免疫效应相对应的暴露途径（关于局部免疫的进一步讨论，详见上文第 3.3.4 节）。大部分毒理学终点的暴露途径（即呼吸、皮肤或胃肠道）仅需要从其对潜在目标摄入的影响角度进行评价，而免疫毒性，一定要考虑全身和潜在的局部免疫学效应。环境毒物的全部三种暴露途径均与局部免疫组织相关，其在某种程度上代表部分独立的系统，例如，与皮肤（Elmets, 1994）或肺（Selgrade, 2000）相关的免疫系统。有证据证明，尽管全身性免疫也存在，但主要免疫可能发生在这些局部位点。例如，与非肺淋巴组织相比，砷化镓或雾化 JP-8 喷气燃料等呼吸毒物暴露可能优先对肺免疫和肺防御系统产生影响。因此，免疫毒性的暴露评估应考虑中枢淋巴器官（即脾、胸腺和骨髓）的系统摄入量及局部淋巴组织暴露量。但即便呼吸或皮肤暴露后已经观察到全身免疫毒性时，在某些情况下，它也不是物质与中枢淋巴组织相互作用的直接结果，而是局部免疫组织释放免疫调节中介体而造成的结果。毒物暴露后皮肤和肺释放炎性/免疫调节性中介体可能引起全身效应（Rivas and Ullrich, 1994）。

3.3.11.4 暴露和毒代动力学

外源性化学物质的毒性和剂量-反应关系均依赖于作用位点（例如，靶器官）的毒物浓度。化学物质在有机体中的代谢依赖 ADME 过程，定义为毒代动力学数据（Renwick, 1994）。关于这些过程的定性和定量信息可以为研究设计和数据揭示及风险评估提供参考。

毒代动力学信息是科学有效解释免疫毒理学研究结果的关键，单个实验动物研究中毒理学相关的检测研究需要广泛依赖 ADME 数据。例如，一种毒物代谢状况的表征描述可能揭示了活性代谢物生物利用度的种属特异性差异，而后者可能影响免疫系统不良结果的表述。显示子宫内和（或）哺乳期暴露的毒代动力学数据对于发育免疫毒性极有价值。毒代动力学数据还可有助于活性基团作用方式的分析和原理解释（Dybing et al.，2002）。通过毒代动力学数据的分析、合并建立有效的生理学毒代动力学模型（PBTK）或生理学药代动力学模型（PBPK），可建立科学的基础，在此基础上针对成年和发育中群体选择剂量度量标准并进行风险计算（Andersen and Dennison，2002；Edler et al.，2002；Dybing，2003；Faustman et al.，2005；USEPA，2005b）。同时，种属间外推的问题及 CSAF 在风险评估中的应用通常依赖于毒代动力学信息（Suter et al.，2005）。不确定性因子调整中需要阐述的毒代动力学和毒理动力学方面包括活性化学物质种类识别、相关内部暴露及评估中所用度量标准或终点的选择（Gundert-Remy and Sonich-Mullin，2002；Meek et al.，2002，2003；Pelekis and Krishnan，2004；Dorne and Renwick，2005）。另外，毒代动力学数据可以提供一个使用数据库不确定性因子的重要原理：当已经确定供试化学物质在免疫系统组织中发生生物累积，但是没有可以使用的免疫系统功能研究数据时，可使用数据库不确定性因子。

3.3.12 风险表征

风险表征是风险评估过程中的总结和归纳部分，在这一步骤中将危害表征、定量剂量-反应评估及暴露评估与毒性信息的关键评价相结合。关键评价包含对评估总体质量的回顾，包括不确定性讨论和结论可靠性评价。理想状态下，执行定量风险评估（QRA），但是如果现有数据不支持此类评价，则依然可以进行定性风险评估。例如，定性风险评估结果的结论可能是"某种物质可能是致敏剂"。这基本上是危险识别的一种形式，常用于分类和标签目的。定量结果可能限于一个结论"由于暴露量超过健康指导值，因此可能有风险"，但是风险表征还可以包含一个从潜在危害的性质和范围角度来描述风险的章节。由此产生的总结是风险评估过程的最后一步，它为风险管理者提供指定化学物质风险评估的有益概要，内容包含以下一般内容，旨在明确说明风险评估过程所使用的假设、不确定性和方法。

- 所用数据的性质、可靠性、一致性和变异性。
- 关键研究和关键效应的选择理由，包括对人类结果的意义。
- 常见和罕见免疫缺陷的发生率。
- 采用历史对照数据深入了解平行对照。
- 对敏感人群和生命阶段的考虑。
- 风险评估结果的定性和定量描述信息。
- 现有数据的局限性，在处理这些数据时为弥补数据缺陷所使用的假设，采用选择性假设的意义。
- 风险评估的优势和劣势，评估的科学置信水平。
- 不确定性领域，为提高风险评估置信度而需要的其他数据/研究，新研究的潜在影响。

- 科学政策选择，与其他相似风险相关的风险估算或既往评估的背景。

风险表征应特别关注同一个化学物质所诱发的多个效应或不同效应的解释。例如，不同定性结果可能随着剂量增加或暴露持续时间增加而出现。在这种情况下，一定要考虑此类变异是同一种作用方式（MOA）不断变化的结果造成的，还是具有不同剂量-反应关系或持续暴露时间-效应关系的不同机制造成的。在风险评估中及适当安全性因素的选择中，需要考虑所有不同效应。

在风险评估过程的前三个阶段（危害表征，定量剂量-反应评估及暴露量评估），判断毒性数据相对于潜在人体暴露的意义。在其中一个部分所作的决定与评估的其他部分也相关，将前三个部分作为风险特征描述的一部分而结合在一起时，应重新检查这些决定。免疫系统是非常复杂的，有很多相互作用的组分组成。因此，回顾免疫毒性数据时，一定要确保免疫学档案明确。在检查多个毒性终点和当结果提示生物学似真性时建立明确的免疫学档案。

3.4 免疫毒性风险评估的切入点

在针对某种特定类型免疫毒性（见第 4~7 章）应用风险评估指南之前，需要明确以下两个问题，即怎样判断是否需要考虑免疫毒性，以及需要分析的是哪种类型的（潜在）免疫毒性。因此，本书提供免疫毒性风险评估的可能切入点概述。切入点列于表 3.1 中，从下页开始，顺序从普通免疫毒理学参数到专门指示单独免疫毒性的参数。需要指出的是，本概述并不全面，可能出现潜在免疫毒性的其他指标。如果出现潜在免疫毒性的指征，建议咨询一位免疫毒理学专家，以协助风险评估者确定免疫毒性风险评估的需求，待分析的免疫毒性类型和执行必要的风险评估。

除了这些特定切入点之外，关于 SAR 和 MOA 的信息也可能构成免疫毒性风险评估的重要切入点。

表 3.1 免疫毒性风险评估的切入点

效应类型或观察	潜在风险评估	章节	测量类型
人体临床、流行病学或观察数据和病例报告			
肿瘤发病率增加	免疫抑制	第 4 章	F
感染发病率增加	免疫抑制	第 4 章	F
疫苗接种的抗体应答改变	免疫抑制 免疫刺激	第 4 章 第 5 章	F
自身免疫疾病的发病率增加或加重	免疫刺激 自身免疫	第 5 章 第 7 章	F
过敏的发病率增加或加重	免疫刺激 过敏原性	第 5 章 第 6 章	F
DTH 反应改变	免疫抑制 免疫刺激	第 4 章 第 5 章	F

续表

效应类型或观察	潜在风险评估	章节	测量类型
皮肤、呼吸道或口腔过敏的证据或过敏效应的诱发	过敏原性	第6章	F
淋巴细胞增殖改变	免疫抑制 免疫刺激	第4章 第5章	F
炎症发病率上升或炎症标记物水平提高	免疫刺激 过敏原性 自身免疫	第5章 第6章 第7章	O
抗体水平增加，免疫系统刺激证据	免疫刺激 自身免疫	第5章 第7章	O
细胞因子水平改变	免疫抑制 免疫刺激 过敏原性 自身免疫	第4章 第5章 第6章 第7章	O
血清成分改变，如血清抗体或补体因子	免疫抑制 免疫刺激 过敏原性 自身免疫	第4章 第5章 第6章 第7章	O
白细胞计数或亚群的变化	免疫抑制 免疫刺激 过敏原性 自身免疫	第4章 第5章 第6章 第7章	O
在免疫细胞或组织内的潜在蓄积	免疫抑制 免疫刺激 过敏原性 自身免疫	第4章 第5章 第6章 第7章	O
实验动物数据			
宿主对感染因子或肿瘤的抵抗性改变	免疫抑制 免疫刺激	第4章 第5章	F
自身免疫疾病的发病率增加或加重	免疫刺激 自身免疫	第5章 第7章	F
过敏加重	免疫刺激	第5章	F
免疫功能改变[a]	免疫抑制 免疫刺激	第4章 第5章	F
皮肤、呼吸道或口腔过敏的证据或过敏效应的诱发	过敏原性	第6章	F
离体骨髓细胞增殖或集落形成改变	免疫抑制 免疫刺激	第4章 第5章	F
腘窝淋巴结实验中的刺激效应	免疫刺激 自身免疫	第5章 第7章	F

续表

效应类型或观察	潜在风险评估	章节	测量类型
炎症发病率上升或炎症标记物水平提高	免疫刺激 过敏原性 自身免疫	第5章 第6章 第7章	O
自身抗体水平增加	免疫刺激 自身免疫	第5章 第7章	O
细胞因子水平改变	免疫抑制 免疫刺激 过敏原性 自身免疫	第4章 第5章 第6章 第7章	O
血清成分改变，如血清抗体或补体因子	免疫抑制 免疫刺激 过敏原性 自身免疫	第4章 第5章 第6章 第7章	O
骨髓细胞数量或亚群的变化	免疫抑制 免疫刺激	第4章 第5章	O
白细胞计数或亚群的变化	免疫抑制 免疫刺激 过敏原性 自身免疫	第4章 第5章 第6章 第7章	O
免疫器官细胞结构的改变	免疫抑制 免疫刺激 过敏原性 自身免疫	第4章 第5章 第6章 第7章	O
免疫组织病理学变化（例如，胸腺，脾，淋巴结）	免疫抑制 免疫刺激 过敏原性 自身免疫	第4章 第5章 第6章 第7章	O
免疫器官质量改变（胸腺，脾，淋巴结）	免疫抑制 免疫刺激 过敏原性 自身免疫	第4章 第5章 第6章 第7章	O
在免疫细胞或组织内优先蓄积	免疫抑制 免疫刺激 过敏原性 自身免疫	第4章 第5章 第6章 第7章	O

注：F，功能性；O，观察性。

a在主要或次要或T细胞依赖性或T细胞非依赖性抗体应答试验中，在PFC试验、NK细胞活性、DTH反应、淋巴细胞增殖试验、肺泡巨噬细胞的吞噬功能中。

4. 免疫抑制评估

4.1 引言

本节重点关注免疫抑制，在这一免疫毒性领域内，人们广泛认可人类和实验室动物中的终点对于测定人体风险的意义（综述性文章参见 Vos and Van Loveren, 1998; Koller, 2001; Descotes, 2003; Luebke et al., 2006a）。美国食品药品管理局（USFDA）和 WHO 联合召开的国际研讨会使科学界在 20 世纪 80 年代首次关注免疫抑制（Luster et al., 1980a, b）。关于免疫抑制相关的试验研究和流行病学研究已有大量的出版物，虽然其并不经常发生，但人类和实验动物的化学物质暴露而导致免疫抑制的现象却并不少见。免疫抑制代表细胞和器官一系列复杂的级联事件，增加发病率或传染病和肿瘤性疾病的严重程度（Luebke et al., 2004）；尤其当人群意外暴露产生免疫抑制的预期效应，免疫毒理学效应为轻度至中度时，评估者需认真对待定量风险评估中所阐述的实验性免疫毒理学研究或流行病学研究的数据。上述情况与原发性免疫缺陷或 AIDS 个体中可能发生的免疫抑制形成鲜明对比。如果发生重度免疫抑制，大大增加了特定种类癌症和感染的发生率。为了准确预测人群外源性化学物质暴露的免疫抑制风险，应建立一个科学完善的免疫抑制风险评估框架，为人类健康风险分析中试验和流行病学研究准确及定量的分析提供支持。框架应包含考虑易感人群，虽然目前对发育期间和老年时期的年龄相关性免疫功能差异了解并不透彻，但关于此类特殊人群相关的研究工作也已经开展。

4.2 危害识别

在对各类全身性毒物的危害识别过程中都需回答以下问题：化合物是否会增加不利效应的风险，这些效应是否可能发生在人类中？一般性毒性研究或特定的免疫毒性研究的数据有些可用于识别潜在的免疫抑制剂，数据可能是观察性终点，也可能是功能性研究终点所需的数据（表 3.1）。一般观察性终点反映免疫系统细胞和下游产物的变化，但其测定单一的时间点，无法反映变化的持续性，也无法反映免疫功能受损的严重程度，以至增加感染或肿瘤风险。相比之下，功能试验显示免疫系统在细胞水平或整个动物水平的激发所做出的应答。后者通过模拟用于降低感染风险的宿主应答（例如，产生免疫抗体）提供最佳的免疫系统健康证据。所以设计试验计划阶段就要涵盖上述两项终点实验（Luster et al., 1988）或需要包括一到两项功能试验（例如，OPPTS 870.7800；USEPA, 1998）。很多依靠观察性终点的变化来评估潜在免疫毒物的指导原则（例如，OECD 试验指南 407，WHO/IPCS 的 EHC 180、ICH S8 方案，欧盟的 REACH）最终都需要免疫功能评价。一般认为相对于预测免疫毒性评价能力，观察性终点试验低于功能性试验预测,所以 USEPA OPPTS 870.7800 指南中功能性试验指南常用于此。尽管描述不同,但经过免疫毒物免疫后人类和实验动物免疫系统的激发和应答反应通常相似。因此,如果评估比较相同的终点,人体数据数量足够、质量可靠,则其应优于实验动物研究的外推数据。

4.3 危害表征

意外的免疫抑制会对生物机体产生不利的效应,尤其是暴露发生于免疫系统发育和成熟过程中,或发生于免疫能力低下的情况时(例如,免疫功能的治疗性抑制和炎症、慢性应激、毒品的使用),即使是中度的人体免疫抑制也可能会降低免疫反应并增加感染和某些类型癌症的易感性。第 4.8.2 节和第 4.8.3 节是对免疫抑制的具体示例和详细讨论。

4.4 临床和流行病学数据

4.4.1 临床数据

人体免疫毒理学数据主要来自于试验设计合理的临床或流行病学研究、观察性研究或病例报告。尽管临床对照研究是鉴定描述免疫毒物的最佳机会,但出于明显的道德原因,研究不包括职场化学品的暴露。临床上经过潜在免疫抑制检验的药物仅限于减瘤药物和移植药物(Descotes and Vial,1994;Ryffel et al.,1994),试验通常也限于监测白细胞计数变化和机会性感染的概率(例如,带状疱疹、念珠菌、卡氏肺囊虫),上述两项为指示重度免疫抑制的指标(Luster et al.,2004)。临床研究常见结果显示急性暴露于高剂量 IFN-α、硫唑嘌呤、环磷酰胺和甲氨蝶呤等药物的患者,机会性感染和(或)中性粒细胞减少症的发病率也相应增加,而继发性肿瘤则发生在长期治疗过程中(Neumann and Fauser,1982;Lawson et al.,1984;Bradley et al.,1989;Antonelli et al.,1991)。

在伦理问题已妥善解决时,人体可控暴露后的免疫功能数据可能需要最低程度的外推,并得出用于评估一般人群风险的最可靠数据。例如,Sleijffers 等(2001)研究了紫外线 B 照射对人类志愿者乙肝疫苗抗体滴度的影响,结果提示了"测量疫苗接种反应并以此作为与环境物质暴露相关的免疫效应指标"在成年人和婴儿中的优势和潜在作用(Van Loveren et al.,2001;Gans et al.,2003)。

4.4.2 流行病学数据

与疑似原发性免疫缺陷疾病患者或 HIV 感染患者相比,暴露于免疫毒性化学品后引发的轻度至中度免疫缺陷状态的患者采用常见临床免疫试验来检测更加困难。原发性免疫缺陷病的检验通常采取一个循序渐进的(分层)方法,最初包括一般的参数,如全血细胞计数、血清免疫球蛋白水平、胸腺胸片和 DTH 试验，通常因为患者表现出过多传染病而采用此类检验。如同实验室动物研究所示（Luster et al., 1992, 1993），此类试验不是敏感的免疫毒性指标，因此无法检出细微的免疫变化。另外，在儿童或成人原发性免疫缺陷疾病的诊断中，免疫毒理学研究通常在流行病学框架中执行，需要相对较大规模的人群，并需要认真考虑试验设计，以弥补选择偏差，暴露和结果的错误分类，以及混杂因素。

按照之前的讨论，从人群角度来看，在适当条件下进行研究免疫系统的微小变化能够增加患病风险。由于研究设计的局限性（例如，人群规模太小，没有监测最合适的感染或者未对人群进行充分的随访，因此不足以遭遇感染因子），疾病的变化可能不明显，解释人体免疫数据时，明显信任执行了多项免疫试验的研究，因为其产生的数据提供了生物学合理解释。检验大量免疫表型标记物时，一项或多项免疫表型的异常值可能单纯产生于一个 I 型错误。更可靠的免疫毒性指标是与特定模式相符的多项变化。例如，在特定淋巴细胞标记物（特别是与 B 细胞相关的那些淋巴细胞标记物）没有同时降低的情况下不会观察到免疫球蛋白水平显著降低。EHC 180：《化学品暴露造成的直接免疫毒性的评价原理和方法》（IPCS，1996）中描述了流行病学研究中的生物标记物。关于分析化学品暴露的数据及包含的免疫毒性终点，风险评估者应参考 EHC 180 的试验描述章节，以便获得可以帮助解释用于风险评估的免疫抑制数据的特定背景、警告和信息。另外，风险评估者可以咨询免疫毒理学或临床免疫学专家，以帮助解释研究结果的生物学合理性。

尽管来自功能性免疫试验的数据（例如，疫苗的抗体反应）通常不可用于人类，但是此类数据代表最可靠的免疫抑制证据。如上所述，人类数据一般只限于免疫分型、细胞因子和血清免疫球蛋白水平，这些终点既没有敏感到可以检出轻度至中度免疫抑制，也不能充分预测不良反应，无法作为指定化学品免疫抑制效应的唯一指标使用。但是这些终点可以通过免疫抑制证据支持实验室动物数据与人体的相关性，说明为了检查免疫抑制的可能性，应执行额外研究或提出数据库不确定性因子可能适于阐述免疫抑制提示。

4.5 实验室动物数据

研究者采用啮齿动物模型增加对免疫功能终点和疾病抵抗性的认识。免疫毒理学家之前使用宿主抵抗性试验来验证其他方法的预测价值并推导环境物质改变人类群体宿主易感性的潜能，因为抵抗性改变是一种生物合理效应，与人体内潜在不良效应具有明显相关性。在这些试验中，实验动物组接受感染因子或可移植肿瘤的激发，激发量足以使少量对照动物发生疾病。然而在宿主抵抗性试验中，选择激发物质应用于探索或确认已知的功能缺陷，而非用于效应筛查。非致死性抵抗性模型（模型中靶组织内的肿瘤病灶数量、病毒滴度或细菌计数已确定）提供的数据具有更高的敏感性，因为其提供宿主对激发反应的定量评估，并且反映了有机体保护性免疫。此外当大部分的免疫活性对照不能存活时，死亡终点的生物学意义则值得商榷，因为激发物质的毒性或许只是超过最初的感染应答,死亡存在于宿主形成保护性反应之前。在人类和实验室动物中均完成免疫抑制研究的化学品,实验室动物数据与人类临床和流行病学数据之间一般存在良好的关联(Descotes,2003;另外详见综述性文章 Vos and Van Loveren,1998;Koller,2001)。有关免疫抑制疗法的啮齿动物数据基本上是毒代动力学调整后进行后续临床观察的良好预测工具。例如,环孢素 A 在各种属(小鼠、大鼠、豚鼠、狗、恒河猴和人类)的免疫抑制效应比较显示出良好的定量和定性的一致性(IPCS,1996)。

化学品诱发啮齿动物免疫抑制研究和宿主抵抗性模型常规使用的免疫试验之间的一致性可检查免疫抑制和疾病之间的关联(Luster et al.,1993)。尽管免疫系统的单个元件很少单独负责对特定感染因子或肿瘤类型的抵抗性,但某些免疫测量指标与单个宿主抵抗性试验结果的关联增加(Luster et al.,1988)。Luster 等(1993)采用数学模型评估暴露于环磷酰胺后免疫功能试验和疾病抵抗性模型之间的关联,发现大部分"免疫功能-宿主抵抗性关系"似乎接近线性关系,值得注意的是,Luster 等描述的是免疫功能试验和疾病抵抗性试验之间的关系,而非化学品暴露和免疫功能之间的关系。尽管单个免疫试验对任何疾病激发抵抗性变化是从"良"(PFC 试验,73%;NK 细胞活性,73%;DTH 效应,82%)到"差"[脂多糖(LPS)诱导的淋巴细胞增殖反应,54%]各不相同的预测工具,但多项免疫试验组合可获得的一致率高达 100%(Luster et al.,1993)。

为评估指定化学品暴露危险描述研究的数据库,并以此作为风险评估的第一步,需要对用于评估实验动物模型中的免疫毒性的典型方法有基本了解,EHC 180(IPCS,1996)中详细讨论了描述免疫抑制所采用的终点和方法。大多数化学品暴露的数据集不可能包含全部已描述终点的数据。关于所分析化学品暴露的数据集中包含的免疫毒性终点,风险评估者应参考 EHC 180,可获得解释用于风险评估的免疫抑制数据的特定背景、警告和信息。第 3 章详细讨论了指定化学品的现有免疫毒性数据评估中需要考虑的一般事宜。

4.6 局部与全身效应

免疫毒理学中与暴露途径相关的明显局部毒性概念不唯一,该概念产生的原因是直接暴露或暴露部位局部毒物浓度的增加。分析糠醛在 Fischer 344 大鼠中的途径依赖性毒性的研究中,通过举例比较了局部毒性和全身毒性,例如,6 mg/(kg·天)糠醛最低吸入浓度的局部途径依赖性组织病理学变化低于口服暴露相关的任何可观察毒性(Arts et al.,2004a)。大鼠糠醛吸入毒性研究中,可观察效应会随大鼠鼻腔特定形态导致的局部暴露量增加而加剧(关于大鼠鼻腔暴露的文章,参见 Kimbell et al.,1997),途径依赖的局部暴露效应可以解释此现象。然而免疫毒理学暴露途径不只是局部浓度或摄入量增加的问题。免疫系统中存在与每个主要暴露途径(吸入、皮肤和经口)相关的局部而非完全独立。因此,暴露途径对于免疫抑制可能很重要,因为局部免疫毒理学效应可能独立于全身免疫性发生。

吸入性毒物暴露及随后的免疫抑制可能导致呼吸道感染急剧,是风险评估者需要考虑的重要事项。40年的研究证实,肺泡巨噬细胞是吸入性毒物的重要靶标,抑制该反应会增加细菌性肺炎的风险(综述性文章参见Selgrade and Gilmour,2006)。识别此危害广泛的认可方法为吸入毒物暴露后获取实验室啮齿动物的支气管肺泡灌洗液,评估灌洗液内肺泡巨噬细胞的吞噬功能。使用不同类型的颗粒吸入试验参见Lewis,1995;Neldon et al.,1995;Brousseau et al.,1999;Tasat et al.,2003的研究成果。

研究表明,各种胞外菌吸入气管内激发所引起的死亡率会随小鼠体内环境相关浓度的标准空气污染物(臭氧、二氧化氮和二氧化硫)的暴露量增加而增加。另外还证明,吸入某些微粒空气污染物、颗粒伴生金属及某些可溶性金属盐类和挥发性有机物会加剧易感染性。因此体内环境除了增加死亡率之外,也可使肺部细菌清除能力受损或肺泡巨噬细胞功能受损(综述性文章参见Selgrade and Gilmour,2006)。但肺巨噬细胞在先天性和适应性细胞介导的免疫反应之间提供了重要桥梁,暴露于空气污染物之后感染的加剧与肺泡巨噬细胞功能抑制相关(综述性文章参见Selgrade and Gilmour,2006)。

早期细菌清除是由巨噬细胞和中性粒细胞构成的双吞噬系统介导。肺泡巨噬细胞是第一道防线;肺泡巨噬细胞可完全清除某些细菌种类(如金黄色葡萄球菌)(Rehm et al.,1980)。当入侵病原体毒性太大或病毒量太大,仅靠巨噬细胞无法容纳时,肺泡巨噬细胞产生大量的介质,将大量中性粒细胞募集到肺泡腔内,协助保护宿主对抗细菌入侵。然而中性粒细胞的涌入产生的炎症会导致肺炎或支气管炎。当大鼠暴露于臭氧并接受金黄色葡萄球菌激发时,肺部细菌清除功能最初受损,暴露后分离出的细菌表现出更高的毒性系数,但未观察到致死性。大鼠与小鼠相比有此结果与及时的中性粒细胞流入有关,大鼠中的中性粒细胞流入在感染后第1天达到高峰,小鼠则在感染后第2天或更迟(取决于菌株)达到高峰(Gilmour and Selgrade,1993)。尽管中性粒细胞反应代表了重叠的抵抗性机制,但是暴露于臭氧的小鼠感染和肺部炎症持续时间远远超过仅暴露于细菌或污染物的大鼠。

碳酰氯研究表明去除毒性伤害后,肺泡巨噬细胞功能会很快地恢复。因此,一次短期暴露只产生一个小的易感性窗口,感染因子通过此窗口更易感染宿主。但是长期暴露可能导致更宽的易感性窗口,目前还无证据显示巨噬细胞对此有适应性(Selgrade,1999)。

4.7 效应的可逆/不可逆性

人体研究表明,暴露于强效免疫抑制剂之后免疫功能可恢复正常,所以推测人类和实验动物的免疫功能将随着外源物质的清除而恢复正常。然而此影响对成年动物的持久性尚未经系统的评估,且若化学品暴露影响宿主前体或干细胞,则预计效应持续期会更长。怀孕期间或产后早期的免疫毒性效应要比成年个体中持久,可持续数周、数月,甚至宿主整个生命周期。

化学品暴露产生的效应可逆与否取决于化学品暴露的剂量及持续时间。例如,癌症化疗中使用的很多抗增殖剂可通过降低免疫活性细胞对抗原的反应能力,从而短暂地影响免疫反应。当异常物质被移除时,免疫系统会恢复正常。但相同的上述物质以较高剂量给药或长期给药时，可影响造血干细胞，抑制恢复效应，导致免疫功能失效，使干细胞或基质细胞的微环境遭受不可逆性的损坏。因此，效应的可逆性最终将取决于暴露剂量及暴露持续时间，以及微环境中的特异性靶标（例如，基质细胞、长期干细胞、短期干细胞）。

4.8 生物学似真性

在第 3 章第 3.3.6 节详细讨论了生物似真性。关于健康相关数据库和免疫毒性充分证据构成的讨论，可参考 3.3.6.1 节，关于确定"完成风险评估是否需要额外数据"时的"触发器"和需要考虑因素的讨论，可参考第 3.3.6.3 节。

4.8.1 免可疫抑制评估的证据权重方法

评估者可根据指定化学品现有的人类和实验动物数据得出免疫抑制的危害识别证据权重结论，应考虑正面和负面在内的整个效应数据库，还将相同或相似试验中不同的免疫系统测量指标，以及不同种属之间评估数据考虑在内。在不存在明显毒性的情况下，剂量-反应关系曲线是证实免疫抑制存在的必要标准。

不同种属、性别或相关终点之间数据的一致性，生物学似真性和免疫毒性效应范围证据广度可增加评估的权重结果。例如，在特定试验中缺乏一致性，或在不同种属、品系或性别中的免疫毒性不一致并不是相互矛盾的数据，此现象通常代表种属、品系或性别差异。评估应按照个体研究的优点和缺点（如样本量、暴露持续时间），以及在指定化学品暴露的其余免疫毒性数据库背景下，评估相互矛盾的数据。可考虑通过毒代动力学数据或激素活性物质（如内分泌干扰物）导致性别差异的可能性来获取解释种属、品系或性别差异的额外信息。至于其他非癌症终点，证权重评估应代表专家对数据库的判断以确定数据是否支持指定化学物质具有免疫抑制的潜能，其考虑因素包括以下几方面（Hill，1965；IPCS，1999a；Weed，2005）：验证证据，剂量-反应关系，关联一致性，关联强度，时空关联，生物学似真性，特异性，一致性和相似性。

下文将介绍如何在免疫危害识别的评估中组织现有数据形成证据权重结论，具体方法为从最充分和预测性最强数据（人体数据）开始评估，直到预测性最差数据（免疫器官质量）。虽然并不详尽，但展示了不同试验对于主要免疫毒性数据类型的相对强度和预测性（图 4.1），是风险评估者在识别特定类型人体和实验室动物数据的关键优势和劣势时需要考虑的重要事项。

如下文所述，某些数据（即人体疾病发病率，人体功能性免疫数据，在实验动物中进行的宿主抵抗性试验，在实验动物中进行的免疫功能试验）展示了明确的不良免疫抑制证据，而另外一些数据（即一般免疫试验，血液学，组织病理学和免疫器官质量）在没有来自其他试验的额外免疫抑制支持时，是难以解释的。特别推荐风险评估者咨询免疫毒理学或临床免疫学专家，以帮助解释这些预测性较差的试验的生物学合理性和不合理性。风险评估者应通过思考以下 7 个问题，根据指定化学品的数据库评估免疫抑制的

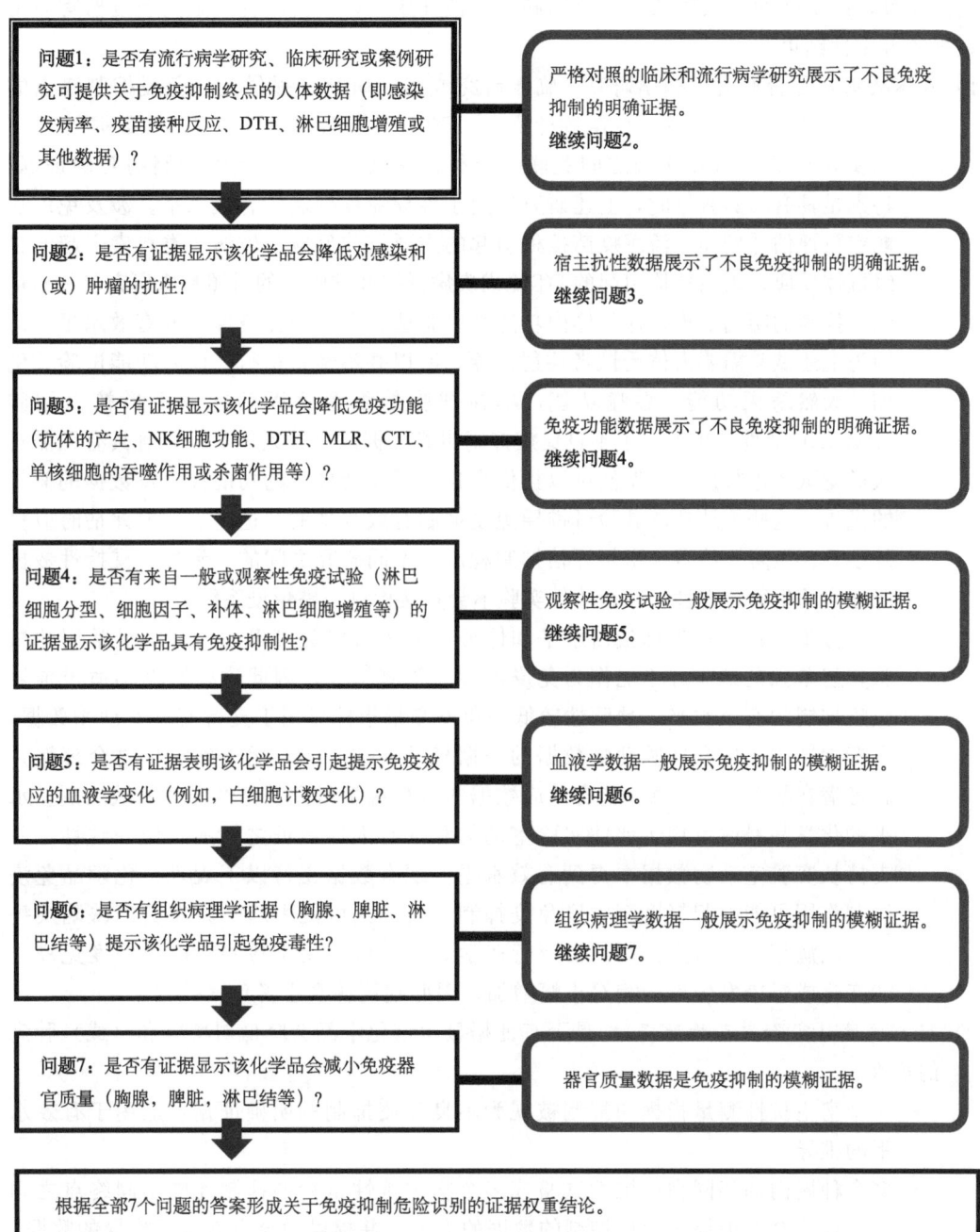

图 4.1 免疫抑制评估的证据权重方法

上图介绍了组织所有现有数据以形成免疫抑制危险识别的证据权重结论的结构化方法。它按照第 4.8.1 节的内容从预测性最强到预测性最差的顺序介绍了分类数据分级概要,而非决策树。注意,如果存在与免疫抑制之外其他终点相关的免疫毒理学数据,请在合适的章节内评估这些数据,并将其包含在免疫毒性的证据权重评估中。

CTL,细胞毒性 T 淋巴细胞;MLR,混合白细胞反应证据权重，以下问题以人体数据的范围和可用性开始，以来自动物文献的免疫器官质量数据的可用性结束。

1) **人体数据**：是否有流行病学研究、临床研究或案例研究可提供关于免疫抑制终点的人体数据（即感染发病率、疫苗接种反应、DTH、淋巴细胞增殖或其他数据）？

    - 证实化学品暴露和疾病之间关联的流行病学研究是不良免疫抑制的明确证据，特别是具有暴露数据时，上述研究适用于推导免疫抑制的有效水平。涉及免疫功能定量评估〔例如，流感疫苗接种引起的主要抗体反应，破伤风类毒素引起的二级抗体反应，天然抗原引起的DTH或疾病抵抗性试验〕的对照临床研究展示不良免疫抑制的明确证据，这些体内功能性试验适合于推导免疫抑制的有效水平；但因为上述试验需要人体受试者注射抗原，所以并不经常执行。体外功能试验〔例如，天然杀灭功能，吞噬功能，单核细胞的细菌杀灭功能或多形核白细胞(PMNL)活性〕也展示了不良免疫抑制明确证据的良好人体数据，且具有无需对人类受试者进行抗原激发便可以提供来自外周血液样本的功能性免疫数据的额外的优势。这些体外功能试验可推导免疫抑制有效水平的合适终点，但评估时应格外小心；风险评估者应密切评估抑制程度、不同研究之间的一致性、支持性数据所证实的生物合理性，因为体外实验不会直接检测完整免疫系统。
    - 免疫分型、血清免疫球蛋白水平和体外试验是人体免疫毒性研究中最常用的试验，但单独的试验并不能作为免疫毒性的预测指标，因此这些数据不适于推导免疫抑制的有效水平。预测性较低的免疫测量指标可用于支持实验室动物数据，应考虑连同人体和实验动物数据的证据权重评估一起，用于确定生物合理性并思考潜在机制或MOA。包含效应数据的流行病学研究及已经证实的缺乏剂量水平的化学品暴露可用于评估实验室动物和现有人体数据之间的效应一致性，并支持从实验室动物数据中得到有效水平。现有数据支持以下观点：化学品免疫抑制作用可能引起轻度至中度免疫抑制，而不太可能引起与原发免疫缺陷疾病和艾滋病相关的重度抑制。但流行病学研究一般不用于检测轻度至中度免疫功能变化或感染发生率的相对小幅增加，因此建议认真思考负面数据。

2) **宿主抗性（实验室动物数据）**：是否有证据显示该化学品会降低对感染和（或）肿瘤的抗性？

    - 一个宿主抗性测量指标的抑制被视为不良免疫抑制的明确证据，适用于有效水平的推导。
    - 多个种属内的相同宿主抗性试验或多个宿主抗性试验的抑制连同不同终点之间的一致性会增加提示免疫抑制的数据的力度，并提供适合有效水平推导的数据。
    - 一个宿主抗性测量指标的抑制连同介导激发物质抵抗性的相关免疫功能的抑制提高了提示抑制作用的数据的力度，支持MOA的确定，并提供适合有效水平推导的数据。
    - 一个宿主抗性测量指标的抑制连同其他免疫毒性证据（例如，免疫分型、细胞因子、组织学改变、免疫器官质量）可以支持MOA的确定。

3) **免疫功能（实验室动物数据）**：是否有证据显示该化学品会降低免疫功能（抗体的产

生、NK 细胞功能、DTH、MLR、CTL，单核细胞的吞噬作用或杀菌作用等）？
- 单个功能性免疫试验的抑制被视为不良免疫抑制的明确证据，适用于有效水平的推导。
- 多个种属内的相同功能试验或多个功能试验的抑制连同不同终点之间的一致性会增加提示免疫抑制的数据的力度，并提供适合有效水平推导的数据。
- 一个功能性测量指标的抑制连同其他支持 MOA 或生物合理机制的免疫毒性证据极大提高了对免疫抑制的支持。
- 一个功能性测量指标的抑制连同其他免疫毒性证据（例如，免疫分型、细胞因子、组织学改变、免疫器官质量）会增加提示免疫抑制的数据的力度。
- 某些体外功能试验（MLR，CTL）是推导免疫抑制有效水平的合适终点，但是评估时应当格外小心；风险评估者应密切评估抑制程度、不同研究之间的一致性、支持性数据所证实的生物合理性，因为体外实验不会直接检测完整免疫系统。
- 非特异性 T 细胞或 B 细胞增殖试验已被某些指导原则（例如，IPCS，1996）列为功能试验，但其并非真正的功能试验，而是包含在以下一般免疫试验中。

4) **一般免疫试验**（实验室动物数据）：是否有来自一般或观察性免疫试验（淋巴细胞分型、细胞因子、补体、淋巴细胞增殖等）的证据显示该化学品具有免疫抑制性？
- 淋巴细胞分型、细胞因子和其他试验可能增加 MOA 信息，支持对免疫抑制作用的生物合理描述。
- 分型、淋巴细胞增殖或可溶性介质浓度变化一般不被视为免疫抑制的可靠预测指标，因此一般不用于推导免疫抑制的有效水平。
- 单纯体外数据不是免疫毒性的充分证据。

5) **血液学**（实验室动物数据）：是否有证据表明该化学品会引起提示免疫效应的血液学变化（例如，白细胞计数变化）？
- 血液学数据一般不应用于推导免疫抑制的有效水平，但剧烈血液学变化除外，其足以证明不良免疫抑制并适合推导有效水平。
- 血液学变化可能增加 MOA 信息，支持对免疫抑制作用的生物合理描述。
- 与组织病理学证据相一致的血液学变化可能提示免疫毒性，构成对免疫抑制证据权重的额外支持。

6) **组织病理学**（实验室动物数据）：是否有组织病理学证据（胸腺、脾脏、淋巴结等）提示该化学品引起免疫毒性？
- 单纯来自多个免疫器官的描述性组织病理学证据可能提示免疫毒性并支持免疫抑制的证据权重，但是不应用于推导免疫抑制的有效水平。
- 单纯的有限组织病理学证据是模糊的。
- 免疫器官质量减少可能支持组织病理学证据。

7) **器官质量**（实验室动物数据）：是否有证据显示该化学品会减少免疫器官质量（胸腺、脾脏、淋巴结等）？
- 免疫器官质量降低可能支持免疫抑制的其他证据。

- 单纯免疫器官质量变化是模糊的，因此不应用于推导免疫抑制的有效水平。
- 基于免疫器官质量降低的免疫毒性证据必须小心评估，因为免疫器官质量减少可能继发于一般毒性，从而可能导致应激反应。

风险评估者应根据全部 7 个问题的答案形成关于免疫抑制危险识别的证据权重。免疫抑制的证据权重结论还应从一致性和生物合理性角度来描述数据库的优势、劣势、不确定性和数据差异。就像基于一系列试验的正面数据会加强免疫毒性的证据权重一样，基于一系列预测性更强的试验的负面数据（如免疫功能数据）会提高"无免疫毒性"的置信度。免疫数据库的效力将决定是否还需要额外证据来确定免疫毒性，如果监管指令允许，不完整或可疑数据集及暴露的高使用量或高风险应触发对额外数据的要求。

当证据权重提示免疫抑制时，需执行剂量-反应评估，选择最合适的终点或关键效应并形成 POD，用 POD 除以总体不确定性因子，计算出健康指导值或参考值。对于关键效应而言，人体暴露数据（如职业暴露研究和案例报告）是首选，因为与实验动物数据相比，通过人体数据确定相对免疫毒性风险更合适。因此使用人体数据确定关键效应和 POD 时，一般使用较小的确定系数来推导参考值。尽管如此，在确定关键效应时也应考虑所有可用数据，即使存在关于指定化学品的人体数据，也可以根据实验室动物数据进行定量风险评估。例如，关于剂量水平的信息不充分，无较低剂量水平的效应信息或在人体数据集中缺少"无可见效应剂量水平（NOEL）"等情况时，可采用实验动物的数据来进行评估。

4 种主要数据类型中的剂量相关变化提供了不良免疫抑制的明确证据，适用于化学品相关的免疫抑制的关键效应：①人体发病率增加；②人体免疫功能下降；③实验动物中的宿主抗性测量指标的抑制；④实验动物中的功能免疫试验的抑制。一般情况下，POD 根据最合适种属（或者最敏感哺乳动物）的最敏感不良免疫终点制定。一般免疫试验、血液学、组织病理学和免疫器官质量变化的数据可能提示潜在免疫毒性，可用于支持预测性更强数据（例如，功能数据）的生物合理性和潜在 MOA。分型、淋巴细胞增殖和可溶性介质（细胞因子或补体）浓度变化等观察性终点不用于推导免疫抑制的有效水平，因为它们并非不良免疫抑制的可靠预测指标。同样，非剧烈的血液学变化也不是免疫抑制的关键效应，主要免疫功能有所变化的情况下不会出现非剧烈的血液学变化。因此，在考虑从血液学数据中推导有效水平时，风险评估者应考虑关于相关终点的现有功能数据和宿主抗性数据。器官质量和一般组织病理学变化可能提示潜在免疫毒性，可用于支持预测性更强的数据（例如，功能数据）；但是，这些数据不应用于推导免疫抑制的有效水平，因为这些终点数据不能单独应用于预测评估。

4.8.2 不同结果的生物相关性

4.8.2.1 与人体特定类型免疫抑制相关的疾病

尽管传染病和肿瘤疾病均与免疫缺陷有关，但是前者传染病发生率通常是流行病学研究的焦点，因为发病率变化可在较短时间范围内检出。造成感染的特定微生物可以辅助免疫缺陷的定量和定性研究。例如，胞外病原体（如肺炎链球菌和流感嗜血杆菌）在抵抗吞噬作用时能够在吞噬细胞外繁殖并引起疾病。兼性胞内病原体（如结核分枝杆菌）一般会被吞噬，但是能抵抗胞内杀伤。因此，吞噬机制受损（例如，中性粒细胞减少）的个体中或抗体缺失的情况下胞外微生物或兼性胞内微生物的感染率会增加。包含所有病毒在内的专性胞内病原体只能在宿主细胞内繁殖，更常见于存在胞内（T淋巴细胞）免疫缺陷的个体中。

胞外细菌等微生物的反复感染史是原发性或获得性人类抗体缺陷的关键诊断指标，抗体对其感染具有重要作用。临床上用DTH来评估细胞内感染的可能性，继而评估接触环境污染物的人群的免疫力。已知会诱发DTH且所有成年人均会接触的各种天然抗原（例如，念珠菌提取物或正常菌群内的细菌产物）被用作试验抗原。对激发无反应的个体被认为特定感染的风险较高。

与免疫缺陷疾病相关的微生物可分为常见的、机会性或潜伏性病原体三类。常见的病原体在一般人群中的出现频率与感染性质如其毒力、易于传播相关。大部分常见病原体的靶标器官为呼吸系统，因为它直接暴露于外部环境，表面积大，其表面积是胃肠道和皮肤表面积总和的4倍。一般人群中个体感染率较低，再则统计报告不全面，所以难以检测病原体感染率的变化。但是其影响却不可忽略，每年因感染出现流感导致300万～500万例严重疾病和25万～50万例死亡。

常见病原体感染常发生于健康人群中，而机会性感染通常发生在更严重的免疫抑制个体中（如艾滋病患者），且在一般人群中诱发疾病的概率极低。人类通常通过食物、水、灰尘或土壤接触到此类微生物，包括原生动物如会引起脑感染和顽固性腹泻的弓形虫，白色念珠菌和卡氏肺囊虫，以及鸟分枝杆菌复合菌群中的细菌（Morris and Potter, 1997）。

第三类病原微生物可引起潜伏感染。巨细胞病毒（CMV）、单纯疱疹病毒（HSV）和艾伯斯坦-巴尔疱疹病毒（EBV），疱疹病毒家族的所有成员都可以在原发感染后继续留在组织内，直到宿主死亡，不会造成疾病。在健康个体内，免疫系统通常维持病毒潜伏状态，细胞免疫在其中发挥着重要作用。当免疫反应受损时，可能发生病毒复制和再激活，极端情况下还会引起重度并发症甚至死亡。在病毒激活之前，病毒复制会诱发个体对病毒特异性抗原的激烈免疫反应。在患继发性免疫缺陷疾病的个体中观察到了病毒特异性免疫反应的变化或潜伏病毒的激活，这些变化反映了轻度至中度的免疫抑制。

免疫缺陷还与特定病毒引起的肿瘤发生率增加有关，如非霍奇金淋巴瘤和皮肤瘤（Penn, 2000）。与内部器官的癌症（肺癌和肝癌）相比，病毒引起的癌症具有更强的免疫原性。免疫抑制个体中常见的癌症包括白血病和淋巴增生性疾病，移植患者中的皮肤癌，卡波氏肉瘤和EBV相关的B细胞淋巴瘤。

4.8.2.2 与实验动物特定类型免疫抑制相关的疾病

已证明NK细胞活性降低与PYB6肉瘤细胞，黑色素瘤B16F10细胞和鼠CMV激发的易感性增加有关（Luster et al., 1988; Selgrade et al., 1992）。细胞免疫的抑制、补体缺乏及巨噬细胞和中性粒细胞功能抑制均与对李斯特菌的抗性降低有关（Petit, 1980; Luster et al., 1988; Bradley, 1995）。表4.1表明体液免疫（抗体反应）抑制与感染之间的关系及特异性激发物质。表 4.2 列出细胞免疫（T 细胞介导的反应）抑制与感染之间的关系及特异性激发物质。疟原虫、旋毛虫等寄生虫感染的清除是细胞核体液功能的一个元件，已证明抑制这两种免疫系统之后传染性增加（Luebke，1995；Van Loveren et al.，1995）。

表 4.1　宿主抗性及与抗体缺乏相关的感染

与抗体缺乏相关的感染	与抗体缺乏相关的微生物
复发性肺炎	**细菌**
鼻窦炎	肺炎链球菌
复发性耳炎	流感嗜血杆菌
结膜炎	金黄色葡萄球菌
脑膜炎	链球菌
脓毒血症	假单胞菌
持续感染性腹泻	弯曲杆菌
病毒性肝炎	**病毒**
持续病毒性脑炎	肠道病毒
麻痹型脊髓灰质炎	轮状病毒
慢性膀胱炎	**原生动物**
慢性尿道炎	蓝氏贾第鞭毛虫
	微小隐孢子虫
	约氏疟原虫[a]
	旋毛虫[a]
	卡氏肺囊虫[a]

a 反应包含细胞介导的免疫和抗体介导的免疫。
资料来源：改编自 Stiehm 等（1986）。

表 4.2　宿主抗性及与细胞免疫降低相关的感染

与效应性 T 细胞缺乏相关的感染	与 T 细胞免疫缺陷相关的微生物
慢性肠道病毒性脑炎	**细菌**
疫苗致瘫	结核分枝杆菌
持久性副流感病毒感染	胞内分枝杆菌
难治性黏膜念珠菌病	李斯特菌
进展性 EBV 感染	大肠杆菌
金黄色葡萄球菌肺炎	黏质沙雷氏菌
复发性皮肤金黄色葡萄球菌感染	沙门氏菌
分枝杆菌淋巴结炎	**病毒**
复发性脑膜炎球菌感染	CMV
	HSV，带状疱疹

续表

与效应性 T 细胞缺乏相关的感染	与 T 细胞免疫缺陷相关的微生物
	EBV
	轮状病毒，腺病毒，肠道病毒
	呼吸道合胞体病毒
	副流感病毒
	原生动物
	弓形虫隐孢子虫约氏疟原虫[a]
	旋毛虫[a]
	卡氏肺囊虫[a]
	真菌
	白色念珠菌
	隐球菌诺卡氏菌

a 反应包含细胞介导的免疫和抗体介导的免疫。
资料来源：改编自 Stiehm 等 (1986)。

为了证明免疫系统功能与感染率两者之间的关系可删除特异性免疫元件或阻碍其功能。目前通过敲除靶基因（如 CD4+ T 淋巴细胞），再提供能够影响宿主防御体系内细胞或介质的物质（例如，使用氯化钆阻滞巨噬细胞功能）或者单克隆抗体与细胞表面受体相结合，使特异性细胞群的功能减退。但需注意通常由多个基因参与抗病 (Hickman-Davis，2001)。

过去研究表明，一种或多种淋巴细胞亚群的改变比例达到 70% 时预示宿主抗性变化，尽管还未研究特定细胞类型变化与特定感染模式之间关联 (Luster et al., 1993)。Wilson 等 (2001) 专门研究确定在三种宿主抵抗模型中可以引发抗性变化的 NK 细胞抑制的量级。其利用细胞表面分子 Asialo GM1 抗体抑制 NK 细胞活性进行研究，所做处理未影响啮齿动物免疫毒性评估中的任何其他标准免疫功能试验。上述研究证明低水平肿瘤激发情况下，NK 细胞活性的抑制水平需达到 50% 以上，才会显著影响宿主对 NK 细胞敏感性肿瘤的抵抗性。且证明改变宿主抗性所需要的抑制水平与激发中的肿瘤细胞数量相关。相反利用称为依赖细胞免疫的方式 (Weaver et al., 2001)，采用单克隆抗体有效消耗外周血液中 CD4+ 和 CD8+ T 淋巴细胞的研究几乎未改变 PYB6 肉瘤细胞的抗性。此现象可能与二级淋巴组织（如脾和淋巴结）内的细胞群没有改变有关。

宿主对最常见感染的抗性由多个免疫过程介导，每个效应器机制对指定毒物表现出不同的敏感性。由于个体通常暴露于多种化学品，因此很难预测增加疾病风险需要对任何一个过程施加的抑制水平。

4.8.3 轻度及中度免疫抑制的严重性和显著性

解释实验动物研究时经常提出的一个问题是"对于一项具体试验或一组试验而言，

何种程度的免疫变化会构成具有生物学意义的效应",此问题的简单答案为假如动物数据的质量合格,任何统计学显著效应都有意义。该论点所依据的假设是,免疫反应丢失和发病风险增加之间存在线性关系。尽管此线性关系未被证实,但其与免疫学过程理解相一致,且得到实验动物研究(如Luster et al.,1993)和人体研究(综述性文章参见Luster et al., 2005a)的支持,在这些研究中,免疫试验的变化与疾病发生率增加在广泛范围内呈进展性相关关系。

对实验动物而言,大部分具体免疫系统数据是对免疫功能的定量评估,如果证实存在免疫抑制,则可能包含疾病抵抗性试验,相比之下,人体数据更有可能是免疫系统元件的细目,如类别特异性免疫球蛋白浓度和免疫分型,或暴露之后的疾病负担评估,如传染病发病率。暴露人群中常见传染病发生率的小幅、短暂变化可能是环境化学物质暴露引起轻度至中度免疫抑制的最常见结果,在回顾性流行病学研究中很难收集到此类变化。

严重的免疫抑制的临床结果表现为特定类型的癌症或传染病发病率增加或严重程度加重。尽管这些效应非常明显,但轻度至中度免疫抑制(如与慢性应激、移植治疗或过度运动相关的免疫抑制)所导致的不良效应及接触免疫毒性化学品的人群中可能发生的不良效应则难以检测。阐述免疫抑制-不良效应关系,特别是原发性免疫缺陷疾病和艾滋病的最全面数据库没有包含在这些讨论中,因为它们代表最严重的免疫抑制范例,所发生的具体临床疾病和它们的最终结果与慢性轻度至中度免疫抑制个体中发生的不良效应之间均无共同点。最近的多篇综述讨论的主题涉及不良健康效应和免疫毒理学(例如,Kimber and Dearman, 2002; Luster et al., 2005a)。

为了辅助评估轻度至中度免疫抑制的健康影响,下文描述了与慢性应激、干细胞移植和器官移植相关的慢性轻度至中度免疫抑制可能导致的某些最常见不良效应,以及可能影响解释的生理因素和研究设计问题。

慢性心理因素(即紧张性刺激),例如,分居和离婚,看护阿尔茨海默病患者或丧失亲人,会产生轻度至中度免疫抑制,增加传染病发生率(Cohen,1995; Biondi and Zannino, 1997; Yang and Glaser, 2000; Kiecolt-Glaser et al., 2002)。对应激的这种免疫抑制反应,还在一项人体对照传染激发研究中得到了证实(Cohen et al., 1991)。尽管其他慢性应激个体中的免疫测试通常是在小规模人群中执行,但是研究者对轻度至中度免疫抑制和疾病之间关系进行了深入了解(Kiecolt-Glaser et al., 1986, 1987)。在一个显示感染率增加的慢性应激人群中,特异性细胞群比平均对照值降低20%～40%;但是,同很多免疫毒理学研究一样,其他某些变化在研究者所报告的正常值范围内。

另外观察到慢性应激和潜伏病毒(如CMV, HSV-1或EBV)再激活之间存在关联,后者的测量指标是症状复发或特异性抗体滴度增加(Kasl et al., 1979; Glaser et al., 1987, 1993; Esterling et al., 1993; Cohen, 1995; Biondi and Zannino, 1997; Yang and Glaser, 2000)。抗病毒抗体滴度升高,即病毒再激活和复制的反应,发生在发病之前,尽管抗体滴度升高的个体中只有大约20%实际发生临床疾病。另外还进行研究,分析了心理应激和乙肝病毒、流感病毒或肺炎球菌疫苗接种所诱导的免疫反应之间的关联（Kiecolt-Glaser et al.，1996，2002）。

源于 20 世纪 80 年代造血干细胞的某些血液系统恶性肿瘤、再生障碍性贫血和细胞内先天遗传差错的治疗中采用造血干细胞移植，在细胞移植之后，由于移植前的放射治疗，免疫缺陷可能持续一年以上。因此，前瞻性研究可以帮助确定当免疫系统恢复正常时免疫功能和疾病之间的定量关系。这些患者中的感染发生率可能很高，80％患者在移植后头 2 年内发生一次感染，50％患者发生 3 次或 3 次以上感染。机会性感染占主导地位，真菌是引起疾病的最常见微生物类型，其次是细菌和病毒（Ochs et al.，1995；Atkinson，2000）。这些患者一般没有上呼吸道感染的发生率数据可以使用，因为在异基因骨髓受体中很少监测此类感染。尽管移植后头一个月内发生的感染最有可能是粒细胞严重缺乏造成的，但是随后的感染似乎是 CD4＋ T 细胞和 B 细胞缺乏造成的（Storek et al.，1997，2000；Small et al.，1999；Chakrabarti et al.，2001）。

在肾器官移植患者中进行的研究对长期（慢性）中度免疫抑制的后果进行了深入探讨。尽管免疫抑制治疗在过去 40 年内极大改善，但是与正常人群相比，移植患者依然面临发生率较高的恶性疾病（Jamil et al.，1999）和感染（Clark et al.，1993）。移植后头 6 个月内的感染率为 65％～70％，在所报告的感染中有 18％～67％源自 CMV（Sia & Paya，1998）。作为肾移植外科手术的结果，尿道感染最常见，而细菌感染（肺炎和脓毒症）和全身/侵袭性真菌感染几乎只与免疫抑制最严重的人群相关。Wieneke 等（1996）指出，IgG1 亚类水平和 CD4＋ T 细胞计数是感染的最佳预测指标。

另外还发现长期接受免疫抑制治疗的患者患皮肤癌的风险增加。例如，肾移植 10 年后发生皮肤肿瘤的风险是 10％，20 年后是 40％，而鳞状细胞癌和基底细胞癌的发病率是一般人群的 10 倍和 250 倍（Hartevelt et al.，1990）。

4.8.4 作用方式/机制

MOA 关键事件信息可用于评估对于人体的意义，并帮助预测可能发生的不良效应类型。例如，抗体生成减少可能会降低宿主对胞外细菌引起感染的抵抗性，但是不会降低对胞内细菌引起感染的抵抗性。分子和细胞免疫功能缺陷可能源自各种机制，包括发育停滞，代谢途径阻滞，细胞因子合成或分泌异常，MHC 表达改变，信号转导途径中断，DNA 合成及淋巴细胞增殖受损，和（或）正常细胞凋亡机制失败。一定要注意的是，一种化学品可能有多种作用机制。

MOA 还可用于评估特定效应的概率。例如，对造血或抗体合成的总体抑制作用不会发生在"非专门设计用于靶定免疫系统或阻滞 DNA 或蛋白质合成的化学品"暴露之后。但是，如果免疫缺陷发生在无法取代的细胞，如来自骨髓的长期或短期干细胞内，可能发生持续的免疫效应。如果祖细胞不受干扰且作用仅集中于克隆扩增的免疫细胞，则大多情况下暴露所引起的任何免疫效应都完全可逆。因此即使无法全面确定 MOA，关于 MOA 和潜在关键事件的信息可以帮助预测持续的可能性。例如，与仅发生于继发性淋巴器官（例如，脾脏或淋巴结）的改变相比，干细胞改变可能具有长期效应。

4.9 剂量-反应关系和阈值

剂量-反应关系是证实化学品免疫抑制作用的一个必要标准。剂量-反应数据的解释应确定与不良效应（免疫抑制）相关的剂量，以及无不良效应的剂量，以确定最合适的终点或关键效应。然后可以使用关键效应制定 POD，再用 POD 除以总体不确定性因子（采用默认不确定性因子或 CSAF）计算健康指导值或参考值（ADI/TDI 或 RfD/RfC）。在第 3 章第 3.3.7 节展示了针对免疫毒性数据确定和评价剂量-反应关系的过程，如欲了解更详细的讨论过程可以参阅该节内容。

化学品诱导免疫抑制的剂量-反应函数通常是非线性的[①]，并能够显示阈值，当剂量低于该阈值时，预计不会影响免疫抑制作用。根据当前对人体免疫过程的了解及现有人体研究数据（综述性文章参见 Luster et al., 2005a），认为免疫功能丢失和疾病发生率增加之间存在线性关系。免疫毒理学文献包含整个免疫学测量指标谱内的非线性和双相剂量-反应曲线示例，如淋巴细胞增殖、抗体的产生、吞噬功能、DTH 和宿主抵抗性试验。对于这些免疫抑制相关终点，现有数据支持将阈值剂量看做风险评估的 POD。

相反，还有一些例子，例如，对于皮质酮相关的免疫抑制，已经针对相同的终点证实了线性剂量-反应曲线。例如，针对较高水平外源或内源性（来自束缚应激）皮质酮暴露导致的免疫抑制（例如，NK 细胞活性，脾脏和胸腺内的淋巴细胞亚群，MHC Ⅱ 类分子表达和 T 细胞依赖性抗原 KLH 诱导的抗体反应）的测量，Pruett 及其同事（Pruett et al., 1999, 2000; Pruett and Fan, 2001）建立了线性正比模型，以皮质酮 AUC 作为剂量度量。Pruett 等（2003）还发现皮质酮 AUC 对于已知会诱发应激反应的化学品（例如，乙醇和阿特拉津）的某些测量指标来说是一种合适的度量，如抗 KLH 抗体反应，且效应量级与皮质酮 AUC 成正比（Pruett et al., 2003）。

4.10 高危人群（免疫系统发育、老年、免疫功能低下人群）

年龄相关的生理差异和免疫系统不成熟在与发育中免疫系统相关的易感性增加中发挥作用。已经证实对某些化学品暴露不成熟的免疫系统比完全成熟系统更加敏感，发育中的免疫毒物暴露后遗症可能比成年暴露后观察到的效应更持久，后者一般发生于较高剂量，预计在暴露停止后迅速消失（Holladay and Smialowicz, 2000; Dietert and Dietert, 2007）。根据不同实验动物研究中获得的结果，发育中免疫系统紊乱可能表现为定性（即仅影响发育中的免疫系统）或定量差异（详见第 2 章）。发育期间暴露后，免疫成熟只是延迟，会随着时间逐步恢复正常成年水平，如果暴露干扰了成熟过程中的关键一步，可能会发生终生免疫功能缺陷（例如，DES：Kalland and Forsberg, 1980;

[①] 在本指南文件中，术语"非线性"是指阈值模型（在包含 0 在内的低剂量范围内未显示任何反应）和某些非阈值模型（例如，二次模型，在 0 以上的所有剂量显示了一些反应）。在本指南文件中，线性模型是剂量为 0（及可能大于 0）时斜率为 0 的模型。

Kalland，1984）。人类和啮齿动物免疫系统成熟步骤似乎非常相似，但是分属不同发育阶段，没有确凿证据说明在啮齿动物中观察到的效应不代表可能发生在人类中的效应。因此，啮齿动物出生后不久的暴露效应反映人类孕晚期的可能暴露效应，假设该化学品暴露可以跨越胎盘。这个概念详细评论于综述性文章 Holladay 和 Smialowicz（2000）和 Holsapple（2003）。

有些研究还显示在围产期暴露于环境物质之后，儿童中某些感染的发生率增加（Luster et al.，2005b）。Weisglas-Kuperus 等（2000）证实暴露于高度工业化国家常见的多卤代芳烃水平与儿童感染增加有关。同样，Karmaus 等（2001）发现二氯二苯三氯乙烷（DDT）代谢物、二氯二苯二氯乙烯（DDE）和 PCB 或 DDE 及六氯苯（HCB）水平升高的儿童发生比预期更多的内耳感染病例。较高的 DDE 载量会增加发生哮喘和 IgE 水平提高的比值。对于怀孕期间接受治疗剂量的免疫抑制剂的女性所生子女，只有有限免疫功能数据可以使用，包括研究发现母亲在怀孕期间使用硫唑嘌呤（Price et al.，1976）或环孢素 A（Tendron et al.，2002）会抑制婴儿在 1 岁以前的免疫功能。

老年人发生免疫抑制的风险也较高，正如 EHC 144 所述，由于免疫功能随着年龄变化，老年人是公认的敏感人群（IPCS，1993）。免疫系统功能通常随着年龄的增加而降低（综述性文章参见 Miller，1996；Aw et al.，2007）。胸腺激素青春期后萎缩，细胞成分被脂肪组织取代，到大约 40 岁不再产生胸腺激素（USEPA，2005c）。免疫系统反应的改变归因于巨噬细胞和中性粒细胞内信号转导的改变，中性粒细胞凋亡的减少，树突状细胞对 T 细胞和 B 细胞的刺激减少（Plackett et al.，2004）。IL-10、IL-12 和抗原在树突细胞中的表达也被改变（Uyemura et al.，2002）。老年人中通常受损的其他免疫系统功能是在淋巴细胞抗原刺激下的增殖能力和 B 淋巴细胞分泌的抗体量。由于正常的免疫系统衰老过程，老年人疫苗接种反应差，通常更容易罹患传染病，例如，肺炎、尿路感染或结核，与健康的年轻成年人相比，老年人对这些疾病的反应更严重。同样，老年人对环境中的微生物污染物的反应更剧烈（USEPA，2007）。另外人类和实验动物的癌症发生率均随着年龄而增加，说明免疫衰老和某些癌症发生率升高之间存在关联（Cohen，1994；Anisimov，2007）。

增加的易感性也可能是遗传倾向（即个体层面或人群层面的遗传多态性）、疾病状态（例如，AIDS）或药物干预（例如，器官移植治疗）的函数。在实验动物研究或流行病学研究中对免疫毒性物质反应的性别差异并不少见。

4.11 急性与慢性暴露

发育期间暴露于免疫毒物可能导致与其他生命阶段暴露不同（定性和定量）的免疫抑制［参见第 2 章和第 3 章第 3.3.3.2 节（d）的讨论］，并且可能在急性或短期暴露后导致长期或永久性免疫抑制。例如，单次注射 1 mg/kg 体重剂量水平的 TCDD 会抑制小鼠对 T 细胞独立性抗原三硝基苯基（TNP）-LPS 的抗体反应（Smialowicz et al.，1996），而围产期（怀孕期、哺乳期和幼儿期）暴露于 TCDD 会导致持续 19 个月的大鼠免疫抑制（Smialowicz，2002）。尽管目前还没有广泛使用评价急性或发育中免疫毒性的测试指南，但是有充分的数据库证明具有发育中免疫毒性的化学品，适宜采用非终身风险评估。有专家提出采用发育中免疫系统评估方案替代免疫评估中的成年个体暴露评估（Dietert and Piepenbrink，2006b）。

4.12 不确定性因子

第3章（第3.3.10节）详细介绍了免疫毒性数据不确定性因子的应用考虑。应使用全部标准不确定性因子（种属内、种属间、数据库），以及按照风险评估范围和POD所用数据确定的、"从亚慢性向慢性外推"和"从LOAEL向NOAEL外推"的不确定性因子来推导免疫抑制的健康指导值。下文描述了种属内、种属间和数据库不确定性因子用于免疫抑制数据时需要考虑的事项。

4.12.1 种属内不确定性因子

若没有一般人群对确定POD所考虑的特定类型免疫抑制的易感性的潜在变异性信息，推荐使用默认种属内不确定性因子10，该系数值与其他非癌症终点推荐的系数相似。该不确定性因子用于阐述人与人之间免疫反应的变异性，并保护敏感性亚人群。如4.10节年幼者（宫内、产后暴露或儿童）和老人可能处于较高的免疫抑制风险。针对疫苗接种反应证明易感性是遗传多态性的函数（例如，Hennig et al.，2008；Ovsyan-nikova et al.，2008）。如果POD数据是从最敏感亚组人群推导来的，则风险评估者应考虑降低种属内不确定性因子。

4.12.2 种属间不确定性因子

如果免疫抑制的POD从人体数据推导而来，则不需要种属间不确定性因子，它被设定为1。但是，人体的剂量-反应数据的适用性一般有限，因此通常需要将实验动物数据外推至人类。与其他非癌症终点的情况相似，当采用动物数据推导免疫抑制的POD时，推荐使用默认种属间不确定性因子10从实验动物种属外推至人类。现有数据支持该方法，因为来自实验动物的免疫抑制数据一般是后续临床数据或流行病学研究的良好预测工具。

4.12.3 数据库不确定性因子

检查数据库范围、单个研究质量和数据缺陷将帮助确定有关数据库充分性的"证据权重"。特定化学品的数据库可能不含任何专为确定免疫毒性而设计的毒性研究。风险评估者应确定哪些可用数据可以提供免疫抑制信息。在缺少用于确定免疫抑制风险或执行剂量-反应评估的数据的情况下，有限的数据集可能提示免疫抑制可能性。评估者应考虑使用数据库不确定性因子确定缺少该终点的准确性。关于描述免疫抑制危险的数据库不确定性因子应用的详细讨论，读者可参考第 3 章第 3.3.10.5 节。另外，风险评估者可要求提供额外的数据。第 3 章第 3.3.6.3 节详细讨论了确定免疫毒性危险的"触发器"及额外数据的需要。

4.13 暴露评估

通过暴露量评估获得人体暴露量的估算值，以帮助量化人群风险。发表的有关暴露量评估的具体指南（例如，USEPA，1992）和专门评价儿童暴露量的指南（例如，USEPA，2005a；IPCS，2006b），在此不再讨论。对于免疫毒性的暴露评价需要考虑的一般重要事项，应参考第 3 章第 3.3.11 节，其中包括剂量和暴露时机对效应严重程度和持续性的贡献，基于暴露时机的敏感性，暴露途径对于局部和全身免疫效应的重要意义，影响免疫毒性结果的暴露的药代动力学因子。

4.13.1 暴露对严重程度和持久性的影响

对于免疫抑制，不良效应的量级（如传染病发生率）将与免疫系统损伤的严重程度及效应持续性成正比。从生物学角度可总结如下：不良健康结果与免疫效应的严重程度和持久性均成正比。如果有充分的生物学数据提示效应持久性，才需要考虑暴露量的问题。举例说明，如果损伤发生来自骨髓的长期或短期干细胞这类无法取代的细胞内，不诱导耐受性，可做出以下假设，如果祖细胞不受干扰且作用仅集中于克隆扩增的免疫细胞如再次抗原刺激，则大多情况下暴露所引起的任何免疫效应都是完全可逆的。

对免疫抑制期，暴露于病原体的时机也很关键。个体在免疫抑制期间与免疫抑制恢复后暴露于病原体相比，流感病毒或肿瘤细胞暴露结果相去甚远，化学品暴露后的免疫抑制持续性将导致更长的病原体易感性时间窗；但是短期抑制依然具有长期效应。如果个体在接触化学品后免疫抑制仅持续数日，免疫抑制期间还接受了疫苗，那么疫苗接种反应可能不充分，并最终导致化学品免疫抑制作用消失后数月感染流感。因此，持续性和可逆性问题可能受到免疫抑制期间（短期或长期）有机体面临的免疫激发类型的影响。

持续性与可逆性问题因为化学品暴露剂量和持续时间而变得更加复杂。癌症化疗中使用的很多抗增殖剂暂时减少免疫或细胞对低剂量抗原的应答能力，而在高剂量或长期治疗期间，效应可能更持久。这可能导致恢复延迟，以便有充分的时间让干细胞再生，也可能导致免疫失败，此时，干细胞或基质细胞的微环境遭到了不可逆性损坏。因此，最终结果将取决于暴露剂量和持续时间，以及微环境中的特异性靶标。

对于会发生生物蓄积的物质，增加暴露时间还可能扩大干细胞微环境破坏程度。如果记忆细胞或循环免疫活性细胞受到影响，可对免疫系统发生滞后效应。

激发物质的剂量和生物学性质及化学免疫抑制剂的剂量会使检测免疫抑制的宿主抵抗性模型中的暴露变得复杂。在实验室研究中，较高的病原体剂量和较大的毒性通常伴随着更严重的结果，包括临床分数或死亡率（Cohen，2007）。尽管可能诱发有效的免疫效应，但是在较高剂量水平，相关的疾病可能击败宿主。如流感病毒的广泛激发剂量范围会在小鼠中产生相似的流感病毒特异性抗体滴度；但是，较大剂量伴随着体重丢失和死亡（Powell et al.，2006）。

4.13.2 暴露时机和易感性

关于免疫毒性暴露评估，另一个需要考虑的问题是暴露发生在哪个生命阶段。一般认为不成熟免疫系统比完全成熟免疫系统对化学品暴露更敏感，发育中的免疫毒物暴露后遗症可能比成年暴露后观察到的效应更持久，后者一般发生于较高剂量，预计在暴露停止后迅速消失（综述性文章参见 Holladay and Smialowicz，2000）。Luebke 等（2006a）最近回顾了关于 5 种不同免疫毒性化合物的成年和发育中动物数据及人类数据，以分析年龄依赖性差异。回顾的化学品包括 DES、地西泮、铅、TCDD 和三丁基氧化锡。5 种化学品发育中免疫系统的风险均高于成年免疫系统，因为在发育中免疫系统引起免疫毒性的剂量较低，或者不良效应更持久。比较对发育中和成年免疫系统产生不良影响的剂量时，怀孕期间子代可能暴露于一定比例的母体剂量。Luebke 等（2006a）总结免疫毒理学中仅使用成年动物可能低估免疫系统发育和成熟期间的化学品暴露风险。由于啮齿动物和人类的发育过程比较相似，这些一般性结论适用于人类，支持啮齿动物的免疫成熟过程比人类更慢（Holladay and Smialowicz，2000；Landreth，2002；Holsapple，2003）。

由于年龄相关的免疫反应丢失，某些类型的传染病在老年人中比在新生儿或年轻成年人中更常见。太年轻缺乏免疫经验，而老人尽管有丰富的经验，已不能再像年轻人那样进行应答。

没有数据证实"只有老人的免疫系统对免疫毒物敏感"。然而，作为免疫衰老的一个结果，中度免疫功能损失在老年人中可产生比在年轻成年人中更显著的不良影响。一项暴露评估应描述至少 3 个一般年龄组（出生前、年轻成年和老年）发生暴露的可能性并尽量分析各组在风险评估中的易感性。

4.14 从感染或肿瘤抵抗性降低角度进行的风险特征描述

风险特征描述是对暴露水平和健康风险的全面评估。它是风险评估过程中的总结和归纳部分，在这一步骤中将危险特征描述、定量剂量-反应评估及暴露评估与毒性信息的关键评价相结合。关键评价包含对评估总体质量的回顾，包括不确定性讨论和结论可靠性评价。除了全面评价评估的优势或劣势之外，风险特征描述还有一个章节从危害性质和危害范围的角度来描述风险。在现有数据允许的范围内，风险特征描述还包括风险如何随着暴露量而变化，并为风险评估者提供可供评估多种选择的信息。最理想的情况是执行一项定量风险评估。如果现有数据不支持此类评价，则依然可以进行定性风险评估。

以铅的风险评估作为案例研究，说明上述指导原则在免疫抑制风险评估中的应用（见案例研究 1）。

5. 免疫刺激评估

5.1 简介

激活并刺激免疫系统可消灭致病原，抑制特定类型肿瘤的形成，免疫系统激活后产生强效细胞激素释放、细胞增殖和分化，以及多功能介质释放。多重反馈系统与由免疫、内分泌和中枢神经系统细胞所产生的信号，在正常免疫应答或未恰当识别和应答宿主蛋白质细胞的克隆扩增过程中，通过平衡上调和下调信号减少附带组织损伤，促进免疫系统稳态。未能控制正常保护性免疫应答的强度和持续时间可充分证明免疫介导的组织损伤。然而常规使用人为刺激免疫系统是一种有益的临床处理方法，如接种疫苗中使用常规化学物和生物佐剂，增加并延长免疫应答，增强弱抗原应答，免疫刺激致临床上不同程度的不良作用取决于上述物质不同的基线水平和作用强度。

由异型生物质引起的免疫系统刺激相关不良反应，包括不适当刺激保护性免疫应答或正常保护性免疫应答发生相对滞后，异型生物质直接产生过敏原性，致使自身免疫性疾病和非特异性炎症感应或恶化。通常致病原保护性应答不适当刺激会增加炎症，导致大量组织损伤或引发暴露潜在隐藏宿主抗原，后者是自身免疫性疾病的一种可能途径。免疫应答发生滞后可引发炎症或过敏症，研究已发现免疫应答发生滞后将增加敏感症风险，降低某些传染性病原体抵抗力。外源性物质可作为完全的致敏原诱发变应性疾病，其或携带于宿主蛋白质中，使机体不能区分外来物，导致自身免疫性疾病的复杂状态。过敏反应和自身免疫性疾病详细信息分别见第 6 和第 7 章。炎症是指毒物暴露引发的组织损伤，本章不做详细论述。在利用细胞因子、单克隆抗体作为功能性免疫系统表位或免疫系统调节治疗时，外源化学物可能充当超级抗原，或导致高细胞因子症，而化学物与化学物作用不能观察到此现象。(综述性文章参见 Ponce，2008)。

本章将探讨支持"先天或适应性免疫应答意外刺激应被视为不良反应"假设的证据，并考虑其在证据权重法的风险评估中使用。

5.2 危害识别

用于危险源识别的免疫毒性试验，不包括超敏反应和自身免疫性疾病，重点在于免疫功能抑制（见第 4 章）。在一些检测免疫抑制的实验中，结果显示暴露于农药、药物和其他环境问题相关化学品后具有比对照组更大毒性值的应答。IgM 应答抑制与传染病易感性增加之间存在显著的一致性，但 IgM 应答增强与不良后果之间的一致性是未知的。其他的功能性终点（如 DTH 或 NK 细胞活性）IgM 应答抑制与传染病易感性增加之间存在显著的一致性，虽然现存免疫毒性试验准则需要评估体液免疫应答，这些检测可提供更多的初级抗体应答数据，但细胞或先天功能测试无法提供初级抗体应答数据。许多免疫系统毒理学专家认为免疫系统刺激是一个值得关注的领域,但由于目前用于屏蔽潜在免疫抑制、过敏反应或自体免疫的试验不能确定为检测免疫刺激最合适的方法,因此意外免疫系统刺激特征难以描述,且明确地被定义为不良反应。

5.3 危害特征描述

目前对于意外免疫系统刺激产生的不利影响监管非常有限。USFDA(1999)免疫毒性试验指南认为意外免疫系统刺激,免疫原性和佐剂活性会产生潜在的不良反应。根据 USFDA 指南文件,免疫功能或免疫介体水平的变化未必产生"不良影响",而会引起免疫刺激。这种情况必须特别谨慎,因为免疫应答非特异性增强可能会导致特定感染引发特异性免疫抑制。USFDA 还指出意外刺激可会导致自身免疫、过敏症、慢性炎症,但未提供相关的最佳范例。

过敏、超敏性、炎症和自身免疫性疾病显然是意外刺激产生的不良反应。但由于当前接种疫苗方案通常依赖于刺激抗体产生的化学辅助剂,可以认为增加免疫应答抗体产生不是不良反应。暴露于增强抗体合成的外源性物质与相关疾病恶化相关,此类疾病由自身抗体增加产生或属于自身免疫性疾病。数据表明具有过敏或自身免疫性基因型的个体可能会产生不良反应,但发生于一般人群的风险水平无法从数据中得到。同样在免疫毒性多层试验中,不能忽视实验免疫动物组体液应答的增强,此现象表明免疫系统调制已经发生。此外如下文 5.5 节,一个功能性终点免疫上调可能引发其他调解,最终导致宿主抵抗力免疫功能的抑制。因此识别意外刺激免疫功能可能取决于危险源辨识的试验。如何解释最终数据需要特定的政策、监管指令和风险评估者的决定,或者是否采取额外的测试。

炎症是中毒症状的正常反应,如果存在毒性暴露,其可协同或附加地增加感染或过敏原激发炎症应答。动物模型中多种类型的化学品暴露,已经证明会增加由流感病毒感染免疫应答引起的肺损伤,以二噁英暴露效果最为显著;啮齿类动物和人类研究中已证明暴露于空气污染物将加剧过敏原激发呼吸应答,空气污染物作为佐剂,会触发变应性致敏。

5.4 临床和流行病学数据

人类临床数据是风险评估最有说服力的部分,解释这些数据时必须严谨。有关解释临床和流行病学数据时注意事项与关键问题分别参见第 3 章第 3.3.2.1 节和 3.3.2.2 节。临床数据表明,通过疫苗或用于增强免疫系统膳食补充剂中常用佐剂中度刺激免疫系统与一般人群中免疫介导疾病无关联。但存在自身免疫性疾病的个体将会是易感亚群体,免疫系统激活可能有不良反应。如两名患者由于使用草药补品,突发寻常天疱疮与突发皮肌炎(Lee and Werth,2004)。人类临床研究尽管关注到接种疫苗成分可能激活免疫系统,引发或加重全身性自身免疫性疾病,但常规流感和肺炎疫苗接种适用于各种全身性自身免疫性疾病患者,具有安全性和有效性(如 Elkayam et al.,2007;Holvast et al.，2007；Glück and Müller-Ladner，2008）。

由化学品暴露引起的人体免疫功能意外刺激可能会产生不良后果。暴露于二氧化硅对先天免疫系统细胞具有佐剂样效应，导致人自身免疫性疾病（Parks et al.，1999）。重金属汞会通过增加 IL-4 和 IL-10 上调刺激人淋巴细胞向 Th2 细胞表型极化的应答（Hemdan et al.，2007）。汞可意外上调人类抗体生产，研究从患有自身免疫性甲状腺炎和汞过敏症个体中去除银汞合金，减少甲状腺球蛋白自身抗体和甲状腺过氧化物酶的产生（sterzl et al.，2006）。虽然其他抗体类报道结果相互矛盾，但暴露于铅已确定证实增加 Th2 细胞因子产生，并增加人类 IgE 合成（Dietert and Piepenbrink，2006a）。

某些免疫功能抑制引发的免疫系统平衡破坏可导致刺激其他免疫功能。抑制 Th1 细胞可增加 Th2 应答；降低调节性 T 细胞功能也可导致刺激应答，尤其是自体肽应答可增加感染和过敏性疾病的风险，上述结果也得到人类临床数据证实。例如，母体暴露于香烟烟雾增加新生儿罹患哮喘的风险（Jaakkola and Gissler，2004；Ng and Zelikoff，2007），动物实验数据显示，暴露于香烟烟雾会破坏细胞毒性 T 淋巴细胞活性持久性抑制，增强肿瘤激发易感性（Ng et al.，2006）。同样，Soto-Peña 等（2006）证明长期暴露于砷的 6~10 岁儿童尿液中砷浓度增加，应答 PHA 的外周血单核细胞增殖显著下降。此项研究还证明尿液砷浓度高于 $50\mu g/L$ 的个体人群中过敏症和哮喘发病率倾向增加。但是，暴露于 PCB 伴有呼吸急促和喘息（Weisglas-Kuperus et al.，2000），在暴露人群中也同样出现免疫抑制和增加感染（Dallaire et al.，2006；Heilmann et al.，2006）。因此，化学免疫抑制剂不一定引起过敏风险。环境暴露可增加患过敏性疾病风险，除上述研究示例，一些前瞻性的研究也证实空气污染物，包括氧化剂气体和柴油车尾气颗粒也会增加哮喘发病的风险（综述性文章参见 Gilmour et al.，2006）。

总体而言，人类临床文献证明意外刺激免疫应答可产生不良反应。然而，所有的研究示例证明遗传组分与不良反应相关联，即不良反应的侵害人群并不是普通人群，而是敏感个体（参见下文第 5.9 节）。

5.5 实验动物数据

动物实验数据为风险评估者提供大量数据信息，包括监管指令要求提供的信息或免疫毒性文献。许多因素可影响已发表研究报告的结果，包括实验动物性别、物种和应变、路径和暴露时间，以及初次暴露年龄。了解上述因素如何影响免疫系统内稳态和毒性至关重要，详细请参见第 3 章第 3.3.3.2 节。

免疫毒性研究始终确定暴露于各种类外源性物质（重金属、农药和内分泌干扰物）和某些药物将会激发或刺激免疫功能，尤其是 T 细胞依赖性抗体应答。相当多的案例中，暴露将会使遗传相关易感模型群体加速发病，影响自身免疫性疾病的严重程度。

目前尚未确定测试啮齿动物模型佐剂暴露效果的专属性方法，但暴露于各种空气污染物、尘螨或卵清蛋白可刺激致敏（Gilmour et al.，2000；Steerenberg et al.，2005）。最近的机制研究已经对炎症和氧化应激在颗粒和气态污染物分泌前变应免疫效果中的突出作用进行了定义（综述性文章参见 Riedl，2008）。

5.5.1 疫苗接种

动物研究已经对各种自身免疫性疾病疫苗接种的效果进行了评估。使用市售强化 b 型流感嗜血杆菌疫苗重复免疫接种会导致远交系小鼠 IgA 肾脏病变（Kavukçu et al.，1997）。相反质粒 DNA 疫苗接种会引起 BALB/c 小鼠循环抗 DNA 水平瞬时升高，但不会引起自身免疫性疾病（Mor et al.，1997）。上述结果表明，即使没有自身免疫性疾病，单独接种疫苗可至少会引发瞬态自身免疫性疾病的迹象。结合疫苗接种与暴露于免疫毒物的试验结果，Ravel 等（2004）声称由于"研究的极端实验条件"，试验结果较难解释，但还是发现反复接种疫苗且暴露于甲基汞小鼠的血清 IgG 浓度会增加。因为大多数人类临床研究评估的是接受免疫抑制疗法患者进行接种疫苗后的潜在恶化影响，直接比较有限的啮齿动物与人类临床试验数据比较困难；虽然滴定度具有保护性，但患者通常对免疫做出更为确切的应答，对无病和无药物的正常控制不做应答。

5.5.2 重金属

暴露于重金属会增加啮齿动物血清免疫球蛋白水平、T 细胞依赖抗体反应、T 细胞依赖抗原、遗传倾向菌株自身免疫性疾病恶化。皮下注射氯化汞（Ⅱ）（1 mg/kg 体重，每周 3 次），暴露 2~3 周后所有血清免疫球蛋白同种型抗体浓度增加；但即使持续暴露，血清免疫球蛋白浓度 6 周后恢复到控制水平（Pelletier et al.，1988）。暴露于重金属还会引发棕色挪威大鼠 T 细胞非依赖性抗原抗体、TNP-牛血清白蛋白、T 细胞依赖性抗原、SRBC 瞬时增加，自身诱导免疫性肾脏疾病，但在 Lewis 大鼠试验中未发生以上变化（Hirsch et al.，1982）。相反，Lewis 大鼠偏向 Th1（促炎）细胞因子产生，由于有缺陷的下丘脑-垂体-肾上腺轴控制炎症，细胞倾向于炎症性疾病（Sternberg et al.，1989）。BALB/c 小鼠饮用铅浓度为 2072 mg/L 的饮用水 10 周后 SRBC 抗体应答增强（Mudzinski et al.，1986）。铅暴露将使患有遗传性自身免疫性疾病的狼疮鼠模型发生恶化，但并未诱发小鼠疾病耐药菌株（Hudson et al.，2003）。宿主体液免疫应答，其他保护功能被重金属抑制，包括抗细胞内病原体单核细胞增生李斯特菌感染（Kishikawa et al.，1997）。此外，小鼠饮用浓度为 2072 mg/L 含铅水 16 周后，存活率下降，激发体内细胞外病原体鼠伤寒沙门菌（Al-Ramadi et al.，2006）。

Dietert 和 Piepenbrink（2006a）评估铅暴露后表明铅暴露可刺激炎症应答。刺激巨噬细胞、前炎性细胞活素肿瘤坏死因子-α（TNF-α）、IL-1β 和 IL-6 产生，且在实验动物和儿童体内刺激巨噬细胞和嗜中性粒细胞，反应氧中介物产生，同时嗜伊红粒细胞脱颗粒增加，导致组织损伤。

镉通过饮用水 50 mg/L 或 200 mg/L 单次短期（3~4 周）或长期（9~11 周）暴露（Koller et al.，1976），暴露后可增加 IgM 和 IgG 类抗体对 SRBC 应答（Malavé and de Ruffino，1984）。300 mg/L 长期暴露将会抑制体液免疫应答，存在刺激剂量阈值，较高剂量可能会导致抑制。此外按 0.11~1 mg/kg 体重皮下注射镉连续 5 天，抑制异体抗原应答识别和增殖，脾脏 B 淋巴细胞产生的 IgM 和 IgG 总量增加（Hurtenbach et al.，1988）。同时远系繁殖 ICR 小鼠饮用 3 mg/L，30 mg/L 或 300 mg/L 含镉水 10 周后，总脾细胞、脾脏 T 细胞和 B 细胞数目增加（Ohsawa et al.，1983）。Ohsawa 等 (1988) 报道远交 ICR 小鼠饮用 3 mg/L，30 mg/L 或 300 mg/L 含镉水 10 周后，未被免疫抗核抗体（IgG 类）与 SRBC 作用产生抗体的脾细胞数目增加。与此相反，免疫动物暴露于 300 mg/L 含镉水，最高浓度镉抑制 PFC 应答，但较低浓度不抑制 PFC 应答。遗憾的是，暴露于可增加 SRBC 抗体应答的其他化学品后，并未研究 SRBC 反应抗体的非特异性刺激。这些研究将有助于确定研究结果的一致性，在何种程度上意外应答可有助于暴露的免疫动物 SRBC 整体滴定度，细胞介导免疫（DTH）并没有受到影响。与此相反，近交系小鼠（BALB/c 小鼠）暴露于最高剂量时检测抗核抗体。在另一研究中，B6C3F1 小鼠暴露于浓度为 10 mg/L，50 mg/L 或 200 mg/L 镉的饮用水 90 天，也发现 SRBC 抗体或抗感染（成活率）应答（Thomas et al.，1985）。易发生自身免疫小鼠（NZB/NZW，自发性狼疮性肾炎模型），暴露于 10 mg/L 镉的饮用水 4 周后会加剧肾脏免疫复合物沉积和蛋白尿（Leffel et al.，2003）。与相关研究相比，上述结果反映宿主基因型是决定镉免疫应答调制易感性的重要因素。

5.5.3 农药

Rodgers 等（1986）研究体内暴露于高剂量［半致死剂量（LD_{50}）］杀虫剂马拉硫磷，并于 SRBC 培养 5 天后，C57BL/6 小鼠脾细胞产生 IgM 抗体增加。此剂量下未研究动物体重脾脏质量、脾细胞结构与类胆碱功能变化。对 T 细胞有丝分裂原伴刀豆球蛋白 A 或 B 细胞有丝分裂原 LPS（白细胞分离产物）应答的脾细胞增殖增加。急性暴露不影响动物体重、胸腺质量、脾脏细胞构成、细胞毒素 T 淋巴细胞产生或血清胆碱酯酶活性。暴露于 10% LD_{50} 14 天未发现任何毒性。随后农业部的研究确定，肥大细胞可影响马拉硫磷引起的抗体合成（Rodgers et al.，1996）。一个稍晚的研究（Rodgers，1997）确定口腔暴露于马拉硫磷（每周 33～300 mg/kg 体重，成长到 6 周大时开始）会加速自身免疫性疾病的发病，增加自身免疫性疾病易感小鼠（MRL-lpr，自发性系统性红斑狼疮模型）自身抗体产生，但有抵抗力小鼠（MRL+/+）中未出现上述情况。另一实验室研究证实马拉硫磷刺激对 SRBC 的初级免疫应答；然而，SJL/J 小鼠每隔一天口服马拉硫磷超过 28 天，剂量为 0.018～180 mg/kg 体重，抗体产生细胞数量同样增加，并生成可以刺激狼疮样疾病发展的菌株（Johnson et al.，2002）。通常缺乏明显 T 或 B 淋巴细胞对促有丝分裂原的应答反应或巨噬细胞活化时发生抗体增强。这一发现特别有趣，因为使用低于 WHO 制定的 ADI（每天 0～0.02 mg/kg 体重）上限剂量值，抗体产生也会增强（FAO/WHO，1998）。

C57BL/6 小鼠口腔和皮肤暴露于氨基甲酸酯类杀虫剂灭害威，会刺激免疫应答，腹腔暴露出现免疫抑制，吸入暴露则无毒性反应（Bernier et al.，1995）。上述研究结果的毒理学意义值得商榷，但值得注意的是，从仅经受过口腔和皮肤路径暴露的小鼠脾脏分离 LPS 刺激 B 淋巴细胞中上调 MHC Ⅱ类分子表达，表明早期 B 细胞活化被上调。

作者的结论是：该化合物是基于显见免疫系统刺激，可能自动产生免疫性。另一种氨基甲酸酯类杀虫剂，残杀威，通过腹腔给药 2 mg/(kg 体重·d) 的剂量，为期 28 天，抗体滴度和脾细胞分泌 SRBC 特异性 IgM 数量增加，但该剂量未引起淋巴器官病理组织学变化；10 mg/(kg 体重·d) 剂量实验观察中发现初级抗体应答抑制，脾脏和胸腺发生病变（Hassan et al.，2004）。

合成拟除虫菊酯溴氰菊酯和 α-氯氰菊酯暴露免疫毒性评估的实验模型为雄性 F344 大鼠（Madsen et al.，1996）。口服剂量 5 和 10 mg/(kg 体重·d)，为期 28 天，研究结果表明，SRBC 抗体的脾细胞数目增加，NK 细胞活性增强。在最高剂量暴露时，除上述反应，还伴有体重减少、肾上腺质量增加，表明最高剂量暴露出现全身毒性反应。

Salazar 等（2006）进行小鼠暴露于除草剂敌稗（50 mg/kg 体重）或 150 mg/kg 体重单次腹腔内注射)实验，虽然血清中特异性抗体同型抗原浓度并未受到影响，但脾细胞数量增加，骨髓 B 细胞未增加，产生 IgM 抗体，热灭活的肺炎链球菌 T 细胞依赖组分 IgG2b 和 IgG3 同型抗体增加（Salazar et al.，2005）。作者认为血清抗体浓度相似，因为小鼠骨髓中生产抗体显著有助于血清滴度。同型抗体增加模式表明，敌稗暴露不会影响 Th 细胞因子产生模式；IgG2b 合成属于 Th2 应答，IgG3 需要 Th1 细胞因子。对细菌 T 细胞依赖应答过程类似于已处理的动物试验，所观察到的反应类似雌激素（17β-雌二醇）反应的模式。Salazar 等（2006）第二项研究确定当敌稗未接触到雌激素受体时，卵巢切除术或使用促性腺激素释放激素抑制剂的治疗会抑制脾脏抗体生成细胞增加，但使用雌激素或孕激素拮抗剂预处理后不会抑制脾脏抗体生成细胞增加。雄性小鼠证实具有明显的雌激素非依赖性。为何抗体增加仅限于脾脏是未知的，但上述结果提供了一个局部与全身反应的案例。若脾中具有独特的事件或路径决定潜在的作用方式，则根据目前对抗体在免疫病理学中的作用和自身抗体作为自身免疫进程的指标理解来看，敌稗引起的脾内抗体上调事件并不能定义为潜在的逆境信号。

Michielsen 等（1999）对六氯苯的毒性进行了评估。六氯苯在环境中作为一个持久和易于运输的工业废品，用于种子粮真菌抑制剂。暴露于六氯苯伴随有免疫系统异常，包括免疫功能的增加。人类和啮齿类动物暴露于六氯苯后免疫系统影响见案例研究 2。

5.5.4 内分泌干扰物

免疫功能受性别影响，一般情况下，生理学药理学水平雌激素可增加免疫反应，雄激素则与之相反。许多实验室动物研究表明，性腺切除术和（或）增加异性激素将掩盖或扭转性征免疫应答表型。尽管表面可能会出现有利刺激功能，雌激素对机体免疫功能的增强是多数女性雌激素自身免疫性疾病中一个主要因素（参见第 7 章）。因此，研究焦点是暴露于雌激素环境的化学物质会增强免疫功能，最终导致炎症或自身免疫性疾病。然而，内分泌干扰和免疫介导疾病之间的关系很复杂，尤其暴露发生在青春期后。仅有少数研究对免疫系统受到意外刺激后的不良反应进行集中论述。

有研究表明，双酚 A 可增加动物模型中的催乳激素，但并非所有研究结果都一致（Youn et al.，2002；Jung et al.，2007）。在遗传上易感的小鼠中，高泌乳素血症与免疫系统上调的标记事件有关，其中包括增加祖 B 细胞发育，增加抗原递呈细胞和抗体产生 MHC Ⅱ类分子合成（Orbach and Shoenfeld，2007），以及自身反应性 B 细胞阴性选择与自身免疫性疾病恶化的减少。高泌乳素血症会引发或恶化人类自身免疫性疾病，包括系统性红斑狼疮、多发性硬化症、自身免疫性甲状腺炎（Orbach and Shoenfeld，2007），表明易感亚群中免疫系统上调和不良健康影响之间存在必然联系。

狼疮小鼠模型暴露于双酚 A 和人工合成雌激素-DES，通过刺激 B1 细胞增加自身抗体合成，B1 细胞是具有自我复制能力、与自身抗体生成有关的 B 淋巴细胞亚群（Yurino et al.，2004），此研究进一步表明遗传因素易感性与免疫应答上调之间的联系。

5.5.5 药物

虽然慢性摄入可卡因会抑制小鼠 T 细胞依赖性抗体应答，但在免疫接种前急性暴露将增强免疫应答的水平，免疫应答的增强将升高皮质脂酮水平，相同条件下通过外源性皮质脂酮可再现此事件（Stanulis et al.，1997b）。此 MOA 破坏了 Th1/Th2 细胞因子平衡，另有研究确定可卡因或皮质酮急性给药可上调 IL-4 和 IL-10，调节性 T 细胞依赖性抗体应答（Stanulis et al.，1997a）。因为细胞内微生物的宿主保护性应答依赖于 Th1 细胞因子，所以细胞因子产生模式转变值得关注。Stanulis 等（1997a）观察发现这一系列研究中皮质酮与可卡因对抑制 Th1 依赖 T 细胞功能作用相反，表明广义刺激免疫系统不会引起增加抗体应答。

5.5.6 空气污染物和其他

作为上述人类流行病学研究的补充，一些针对啮齿动物的研究表明，通过呼吸途径暴露于空气污染物（二氧化氮、臭氧、剩余油粉煤灰和柴油车尾气）会增强对常见过敏原如尘螨变应性致敏及过敏原激发呼吸应答（Gilmour et al.，2000，2006；Steerenberg et al.，2005）。污染物如何诱导和加重过敏症见第 6 章。此外，Selgrade 等（1988）报道氧化剂气体（如臭氧）会加剧恶化流感病毒感染的免疫病理。在芳烃受体（二噁英）（Luebke et al.，2002；Teske et al.，2008）和紫外线辐射（Ryan et al.，2002）研究中发现，恶化的免疫病理是宿主对感染流感抵抗力下降的主要原因，而并非抑制免疫防御。

5.6 局部与全身反应

一份个体研究针对局部与全身反应进行了论述。小鼠暴露于除草剂敌稗（50 mg/kg 体重或 150 mg/kg 体重单次腹腔内注射）实验中，虽然血清中特异性抗体浓度并未受到影响，骨髓 B 细胞未增加，但脾细胞数量增加，IgM 抗体、热灭活的肺炎链球菌 T 细胞依赖组分 IgG2b 和 IgG3 同型抗体增加（Salazar et al.，2005）。作者认为因为小鼠骨髓中生产抗体显著有助于血清滴度，血清抗体浓度是相似的。C57BL/6 小鼠暴露于氨基甲酸酯类杀虫剂灭害威，口腔和皮肤暴露刺激免疫应答，腹腔暴露出现免疫抑制，吸入暴露则无任何反应（Bernier et al., 1995）。虽然上述研究结果毒理学意义值得商榷，但值得注意的是，口腔和皮肤路径暴露的小鼠 LPS 刺激 B 细胞可上调 MHC Ⅱ 类分子表达。不同暴露途径的毒代动力学差异决定了各个暴露途径所产生的效应。

5.7 效应的可逆/不可逆性

目前还没有专门的成年人类的反应可逆性研究。Stanulis 等（1997a，b）确定急性可卡因暴露可上调抗体，而慢性长期暴露则有抑制作用。成年人中，免疫应答上调与母体或代谢物的半衰期有关，暴露于化学物引发免疫抑制或免疫刺激的持久性影响研究还较少。人类造血干细胞移植接受者的临床数据表明，随着时间的推移，感染情况明显好转，免疫功能恢复（Ochs et al., 1995；Atkinson, 2000），因此暴露物的效力和暴露影响的细胞类型决定了暴露影响的严重程度和持续性。具有自身免疫基因型小鼠发生异型生物质暴露效应不可逆，疾病发生在幼龄动物中，疾病情况更为严重。上述动物模型通常经受疾病的摧残，最终导致死亡，相反，人类的许多自身免疫性疾病至少在早期阶段具有突然复发并可缓解的特征。自身免疫详细讨论参见第 7 章。

5.8 生物学似真性

综上所述，经过适当控制的意外免疫刺激应作为不可忽视的免疫毒性的指标。触发风险评估者参考数据考虑暴露后导致的自身免疫性疾病（第 7 章）、过敏症（第 6 章）与其他免疫系统路径抑制（第 4 章）。生物学似真性参见第 3 章第 3.3.6 节，健康有关数据库和免疫毒性充分证据证明论述可参考第 3.3.6.1 节，第 3.3.6.3 节是关于"触发器"与确定是否需要额外数据完成风险评估因素的讨论。

5.8.1 免疫刺激评估证据权重法

假设疫苗制剂包括佐剂制备时确保对微生物或有毒产品的免疫应答可提供保护性免疫，则免疫应答刺激本身并无负面影响。生物制药的临床经验，尤其是用于刺激免疫应答，或暴露于"超抗原"的细胞因子表明，发病率或死亡率与强效免疫系统活化剂暴露息息相关。与此相反，大多数暴露于环境因素或消遣性药物后刺激免疫功能报告表明，暴露后最可能的结果是轻度至中度免疫系统活化。免疫刺激是否对宿主表现出危害取决于刺激效力、免疫功能持久性及最重要的宿主基因型。免疫系统刺激，应视为非预期的免疫系统调制。第 5.5 节中因环境因素增加免疫功能（特别是抗体合成），也对遗传易感动物疾病产生不利影响，触发自身免疫疾病。同样，Chan 等（2006）发现佐剂效应如柴油车尾气颗粒等会引发易感啮齿动物中过敏原刺激抗体应答，过敏症恶化，包括哮喘。尽管抗体合成增加并非产生免疫毒性的充足证据，但也应关注易感人群会受到的不利影响及宿主抗性机制的抑制作用，虽然其并未出现在鉴定危害的一系列试验中。

5. 免疫刺激评估

免疫刺激危害识别应根据现有的人力、实验室关于特定化学品动物试验的数据为基础形成证据权重法结论。风险评估者应考虑数据库的整体影响，评估的数据应源自相同或类似检测，以及免疫系统不同方法和多个物种。评估免疫刺激时，若暴露后缺乏明显毒性效应，则需要试验中的剂量应答关系。

免疫毒性数据的一致性，特别是跨物种、性别或相关终点，生物学似真性和广度可强化证据权重法结论。具体实验或跨物种免疫毒性类型、品系或性别之间缺乏一致性且是相互矛盾的数据，通常为物种、品系或性别差异性。相互矛盾的数据应通过个体研究的优势与劣势（如样本大小和暴露时间）及给定化学品免疫毒性数据库剩余信息情况进行评估。解释物种、品系或性别差异性所需的额外信息可根据毒代动力学数据或激素活性化学物质产生的性别差异，如内分泌干扰物获得。对于非癌症终点，证据权重法评估应根据以下主要注意事项（Hill，1965；IPCS，1999a；Weed，2005）：实验证据、剂量-反应关系、关联的一致性、关联的强度、时序关联、生物学似真性、特异性、连贯性和类似性，确定给定化合物免疫刺激潜在性。

用于组织免疫抑制数据的一系列类似问题（见第 4 章）也适用于免疫刺激数据，免疫应答意外上调的相关数据可用于检测免疫抑制。针对现有数据评估，包括人类数据到最难预测数据（免疫器官质量），准备了一系列问题，见图 5.1。确定关键数据集优势、劣势及影响水平推导数据实用性需要重要考虑的相关事项如下所示。风险评估者应依据某化学品数据库，通过考虑下列所有 6 个问题，制定免疫刺激危害证据权重法结论。

1) 人类实验数据：是否提供免疫刺激（即细胞或体液免疫功能意外刺激、自身免疫或过敏）相关终点人类数据的流行病学研究、临床研究、案例研究？
   - 源自良好控制的临床和流行病学研究的数据是支持免疫刺激最有力的证据。某些情况下数据可用于支持刺激和致敏或刺激和自身免疫性疾病。根据不同的终点，上述数据可用于危险源辨识致敏和过敏性应答（第 6 章）或自身免疫（第 7 章）的鉴定。过敏症、超敏反应和自身免疫显然具有不利效应，若数据用于第 6 章和第 7 章的鉴定，则不用评估其免疫刺激。相对于非过敏或自身免疫性疾病措施的数据，免疫应答增加抗体产生的数据更适合于免疫刺激评估。如果有一致性和合理性的人类或动物生物学数据表明功能终点的刺激，数据可用于免疫刺激影响水平推导。异型生物质暴露导致个体过敏、自身免疫性疾病意外恶化临床症状和从疾病集群流行病学调查产生人类的数据。此数据支持异型生物质诱导的人类疾病免疫刺激生物合理性。
   - 无证据证明刺激功能终点一致性，诱导、恶化过敏、自体免疫疾病或调节传染性病原体抵抗力数据用于危险源辨识致敏（第 6 章）和过敏性应答（第 7 章）自身免疫中。

2) 过敏、自身免疫性疾病或传染性疾病（动物实验数据）：是否有证据表明化学品暴露会导致过敏性反应，诱导或加重自身免疫性疾病或改变宿主抗病性检测的结果？
   - 可证明刺激功能终点一致性时，多个物种诱导或加重过敏、自体免疫疾病或调节传染性病原体抵抗力，为链接刺激反应与疾病发展提供最有力的证据，并为影响水平推导提供相应的数据。

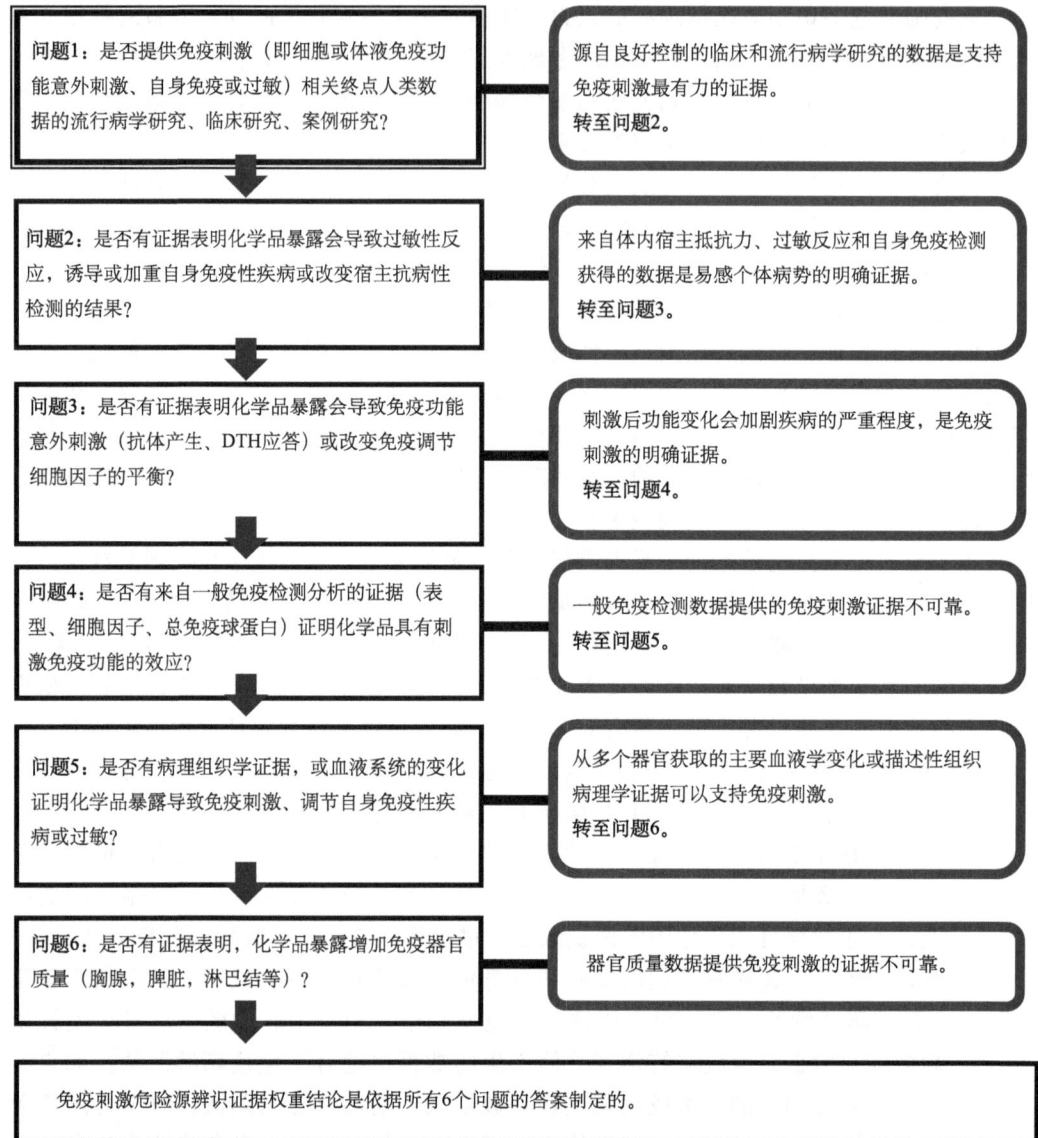

图 5.1　免疫刺激评估中证据权重法使用所有可用数据组织示意图

该图概要介绍分级分类数据，如第 5.8.1 节论述，包括较难预测数据与较易预测数据，而不是决策树模式。如果存在免疫刺激终点之外的数据，在其他章节评估，此评估结果应包括在免疫毒性证据权重评估中

- 在单一物种中自身免疫性疾病或过敏性疾病或调节抗感染力，在多个物种终点观察到可信的生物合理性，可作为免疫刺激的支持数据，并提供用于影响水平推导的相应数据。
- 增强免疫介导疾病发展，与免疫毒性的附加证据（如细胞因子产生或淋巴细胞亚群，提示组织病理学、免疫器官质量变化）可提供作用方式。
- 由于无证据证明刺激功能终点一致性，诱导、恶化过敏或自体免疫疾病或调节传染性病原体抵抗力用于危险源辨识致敏和过敏性应答（第 6 章）或自身免疫中（第 7 章）。

3) 免疫功能（动物实验数据）：是否有证据证明化学品暴露会导致免疫功能意外刺激（抗体产生、DTH 应答）或改变免疫调节细胞因子的平衡？
   - 免疫系统功能终点剂量相关刺激可作为意外免疫刺激的有力证据，可作为推导效应水平的数据。
   - 多个物种相同功能终点刺激或多个功能检测与终点之间一致性支持意外免疫刺激，可作为推导效应水平的数据。
   - 免疫系统功能终点剂量相关刺激与附加免疫毒性证据相结合（如免疫、细胞因子分析、组织学改变、免疫器官质量），可提供作用方式。

4) 免疫试验（动物实验数据）：是否有来自一般免疫检测（表型、细胞因子、总免疫球蛋白）的证据证明化学品具有刺激免疫功能的效应？
   - 总 IgM、IgG、IgA、IgE 浓度升高与 C-反应蛋白质浓度升高可证明意外免疫刺激存在，但不可作为推导效应水平的数据。
   - 淋巴细胞表型、细胞因子分析、血清免疫球蛋白浓度和其他检测会提示作用方式，以支持免疫刺激生物描述可信度。
   - 淋巴细胞增殖及其表型、血清免疫球蛋白、细胞因子浓度一般不能准确预测免疫刺激，不可作为推导效应水平的数据。
   - 仅体外数据不足以证明免疫毒性。

5) 病理组织学和血液病学（动物实验数据）：是否有病理组织学证据，或血液系统的变化表明化学品暴露导致免疫刺激、调节自身免疫性疾病或过敏？
   - 单独主要血液学变化（淋巴细胞相对计数或绝对计数显著增加，嗜酸性粒细胞或中性粒细胞计数显著增加，白蛋白与球蛋白比例下降，总 IgM、IgG 或 IgE 浓度升高，C-反应蛋白质浓度升高）可证明意外免疫刺激发生，但不可作为推导效应水平的数据。
   - 组织病理学证据表明血液学变化增加非免疫动物免疫系统活动（增加脾或淋巴结生发中心的形成），是支持意外免疫刺激的证据。

6) 器官质量（动物实验数据）：是否有证据表明化学品暴露增加免疫器官质量（胸腺、脾脏、淋巴结等）？
   - 免疫器官质量增加可作为证明免疫刺激的支持证据。
   - 仅免疫器官质量的变化不足以证明免疫刺激发生。
   - 数据库将决定是否有必要提供证明意外免疫刺激的额外证据。

组织数据的示意图参见图 5.1。

风险评估者应根据全部 6 个问题的答案确定免疫刺激危险源辨识证据的效力。免疫刺激证据权重结论应遵循一致性与生物合理性描述数据库，包括优势、劣势、不确定性和数据差距。小型数据库的隐性数据缺乏可靠性，通过一系列检测得出的阳性数据可加强免疫毒性的证据权重。免疫数据库的强度将决定是否需要额外的数据证据确定免疫毒性。如果管理授权允许，不完整或存在问题的数据集和高使用率高暴露风险需要更多的额外数据。

当充分证明免疫刺激发生时，应对上述结论进行剂量应答评估，评估从选择最合适终点或临界效应和POD发展开始。然后用总不确定性因素除以POD计算健康指导值或参考值（参见第3.3.7节和4.9节剂量应答评估和参考值推导详细讨论）。人类暴露相关数据（如职业暴露研究和病例报告）是评估临界效应的首选，因为与动物实验数据相比，人类实验数据在确定一般人群免疫毒性相对危险性时假设条件较少。因此当人类数据和POD用于评估临界效应时，较小的不确定性因素通常用于推导获得参考值。然而，所有可用数据都可评估临界效应。在人类试验数据中，若化学品剂量水平信息不足，或缺失低剂量影响数据，人体数据缺少NOEL，也可以根据动物试验数据进行定量风险评估。

三类主要数据中剂量相关变化为不良免疫刺激提供了强有力的证据，适用于化学相关免疫刺激的临界效应评估：①与MOA一致的免疫刺激终点相关人类试验数据（即细胞或体液免疫功能增强，自身免疫或过敏异常加重）；②与MOA一致的在多个实验室动物物种中免疫刺激诱导或加重过敏或自体免疫疾病，或调节传染性病原体抵抗力的相关数据；③免疫刺激的功能数据在实验室动物中测量，一般情况下，风险评估POD数据使用最合适的物种（在缺乏确定合适物种情况下可以使用最敏感的哺乳类物种）在敏感度最高的不良免疫终点获得，一般免疫检测、血液学、病理组织学和免疫器官质量变化获得的数据可证明潜在的免疫毒性，并用于支持生物合理性和潜在免疫刺激MOA的有关预测数据。表型、淋巴细胞增殖和可溶性介质的改变（细胞因子或补集）等可观察性终点的浓度数据一般不用于推导免疫刺激，研究者认为此类数据用来推测不良免疫刺激不可靠。当免疫功能相关改变不确定时，一般也不会存在主要血液病理学的变化。因此风险评估者依据血液学数据推导效果程度时，应考虑相关终点可用的功能和宿主抵抗力数据。免疫器官质量和一般病理组织学的变化可能表明潜在的免疫毒性，可被用于支持更多的功能性预测数据；但由于单独考虑这些终点预测值低，因此这些数据不应被用于推导免疫刺激效果程度。

5.8.2 作用模式（MOA）/机制

意外免疫刺激的不良反应包括过敏反应、超敏反应、自身免疫和炎症。意外免疫刺激反应显然是不利的，且其MOA已有很多描述。然而值得注意的是，通常在有遗传倾向过敏性或自身免疫性疾病的动物模型中观察到意外免疫刺激。与此相反，非遗传倾向过敏症或自身免疫性疾病动物模型在T细胞依赖性抗原抗体应答增强的情况下，也可观察到免疫功能意外上调，不过此类情况MOA很少有研究涉及。下文将涉及过敏刺激和自身免疫性疾病MOA的研究案例。

Hirsch等（1982）利用氯化汞（Ⅱ）作为多克隆B细胞和T淋巴细胞激活剂，增加过敏倾向棕色挪威大鼠T细胞依赖性和T细胞不依赖性抗原抗体滴度，并可观察到大鼠引发免疫性肾脏疾病。值得注意的是，Hirsh等（1982）并未在Lewis大鼠中观察到同样的反应，Lewis大鼠由于具有缺陷的下丘脑-垂体-肾上腺轴炎症控制能力，容易产生炎症性疾病（Sternberg et al.，1989）。Lawrence 和 McCabe（2002）确定基因型在确定暴露结果时起关键作用；Th2 型细胞因子应答负责易感个体增加抗体合成和自身免疫性疾病发展，而抗性种系（如 Lewis）暴露后会引发免疫抑制。Mudzinski 等（1986）研究证明 BALB/c 小鼠饮用含铅水连续 10 周，会增加 SRBC 抗体应答，过敏倾向种系偏向 Th2 免疫反应应答，但 C57BL/6 小鼠未发生 Th2 型免疫反应偏倚。McCabe 和 Lawrence（1991）在后来关于铅暴露通过 Th2 细胞克隆引发增加 B 细胞分化和增加抗原研究中有相似研究成果。

Hudson 等（2003）确定狼疮鼠模型铅暴露后同样发生自身免疫性疾病恶化，但不会诱发抗性小鼠种群患病。细胞因子生产模式的转变与细胞（Th1）或体液/过敏性（Th2）功能转换相关联，因此 Th1 或 Th2 细胞因子显著的产生反应感染抗性和过敏性疾病模式不断地变化。Kishikawa 等（1997）等确定 Th1 细胞因子产生下调与细胞内病原菌抗性降低相关，铅暴露（414.4 mg/L 饮用水 3 周）后 Th2 细胞因子产生上调，减少细胞内细菌 *Listeria monocytogenes* 的抗性，此现象可通过 Th1 细胞因子与 IL-12 给药逆转。虽然铅暴露与细胞因子变化并无直接联系，但其也可以通过巨噬细胞减少一氧化氮的产生，巨噬细胞的胞内灭菌机制可清除 *Listeria monocytogenes* 感染。因此，由于细胞因子表达的改变使抗性降低，淋巴细胞以外的细胞抗性也会降低。Al-Ramadi 等（2006）等研究小鼠连续 16 周饮用水中含有 2072 mg/L 浓度的铅，存活率下降，身体负担增加，机体细胞外病原体鼠伤寒沙门菌增加；小鼠血液中的铅含量（106.2 ± 8.9 $\mu g/dl$）升高，IL-4 水平增加约 3 倍，IgG2a 抗体水平正常，IgG1 抗体水平升高。Snapper 等（1988）等证实 IgG2a 表达需要 Th1 细胞因子。即使铅暴露会引起感染相关抗体水平上调，其也会影响细胞因子的产生，从而减少保护性抗体产生。

Chan 等（2006）等研究表明，柴油车尾气颗粒提取物的佐剂效应是由于树突细胞的氧化应激。氧化应激扰乱树突细胞功能，减少 IFN-γ，增加 T 细胞内 IL-10 水平。上述数据表明，氧化柴油排气颗粒化学品可能干涉同质树突细胞种群 Th1 细胞促进应答通路。

5.9 高危人群（免疫系统发育、老年、患有过敏性/自身免疫性疾病人群）

免疫毒性高风险群体见第 3 章第 3.3.8 节。免疫毒理学研究表明宿主基因型是确定免疫功能刺激的重要因素。通常在实验室 Th2 偏向性的动物种群会检测到免疫刺激，此类动物常用于评估过敏原性，较少用于评估自身免疫性疾病。在 Th1 偏向性的动物种群也可检测到免疫刺激，来自 MOA 研究数据认为外源性物质引起的功能上调并非由单一事件或 MOA 引发。在自发生成自身免疫疾病及在实验室条件下对自身免疫疾病敏感的啮齿类动物品系中初步观察免疫功能的增加，用于进一步潜在评估。由于免疫学控制损失或增加免疫应答强度或持续时间通常在自身免疫性疾病中被观察到，因此这可能是在实验设计中的固有偏倚。研究表明，增加特异性或非特异性抗体合成将引发疾病突然发生，或自发疾病更严重。研究还表明，这些化合物中有些通过不适当上调免疫功能，提供触发人类自身免疫性疾病的环境。

内分泌激素负责女性强烈的免疫应答，正如在第 7 章中所讨论，自身免疫性疾病多发于女性。具有雌激素活性的内分泌干扰物是刺激免疫功能的外源性化学物质的重要组成，这表明女性比男性对免疫功能意外刺激更为敏感，暴露后免疫系统失调，导致自身免疫性疾病的风险更大。SRBC 的性别依赖抗体刺激应答不仅在女性中发现，大鼠从妊娠第 7 天至产后第 51 天通过喂食途径暴露于甲氧滴滴涕，White 等（2005）检测出雄性后代抗体产生细胞的数量增加，NK 细胞活性增加，但最高剂量（1000 mg/kg 饲料）会产生母体体重减少。暴露于甲氧氯浓度为 100 mg/kg 和 1000 mg/kg 饲料直至出生后 11 周，暴露于最高剂量大鼠体重减少，雄性后代中抗体形成细胞数量增加。暴露于浓度 1000 mg/kg 饲料，雄性大鼠 NK 细胞活性也增加，但随着体重下降，雌性后代免疫功能被抑制。此剂量具有全身毒性的迹象，其对免疫功能增强具有重要意义。

人们普遍认为与成年生物体相比，处于生长期的生物对化学品暴露更敏感。大多数发育免疫毒性研究都专注于抑制作用（参见第 4 章）。妊娠期暴露于铅会增加免疫应答，是早期暴露影响发育期最明显的例子之一。血铅水平恢复到接近正常后增加 IgE 产生，可能会使后代发展过敏反应（综述性文章参见 Dietert and Piepenbrink，2006a）。B6C3F1 小鼠母体暴露于木黄酮后，成年后代在呼吸过敏原苯偏三酸酐刺激下 IgE 水平升高（Guo et al.，2005b）。

5.10 剂量-反应关系和阈值

剂量相关反应的透彻理解是风险评估成功的至关重要因素。在数据应用于评估免疫刺激前应先进行剂量反应和阈值的评估，见第 3 章第 3.3.7 节。意外免疫系统活化和化学品剂量之间的关系是复杂的，影响效应不局限于剂量反应曲线的任何一个端点。如本章 5.5 节，相同化学品给药剂量可确定免疫功能是被刺激或被抑制（例如，残杀威：Hassan et al.，2004；林丹：Meera et al.，1992）。一些研究报道，给药所有剂量都可引发免疫功能的增强，其中包括会造成明显毒性的剂量，这表明免疫刺激及毒性与不同的 MOA 有关。根据不同剂量都可引起免疫功能刺激模式这表明，免疫刺激并非由极高或极低的极端剂量造成，从实际情况来看，研究免疫抑制时设定合适的剂量范围，在此范围内都可检测到免疫刺激。剂量反应数据应确定不利影响（免疫刺激）及无不良影响的剂量，进而评估最合适的终点或严重的影响。毒性数据与剂量反应关系（如倒 U 形曲线）表明根据剂量或暴露持续时间增加，可能发生的不同定性结果。在这种情况下，需考虑上述结果是否由于不同的 MOA 造成。若可确定不同的效应具有相同 MOA，风险评估可依据最低 NOAEL 或 LOAEL 进行。但若不同的效应以剂量不同或暴露持续时间不同为依据，则应单独评估每个 MOA 的 NOAEL 或 LOAEL。一般 POD 数据由对不良免疫终点最敏感的动物种系得出，当无法确定最合适的试验动物种系时，使用最敏感的哺乳类种系。参考值（如 RfD/RfC 或 ADI/TDI）通过使用总不确定性因素或 CSAF 除以 POD。本概念在第 3 章中有详细讨论（见 3.3.7 节）。

5.11 急性与慢性暴露

评估急性或慢性暴露免疫刺激的研究很少。Stanulis 等（1997a，b）研究确定急性可卡因暴露刺激抗体合成，而慢性暴露后容易引发免疫抑制。研究证实单一镉暴露通常伴随着 IgM 和 IgG 抗体 SRBC 应答增强，而短期（Koller et al.，1976）（3~4 周）或长期（9~11 周）暴露于含有 50 mg/L 或 200 mg/L 浓度镉的饮用水均有此效应（Malavé and De Ruffino，1984）。随后研究发现，浓度为 300 mg/L 镉 10 周暴露会抑制体液免疫应答，表明免疫抑制的剂量阈值。Langley 等（2004）研究，通过吸入途径暴露于结晶性二氧化硅 4 天到 6 周后发现初级抗体应答，暴露 10 周后，肺部炎症和肉芽肿形成。这些结果表明，免疫刺激应答伴随疾病进展，其为细胞因子表达模式改变的直接结果。

5.12 不确定性因素

疾病的发生或发展与被刺激后 IgM 抗体合成的预测值之间的联系尚未建立。然而若 IgM 抗体合成随暴露剂量而升高，并影响过 POD，在其他免疫毒性数据（如自身免疫性疾病或过敏症数据）缺乏的情况下，考虑为数据库的不确定因素。在具体分析中，此类数据缺失的数据库建议使用不确定性因子 3 或 10。参见第 3 章 3.3.10.5 节不确定性因素详细论述。

5.13 暴露评估

实验动物研究表明，免疫刺激并非只取决于剂量的影响，其决定因素包括暴露的化学品，在某些情况下，还取决于试验用的动物模型。已经通过不同的暴露方式，如口服、皮肤和吸入途径暴露证明引发免疫刺激。路径相关暴露评估，参见本文件中其他章节详细论述，也适用于评估刺激免疫功能。第 3 章 3.3.11 节中暴露评估的一般性详述了不同暴露时间引发暴露的严重性和持久性、敏感性、局部和全身免疫组织和毒物暴露后果，毒理动力学因素影响暴露的结果。

5.14 风险表征

接种疫苗时，故意增强免疫功能是一种常见的治疗实践，一般不产生不良影响。化学品暴露后意外刺激免疫系统可能同样没有明显的不良后果，或者如上所述，可能会抑制危险表征评估中未涉及的重要免疫功能。源自遗传性自发自身免疫性疾病或免疫应答稳态控制不足动物模型的数据表明宿主基因型（包括性别）、免疫功能剂量依赖性刺激与过敏反应、超敏反应或炎症加重之间存在因果关系。但基因型与化学诱导的免疫刺激之间不存在必然联系，因为在动物模型研究中已报道免疫功能增强不易产生自身免疫反应或过敏反应。进一步研究显示，免疫功能增强将导致遗传敏感的易受感染动物种系发生疾病；因此，筛选试验中检测到的免疫系统意外刺激显示易感人群自身免疫性疾病或过敏性疾病危险性增加。参见第 6 章过敏反应与超敏反应，第 7 章自身免疫性疾病中特定疾病的风险鉴定，以及第 3 章 3.3.12 节免疫毒性风险评估风险特征阶段的详细论述。

化学品暴露可导致先天免疫系统的激活，引发包括类似过敏的症状（类过敏），但与过敏不同的是不影响 IgE 的产生；暴露还可导致直接组织损伤，释放促炎症组织因素引发炎症。第 6 章 6.3.3.3 中对类过敏有简短介绍。

化学品暴露可导致先天免疫系统的激活，引发包括类似过敏的症状，或直接组织损伤，释放促炎性组织因素引起炎症。真正理想状态下，化学品暴露相关免疫刺激，各种形式免疫毒性应进行定量风险评估。若所用数据有限，则通常进行定性风险评估。

6. 变应性过敏反应评估

6.1 简介

IPCS（1999b）定义了变应性过敏反应。

由暴露于外源性抗原［分子足够大时以过敏原形式或作为半抗原，即一种低分子质量的化学物质，可以与更大（自组）分子结合形成一个完全抗原］引发超敏反应导致的对健康不利影响，以及显著增加的对特定抗原反应和应答能力。变应性过敏反应通常并非免疫功能被扰乱产生的后果，而是免疫系统对其他无害抗原应答，引发暂时或永久性疾病。涉及变应性过敏反应与变应性过敏性疾病发展的免疫过程原则上与那些提供保护性免疫和宿主抵抗潜在病原体能力的过程没有什么不同。

……

虽然从职业和环境健康的角度来看，过敏性接触性皮炎和呼吸道过敏症状（如过敏性鼻炎和过敏性哮喘）是由化学品引起的最重要类型的变应性过敏反应，但暴露于外源性物质已被证实还将会引发其他形式的变应性疾病。某些药物会引发自身免疫性疾病的全身性过敏反应。此外，食品成分和食品添加剂会引发不良反应，在某些情况下表现为过敏性反应的形式。

由于化学品（或其他过敏原）引发的过敏性反应分为两个阶段，因此造成定量风险评估中面临一些特别具有挑战性的问题。首先，一个无症状"学习阶段"称为致敏期或诱导期，其次，是免疫反应效应阶段称为诱发期或激发反应。因此，首次接触，即使与相对高浓度的致敏化学品接触，因为没有过敏症迹象或症状发生，可能被忽视。然而，这种接触可能引起过敏作用，即导致免疫系统在接下来的接触中引发不良反应。即使与相同的敏化剂接触，或有时与几个较低数量级浓度的敏化剂接触，一旦引发敏化作用，会导致变应性疾病症状。致敏作用和诱发作用的剂量-反应关系不同，但不是完全独立的（Friedmann et al., 1983; Scott et al., 2002），在实践中，有时很难确定致敏作用结束与诱发作用开始的端点。出于这个原因，风险评估者需要在全或无应答时试图处理过敏反应。然而，最近剂量-反应关系和阈值的确认在过敏反应评估，特别是过敏性接触性皮炎评估中有着重大进展。

虽然过敏反应优先发生在局部位置，例如，在暴露的皮肤区域（如迟发型接触性过敏或即时接触性荨麻疹）、口腔、上呼吸道（如过敏性鼻炎）、下呼吸道（如过敏性哮喘）或胃肠道（如食物过敏），或全身性过敏反应，但由于整个身体初级和次级免疫器官和组织的免疫系统细胞分布，以及通过淋巴管和血管免疫细胞的恒定再循环，因此通常认为致敏作用是一种全身性反应。反应的部位未必是由暴露途径确定，例如，皮肤和食品途径暴露有时可能会导致呼吸道过敏反应。

总之，显然对于化学物质诱导的过敏性风险评估由两部分组成：①评估一种化学物质使先前非致敏个体诱导过敏反应的可能性；②评估一种化学物质使已经发生过敏反应个体激发过敏反应的可能性。

在本章中，将制定进行皮肤过敏、呼吸道过敏、口腔（全身性）过敏诱导和诱发风险评估的指南。目前进行过敏性接触性皮炎风险评估的指南已制定，而处理呼吸道过敏反应的风险评估工具较为有限，目前为止全身性（口腔途径）引发的过敏反应未受到过多关注。在评估通过皮肤、呼吸和全身途径暴露于化学物质引起的变应性过敏反应的过程中，已制定了决策树（参见下文第 6.4.1 节图 6.2A，6.2B 和 6.2C）思维方法作为评估准则。

应强调的是，这里提及的关于毒理学观察终点，除过敏性接触性皮炎，目前还没有已被正式批准的国际性统一毒性试验指导原则作为定量风险评估的基础，且许多化合物存在非常有限的数据库。此外，皮肤过敏物质相关定量风险评估已成为评估消费者暴露于致敏香料成分的行业标准，但在其他领域它仍然缺乏接受度，只有少数情况下由主管机关及监管机构使用。

读者应注意到，一些导致敏化反应的化学物质可能额外引发其他免疫系统影响（除免疫毒性，或可能构成其他有毒危害）。有关其他免疫系统影响信息，参见第 3 章表 3.1。

6.2 危害表征

致敏危险表征已在国际化学品安全规划署（1999b）全面讨论。

"潜在敏化反应"测试要求对选定的免疫效果进行研究，不同于常规毒性试验，其试验过程中专注于免疫系统反应，而不是对全身系统变化的一般性筛查。然而，在这两种类型的测试中，剂量（暴露）和效果之间将存在某种形式的关系，因为产生效果的物质强度、效力，将会通过产生敏化（或毒性）所需剂量（暴露）体现出。一种强效的敏化剂只需要较小剂量，而效力较弱的化合物将需要更高剂量，或多重暴露。虽然过敏反应会有不同严重性和性质等级，例如，呼吸道暴露激发致敏后，引发的过敏反应包括轻微的支气管收缩到支气管痉挛或过敏性休克，但不同于传统的毒性，已发生致敏反应的动物（或人）进一步暴露于较少剂量，即使远远低于导致敏化作用所需的剂量，仍然会引发有害的过敏性反应。

致敏危害的鉴定表明，诱发反应可能同时在致敏反应的实验室动物或个人中发生，通常诱发反应在致敏试验中被观察到。因此，对于诱发作用单独的危害表征测试不是必需的，但诱发测试通常用于危害特征描述（剂量-反应分析）。

传统的毒性和致敏作用之间的另一个重要区别是，变应性致敏（对物质高反应性诱导状态），通常持续很长一段时间甚至终身，而对于许多毒性反应，未引发持久的反应性状态。在相同器官或组织中可能产生不同类型的过敏性反应和有效激发，也可能产生不同的致敏途径和随后激发反应，如通过皮肤和吸入暴露随后引发的哮喘途径致敏。致敏的一种特殊情况是光敏作用，通过阳光激活光动力化合物引起过敏性反应。

对于皮肤过敏反应的危害表征，在化学或硅片模型体外发展预测致敏潜力和（或）化学品效力近年来已经引起广泛的兴趣，主要是因为越来越多的公众和政治界关注化妆品成分动物测试的相关执行。

目前，Jowsey 等（2006）、Natsch 等（2009）更换策略模式预见通过几种非动物试验方法获得的数据将需要相结合，以产生皮肤致敏潜力相关的充分信息。每种替代试验方法的目的是说明诱导皮肤敏感反应的关键因素，如皮肤生物利用度（皮肤渗透），角质形成细胞和先天免疫细胞活化（巨噬细胞活化），与皮肤蛋白质的化学反应性，表皮朗格汉斯细胞激活或皮肤树突状细胞和 T 细胞活化。除已完善的方法，如体外皮肤渗透试验外，识别引发皮肤敏化反应化学物质新型替代性方法包括：使用人体外周血单核细胞衍生的树突状细胞刺激实验（Aeby et al.，2004；Reuter et al.，2011）、角化细胞系为基础的报告基因检测（Natsch et al.，2011）、直接肽活性检测、髓系 U937 皮肤致敏试验和人体细胞活化测试（Maxwell et al.，2011）。后 4 种非动物试验已在多个实验室环试验中评估，最近被提交至欧洲替代方法验证中心进行正式提前验证。

6.3 危害表征描述（定量剂量-反应分析）

许多预测测试方法可简单地确定一种化学物质引起过敏反应的内在潜力，但未指明其效力。面临的一个问题是，一些方法不包含剂量-反应分析或阈值（或 NOEL）识别。根据国际化学品安全规划署（1999b）。

另一个问题是，一些测试测量活动的应答频率（即发生率，如表现出过敏性反应动物的数量），而不是反应的严重程度。所需要的资料包括引发过敏反应（或诱发反应）所需化学物质的数量与化学物质效力的可用信息……

由于任何形式的毒性反应，"剂量"是非常重要的因素，因此初次致敏反应至少需要某种物质的最低量暴露（过敏原浓度、暴露部位局部反应和接触持续时间）。对于已产生致敏反应的个体，可能造成的临床失调与其严重程度也与剂量有关，虽然，根据定义，产生反应所需的过敏原量（可能）远远小于产生常规毒性作用所需的过敏原量。剂量的多少或强度（=暴露）在风险评估中是需要重点关注的因素，以保护已致敏个体或防止再度过敏反应……

6.3.1 皮肤敏化

在皮肤致敏风险评估中建议使用的剂量度量标准是面积暴露剂量，即皮肤每单位面积接触的化学物质量 $[\mu g/(cm^2 \cdot 天)]$。针对患者或志愿者的实验中，单位面积皮肤接触的剂量可通过暴露量、媒介物中浓度（%）计算测试物质绝对量，然后与暴露皮肤区域面积相除获得（单位为 cm^2）。以相同的方式，在局部淋巴结试验（LLNA）中，皮肤区域暴露剂量可以假设每个小鼠耳廓上，$1cm^2$ 耳部皮肤接触 $25\mu l$ 媒介物中的测试物质（Robinson et al.，2000）。

由于考虑到一些因素有可能会影响注入有活力表皮的材料中的有效剂量，如在皮肤和代谢运动中（失活和活化）蒸发、结合/封存，因此了解暴露剂量与皮内注射剂量（但可用数据很少）非常重要。在历史上和当前有关研究皮肤敏化反应的文献中，过敏原暴露通常使用百分比表示（即接触肌肤媒介物单位剂量中过敏原质量）。这将引出的假设是在任何给定的测试系统中，相等百分比暴露将导致皮肤敏化类似的发病率和（或）严重程度。根据针对所涉及免疫机制的理解，合乎逻辑的假设是：为发起免疫应答，一定数目的朗格汉斯细胞必须被激活以发起待测皮肤敏化作用所必需的一连串事件，从而使致敏诱导开始。这表明，针对接触性过敏的诱导，表示为单位体积质量百分比的过敏原应用量并不重要，而对应用过敏原表面积和剂量的理解相对重要。在人类和动物实验中，已发布了强大的、具有说服力的有关用于支持诱导皮肤过敏反应使用剂量度量标准的数据。有许多参考文献也存在相关支持数据（Kligman，1966；Magnusson and Kligman，1970；Friedmann and Moss，1985；White et al.，1986；Rees et al.，1990；Upadhye and Maibach，1992；Kimber et al.，2008）。

6.3.1.1 临床和流行病学数据

(a) 诱导

人重复皮肤过敏试验方法学已经发展了超过50年。从本质上讲，人重复皮肤过敏试验是关于人致敏作用的实验性研究。虽然可能产生相关物种风险评估中可用的有价值信息，但对人体的实验可能会造成所有主管部门和官方机构不认可的基本道德伦理问题。根据McNamee等（2008），每个人重复皮肤过敏试验

>……使用大量诱导暴露，与随后的休眠期及激发暴露，但根据斑贴类型、试验对象数量、实验皮肤部位、诱导斑贴数量、斑贴应用时间、（处理期）持续时间与激发暴露前休眠期的不同，诱导暴露与随后的休眠期及激发暴露将有所变化。总之，在早期诱导暴露期间激发暴露后所观察到的皮肤反应增强是接触性过敏诱导测量的标准……试验对象样本尺寸必须足够大，以便使测试结果对大多数群体是有效的，且必须尺寸适中……逻辑上在研究执行中具有可行性……测试志愿者通常是健康的成年人，对性别或种族无限制……

最典型的测试是反复刺激性人体斑贴试验（HRIPT）。一般来说，HRIPT中诱导期包括共9个24 h闭塞斑贴应用，如果斑贴移除后观察到中度或强度皮肤反应，改变应用皮肤部位。与此相反，人类最大限度试验（HMT）诱导期中，如果测试物质本身不刺激，通常由5个交替性48 h斑贴应用于月桂基硫酸钠刺激的皮肤。这些条件可能会被认为不适用于体现皮肤致敏效力的表征。此外，HMT由于道德伦理上的原因不再被进行。因此，与HMT数据相比，在证据权重方法中HRIPT数据往往被优先考虑。

在使用几种不同诱导浓度的传统设计中，执行HRIPT，可以推导得出剂量-反应曲线（诱导发病率相对于浓度或皮肤面积剂量），NOEL与最低可观察影响水平（LOEL）。当没有得出NOEL时，产生致敏率低于50%的剂量可用于推断出LOEL（有人认为，无任何剂量-反应曲线，如果得出发病率较高的推断，不确定性太大）。为推断出合适的LOEL值，建议产生10%～25%敏化率的剂量增加3倍，产生25%～50%敏化率的剂量增加10倍（Griem et al.，2003）。

现今，基于伦理方面的考虑，皮肤敏化危险通常首先在实验室动物测试［如LLNA，豚鼠最大化试验（GPMT）或豚鼠局部封闭涂皮试验（Buehler test）］确定，而人体致敏试验不再被用于确定皮肤敏化危险。HRIPT有时被用作确定性测试，证实在动物模型中引起NOEL或从定量构效关系（QSAR）推导出NOEL的暴露水平不会

导致致敏作用。当仅测试一种剂量时，这样的测试往往会提供无显著影响的"一种"剂量，但未必是"剂量"的 NOEL。相反，在几十年前进行的许多人类危害识别测试中，仅测试了一种高剂量，试验表明，当高比例的试验对象发生敏化反应时，即当没有确定 LOEL（当然没有 NOEL）时，会导致问题。参见第 6.3.3 节的表 6.1 中，针对缺乏更合适的数据时，如何使用数据推导出 POD 值的相关建议。

除人类实验研究外，对某些物质，如那些已在一段时间内被用于工作场所或消费产品中的物质，流行病学数据也可能存在可用。这样的调查可以提供危险识别和暴露评估相关的信息。数据包括针对职业或非职业人群、一般人群或皮肤科就诊患者的研究，并可能包括皮肤过敏试验和（或）调查问卷数据。虽然否定的流行病学数据通常不被用作证明不存在致敏的危险，但如果引发敏化作用的暴露得到适当的评估，可依据皮肤接触面积剂量（最终使用定量风险模型）报告，则在暴露亚群中对目标物质的急性接触性皮炎反应患病率不仅表明致敏的危险，而且可提供剂量-反应相关信息。在最好的情况下，NOEL 和 LOEL 或 BMD 可依据流行病学数据推导出。

(b) 诱发

过敏性皮肤反应的诱发通常为人体试验。然而，只有少数导致敏化作用的化学品具有实验确定的诱发阈值。事实上，这是由于用于诊断目的，通常在皮肤过敏试验中采用单一的相对高浓度（例如，凡士林中 1% 化学物质），以便可靠地检测出致敏作用，然而，诱发过程 NOEL 和 LOEL 的测定通常不是诊断性斑贴试验研究的目的。

变应性接触性皮炎引发过程中剂量-反应关系可通过不同的实验装置确定。在过敏患者临床斑贴试验中，敏化剂的浓度（在合适的媒介物，如凡士林中）可以很容易地被改变，诱发阈值可被确定。此外，在通常采用的不同浓度敏化剂配方与无敏化剂对照配方中使用重复开放应用测试（ROAT）或产品使用测试。

斑贴试验最低诱发阈值（MET），如在 10% 测试对象中诱发应答的 MET_{10}，ROAT 或使用试验获得的 NOEL 或 BMD 已被提议作为风险评估中的 POD 值（Weaver et al.，1985；Sosted et al.，2006；Zachariae et al.，2006）。斑贴试验和 ROAT 结果显示相互关联良好（Fischer et al.，2009）。

诱发阈值通常在很长一段时间内导致过敏反应的实验对象中确定。通过使用新敏化反应对象获得诱发阈值的测试（如 HMT 或 HRIPT）表明，这些对象的诱发阈值取决于所使用的敏化剂；也就是说，敏化剂量越高，诱发阈值越低（Friedmann et al.，1983）。这种依赖性也在小鼠实验中被发现（Scott et al.，2002）。因此，看起来好像是诱发阈值随着既定过敏反应时间和暴露次数降低。虽然还没有正式表明"最低阈值"最终会随着时间的推移而达到，但在已确定的过敏反应个体中确定的阈值似乎比实验致敏后确定的阈值更可靠。

关于接触性过敏反应诱发，个体之间及当在同一个体重复试验时，NOEL 和 MET 存在着相当大的变化（Jerschow et al.，2001）。还应当指出，当测试人体诱发反应时，不能排除形成"免疫学类似"半抗原化学物质之间的交叉反应；因此，化学物质的阳性反应未必表明个体通过接触该化学品已经发生致敏反应（参见举例 Tanaka et al.，

2004; Ventura et al., 2006)。

6.3.1.2 实验室动物数据

(a) 诱导

LLNA（OECD 试验指导书 429）最初是用于定性识别致敏反应化学品（危害表征）。刺激指数（SI）3 或更高 SI 用于区分敏化剂与非致敏物质。由于 LLNA 至少使用了三种试验浓度，因此提供了诱导致敏作用的剂量-反应曲线。敏化效力表示为 EC_3 值，即与培养基和细胞的对照组相比较，淋巴结细胞增殖产生 3 倍增长（即阈值电平）所需的化学物质有效浓度（媒介物中化学物质百分比）。结合使用放射性标记胸腺嘧啶核苷 LLNA 方法的 SI 3 或更高 SI 可被非放射性 LLNA：DA 方法（OECD 试验指导书 442A）SI 1.8 或更高 SI 替代，DA 方法用于测量活细胞替代品生物发光的腺苷三磷酸含量；也可被非放射性 LLNA：溴脱氧尿嘧啶核苷酶联免疫吸附测定（BrdU-ELISA）方法（OECD 试验指导书 442B）SI 1.6 或更高 SI 代替，该方法通过酶联免疫吸附测定（ELISA）测量 5-溴 2′-脱氧尿苷（BrdU）掺入复制 DNA。

在一些研究中，将人类 NOEL 和 BMD 与 LLNA 阈值（EC_3 值）进行比较，结果发现，这两个值的平均比例接近 1，表明小鼠和人类之间面积剂量是可直接比较的，即小鼠 10 $\mu mol/cm^2$ 敏化作用阈值相当于人类 NOEL 或 10 $\mu mol/cm^2$ BMD。因此，LLNA EC_3 值已被建议在定量风险评估中作为替代的 NOEL（Basketter et al., 2000, 2005b; Gerberick et al., 2001a, b; Griem et al., 2003; Schneider and Akkan, 2004; Api et al., 2008）。

GPMT（豚鼠局部封闭涂皮试验）已经使用了几十年，用于确定可能的过敏反应危险。然而，豚鼠测试只提供敏化程度相关的极少信息。最近，修改的豚鼠测试协议已被提出，以生成有用的敏化程度相关数据（Anderson et al., 1995; Van Och et al., 2001; Yamano et al., 2001），但这些协议还未得到确认。来自豚鼠实验有关敏化程度相关预估的缺点包括，例如，规避了皮内注射皮肤屏障，使用弗氏佐剂激活朗格汉斯细胞引发局部炎症反应，不能表达面积剂量（$\mu g/cm^2$）及敏化率与激发浓度之间的依赖关系（也在 Basketter et al., 1997 中讨论）。

在没有定量危险性评估可以执行的情况下（例如，没有 NOEL 可以得出），使用效力类别的半定量方法被提议（Gerberick et al., 2001a; Felter et al., 2002; ECETOC, 2003）。在豚鼠和小鼠 LLNA 及人类试验获得的数据可用于证据权重方法中，将一种物质归入几个效力类别中。作为风险评估的一个起点，在分组的给定敏化作用化学物质中使用下边界效力类别。类别边界表示为特定面积剂量单位。多种类别相关的不同系统与其数值边界值参见图 6.1（参见举例 EC, 2003; ECETOC, 2003; Akkan et al., 2004; Schneider and Akkan, 2004; Basketter et al., 2005a）。效力类别系统最明显的缺点是，按照惯例，在致敏效力的连续时间内引入 10 个"人为"步骤。然而，类别系统可能会在将来用于体外致敏试验中（参见 6.3.1.3 节）。

一个广泛的两个类别系统最近被引入化学品分类和标签全球协调制度中的增敏剂分

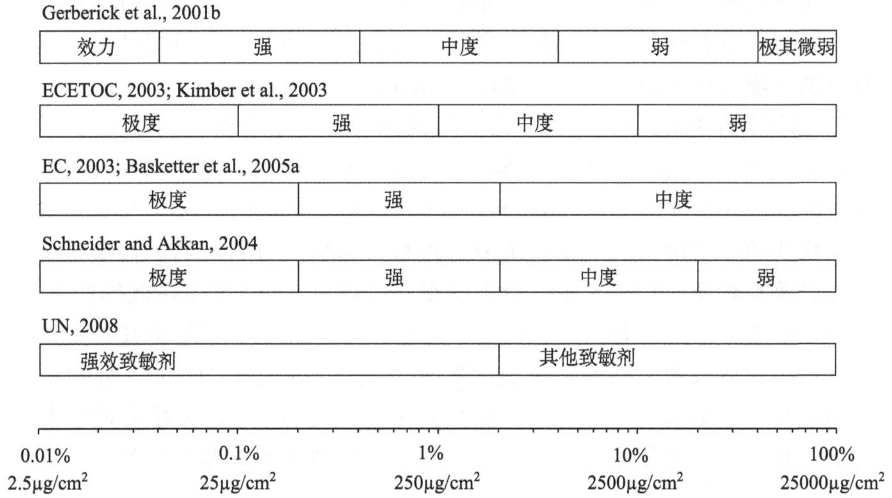

Gerberick et al., 2001b				
效力	强	中度	弱	极其微弱

ECETOC, 2003; Kimber et al., 2003			
极度	强	中度	弱

EC, 2003; Basketter et al., 2005a		
极度	强	中度

Schneider and Akkan, 2004			
极度	强	中度	弱

UN, 2008	
强效致敏剂	其他致敏剂

0.01%　　　　0.1%　　　　1%　　　　10%　　　　100%
$2.5\mu g/cm^2$　$25\mu g/cm^2$　$250\mu g/cm^2$　$2500\mu g/cm^2$　$25000\mu g/cm^2$

图 6.1　基于 LLNA EC_3 值皮肤致敏剂效力类别概述

类和标签部分（UN，2008）。如果数据充足，皮肤致敏剂被分配至强效致敏剂子类别 1A，或其他皮肤致敏剂子类别 1B。子类别 1A 中的致敏剂显示在人类中具有较高出现频率和（或）在实验室动物中具有高效能，可假定有可能产生显著人类致敏性。过敏反应的严重性可能也应被考虑。人类证据可包括在 HRIPT 或 HMT 中等于或低于 500 $\mu g/cm^2$ 的皮肤敏化诱导阈值。在实验室动物试验中子类 1A 的标准是 LLNA EC_3 值等于或低于 2%，在 GPMT 中，至少 30% 反应动物 LLNA EC_3 值等于或低于 0.1% 皮内诱导值，或至少 60% 的反应动物 LLNA EC_3 值等于 0.1%～1.0% 皮内诱导值，在豚鼠局部封闭涂皮试验（Buehler test）中至少 15% 反应豚鼠 LLNA EC_3 值等于或低于 0.2% 局部诱导值，或至少 60% 反应动物 LLNA EC_3 值等于 0.2%～20% 局部诱导值。

(b) 诱发

如上面已经讨论过的，新致敏动物中的诱发阈值取决于用于敏化作用物质的频率和剂量。因此，诱发 NOEL 通常不是在实验室动物试验中确定，而是在已确认皮肤过敏受试人体实验中确定（见上文）。

6.3.1.3　体外数据和一般敏化作用阈值方法

鉴于动物福利原因，以及符合欧洲化学品立法规定（如化妆品指令和 REACH 第 7 次修订版），体外方法的发展越来越受到重视，被用于危险识别和效力表征。

体外方法必须仔细分析皮肤致敏化学品免疫应答的各个元素，如经皮渗透（生物利用度）、谷胱苷肽、肽或有和无代谢活化蛋白质化学反应性定量测定（例如，Gerberick et al., 2007；Natsch et al., 2007；Maxwell et al., 2011）、角质细胞（例如，Coquette et al., 2003；Natsch et al., 2011）和树突状细胞（例如，Sakaguchi et al., 2006；Aeby et al., 2007；Maxwell et al., 2011）化学活化测量，以及 T 细胞对半抗原

肽反应。在任何致敏要素中测量的单一参数不太可能反映出皮肤敏化可能性和（或）化学品效力。因此，整合体外成套测验结果的方法是必需的。一种可能性是根据数据将物质按效力类别分配（Jowsey et al.，2006；Natsch et al.，2009）。

在毒理风险评估的工具中，TTC 已经演变为一种有用的概念。TTC 表明人体暴露阈值可被确定，低于阈值的暴露对人体健康无明显的风险性，即使当一种物质的毒理学档案是未知的（综述性文章参见 Barlow，2005）。基于类似的方法，Safford（2008）针对致敏化学物质的 167 次 LLNA EC_3 值分布进行了分析。分析表明，假设所有化学品的 20% 属于皮肤致敏物质，LLNA EC_3 值不会低于 289 $\mu g/cm^2$ 的存在概率为 95%。修正 EC_3 剂量面积值与从 LLNA EC_3 值皮肤面积剂量与 HRIPT 得出的 NOEL 关系推导出的因子，并且利用整体致敏评估系数得到洗发水为 100，除臭剂为 300，分别推导出洗发水和除臭剂皮肤致敏阈值 $1.64\mu g/cm^2$ 与 $0.55\ \mu g/cm^2$。这一概念可能对未来评估肌肤暴露于低量、数据不足化学物质的致敏危害和（或）致敏程度是有用的。

6.3.2 呼吸道致敏

人工合成的很多化学物质是致敏剂，如果在使用的任何阶段，从合成到废弃，它们以气体、蒸气或气溶胶状态被吸入，可能引起职业性鼻炎和哮喘。此外，源自动物、植物或微生物大分子试剂的职业呼吸道过敏反应，也是在一些领域，如食品工业、生物技术和医疗保健行业所面临的重要问题（Oberdörster et al.，1998）。应当指出，通过其他途径暴露，特别是通过皮肤途径，已被证实能引发呼吸道过敏，已在实验动物中有相关论述（Pauluhn，2008）。

在呼吸道过敏中，过敏性哮喘在风险评估中已受到最多关注，因为与过敏性肺炎（外源性过敏性肺泡炎）和相关症状，如非常重要但仍未被发现会影响工作人员健康问题的慢性铍病和硬金属肺部疾病，相比较，过敏性鼻炎和咽喉炎更为严重，发生更频繁（或至少更频繁地被发现）（Oberdörster et al.，1998）。过敏性哮喘可能是由于暴露于蛋白质（通常是酶），或暴露于必须以化学方式链接蛋白载体激活免疫系统，且与敏化剂接触的低分子质量化学物质。蛋白质引发的哮喘作用机制与低分子质量化学品引发哮喘的作用机制是否相同有一些争论。蛋白质引发的过敏反应已有大量研究。

目前，被普遍接受适用于人类，允许确定通过吸入途径造成过敏原特异性抗体或过敏症状酶或低分子质量化学品剂量-反应关系或相对效力的模型尚未出现。虽然通过 ELISA 评估的总 IgE 或酶特异血清抗体生成或通过皮肤点刺试验（SPT）所测得的嗜细胞抗体（通常主要是 IgE）通常被用作致敏反应基准值的一个组成部分，但不代表一种致敏反应疾病状态。因此，IgE 抗体的产生是传统的判断致敏反应的基准点。

在清洁剂酶制剂行业中，更强的暴露伴发症状出现，较弱的暴露引发过敏原特异抗体的生产（Sarlo and Kirchner，2002）。根据国家药品监督管理局（SDA）（2005）有以下认识：

> 职业性暴露有关数据表明，抗体诱导和症状诱发具有阈值。豚鼠的实验数据也证明职业性暴露中抗体诱导和症状诱发具有阈值的论述（反之亦然）。豚鼠实验中观察到过敏原特异性抗体

产生率与剂量相关，较低剂量暴露引发的动物生成过敏原特异性抗体的概率低。然而，低剂量暴露结合酶变应原短峰暴露会导致比预期更多数量动物产生变应原特异性抗体。单一的间歇性峰值暴露也将引发过敏原特异性抗体产生。症状诱发也与剂量有关，其中豚鼠症状只与峰值暴露相关。

在实验动物研究中，暴露途径包括吸入、皮内、鼻腔和气管内。虽然由于吸入途径与人体暴露有相似度，是首选路径，但吸入路径的研究需要大量人力，耗时，较昂贵，且较难提供准确的剂量。因此，其他暴露途径已被发展使用代替吸入途径暴露研究。虽然小鼠模型目前正在开发用于气管内和鼻腔研究，但豚鼠通常是致敏研究中首选的物种。豚鼠的抗体反应表明，超过 6 h/天吸入的剂量与一次性气管内暴露剂量产生相同的反应（Ritz et al.，1993）。

在 1 天或 8 h 轮班过程中，时间加权平均值（TWA）浓度（mg/m^3）目前被认为是暴露相关的测量。由于通过树突状细胞可以摄取沉积在呼吸道的抗原并迁移至引流淋巴结，引发皮肤敏化作用，约在数小时内发生，因此 TWA 浓度（mg/m^3）可以被调整。如以下在本节中提到的，峰值暴露浓度或总计[①]暴露值也被提出用于剂量测量。

从机械学的角度来看，到达呼吸道抗原呈递细胞的抗原量与呈现给 T 细胞和 B 细胞抗原量影响免疫应答（Bullock et al.，2000；Eisen，2001）。酶的输送剂量依赖于一些因素，如在空气中的酶浓度、呼吸率、粒子或液滴大小和暴露的持续时间。考虑到涉及确定"递送剂量"的所有变量，可能应用计算沉积模型协助，有助于更准确地描述暴露；然而目前，这些信息仅在少数特殊情况下可供使用。

关于皮肤致敏物质，一种显著的双分类系统最近被引入化学品分类和标签全球协调制度中的致敏剂分类和标签部分（UN，2008）。如果数据充足，强效呼吸系统致敏剂被分配到子类别 1A，其他呼吸道致敏剂被划分到子类别 1B。根据实验动物或其他试验，子类别 1A 致敏剂在人类试验中表现出高的出现频率，致敏率较高。过敏反应的严重性可能也应被考虑。

6.3.2.1 临床和流行病学数据

(a) 诱导

诱导呼吸系统致敏作用相关的剂量-反应数据可从临床研究获得，包括前瞻性研究（当一种新的化合物或产品在消费市场推出）或回顾性研究（诱导过敏发生后的情况下，分析过敏症，往往涉及重组暴露场景的实验测量）。

Heederik 和 Houba（2001）对面包店工人进行了流行病学调查，分析小麦对呼吸道致敏作用（测量 IgE 抗体）。小麦过敏的患病率与暴露呈正相关关系，无论这是否表示为预估平均可吸入粉尘浓度（mg/m^3）还是为总计可吸入粉尘浓度（mg-年/m^3）。在任何情况下，没有迹象表明存在小麦致敏风险阈值。对于遗传性过敏症，致敏风险在

[①] 在这份文件中，术语总计暴露是指在一个给定的时间内（如每天使用 5 次洗手液时），通过所有暴露途径，从多个来源暴露于单一化学物质。

较高暴露水平时稳定，在更高暴露水平时降低（可吸入粉尘平均暴露约 4 mg/m³ 或小麦过敏原 10 μg/m³）。当应用更严格的致敏作用定义时（抗小麦 IgE 滴度 0.7 kU/L，而不是 0.35 kU/L），某种程度上暴露-反应关系向右边转移，升高风险仅在最高暴露类别中可观察到。当致敏作用结合出现的工作相关症状，作为分析的终点（鼻炎、哮喘），升高风险也仅在最高暴露类别中可观察到。致敏作用与伴随症状获得的暴露-反应关系是叠加暴露和症状暴露反应关系至暴露和致敏之间关系的结果。在这项研究中，获得的最显著关系是致敏作用与鼻炎症状关系，或致敏作用与哮喘症状关系。总吸入粉尘暴露的分析建议将约为 11.97 mg-年/m³ 浓度作为无可观察影响浓度（NOEC）。超过 11.7 年的长期平均暴露估计为 $11.97/11.7 = 1.02$ mg/m³。

在 20 世纪 60 年代末和 70 年代初瑞典一些消费者中发生扬尘洗衣产品引起的酶过敏症（Belin et al.，1970；Zetterstrom and Wide，1974）。1645 个人血清样品的分析表明，15 个人产生酶特异性 IgE 抗体（0.91%）。这 15 个人同时被进行了对酶反应的 SPT。根据回顾场景，模拟填充水槽水，加入洗衣粉，手洗暴露于这些物质，获取暴露数据。结果表明，这一场景平均暴露峰值水平 212 ng/m³。这个例子显示短时间定期发生暴露造成的后果。15 个人使用扬尘含酶洗衣粉时，一些个体报告发生过敏症状。个别消费者进行激发试验表明，12 名患者中，8 例受到含酶产品（混合酶洗衣粉）激发后生成酶 IgE 抗体。几项回顾性研究显示，室内使用液体洗衣产品，暴露为 0.01～1 ng/m³，被认为是安全的，因为没有观察到额外的过敏反应新案例（SDA，2005）。

Mapp 等（2005）进行审查中提出其他一些高分子质量职业过敏原，即雪松、真菌 α-淀粉酶和实验室动物蛋白的暴露，反应关系评估中具有足够的可用数据。

Baur（2003）对临床流行病学和暴露评估结果、工作场所和致敏工人患病呼吸道过敏原浓度之间的理论关系、肺功能受损、职业性哮喘的症状和/或频率进行了评论。报道发现，每立方米范围内胶乳、纯化酶和大鼠尿蛋白（单位：ng），每立方米范围内面粉过敏原、氰酸盐和铂盐（单位：μg），以及每立方米范围内酸酐、木屑和混杂面包面粉粉尘（单位：ng）相对不同（即 1000 倍差异存在，部分取决于对过敏原纯度）。

针对环氧树脂中使用的甲苯二异氰酸酯和一些有机酸酐对工人影响，已在一些前瞻性流行病学研究中被报道（综述性文章参见 Arts et al.，2006）。在甲苯二异氰酸酯暴露工人中进行的前瞻性研究结果表明，意外暴露于高浓度甲苯二异氰酸酯将导致 IgE 抗体的形成。与此相反，暴露于低浓度甲苯二异氰酸酯（或低于 0.14 mg/m³）超过三年，任何情况下不会导致甲苯二异氰酸酯过敏或甲苯二异氰酸酯特异性抗体产生。

其他已报道剂量-反应关系的低分子质量呼吸致敏物质包括树脂和铂盐（综述性文章参见 Mapp et al.，2005）（参见案例研究 3 卤化铂盐）。

从流行病学调查中，可以得出 NOEC 或 BMC，可作为 POD 用于风险评估。然而，仅有非常有限的过敏原具有适当的可用数据。

(b) 诱发

呼吸道过敏诱发相关的剂量-反应关系和阈值可以从流行病学研究或实验/诊断激发试验中得出。

Yokota 等（1999）报道了两个使用含有甲基四氢苯酐环氧树脂的冷凝器厂相关研究。A 厂空气中甲基四氢苯酐浓度高于 B 厂（A 厂和 B 厂平均浓度分别为 25～64 $\mu g/m^3$ 和 4.9～5.5 $\mu g/m^3$）。一共有 95 名工人，A 厂 24 名工人（65%），B 厂 38 名工人（66%）产生甲基四氢苯酐特异性 IgE 抗体。观察时发现，与 B 厂产生致敏反应的工人相比较，A 厂中产生致敏反应工人中眼、鼻、咽部症状发病率较高。此外，与 A 厂 26 个有症状的工人中有 73% 产生工作相关症状相比，在 B 厂 20 个有症状的工人中，只有 15% 的人经常表现出工作相关的病症。在 B 厂中，引发工作相关症状的最低暴露水平为 15～22 $\mu g/m^3$，诱发临阈值约为 15 $\mu g/m^3$。

其他有机酸酐和异氰酸酯的类似职业性研究已被报道（综述性文章参见 Arts et al.，2006）。对于超高分子质量抗原，过敏原暴露与工作相关症状之间的关系也被予以公布。致敏反应工人遇到的症状、症状频率及其严重性（例如，在 1 s 内用力呼气容积测量）与空气中抗原平均暴露浓度，如小麦粉、海鲜蛋白质和木屑有关（见 Arts et al.，2006）。

Baur 等（1998）报道，如果暴露水平一直低于阈值极限，过敏原暴露不会引发哮喘症状发生。小麦粉（1～2.4 $\mu g/m^3$），真菌 α-淀粉酶（0.25 ng/m^3），天然橡胶乳胶（0.6 ng/m^3），西部红雪松（0.4 $\mu g/m^3$）和大鼠过敏原（0.7 $\mu g/m^3$）都具有可用的阈值极限相应数据。

调查支气管激发试验中 NOEL 值或阈值浓度变异性的研究几乎没有。虽然阈值被主要用于描述蛋白质过敏原，但应注意的是，当在人类测试中诱发反应时，不能排除形成"免疫学上类似"半抗原化学物质之间交叉反应；因此，对化学物质的阳性反应不一定说明通过接触这种化学物质，个体已经发生了致敏反应。

6.3.2.2 实验室动物数据

(a) 诱导

对于蛋白质过敏原，如洗涤剂酶，豚鼠和小鼠被用于证明诱导阈值（Kawabata et al.，1996；Sarlo et al.，1997；Robinson et al.，1998）。豚鼠通过气管内滴注暴露于不同级别的酶蛋白，观察血清评估酶过敏性抗体。酶反应产生抗体量与参考变应原枯草杆菌蛋白酶 A（碱性霉蛋白）相同蛋白质剂量产生的抗体量进行了比较。

剂量-反应关系和阈值也通过小鼠意外 4 次吸入暴露于产黄青霉（一种常见的室内霉菌）总蛋白提取物的实验中得到证实（Chung et al.，2005）。实验中使用 4 种剂量（10 μg，20 μg，50 μg 和 70 μg），证明了支气管肺泡灌洗液中嗜酸性粒细胞、血清和支气管肺泡灌洗液中总 IgE 水平、血清中抗原特异性 IgE 水平、支气管肺泡灌洗流体中 IL-5 水平增加，以及组织病变严重程度与 20 μg 蛋白质 NOEL 增加与剂量之间的依赖性关系。通过气压全身体积描记法评估显示仅在 70 μg 暴露水平，由醋甲胆碱引发的过敏原触发即时性呼吸系统反应与非特异性气道高反应增强。由于这些暴露是指接触所有提取的酶蛋白质，因此不可能得出具体过敏原有关暴露剂量的结论。

Matheson 等（2005）对低剂量慢性或高剂量急性吸入暴露于甲苯二异氰酸酯的小

鼠模型进行了甲苯二异氰酸酯相关哮喘调查。C57BL/6小鼠通过慢性吸入甲苯二异氰酸酯6周（0.14 μg/m³，4 h/天，5天/周）或2 h急性暴露于3.6 μg/m³甲苯二异氰酸酯。14天后，两组小鼠均再通过吸入途径暴露于甲苯二异氰酸酯0.14 μg/m³ 1 h激发，慢性暴露的小鼠表现出了明显的过敏性反应，气道炎症增加，嗜酸性粒细胞增多，杯状细胞化生，上皮细胞改变，呼吸道超敏反应，肺部Th1/Th2型细胞因子表达，血清IgE水平与甲苯二异氰酸酯特异性IgG抗体增加，且转移这些病理至首次接受试验的小鼠淋巴细胞或甲苯二异氰酸酯暴露小鼠血清的能力增强。相比之下，接受急性甲苯二异氰酸酯暴露的小鼠表现出呼吸道超敏反应、特异性IgG抗体与哮喘相似肺病理增强，但不存在血清IgE升高，肺嗜酸性粒细胞增多或细胞因子表达增加。

在类似的豚鼠研究中，Karol等（1980）表明，动物暴露于1.8 μg/m³甲苯二异氰酸酯70天（6 h/天，5天/周）会引发抗体产生，暴露于0.14 μg/m³甲苯二异氰酸酯未观察到甲苯二异氰酸酯抗体。Karol（1983）研究表明暴露于0.14 μg/m³甲苯二异氰酸酯总暴露剂量为（61.7 mg/m³）·h，暴露于1.8 μg/m³甲苯二异氰酸酯总暴露剂量为（26.7 mg/m³）·h，且诱导抗体形成（3 h/天，持续5天，NOEL 0.85 μg/m³）。在Karol（1983）研究中，甲苯二异氰酸酯浓度（0.85~6.8 μg/m³）与抗体反应及产生甲苯二异氰酸酯抗体动物百分比之间观察到线性关系。得出的结论是暴露浓度（结合暴露持续时间）对于抗体反应引发起到重要作用，对于确定总暴露剂量不是很重要。

通过吸入途径，棕色挪威大鼠暴露于二苯基亚甲基二异氰酸酯（MDI）连续5天，根据浓度×暴露时间（$C \times t$）规则：10 min或360 min暴露时间内，暴露剂量为1000、5000或10 000（mg/m³）（Pauluhn and Poole，2011）。暴露于40 mg/m³二苯基亚甲烷二异氰酸酯20天，25天，50天和65天进行激发试验。在65天暴露后检查出呼吸模式和支气管肺泡灌洗液中发生变化。最敏感的终点是支气管肺泡灌洗中嗜中性粒细胞数量与呼吸系统变化生理测量值。根据浓度×暴露时间（$C \times t$）计算，与暴露360 min相比较，高浓度暴露10 min诱发更强的反应，表明与长时间暴露于相同剂量［根据浓度×暴露时间（$C \times t$）规则计算］相比较，短期暴露于高浓度会导致较强的致敏效力。

在实验动物吸入途径暴露的研究中可推导出NOEC或BMC，可作为POD值用于风险评估。然而，由于缺乏一个统一的呼吸道过敏反应测试指导原则，关于如何设计日常暴露时间、总暴露时间（总暴露天数），以及激发浓度与读出参数存在不确定性。例如，从工作场所流行病学研究和豚鼠亚慢性研究中暴露于0.14 μg/m³甲苯二异氰酸酯得出相同的NOEC，表明，在逐案的基础上，POD可从实验动物反复暴露研究中获得。关于气溶胶和粉尘，是否实验动物研究中使用的外部暴露浓度与风险评估相关，或通过考虑呼吸道隔离表面沉积量，是否应使用计算沉积物质模型更正外部暴露浓度目前未知。

要注意的是，毫无疑问IgE抗体在蛋白质引发的呼吸道过敏反应中起着重要的作用，有一些关于低分子质量化合物引发IgE抗体，发展职业性哮喘的相关争论。尽管有证据表明，所有已知的化学性呼吸道过敏原在一些有症状的对象中诱发特异性IgE，在其他对象不出现这种反应，迟发性反应发生在缺乏即时应答的情况下，特别是二异氰酸酯引发的过敏和哮喘（Cartier et al.，1989；Bernstein，1996；Park et al.，1999；Bernstein et al.，2002）。上述动物模型清楚地模拟了人类受试体发生的 IgE 反应。争论之处在于从这些模型获得的信息是否有助于保护未发生 IgE 应答的人类。

(b) 诱发

吸入暴露后在诱发呼吸道过敏动物模型中获得的大部分数据源自单次或几次诱导暴露，而不是长期呼吸道过敏相关数据。此外，诱导往往通过注射（Botham et al.，1989；Pauluhn and Mohr，1994）或皮肤敷用（Arts et al.，1998，2004b；Zhang et al.，2004；Pauluhn，2008）测试物质实现。激发通过使用游离化学品或化学-蛋白质加合物进行。测量参数包括呼吸功能及病理组织学参数，以及抗体滴度。不确定因素包括是否剂量-反应关系和 NOEL/LOEL 值与人体状况有关。如果确定长期呼吸道过敏后，没有人类和实验动物诱发阈值对比话题的进一步研究，则不建议从实验动物研究推导用于风险评估的 POD 值。

以下给出了关于实验室动物诱发呼吸道反应研究的举例：Arts 等（1998）调查了通过吸入途径暴露于偏苯三酸酐后激发具体功能和组织病理学呼吸道反应，作为 IgE 检测的延展部分。棕色挪威大鼠局部暴露于固定剂量 0 和 7 天，第 20 或 21 天测量总血清 IgE，随后动物暴露于各种浓度的偏苯三酸酐（第 21 天或第 22 天分别暴露于浓度 16 mg/m³，31 mg/m³ 和 52 mg/m³）。暴露激发过程中呼吸次数显著减少，激发 24 h 后潮气量降低，随后呼吸速率增加，但在所有浓度测试中未观察剂量-反应关系。浓度依赖性偏苯三酸酐组织病理学反应激发在喉和肺部观察到。在使用范围更广泛浓度（0.2~61 mg/m³）激发的类似研究中，观察到功能和病理组织学变化和非特异性气道高反应性浓度依赖性增加，NOEC 为 0.2 mg/m³（Artset et al.，2004b）。有趣的是，棕色挪威大鼠皮肤暴露于偏苯三酸酐粉末 0 天，7 天，14 天和 21 天及通过吸入途径暴露于浓度 0.2~40 mg/m³ 35 天，观察到的诱发 NOEC 也是 0.2 mg/m³（Zhang et al.，2004）。

棕色挪威大鼠通过吸入途径暴露于 MDI 连续 5 天，根据浓度×暴露时间（$C \times t$）规则：10 min 或 360 min 暴露时间内，暴露剂量为 1000，5000 或 10 000（mg/m³）（Pauluhn and Poole，2011）。分别持续 20 天，25 天和 50 天激发暴露于 40 mg/m³ 浓度 MDI，每天 30 min。在第 65 天，使用剂量递增规则（5 mg/m³，15 mg/m³ 和 40 mg/m³）确定诱发阈值（支气管肺泡灌洗液中嗜中性粒细胞剂量递增）。30 min 时间每立方米 5 mg MDI 气溶胶诱发 NOEC 被确定。在局部致敏大鼠中，NOEC 预估为 3 mg/m³（通过线性外推法预估），表明通过吸入或皮肤途径暴露于 MDI 致敏大鼠诱发 NOEC 没有本质上的区别。

6.3.3 口服和注射途径致敏

如上所述，所有过敏性反应是全身性的，因为致敏的免疫细胞在整个身体循环，并在发生致敏反应最初区域之外的部位发生激发时应答。然而，对于如上所述的过敏性疾病，激发应答通常定位在激发区域。口腔接触（例如，摄取食物或药物）或肠胃外物质给药（例如，药物注射）也可导致敏化反应。在这些情况下，可能会发生局部过敏反应，例如，在注射部位或在口或胃中，但往往包括更多的全身反应。食物过敏是一个全身性反应的例子。IgE介导食物过敏会引起皮肤、上呼吸道和下呼吸道，以及胃肠道症状（急性荨麻疹/血管性水肿和特异反应性皮炎）。通常情况下，致敏反应的个体将在摄入食物数分钟内发展症状。此外，食物过敏原IgE介导反应被报道是过敏反应的主要原因之一（多器官反应，涉及炎症介质散播性释放和循环衰竭），在急诊室常见。膜翅目昆虫（如蜜蜂）叮咬和给药的药物是过敏反应的其他常见原因，在医疗部门常见（Treudler et al., 2008）。免疫相关的问题是通过药物临床前试验未检测到发生不良事件的最大单一区域（Olson et al., 2000）。虽然过敏反应是一个更令人担忧的现象，但许多这些事件都是给药引发的全身性皮肤反应（Weaver et al., 2003）。口服和胃肠过敏反应很难在动物模型中观察到，在某种程度上是因为这些反应在人类中发生频率低，遗传易感性也是一个重要因素。

食物过敏的患病率预估在各种研究中不同。6%~8%儿童在出生后的第一个三年内患有食物过敏（Sampson, 2005）。这些孩子中的大部分随后产生耐受性，食物过敏在成人中的患病率约为3%（Moneret-Vautrin and Morisset, 2005）。只有很少一些食物被认为能导致大范围食物过敏。在儿童中，鸡蛋、花生、牛奶、大豆和小麦引起的反应是最常见的，而最常见引起成人反应的食物包括贝类、鱼类、坚果和花生（Bernstein et al., 2003）。真正的食物过敏与食物不耐受性不同，虽然产生的症状可能类似，但食物不耐受性不涉及免疫机制。食物过敏可能由IgE介导或非IgE介导机制引起，IgE介导事件是最常见的，并引发最多的关注。SPT通常用于诊断IgE介导食物过敏；但是，双盲安慰剂对照食物激发试验仍被作为诊断的黄金级标准（Sampson, 2005）。粮食生产生物技术的应用，尤其是赋予抗虫性基因修改或增加营养价值，产生了考虑引入新蛋白质至食品供应可能诱发口腔过敏可能性的需要。新食物（如进口猕猴桃）通常通过常规方法被引进供群体食用（Lucas et al., 2004）。

有关通过口服途径敏化反应的研究较为复杂，因为正常的抗原摄取应答（在啮齿动物和人类中）具耐受性，处于抗原特异无反应状态（Saklayen et al., 1984; Strobel and Mowat, 1998; Christensen et al., 2003）。这种现象被优先针对IgE和DTH应答，并已在实验室动物研究中通过移植T细胞（可能CD25+CD4+调节性T细胞）过继转移。耐受性诱导是由基因决定的，高敏感性共同继承低IgE响应显性，例如，1000~10 000倍更大过敏原暴露被要求耐受高IgE应答。耐受诱导也似乎与年龄有关，因为新生儿暴露于过敏原，产生T细胞反应而不是耐受性，可能是由于黏膜免疫功能一个或多个关键元素延迟成熟，限制诱导免疫耐受性。食物过敏似乎是破坏口服耐受性的结果。

这一指导性文件的作者认为，根据目前可用的科学数据，通过口服或肠胃外途径暴露产生的过敏反应通常使用定量的风险评估方法。目前，还没有有效的危害识别测试方法，提供NOEL的测试系统可以用来作为定量风险评估的POD（除了敏感个体诱发过敏），但实际上缺乏NOEL的测试系统。关于在一般人群中诱发的食物过敏反应，概率性危险度特征描述方法已经被提出并成功应用在某些情况下（Spanjersberg et al.,

2007；Kruizinga et al.，2008；Madsen et al.，2009）。然而，这种方法对于口服和肠胃外途径化学品敏化反应的适用性尚未得到证实，因此不建议作为一个既定的标准方法。在接下来的章节中针对可用数据给出了简要概述。

6.3.3.1 临床和流行病学数据

(a) 诱导

化学品、药物或食物成分暴露致敏反应的剂量-反应关系没有临床资料。已公布的药物导致的过敏性反应相关数据通常作为上市后监测结果检测，其中施用的药物剂量依据临床疗效。在食物过敏的情况下，口服免疫耐受诱导与致敏诱导使潜在的剂量-反应关系复杂化。有越来越多的证据表明，年轻时食用少量花生可以防止过敏（Khakoo and Lack，2004），引发潜在过敏反应的因素变化（Burks et al.，2008），包括相关暴露途径、过敏原形式（Bowman and Selgrade，2008b）、敏化反应年龄、肠道菌群（Calder et al.，2006）等，除了多数遗传组分，仍然知之甚少，都可能影响致敏反应剂量-反应关系。有关通过农作物基因改良引进新蛋白质，导致新人类食物过敏原的案例还未发现。

(b) 诱发

双盲慰剂对照食物激发，通常用来作为一种诊断工具，只在最近被用于提供阈值相关数据。这些研究的结果显示过敏亚群中很大的可变性，难以确定的是受试患者如何更准确地反映整体人口，从而解释群体环境的结果。监管当局，如美国食品药物管理局和欧洲食品安全局，一直不愿使用现有数据设置阈值。然而，很显然，个体过敏反应阈值与标准化协议已被制定，可用于生成足够的数据，以便得出至少一些最容易引起过敏反应的食物对特定人群影响的结论。应当指出，激发模型应是一个真实的食物模型（Crevel et al.，2007，2008）。

在双盲慰剂对照食物激发的一个示例中，分析了通过口服途径激发试验，包括125例口服鸡蛋，103例口服花生，59例口服牛奶，12例口服芝麻。试验发现鸡蛋、花生、牛奶和芝麻的LOEL值分别是2 mg，5 mg，0.1 ml和30 mg（Morisset et al.，2003）。

虽然阈值被主要用于描述食物中的蛋白质过敏原，但应注意的是测试人类诱发反应时，不能排除形成"免疫学上类似"半抗原发生化学物质之间的交叉反应，因此，积极化学反应不一定表明，个体接触这种化学物质产生致敏反应。药物，如β-内酰胺类抗生素，交叉反应性的例子已有报道（Antúnez et al.，2006）。

为了进行概率性危险度特征描述（如食物过敏），在致敏反应群体中统计最低诱发剂量分布是必要的，而统计POD值，如NOEL或BMD不是必要的（Spanjersberg et al.，2007；Kruizinga et al.，2008；Madsen et al.，2009）。

对于药物，很少有必要确定诱发反应阈值，因为很可能低于临床疗效所需的水平。

6.3.3.2 实验室动物数据

目前，一些动物模型已用于研究各方面的口路径致敏反应与耐受性，但都没有被验证或采纳用于危险辨识或剂量-反应数据生成。对于转基因食品，危害表征采用证据权重法，考虑了全面评估潜在致敏性的各种因素和方法。这些不同的建议是基于对过敏原的了解，包括基因源暴露历史和安全性，人类过敏原的氨基酸序列同源性，体外胃蛋白酶消化稳定性，农作物蛋白质丰富度与加工效果，并且在适当时，包括特异性 IgE 结合研究或 SPT（FAO/WHO，2003）。

(a) 诱发

最近的一份报告表明，使用 C3H/HeJ 小鼠口服途径暴露于霍乱毒素，可区分引起过敏反应的食物提取物与不会引发过敏的食物提取物，读出抗原特异性血清 IgE 水平。剂量-反应关系在有限的范围内进行了论证（Bowman and Selgrade，2008a）。基于口服暴露诱导耐受性，第二个补充性模型也可对过敏性和非过敏性食物提取物进行区分（Bowman and Selgrade，2008b）。这两种模型都未产生过敏反应。用于危害表征的另一项测试是 BALB/c 小鼠 IgE 检测，采用无佐剂测试蛋白腹腔注射，测定特异性 IgG 和 IgE 形成（Dearman and Kimber，2008）。

(b) 诱发

最近的另一份报告显示 BALB/c 小鼠经口服与经皮给药途径激发全身过敏反应。未尝试制定剂量-反应关系（Birmingham et al.，2007）。上面提到的模型和方法被用于风险评估之前，需要额外的工作。

6.3.3.3 伪过敏反应

虽然伪过敏反应超出了本文的论述范围，重要的是，要认识到，在某些情况下，暴露于化学品可能会导致过敏的模拟症状，但基本机制不是特定的免疫介导反应。例如，阿司匹林诱导的哮喘，可能会导致阿司匹林抑制环氧化酶，花生四烯酸分流至脂氧合酶途径。在某些情况下，这将导致增加半胱氨酰白三烯产生，引起支气管收缩和（或）气道反应性增强（Stevenson and Szczeklik，2006；National Heart，Lung and Blood Institute，2007），类似过敏性哮喘症状。但是，阿司匹林诱导的哮喘不涉及抗体生产或特异性免疫应答。某些药物，包括放射对比介质、脂质体药物和胶束溶剂，会引发补体激活相关的假性过敏反应。这些试剂通过传统和替代途径激活补体，产生 C3a 和 C5a 过敏毒素，从肥大细胞和嗜碱性粒细胞触发介质释放（Szebeni，2005）。有时候，食物不耐受性引起的症状与食物过敏相似。触发伪过敏食物不耐受性的物质包括添加剂，如亚硫酸盐、柠檬黄和谷氨酸。伪过敏反应可通过各种方式被激发，如与中枢或外周神经系统相互作用，介质非特异性释放，由于遗传性或其药理学上诱导酶不足酶抑制，以及一些天然食品成分药理性质，如生物胺。

6.3.4 出发点推导

表 6.1 总结了推导皮肤、呼吸道和全身致敏诱导和诱发风险评估 POD 值的可能方法。一般建议，尽管这项研究可能是完全有效，并提供了可被用作 POD 值的阈值或 NOEL，但风险评估人员不要仅看单一的测试结果，而是需要整合所有可用的信息，无论是实验动物研究和人类研究，病例报告或记录在证据权重方法经验。

表 6.1 皮肤、呼吸道和全身致敏诱导和诱发风险评估 POD 值推导

数据类型	作为 POD 的值	LOEL 至 NOEL 推断
皮肤过敏反应：诱导		
人类实验数据		
HRIPT（或 HMT）	NOEL（或 BMD_5）[$\mu g/(cm^2$ 皮肤·天)]	如果缺乏无观察反应剂量，可用低于 50% 致敏率的结果，NOEL 可分别通过采用 3 倍剂量，产生 10%~25% 致敏率，以及采用 10 倍剂量，产生 25%~50% 致敏率，推断出（Griem et al., 2003）。
实验动物数据		
小鼠 LLNA	EC_3 [$\mu g/(cm^2$ 皮肤·天)]	无要求（见正文）
GPMT 或豚鼠局部封闭涂皮试验（Buehler test）	一般不适合用于 POD 值推导	不适用
物质按照皮肤致敏效力类别分组使用的证据权重方法	使用效力类别的下界 [表示为 $\mu g/(cm^2$ 皮肤·天)]	不适用
皮肤过敏：诱发		
人类实验数据		
斑贴试验	例如，MET_{10} [$\mu g/(cm^2$ 皮肤·天)]	不适用
ROAT 或者产品使用测试	NOEL 或 BMD [$\mu g/(cm^2$ 皮肤·天)]	不适用
实验动物数据	目前不考虑适合推导 POD	
呼吸道过敏：诱导		
人类数据	流行病学研究得出的 NOEC 或 BMC [TWA 浓度（mg/m^3）或总剂量（mg/m^3）·h]	根据证据分量评估，当缺乏 NOEC 时，诱导致敏最低暴露水平可被视为最低可观察影响浓度（LOEC），NOEC 可通过使用 3 或 10 倍 LOEC 推断出。
实验动物数据	只有在逐案基础和使用证据权重方法，从实验研究与反复吸入暴露获得 NOEC 或 BMC [TWA 浓度（mg/m^3）或总剂量（mg/m^3）·h]	根据证据分量评估，当缺乏 NOEC 时，诱导致敏最低暴露水平可被视为 LOEC，NOEC 可通过使用 3 或 10 倍 LOEC 推导出。

续表

数据类型	作为 POD 的值	LOEL 至 NOEL 推断
呼吸道过敏：诱发		
人类实验数据	从流行病学和实验研究得出 NOEC 或 BMC［TWA 浓度（mg/m³）或总剂量（mg/m³）·h］	根据证据分量评估，当缺乏 NOEC 时，诱导致敏最低暴露水平可被视为 LOEC，NOEC 可通过使用 3 或 10 倍 LOEC 推导出。
实验动物数据	目前不考虑适合推导 POD	
口服和注射致敏：诱导		
目前，该数据库不被视为适合于制定定量风险评估方法。		
口服和注射致敏作用：诱发		
目前，该数据库不被视为适合于制定定量风险评估方法。过敏食物中蛋白质诱发全身过敏的阈值已报道，但不包括化学品诱发全身过敏的阈值。用于食物过敏原的概率风险评估方法可予以考虑。		

注：BMD_5 为 5% 应答基准剂量。

对于 HRIPT 评估，强效的 HRIPT 标准已被提出（参见举例 McNamee et al.，2008）。将证据权重方法应用于人类和实验动物皮肤致敏诱导数据作为指导方针的举例已在 Api 等（2008）香味成分评估中提出，其中人类实验的数据优先于动物实验数据。然而，在这里，从较广阔层面，争论的是是否应该人类实验数据优于动物实验数据，因为志愿受试者研究的科学和伦理接受度取决于不同地域，还取决于监管框架。

有时，存在一些使用相同（或非常相似的）实验方法的研究，例如，对于一个给定的化学品，可能存在几个 LLNA 使用相同或不同的介质。在这种情况下，NOEL 作为 POD 值，仅可在讨论后根据相关性结果推导出，例如，考虑的问题包括是否使用最低观察到作用最低水平的研究应优先，研究是否可以结合导出一个新的最低 LOEL（例如，作为 BMD），非标准介质研究如何被加权，或是否介质和（或）最密切类似人类的暴露条件是否应被视为最好的证据。

对于 LLNA，已经提出以介质为基础的平均 EC_3 值可以被使用（Api et al.，2008）。如果一个特定介质有一个以上 EC_3 值，该介质平均值被首先计算出，然后导出所有介质平均值［参见案例研究 4（柠檬醛）］。使用介质加权平均值而不是最低 EC_3 值，是合理的，因为 LLNA EC_3 值，重复进行试验时，平均值往往会在 23 倍范围内发生变化，EC_3 值的可变性是由不同媒介引起，导致风险评估不确定性，在设置矩阵评估因子中应考虑。

6.4 生物合理性

6.4.1 致敏反应评估证据权重方法

致敏的危害表征将根据现有的某种化学品相关人类和实验室动物试验数据导出证据

结论。无论是正面和负面的，整个数据库应在这个过程中被考虑。对于皮肤过敏反应，从流行病学调查或一个以上过敏性接触性皮炎临床中心几个案例研究通常被认为是确定皮肤过敏危害的足够证据。此外，根据 GLP 下属 OECD 测试标准执行实验室动物试验，阳性结果为确定皮肤过敏危害提供足够的证据。对于呼吸道过敏和口服/胃肠过敏，从流行病学调查或一个以上过敏性接触性皮炎临床中心几个案例研究通常被认为是足够证据。目前认为，口服和注射致敏实验动物研究提供的全身致敏证据不足。对于呼吸道过敏，实验动物研究表明通过吸入途径激发已经致敏动物的过敏性反应被认为为呼吸道过敏提供了一些证据。通过滴注或外用或皮内应用致敏后的敏化反应研究报告，被认为为呼吸道过敏反应提供的证据不足。

证据权重结论通过一致性（特别是跨物种、性别或相关终点）、SAR 评估和生物合理性加强。相互矛盾的数据应通过个体研究的优势和劣势，以及背景下对免疫系统的其他影响进行评估。

图 6.2A，6.2B，6.2C 中分别说明了分析皮肤过敏、呼吸道过敏、全身过敏决策树。根据不同的数据情况、风险评估的范围，建议分析所有途径暴露，即使用所有三个决策树，或者如果有关致敏途径已经被明确确定，只使用一个决策树足够。

1) 在皮肤过敏反应相关决策树中（图 6.2A），如果存在流行病学、临床或人类实验研究（HRIPT、HMT）、实验室动物试验 [LLNA、GPMT 或斑贴试验（buehler test）] 或从体外试验或表明该物质是一种皮肤敏化剂 QSAR 获得的数据，皮肤过敏反应将被评估。

- 如果是这样的话，证据权重方法应该考虑致敏效力所有数据（例如，人体试验得出的 NOEL，LLNA 得出的 EC_3 值或物质分组效力类别的下边界），以得出用于定量风险评估的 POD 值。在可接受的皮肤非致敏区域，可通过应用致敏评估因子（SAF）至 POD 推导出剂量。如果不能量化致敏效力，则应使用定性风险评估方法。如果可能的话，应进行量化的暴露评估，其结果应与风险度特征描述中派生出的可接受剂量进行比较。物质用途和相关的人类暴露场景应加以说明。
- 如果亚群个体已经对存在化学品产生致敏反应，则化学品诱发效力相关数据 [例如，从人体诱发贴片试验或 ROAT 获得的 BMD 或 NOEL]，可用于皮肤过敏诱发定量风险评估（否则，进行定性风险评估），应用 SAF 至 POD，跟随如上所述的定量暴露评估和危险度特征描述。
- 如果没有危险鉴定试验报告该物质不需要被归类为皮肤敏化剂，必须确定是否需要启动皮肤过敏危害表征研究，考虑物质物理化学性质，以及使用和暴露信息填补数据间隙。非常低量的皮肤暴露可能使用皮肤致敏阈值的方法进行评估，皮肤致敏阈值的方法是依据 TTC 方法开发的。

2) 呼吸道过敏决策树严格遵守上述列出的皮肤致敏剂相关致敏反应和诱发规定。

- 如果物质是引起皮肤过敏或含蛋白质的化合物，且没有可用危害识别测试报告该物质不会产生呼吸道过敏的可能性，则必须确定是否需要启动合理的呼吸道过敏潜在可能性研究，同时考虑使用和暴露信息填补数据间隙（图 6.2B）。

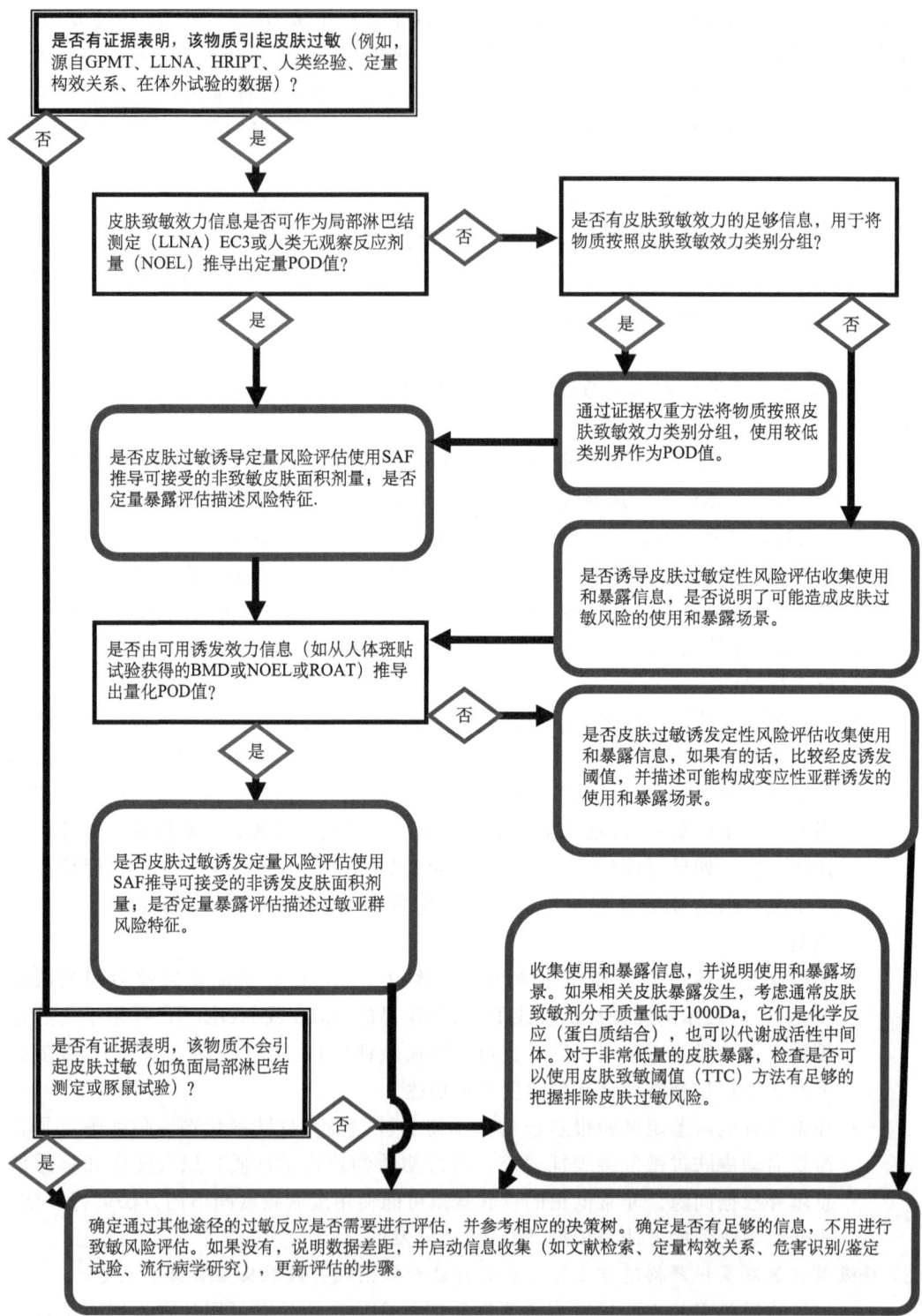

图 6.2A 致敏和过敏性反应评估决策树：皮肤过敏反应

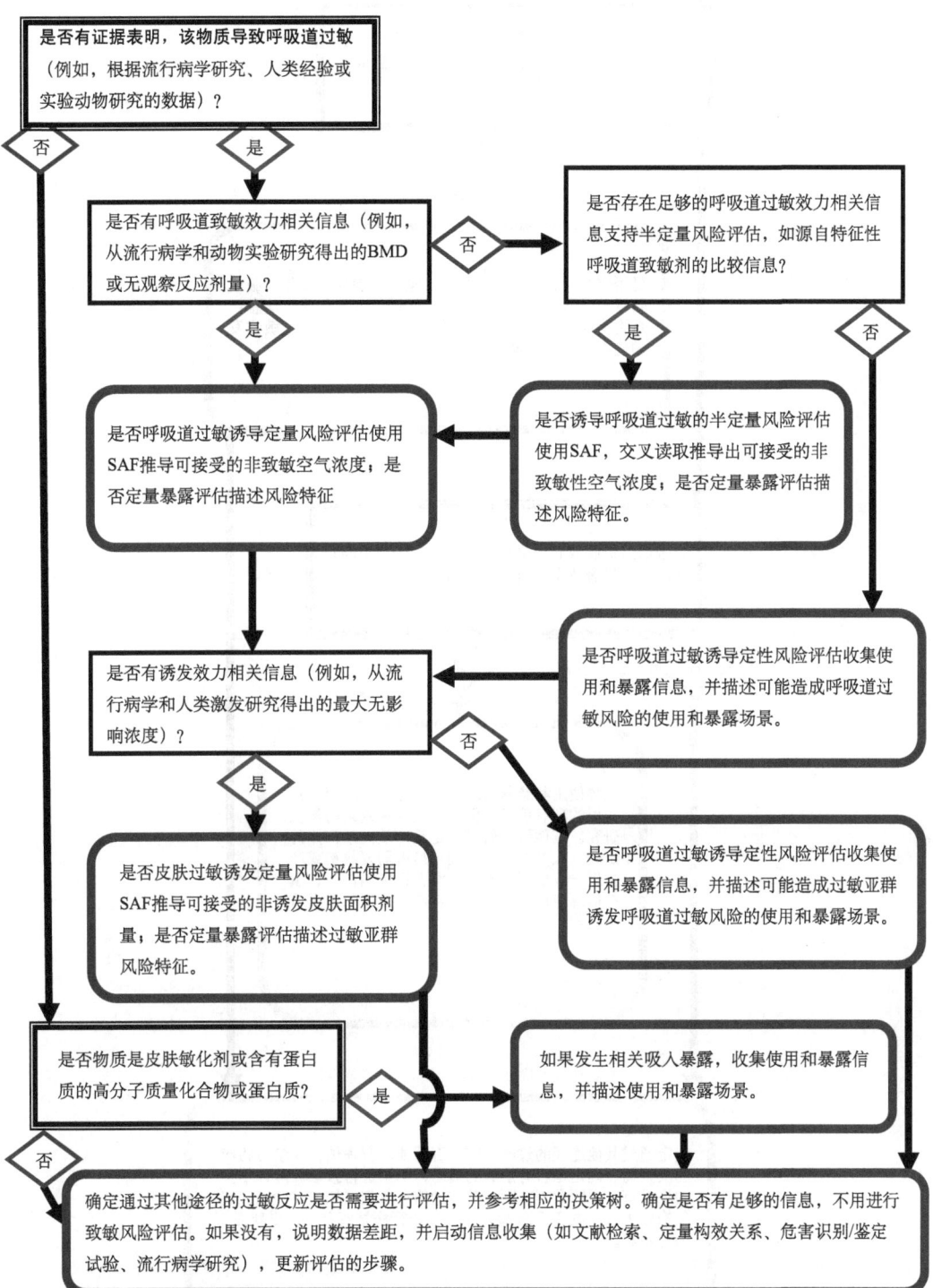

图 6.2B 致敏和过敏性反应评估决策树：呼吸道过敏

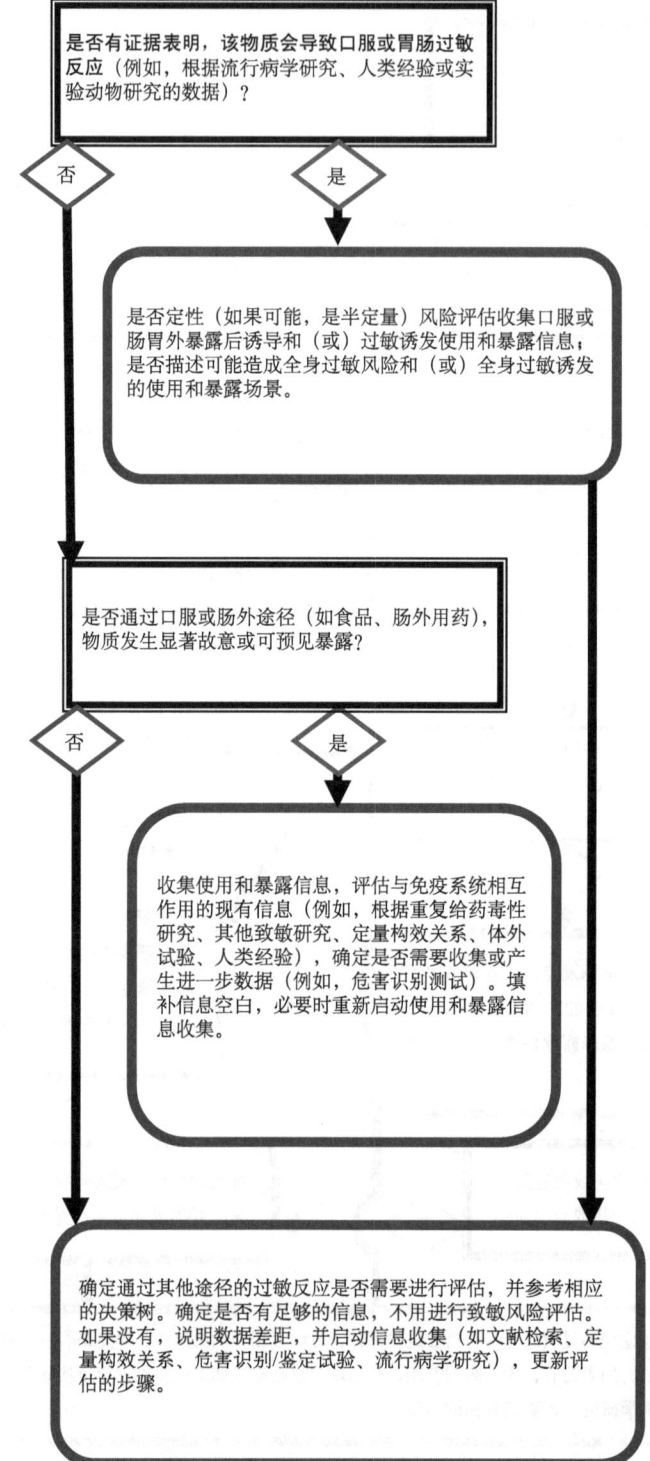

图 6.2C 致敏和过敏性反应评估决策树：全身性过敏

3) 在全身超敏反应决策树中（图 6.2C），评估的是一种物质是否能通过口服或肠胃外途径暴露引起过敏反应。
   - 如果该物质可能引起口腔或胃肠敏化/过敏反应，则可通过比较人体暴露造成全身过敏风险的条件进行定性风险评估，以确定该物质用途和导致全身性过敏的暴露场景。
   - 如果该物质存在重大意外或可预见的口服或肠胃外途径暴露，则应对反复暴露于实验室动物的毒性效应、人类经验、在体外研究和 QSAR 可用信息数据进行评估，以确定是否存在需要通过进一步收集信息填补的数据间隙。
4) 最后，相继解释皮肤过敏、呼吸道过敏和（或）口腔及胃肠过敏反应之后，需要确定整体信息是否充足，是否有必要进行致敏终点风险评估，是否需要收集过敏可能性或人体暴露于该物质有关的更多信息。评估也可能被限制于一种途径的暴露致敏反应，取决于风险评估的范围。

6.4.2 作用/机制模式

基于免疫学机制，过敏反应原本分为 4 种类型（Gell 与 Coombs Ⅰ～Ⅳ 型变态反应）(Murphy et al., 2008)。Ⅰ～Ⅲ 型变态反应通过从反应动物血清转移至未经处理的动物，因此被描述为抗体介导变态反应，而 Ⅳ 型变态反应需要转移淋巴细胞。应当指出，一些疾病状态涉及细胞媒介免疫和体液成分。考虑到本文件的目的，类型 Ⅰ 和 Ⅳ 是最相关的，将在下文中详细论述。

Ⅰ 型超敏反应是通过 Fc 受体结合到肥大细胞和嗜碱性粒细胞抗原特异性嗜细胞抗体（通常是 IgE）介导。有些个体有遗传性发展 IgE 至常见过敏原的倾向（过敏体质）。这些个体比一般人群更容易对环境过敏原发生反应，发展成过敏性鼻炎和哮喘。抗原剂量、暴露途径和当地环境影响嗜细胞抗体的发展。在被敏化的个体中，一旦随后暴露发生，过敏原结合到肥大细胞上的嗜细胞抗体。Fc 受体结合的抗体变应原交联使预先形成的介质释放，如肥大细胞中的组胺。此外，细胞膜中花生四烯酸代谢立即激活，前列腺素类（主要是前列腺素 D2）产生，肽基白三烯随即产生。这些肥大细胞介质被认为是主要负责当皮肤（荨麻疹）、上呼吸道（过敏性鼻炎或花粉症、充血、发痒、打喷嚏、咳嗽）或肺部（过敏性哮喘、支气管痉挛）发生这些反应时的超敏反应急性症状。在最严重的形式时，多系统 Ⅰ 型超敏反应（全身过敏反应）可以导致严重的气道阻塞和心血管性虚脱，导致过敏性休克和死亡的潜在性。Ⅰ 型超敏反应也称为即时型超敏反应，因为已致敏个人在暴露于侵害性抗原后最初的反应可能在几分钟内即发生。

Ⅳ 型超敏反应是由活化的 T 细胞，而不是抗体介导的。自从首次提出 4 种超敏反应分类以来，已对 T 细胞进行了大量研究。其结果是，现在可将 Ⅳ 型超敏反应分为三种亚型，由 T 细胞的不同群体：CD4＋ Th1 和 Th2 细胞和 CD8＋ 细胞介导（Murphy et al., 2008）。CD4＋ Th1 和 Th2 细胞在 MHC Ⅱ 类分子情况下识别存在的改性细胞外蛋白，激活巨噬细胞，释放多种细胞因子和趋化因子，导致以嗜中性粒细胞涌入为特征的炎症。CD8＋T淋巴细胞是细胞毒素和攻击性细胞，攻击性细胞在MHC Ⅰ类分子情况下细胞表面上携带改性细胞内蛋白质。Th1细胞和CD8＋反应通常发生在已致敏个体暴露后的24～48 h，因此被称为DTH。Th2细胞（除了促进类别转变为IgE）调动和激活嗜酸性粒细胞和肥大细胞。肥大细胞活化导致Th2型细胞因子产生，如IL-4、IL-5和IL-13。

如上所述，Ⅰ型超敏反应是与最常研究的食物和药物过敏相关的MOA。过敏性接触性皮炎是涉及几种类型T细胞的Ⅳ型反应。在这种反应的诱导期，化学品（半抗原）与真皮和表皮细胞上的载体蛋白结合，变为完全免疫原性。朗格汉斯细胞摄取并加工抗原，迁移到区域引流淋巴结，它们递呈抗原给淋巴细胞。淋巴结细胞激活与较快增殖随之发生，导致效应物和记忆T细胞产生，返回到皮肤。诱发阶段，效应物Th1细胞和CD8＋细胞负责暴露后24～72 h引发红斑、水肿和瘙痒症状出现。

对皮肤应用半抗原引发了大量事件。表皮角化细胞分泌炎性细胞活素类［包括IL-1β、IL-6、IL-12、TNF-α和粒细胞-巨噬细胞集落刺激因子（GM-CSF）］，促进朗格汉斯细胞成熟和调动，也以自分泌的方式产生细胞活素类。朗格汉斯细胞成熟期间，细胞表面分子表达，包括MHC Ⅰ类和Ⅱ类、黏附分子和共刺激分子增强，从而促使抗原呈递和随后的T淋巴细胞活化和克隆扩增。以这种方式激活T淋巴细胞表达皮肤归巢受体、皮肤淋巴细胞相关抗原。虽然T淋巴细胞被认为是接触性超敏反应发展的关键感受器，但T和B淋巴细胞激增对接触敏化剂的应答。再次暴露于有关半抗原触发与诱导之后发生的相同细胞因子反应，诱发特点为快速补充，在半抗原激发区域活化特异性T细胞的应答。半抗原特异性CD8＋T淋巴细胞，有可能是主要效应群体，是化学暴露角化细胞的直接细胞毒素，并释放细胞因子，刺激炎症反应。另外，Th1细胞释放一些细胞活素类和趋化因子，促进炎症并激活肥大细胞，在IFN存在下，也能够杀死角化细胞。虽然半抗原可能在皮肤中持续一段时间，这种反应是自限性的。CD4＋调节性T细胞分泌IL-10的出现在调节中发挥重要作用。

过敏性哮喘包括Ⅰ型和Ⅳ型反应。已致敏个体对抗原激发作出应答，并立即产生IgE介导的Ⅰ型过敏反应应答。此事件后的2～8 h，会发生更严重和持续很久（后期）的反应，其特点是出现黏液分泌，支气管缩小，对多种非特异性刺激（如组胺、乙酰甲胆碱、冷空气）产生气道高反应，嗜酸性粒细胞特征气道炎症。后期反应可能会持续长达12 h，并且不会出现IgE介导。Th2细胞及相关细胞活素类（尤其是IL-5和IL-13）和嗜酸性粒细胞被认为是发挥了显著作用。

蛋白质过敏原已被证明在人类、豚鼠和小鼠中产生过敏和呼吸道过敏性反应（早期和晚期阶段）。此外，还能引发哮喘的发病。低分子质量的化学物质已被证明与过敏性哮喘相关，某些二异氰酸酯和酸酐最受关注。鉴于蛋白质过敏原导致抗原特异性IgE的特点，低分子质量化学品呼吸道过敏性反应中过敏原特异性IgE的存在没有被普遍证实。此外，早期的反应不总是发生在个体中，这些低分子质量化合物引发职业性哮喘。低分子质量化学呼吸道过敏的机制仍在调查中。

IgE诱导相关机制已被广泛研究。对于从IgM转换到IgE的B细胞免疫球蛋白同种类型有两个主要的要求：①存在通过CD40在B细胞和CD40配体（CD40L）上的表达，在 T 细胞、嗜碱性粒细胞和肥大细胞上表达，Th2 细胞相关细胞活素 IL-4（或 IL-13）；②直接细胞到细胞地相互作用。IL-4 在 Th2 细胞分化中表现出自分泌活性，促进肥大细胞发育。骨髓提取的肥大细胞前体局部化位于黏膜区域（呼吸道和肠道）上皮细胞和皮肤，并发生组织特异性成熟和扩展。这些肥大细胞包含预先形成的介质和能够产生其他效应物的分子，包括 IL-4 和 IL-5。在呼吸道中携带 IgE 的肥大细胞然后将诱发抗原特异性过敏事件。在随后的暴露后，特异性变应原交联肥大细胞表面结合的 IgE，从而导致预成形介质的释放和新合成的物质。主要预成形介质是组胺，通过受体结合，导致血管通透性增加、平滑肌收缩、血管收缩及黏液生成。除了组胺，也有各种预成形的细胞趋化因子和酶。从膜来源花生四烯酸两个代谢途径，脂氧合酶和环氧合酶途径激活的产物提供其他过敏性炎症的重要介质。Th2 相关的细胞活素 IL-5，由肥大细胞分泌，已被证明在嗜酸性粒细胞前体的增殖和成熟及生存，以及嗜酸性粒细胞颗粒蛋白释放和趋化中是必要的。进入肺部的嗜酸性粒细胞释放特有的介质，被认为是在后期阶段反应中起到重要作用。此外，在过敏性炎症的部位发现活化嗜酸性粒细胞分泌的细胞活素类（IL-5，IL-3 和 GM-CSF），可能会导致正反馈回路。

6.5 不确定性因子

一般来说，不确定性因子的方法可以被应用到 POD，以获得致敏物质 AEL。在研究低于派生 AEL 暴露水平的致敏和诱发反应中发现，没有明显导致非致敏对象产生过敏反应或使已致敏对象诱发过敏反应的现象。现实生活中发生暴露情况后诱导致敏或过敏诱发相关的可接受性或不可接受性可以被确定（参见下面的章节）。种间和种内变异的单独不确定性因子，如果有必要，通过乘法运算，将矩阵因子与使用和迁延暴露因子结合到总 SAF。下面，不确定性因素将依次被单独讨论。然而，应该被注意的是，某些参数，如媒介物效果和皮肤屏障，可能在推导这些因子中进行讨论。因此，应确保结合单独的因子时，总 SAF 的合理性。

6.5.1 种间的不确定性因子

种间的不确定性因子，一般用于推断实验室动物及人类实验的结果。当 POD 是从人类实验数据推导出时，例如，皮肤过敏诱导 HRIPT 结果，呼吸道过敏诱导和接触性皮炎，呼吸道过敏或口服过敏诱导流行病学数据，种间的不确定性因子应用 1。

关于皮肤过敏的诱导，已经做了大量的工作，确定小鼠 LLNA 中得到的剂量-反应数据与已知的人类致敏效力之间的关联。LLNA EC_3 值已被发现，当皮肤区域剂量（$\mu g/cm^2$）在人类和动物实验都被用作剂量度量时，与人体致敏试验的 NOEL 密切相关（Basketter et al., 2000, 2005a; Gerberick et al., 2001a, b, 2004; Griem et al., 2003; Schneider and Akkan, 2004）。如果在人类和实验动物试验结果之间存在可变性，不可能从实验中区分真正的种间差异，如剂量区间和媒介物影响。种间差异可能与如皮肤渗透和代谢差异相关。对于皮肤渗透，使用啮齿动物实验数据被认为是保守的，因为与人类相比，小鼠和大鼠往往表现出相当高的化学品皮肤渗透（往往报告为3~10倍更高的渗透量）(Barber et al., 1992; Boogaard et al., 2000)。代谢与人类和小鼠之间变异的相关性有限，因为只有局部的新陈代谢相关。全身毒代动力学的差异（如异速生长差异）不被认为在皮肤过敏反应中发挥了重要的作用。研究中发现与不需要被代谢化学品相比较，要求代谢成"终极致敏剂"的致敏化学品人类 NOEL 和 LLNA EC_3 值没有表现出较大的变异 (Griem et al., 2003)。基于这些分析，在缺少支持人体数据的情况下，当 LLNA 被用于推导定量危害特征描述 POD 值时，种间不确定性因子3被提议 (Griem et al., 2003)。

当评估吸入毒性时，在实验室动物和人类实验之间比较空气中暴露浓度的情况下，种间不确定性因子毒代动力学组分通常设置为1，因为不同物种的呼吸参数将隐含有异速生长差异。对于呼吸道的局部效应，种间不确定性因子毒代动力学组分通常降低到1。在甲苯二异氰酸酯的情况下，从工作场所流行病学研究和豚鼠亚慢性研究确定的 NOEC 相同。观察发现对于皮肤致敏剂，实验室动物和人类 NOEL 及 LLNA EC_3 值所要求的皮肤单位面积暴露剂量非常相似，在实验室动物和人类之间定性和定量评估中支持免疫机制是可以进行比较的观点，呼吸道过敏中，实验室动物和人类 NOEL 和 LLNA EC_3 值所要求的皮肤单位面积暴露剂量也非常相似。然而，用于得出有关呼吸道过敏种间 NOEC（LOEC）比例一般性结论的可用数据太少。

关于气溶胶和粉尘，外部暴露浓度应该加以修正，以便在实验动物与人类实验中分别比较可能吸入或呼吸的粒子大小极限。此外，计算沉积模型的应用有时支持物种比较。

具体化学品和其他相关信息评估权重证据被建议用于确定种间不确定性因子的适当值。

6.5.2 种内不确定性因子

由于如遗传影响、固有的屏障功能、年龄、性别和种族等因素，个体之间敏感性差异产生不确定性因子。对于皮肤过敏反应，这些因素的一些信息存在可用，将在下面讨论（参见 Felter et al., 2002; Griem et al., 2003; Api et al., 2008）。有关呼吸道过敏的种内不确定性因子信息很少，几乎没有已经公布的关于口服和注射途径致敏反应信息。应当指出，下述影响因子通常不被视为逐个作用，而是与一个种内不确定性因子相结合。

6.5.2.1 遗传效应

对于皮肤过敏反应，遗传因子，虽然不能完全被理解，但在确定个体易感性中明确相关 (Felter et al., 2002)。研究证实，皮肤的酶类主要分布在表皮，可以通过肝脏中确定的类似反应代谢吸收外来物质 (Smith and Hotchkiss, 2001)。因此，代谢能力遗传差异可能会影响个体对过敏性接触性皮炎诱导的易感性。

Smith 等（2000）提出，个体对暴露于相同过敏原反应的差异原因之一可能是与皮肤刺激易感性相关，例如，表皮刺激性反应达到足够的阈值水平更可能发生致敏反应。个体易感性的差异也可能通过影响诱导过敏性反应过程中其他步骤（或诱发）影响反应幅度。

关于在职业呼吸道致敏和哮喘的发展中，人类白细胞抗原（HLA）（人类 MHC 基因的名称）Ⅱ类分子，特别是低分子质量剂的作用，表明，*DQB1*0501* 等位基因是低分子质量敏化剂，如有机酸酐，诱导哮喘遗传危险因子（Jones et al.，2004）。相同等位基因与异氰酸酯（Mapp et al.，2000）和大侧柏酸诱导的哮喘相关，有一定的保护作用（Horne et al.，2000），建议使用相应特定 HLA Ⅱ类分子不同关系的化学致敏剂。

Heederik 和 Houba（2001）进行的面包店工人流行病学研究发现，整体暴露后，有遗传性过敏症的个体对小麦产生过敏反应的概率比非遗传性过敏症个体高一倍左右。

6.5.2.2 固有的屏障功能

皮肤的固有屏障功能可能是影响个体易感性的一个因素。过敏性接触性皮炎诱导和诱发的初始步骤需要变应原穿透角质层。例如，镍过敏个体显示，如果斑贴实验是在由于反复接触洗涤剂溶液发生轻微炎症变化和干燥的皮肤上进行，诱发阈值约低 10 倍（Allenby and Basketter，1993，1994）。

皮肤过敏风险评估通常会针对健康的皮肤进行，不针对病变皮肤。病变皮肤的个体（例如牛皮癣和湿疹），一方面，通过受影响的皮肤区域表现出相当高生物异源物质渗透；另一方面，皮肤暴露可能会受到限制，因为它可以被假定这些人中的很多是在皮肤科医生的照顾下。此外，年龄、种族和性别可能会影响健康皮肤的内在屏障功能。

6.5.2.3 性别

虽然有一些迹象表明，女性是对过敏原应答的更活跃群体（Jordan and King，1977；Rees et al.，1989），权重证据表明，女性和男性产生同样的反应（Robinson，1999；Felter et al.，2002）。在总人口中已经注意到的这些特定接触性过敏男性和女性比例差异可以归因于使用和暴露的差异；例如，女性更容易发生镍接触性过敏（从珠宝首饰，尤其是在耳洞），而男性更可能是职业性暴露于铬产生致敏（Young et al.，1988）。

6.5.2.4 种族

权重证据表明，不同族裔之间个体中接触性过敏诱导不存在实质性的差异。在 5 个常见的皮肤过敏原诱导研究中，Kligman（1966）报道，高色素皮肤和白种人个体对最强过敏原的反应差别不大。使用低烈性过敏原，Kligman（1966）发现那些高色素皮肤的个体比白种人具有对诱导致敏更强的抵抗性。亚洲人相对白种人对诱导致敏的敏感度仍存在一些争议。关于经皮吸收进入皮肤的化学品，通常被认为是高色素皮肤比白种人皮肤的反应明显（Weigand et al.，1974）。

6.5.2.5 年龄

一般婴幼儿和成人接触过敏原受到的影响或损害状态本质上是相同的（Cassimos et al., 1980）。足月婴儿期到成年晚期的结构和功能性皮肤屏障特性相同（Cunico et al., 1977; Wilson and Maibach, 1980; West et al., 1981; Fairley and Rasmussen, 1983; Harpin and Rutter, 1983）。这是就表皮厚度、表皮细胞层密度、细胞结构、功能性角质层和成熟皮肤屏障功能而言。因此，年龄不确定性因子的调整目前被认为是没有必要的。

6.5.2.6 总结

总之，上面几点讨论认为，存在个体差异，因此应考虑种内不确定性因子。对于诱发，种内不确定性因子也应该被考虑作为POD，用于针对已经在最易受影响个体发生影响基础上的风险评估。使用最敏感亚群确定的POD可能存在降低种内因子的争辩。

已被用于致敏剂风险评估的值包括，真皮诱导种内因子10（Felter et al., 2002; Basketter et al., 2003; Griem et al., 2003; Api et al., 2008）、呼吸道诱导因子3和10（OEHHA, 2000, 2001; NCDENR, undated）与接触性过敏诱发因子1（Nethercott et al., 1994; Griem et al., 2003）。

评定具体化学品和其他相关信息的权重证据评估被建议用于确定种内不确定性因子的适当值。

6.5.3 矩阵因子

除了毒理风险评估经常使用的不确定性因子，其他因子的使用已经在某些致敏反应相关的特殊情况下被提出。当暴露于致敏剂，无论是暴露于纯剂形式或实验简单的媒介物情况下，有时可以使用矩阵因子，而在使用情景评估时，致敏剂包含在复杂的矩阵中，可能会改变毒代动力学行为或促进敏化剂本身致敏作用。

矩阵因子的概念最初是用于化妆品安全性评估（Felter et al., 2002; Api et al., 2008; Basketter et al., 2008）。因为，消费者可能暴露于显示不同复杂性、不同产品形式的致敏成分（如膏、沐浴露、淡香水），从简单的乙醇到多相药膏。在实验的情况下，暴露于敏化剂通常是在简单的媒介物中。相反，一些消费产品配方不仅含有惰性的媒介物、问题敏化剂，而且也可能含有刺激物或渗透促进剂的成分。因此，复杂配方/基体对致敏剂生物利用度的影响可能在简单的媒介物中大不相同（Felter et al., 2002）。

已进行个案逐案评估用于确定使用矩阵因子是否适合正在进行的风险评估。

6.5.3.1 刺激物

众所周知，皮肤刺激将损害皮肤屏障（Robinson et al., 2000）。也将作为皮肤致敏反应的刺激因素（Smith et al., 2000）。很明显，某种程度的直接化学性炎症或其他并发创伤增强了角化细胞的活性，由应用的化学品本身、某些其他化学品输送系统组分或某种形式物理性损坏产生。这可能引起明显的致敏反应相关原发性皮肤刺激增强效应（Kligman，1966；Cumberbatch et al.，1993）。

6.5.3.2 渗透促进剂

据研究表明，一些化学品专门影响其他化学品通过角质层的渗透（Scheuplein and Ross，1970；Schaefer and Redelmeier，1996）。因此，了解关于实验矩阵/介质对致敏剂渗透的影响仍然非常重要，因为它会影响实验过程中材料的生物利用度。然而，通常情况下，有关在实验情况或现实生活情景中致敏剂生物利用度的信息很少。

对于大多数化妆品产品，当从 HRIPT 中推导出的 NOEC 用于危险特性鉴定时，矩阵因子定为 3（Api et al.，2008）。

关于吸入，矩阵和介质可能无法很好地选择；然而，众所周知，致敏反应和过敏诱发可能受到伴随发生的暴露于引起呼吸道刺激和/或肺泡细胞活化的影响。刺激性气体和颗粒的额外效应最可能是由于上皮细胞、肺泡、肺泡巨噬细胞和树突状细胞活化引起的。尽管已在有些文献中讨论，可吸入颗粒物致敏剂的吸附作用可以影响呼吸道吸附沉积和毒代动力学行为，但如上面所讨论的皮肤致敏化合物生物利用度的改变，可能不会在呼吸道致敏反应中发挥突出的作用。

与仅暴露于卵清蛋白的大鼠相比较，每周暴露于卵清蛋白（18 mg/m^3 持续 0.5 h）且在暴露于卵清蛋白之前或之后立即附加暴露于二氧化氮（164 mg/m^3 持续 1 h）的大鼠卵清蛋白特异性 IgE，IgG 和 IgA 抗体滴度显著增加。相反，氨不会影响抗体滴度，尽管会引起刺激性（Siegel et al.，1997）。共同暴露于 50 μl 卵清蛋白溶液（浓度 0.4 mg/ml）（在第 0 天和 14 天鼻内过敏反应，第 35，38 和 41 天激发过敏反应）和柴油车尾气颗粒（3 mg/ml，与卵清蛋白混合），也发现小鼠血清中卵清蛋白反应引发的 IgE 水平增加（Steerenberg et al.，2003）。流行病学研究也表明，交通废气颗粒物暴露和哮喘患病率和/或常见过敏原致敏，如花粉、屋尘螨之间的相关性（Janssen et al.，2003）。然而，目前尚不清楚是否所有呼吸道刺激产生过敏反应或到什么程度。

6.5.4 使用和时间因子

除了毒理风险评估经常使用的不确定性因子，其他因子的使用已经在某些致敏反应相关的特殊情况下被提出。当现实生活场景与试验情况中暴露皮肤部位、皮肤屏障完整性、闭塞和暴露频率方面不同时，使用和时间因子有时被应用。

使用因子概念最初被用于化妆品安全性评估（综述性文章参见 Api et al.，2008）。鉴于实验中的使用条件被良好地定义和控制（如接触部位、皮肤完整性、操作控制、暴露次数和持续时间），在几乎所有情况下，真实生活中使用条件涉及的暴露并非极其夸张，具有更多变量，并在消费者的控制范围内。从控制实验情况到现实生活中场景推断时需要考虑的关键参数包括接触部位、屏障完整性、闭塞和暴露次数。

已执行个案逐案评估，以确定应用使用和时间因子是否适合于正在进行的风险评估。

6.5.4.1 接触部位

经皮肤吸收的区域差异是巨大的。例如，Feldmann 和 Maibach（1967）通过不同的身体部位暴露于 ^{14}C 标记氢化可的松，测量人体皮肤相对区域渗透率。在评估的 11 个位点中，背部皮肤（其中已进行大量斑贴研究）相对渗透率为中级。足底足弓相对渗透率约比背部皮肤相对渗透率低 12 倍，头皮和腋下相对渗透率与前额相对渗透率分别约比背部皮肤相对渗透率高 2 倍和 3 倍。由于背、臂（大多数人体实验室致敏试验接触部位）相对渗透率为中级，因此一些含有皮肤敏化剂的产品与身体部位接触，不可能会更具显著渗透性。

6.5.4.2 屏障完整性

正如种内不确定性因子讨论中提及的，屏障完整性可以是固有的，但它也可能受到使用惯例的影响。影响皮肤完整性的因子被认为对皮肤渗透性具有显著影响。包括的实例如成人皮炎（Benfeldt et al.，1999）、婴儿尿布疹（Odio and Friedlander，2000）与不太引人注目的剃须（Edman，1994）。

6.5.4.3 闭塞

皮肤闭塞是由多重影响导致，包括角质层水化、皮肤温度、微生物计数、pH 和皮肤刺激性增加。特别是，水合状态增加与皮肤渗透性增强相关，但是闭塞不增加所有化学品的吸收，闭塞相对效果很可能取决于化学品的亲脂性（Zhai and Maibach，2001）。

对于许多化妆品产品，当从 HRIPT 中推导出的 NOEC 用于危险特性鉴定时，使用因子 3 或 10（Api et al.，2008）。

6.5.4.4 暴露频率（时间推断）

鉴于诱导和诱发通常在一次暴露（如斑贴试验或实验动物研究诱发）或几次暴露 ROAT 诱发，在试验状态下 LLNA（3 次）和 HRIPT（9 次）诱导之后确定，出现的问题是在一个较长的时间内反复暴露于较低剂量，是否能引发过敏反应。在此背景下，一些所谓亚临床皮肤过敏反应的出版物可能会提供相关信息。Ford 等（1988）报道在使用羟基香茅醛的 HRIPT 中，在诱导过程中，分别对 66 个实验对象使用剂量 4200 $\mu g/cm^2$，8400 $\mu g/cm^2$ 或 12 600 $\mu g/cm^2$。最高剂量暴露的组群表现出了阳性激发反应。6 个月后，已经完成第一次 HRIPT 的受试对象参加了第二次羟基香茅醛 HRIPT。在第二次 HRIPT 诱导期的第一和第二周，29% 的受试对象表现出过敏性接触性皮炎的迹象。此结果表明，至少对羟基香茅醛，可检测致敏反应需要的时间比 HRIPT 诱导期和激发期时间（10~14 天）更长。这种现象是否只发生在小面积剂量（即低于敏化阈值的剂量），是否发生在大多数或只有少数致敏化学品的情况下，以及所涉及的机制［例如，最初绑定到皮肤上层（角质层）敏化剂的缓释］是未知的。类似的观察也通过使用 2，4-二硝基氯苯进行（Friedmann et al.，1990）。此外，Vandenberg 和 Epstein（1963）使用氯化镍进行了致敏试验，发现在初次致敏试验中，先前没有非镍过敏历史的172个受试对象中有16个受试对象（9%）发生致敏反应，而针对19个表现出阴性反应结果的受试对象进行重复致敏试验4个月后，其中5个受试对象（26%）成功致敏。虽然由于现有的有限数据，目前很难定量描述这种现象，建议考虑时间性推断，根据持续或反复暴露推导出致敏性较高的化学品（Griem et al., 2003）。

6.5.5 数据库不确定性因子

在某些情况下，如果有发生过敏作用的可能性，但数据集有限，则建议在没有相应数据的条件下进行致敏风险判定或剂量-反应评估。在这种情况下，使用数据库不确定性因子可能被认为表明显著缺乏反应终点的足够信息。由于皮肤过敏危险具有国际公认的测试准则，因此皮肤过敏测试结果在大多数情况下可用，但对于呼吸和（或）口腔途径暴露过敏反应，由于缺乏国际公认的测试准则，且传闻证据可能存在，因此数据差距通常发生，且无法通过简单的方式解决。

有时，由于缺乏更适合的研究，定量风险评估使用的POD值须根据较低置信的一项研究中推导出。在这些情况下，数据库中的不确定性因子，可以在推导AEL中用于处理低置信研究使用。在逐案基础上，不确定性因子应用的正当理由应被提供，以解决数据库的不足。对于数据库中不确定性因子的进一步讨论，读者可参考第3章中的论述。

6.6 风险群体（免疫系统发展、老年、免疫功能低下人群）

此标题下的许多相关信息，已在种内不确定性因子的讨论中总结（参见6.5.2节），在这里不再重复。

关于皮肤致敏，一些研究说明了包括亚群的重要性，如那些易受感染、患有多重过敏反应的群体（Friedmann and Moss, 1985; Moss et al., 1985; Felter et al., 2002）。但是，诱导和诱发阈值方面的差异似乎要远低于1个数量级。

类似于皮肤过敏，已存在的呼吸道过敏（如过敏性哮喘）似乎对额外呼吸致敏剂导致的呼吸道过敏风险产生有限的影响力。Mapp等（2005）在他们的综述中写道，遗传性过敏症（皮肤对常见吸入剂的反应）是使工人暴露于超高分子质量剂的诱发因素，但它无法准确预测职业性哮喘的致敏和发展。遗传性过敏症不是低分子质量剂，如西部红雪松或二异氰酸酯诱发哮喘的一个危险因素。对于暴露于超高分子质量工作有关的过敏原，具有新职业性致敏危险的受试者与不具有职业性致敏危险的受试者相比，发展常见气源性致敏原的致敏风险更大。然而，去除或减少对于高分子质量和低分子质量引起职业性哮喘制剂的暴露后，没有发展IgE介导常见过敏原过敏反应的受试者表明遗传性过敏症症状不会发展，即使被诊断为职业性哮喘数年后。

没有令人信服的证据表明老年人更易被诱导和诱发，发生皮肤、呼吸道或全身过敏反应（Bakos et al., 2006）。一般来说，如上所述，没有迹象表明，孩子更容易被感染，发生过敏反应。然而，难以评估这一点，因为被感染，过敏反应往往持续终生。因此，在童年时皮肤和呼吸道过敏的发病率较高并不一定表明童年具有较高的易感性。有关如果在成年之前不暴露，是否易感个体发生致敏反应的可能性较小的问题不能根据现有数据回答。目前，不对年龄相关的不确定性因子进行调整被认为是必要的。

6.7 可接受暴露水平推导

总 SAF 是上文第 6.5 节中定义的不确定性和其他因素的组合，通过种间、种内、矩阵与使用和时间因子相乘方法计算。如上所讨论的，这种方法目前被认为适用于皮肤和呼吸道过敏反应。通过使用总 SAF 除以定义用于风险评估 POD 值的暴露水平将得出每天暴露剂量或 AEL，这里得出的每天暴露剂量被认为是不太可能会引导致敏作用或诱发过敏反应的剂量。AEL 也被称为"可接受的非致敏剂量/浓度"或"可接受的非诱发剂量/浓度"。

已被应用到敏化洗涤剂酶的另一种方法是使用实验测试获得的相对功效数据，推导出清楚定性的参考变应原相对安全水平。诱导效力信息，包括洗涤剂酶阈值，可能在豚鼠和小鼠实验中确定（Kawabata et al.，1996；Sarlo et al.，1997；Robinson et al.，1998）。枯草杆菌蛋白酶（商品名：碱性蛋白酶）被选为参考过敏原，因为美国政府和工业卫生会议根据人类历史数据，制定工作场所中 60 ng 枯草杆菌蛋白酶 A 每立方米蛋白质阈限值。新酶的剂量-反应关系与枯草杆菌蛋白酶相比较，并用于确定枯草杆菌蛋白酶和新型酶效价因子之间的差异。对于效力不太强且相当的酶，用于枯草杆菌蛋白酶的职业性暴露指南，可用于这些新型酶，具有安全性。对于更强效的酶，根据通过比较两个剂量-反应曲线推导出的效价因子，职业性暴露指南不是很适用。工人暴露于致敏反应水平的新型酶通过每年或每半年的标准贯入试验（SPT）监测新过敏反应，其结果与枯草杆菌蛋白酶暴露结果相似，即每年新致敏反应不超过 0%～3%，未观察到枯草杆菌蛋白酶引发的过敏症状（Sarlo et al.，1997）。

6.8 暴露评估

暴露评估包括定性和定量描述特定持续时间个体与化学品的接触（IPCS，2009）。所谓的暴露发生，必须有个体出现，其与纯化学品或含有化学品的介质接触。暴露通常会导致化学物质进入人体，吸收一定剂量化学物质。暴露通过强度（浓度）、接触频率和持续时间进行表述（USEPA，1992）。

暴露测量实验、使用计算模型模式化暴露与描述暴露的一般方法已在别处审阅（USEPA，1992；IPCS，2006b，2009；ECHA，2010a，b）。对总暴露的更多信息可参见 USEPA（2001）相关文件。总结暴露评估复杂性和各种方法，甚至提供在致敏风险评估的背景下如何进行和记录暴露评估的详细指导，超出本指导文件的范围。在描述暴露于敏化化学品的特征时，相关途径（皮肤、吸入或全身性的，或这些途径的组合）、一般使用、暴露背景（例如，单一的、间歇性的、每日、连续性的）、规管架构（例如，工作场所、化妆品、家用产品、杀菌剂、艺术家油漆、医药产品）及暴露（子）群体将影响用于生成数控暴露描述与记录格式的实验和计算工具选择。

柠檬醛案例研究（参见案例研究 4）提供的是关于主要根据国际香料协会（IFRA）/芳香原料研究所（RIFM）所提供的致敏性香调成分评估方法进行化妆品和家居产品的简短暴露评估。可溶性铂盐案例研究（参见案例研究 3）简要讨论了一组呼吸道致敏剂的职业性吸入暴露。

正如上面 6.3 节所讨论，描述皮肤致敏物质暴露最适当的剂量度量是单位面积皮肤接触的每日物质剂量 [$\mu g/(cm^2 \cdot$ 天)]。这代表总暴露量，定义为从不同来源，化学物质暴露于一个皮肤部位超过 1 天的总面积剂量（Cowan-Ellsberry and Robinson, 2009）。应该指出的是，尽管总计在较短的时间内从不同来源/接触产品的总暴露是必需的，但由于目前没有数据定义足够长时间段的暴露，因此计算总面积剂量是一个务实的做法。然而，这种不确定性通过应用使用和时间因子得到解决。

暴露于呼吸道过敏性物质可描述为 TWA 浓度（mg/m^3 每天或 8 h 轮班）；然而，有时暴露峰值浓度或总暴露值也可能是有用的暴露度量标准。虽然用于确定全身过敏反应剂量-反应关系的方法有一些不确定性，目前据报道，如果没有更好替代性的更多信息可用，根据体重计算暴露相关剂量不可行。

在暴露评估中应用的确定性方法，使用点预估值，如最大（或平均）使用浓度和最大（平均）暴露剂量。因此，其结果反映了"高暴露终点"，"最大暴露终点"或"最坏暴露情况"（或使用平均值时，反映"集中趋势"）。与确定性方法相比，概率方法使用全方位的数据，产生输出值分布。根据不同的方法和可用性，全部或至少几个输入参数分别给出作为概率分布。使用输入参数，通过专门的电脑软件计算相关暴露概率分布。据报道，基于暴露群体的分布通常计算得出 50%、90% 与 99% 的概率分布。虽然到目前为止没有已经公布的致敏化学品概率暴露评估，概率方法已成功地用于食品过敏原，如花生蛋白（Crevel et al., 2007, 2008; Spanjersberg et al., 2007; Kruizinga et al., 2008）。

6.9 风险特征描述

风险特征描述是将危害识别、剂量-反应评估与暴露评估相关信息整合成一个连贯的描述。根据 IPCS（1999a），有以下认识。

> 风险特征描述的目的是提供暴露水平和健康风险综合性预估；同时总结科学数据中不确定性来源 [（关于危害特征描述和暴露特性），表明风险评估结论的置信度，提出什么样的额外数据有必要提供以便加强风险评估]，并提供风险管理决策的主要依据（例如在工作场所个人防护措施）。风险评估的结果 [作为（风险）概述表征总结] 是不构成重大健康威胁与呈现显著风险相关化学品暴露识别的基础。此外，根据数据允许的范围内，风险特征描述表明暴露的不同风险（描述了暴露人数，是否暴露水平引起公共卫生关注，识别易感亚群体），以帮助风险经理评估选择范围。同时风险特征描述协助风险管理官员和决策者在分配稀缺资源和资金时解析重要不确定性，并减少风险。

然后，可以相应确定现实生活中暴露情况下诱导致敏或过敏诱发的评估。为此，风险评估POD值（无论是诱导或诱发），表示为面积剂量，通过被总SAF相除得出一个AEL。低于AEL的预估/确定的暴露水平，表示为面积剂量，被认为分别不会对非致敏受试体产生过敏反应，也不会使已致敏受试体诱发过敏症状（参见6.7节）。

对于化学品诱导和诱发皮肤过敏和呼吸道过敏，如果可以提供适当的危险特性和曝光数据，目前定量风险表征描述似乎具有可行性。皮肤敏化剂通常为这种情况。另外，在全身性过敏反应的大多数情况下，只能进行定性（或半定量）风险特征描述。然后，可描述导致或引发全身过敏风险和（或）全身过敏诱发化学品使用和暴露相关信息。

作为确定性风险评估方法的替代方法，概率风险特征方法已被提出用于食物过敏反应，并已成功地在某些情况下应用（Spanjersberg et al.，2007；Kruizinga et al.，2008；Madsen et al.，2009）。该模型预测食品产品中致敏成分意外存在，可能导致过敏反应的数量。在敏化亚群中最低诱发剂量统计分布中包括这种计算因子，还包括过敏群体比例与确定过敏成分摄入量变量的统计分布数据（食品中的存在量和浓度、过敏个体消耗食物与每次食用消耗食物量）。

概率风险评估方法也可能被应用于预测一般人群中皮肤过敏或过敏性呼吸道反应的可能性，并在未来可能构成进行风险表征描述的有趣工具。

正如上面所提到的，风险特征描述负责告知风险管理决策。暴露与推导AEL比较是用于告知是否评估的暴露场景有可能引发免疫反应危险。然而，应当指出，这并没有构成一个关于暴露情况本身是否可接受或不可接受的结论，即，即使风险不能被排除，并不意味着化学品的使用须被通过监管措施限制或禁止。尤其是诱发，因为风险仅发生于已经被致敏个体的子群，而不是一般群体。因此避免已受感染个体与化学品接触通常是避免风险更有用的方法。例如，这可以通过在工作场所避免与化学品接触，或将食品、化妆品等产品贴上足够的产品标签，实现。对于后者，诱发风险评估可能有助于定义产品标签上诱发基础的临界浓度。

风险评估例子，包括风险特征描述，在卤化铂盐案例研究（参见案例研究3）与在该指导文件结束给出的香味成分柠檬醛（参见案例研究4）中已给出。

7. 自身免疫和自身免疫性疾病评估

7.1 简介

自身免疫和自身免疫性疾病产生自体分子免疫应答。免疫效应物和涉及自身免疫反应的机制与对外来抗原应答相同，包括先天和适应性免疫系统的活化，炎症介质的产生，T淋巴细胞活化，或自体抗原特异性抗体的生成。因此，包含诱导抑制免疫反应［如汞（Ⅱ）氯化物］或超敏性（如抗生素）的化学物质也可能对自身免疫有影响。在许多情况下，引发免疫自体反应的事件是未知的，但是，内在因素（例如，特定基因多态性、与性相关激素、年龄）和外在因素（如生活方式、暴露于某些药物、化学品及传染性病原体）已被证明与自体免疫疾病的诱导、发展或加重相关。

7.2 危害识别

通过流行病学和实验室研究，大量化学品和治疗药剂已被确定是触发自身免疫表达的潜在因素，并已证明它们能够诱导发病，调节自身免疫性疾病的严重程度（表7.1）（IPCS，2006a；Rose and Mackay，2006）。然而，重要的是，要注意在没有特定化学品暴露的情况下自发的自身免疫性疾病可能会发生，自身免疫性疾病最主要的相关发病诱因是特定的基因遗传。调节自身免疫（如与其他免疫功能的改变）潜在性危害评估将通过使用分层方法及利用多种方法最出色地完成。职业流行病学研究通常为识别人类群体中免疫系统化学物质诱导调制提供最好的机会，因为暴露水平往往要高于在工作场所以外发现的那些值。与工作有关的化合物暴露，如结晶二氧化硅、重金属和溶剂将会引发一些全身性自身免疫性疾病。暴露于高剂量含矿物粉尘氧化硅的个体已被证实患一些全身性自身免疫性疾病的风险显著升高，包括类风湿性关节炎、硬皮病抗嗜中性粒细胞细胞质抗体相关血管炎、系统性红斑狼疮。暴露于二氧化硅工人中，暴露于烟草烟雾和铁颗粒的群体，疾病发病率和严重程度被提升，因此值得强调的是，非常有必要识别潜在危险性混合暴露，以便准确评估疾病发展的风险。

表7.1 环境暴露和治疗相关自身免疫[a]

自身免疫综合征	复合物
溶血性贫血	氯丙嗪
	α-甲基多巴
	青霉素
	磺胺类药物

续表

自身免疫综合征	复合物
肝炎	乙醇
	氟烷
	IFN-α
	降脂药
肌炎	雌激素
	L-色氨酸
	紫外线辐射
类风湿性关节炎	IFN-γ
	有机氯农药
	PCB
	奎尼丁
	二氧化硅
	四环素类药物
	烟草烟雾
硬皮病/系统性硬化症	苯妥英
	白介素-2
	硅胶
	西班牙毒油
	三氯乙烯
	色氨酸
	氯乙烯
系统性红斑狼疮或狼疮样综合征	芳香胺
	氯丙嗪
	甲醛
	肼苯哒嗪
	IFN-γ
	异烟酰肼
	普鲁卡因胺
	二氧化硅
	三氯乙烯
血小板减少症	IFN-α
	碘
	奎尼丁
	利福平
甲状腺炎	碘
	锂
	PCB、PBB
脉管炎	别嘌醇
	二氧化硅
	四环素类药物

注：PBB，多溴联苯。

a 根据 Miller（2006）改编。此表不是用于全面审查，仅旨在提供自身免疫有关化合物类型的说明性实例。

氯乙烯与硬皮病样疾病的发展相关，特征包括皮肤增厚，雷诺现象，指端、肢端骨质溶解（由于骨再吸收，末端手指趾骨缩短）和肺损害。氯乙烯和自身免疫之间的联系激发了研究全身性自身免疫性疾病与其他溶剂（如三氯乙烯、三氯乙烷和二甲苯），以及主要是职业环境之间关联的研究。一些研究报告显示系统性硬化症的风险增加，但所有全身性自身免疫性疾病的风险是否增加未得到证实（综述性文章参见 IPCS，2006a）。

7.3 危害特征描述

对于基本了解用于评估动物模型中自身免疫诱导或加重的典型方法是必要的，以评估给定化学物质危险特性描述研究的数据库，作为风险评估的第一步。有关自身免疫特征描述使用终点和方法的详细论述参见 EHC 236：《评估化学品暴露相关自身免疫的原则和方法》（IPCS，2006a）。对于大多数化学品的数据集包含一个或两个以上动物模型中的自身免疫性疾病相关数据。风险评估人员在将免疫系统设为研究对象时，应参考第3章指南进行风险评估，同时参考 EHC 236 中包含被讨论化学物质数据集终点的分析描述（IPCS，2006a），以获得具体环境、注意事项和信息，协助进行风险评估自身免疫数据的解释。

7.4 临床和流行病学数据

具体而言，自身免疫失调可以影响体内的任何部位，表现出一系列疾病，从特定组织，包括抗体和 T 淋巴细胞对特定组织局部自体抗原反应，到全身性反应，其特征是对特定抗原或各种组织中存在抗原产生反应。最近预估表明，一般人群中 3%～5% 患有自身免疫性疾病，且有流行病学证据表明，某些自身免疫性疾病的患病率在工业化国家有所增长（综述性文章参见 IPCS，2006a；Cooper et al.，2009）。此外，有证据表明，在一些常见的健康问题，如动脉粥样硬化、炎症性肠疾病、男性和女性不孕方面，自体免疫构成一定的影响因素。与男性相比，妇女自身免疫性疾病有显著更高的风险，观察到最常见的自身免疫性疾病（甲状腺炎、硬皮病、系统性红斑狼疮、类风湿性关节炎、多发性硬化症）女性发病率最高。然而，对于一些自身免疫性疾病，如强直性脊柱炎和成人发病型糖尿病，男性发病风险较高。

生活方式因素，如饮食、吸烟、药物治疗和消遣性吸毒、某些细菌和病毒感染，以及暴露于紫外线辐射和环保化学品都会引发自身免疫性疾病的发病机制（Heindel et al.，1999；IPCS，2006a）。烟草使用显示出环境因素与自身免疫疾病方面之间潜在相互作用的复杂性。吸烟已被证实是导致弥漫性甲状腺功能亢进症和 Graves 眼病变发展和预后的一个危险因素（Vestergaard，2002）。然而，一些研究已经表明，烟草的使用减少甲状腺过氧化物酶抗体患病率，升高甲状腺激素水平，这表明，吸烟者可以防止某些自身免疫性甲状腺疾病，如桥本氏甲状腺炎（Vestergaard et al.，2002；Belin et al.，2004）。同样，反向结合也观察到烟草使用和溃疡性结肠炎风险之间的联系（Loftus，

2004），而一些研究表明吸烟者患克罗恩病的风险增加。有人曾提出，至少对于自身免疫性甲状腺疾病，遗传易感（或不健康）个体使用烟草可能歪斜免疫应答，在一定程度上确定会引发不同类型疾病（Krassas and Wiersinga，2006）。由于大量暴露于烃，如汽车尾气、溶剂和汽油，烟气也引发肺出血肾炎疾病（Bombassei and Kaplan，1992）。

对于某些疾病，如细菌或病毒感染和自身免疫因素之间的因果关系已经相当完善。许多微生物制剂肽片与宿主蛋白质是同源，这些抗原免疫应答的诱导可导致自身抗原与自身免疫诱导交叉反应性。这种"分子模拟"的最好例子是β-溶血性链球菌细菌上的膜蛋白，其具有高程度同源性与心肌肌球蛋白。针对细菌的抗体也与心肌交叉反应，诱导风湿热。小肠结肠炎耶尔森菌（是一种通常与食物中毒暴发相关的细菌）肠炎抗体与多种甲状腺抗原反应，Graves病或自身免疫性甲状腺炎患者已被证明耶尔森氏菌抗体水平升高。

7.5 实验动物数据

自体免疫动物模型已被用于探索多种自身免疫性疾病的分子机制和治疗性干预（Germolec，2005）。然而，目前没有有效的模型可用于评估或识别诱导或加重自身免疫性疾病的化学物质。腘窝淋巴结试验（PLNA），用于测量淋巴结中暴露于化学物质组织的非特异性刺激和增殖，已被证明是筛选免疫刺激化合物的有用工具（Pieters et al.，2002）。有遗传倾向发展自身免疫性疾病的啮齿动物，如狼疮倾向的MRL小鼠和非肥胖型糖尿病（NOD）小鼠，胰岛素依赖型糖尿病模型，已被用于解释患病过程中特定遗传位点的作用，可以用作评估是否化学物质有可能改变遗传易感个体疾病严重程度的工具，在一些遗传倾向的模型中，自身免疫是通过暴露于化学物质或生物制剂诱导产生的。其他动物模型利用纯化自身抗原免疫接种，通常在佐剂存在情况下引起自身免疫应答。

7.6 效应的可逆/不可逆性

在一般情况下，自身免疫性疾病的生物学机制阻止了逆转疾病进程的能力。一旦大量自体反应开始，识别天然抗原或新抗原的自适应免疫细胞留存与慢性炎症产生将持续引发疾病。唯一的例外可能是通过天然蛋白半抗原诱导自身免疫反应的化合物。在某些情况下，如出现药物诱导贫血症，停止化学物质暴露将不会出现病症。

7.7 生物合理性

7.7.1 自身免疫性疾病风险评估证据权重方法

流行病学研究、动物模型与评估自身免疫最合适的评估方法和终点是减少暴露于化学物质后，人类自身免疫风险测定不确定性的关键因素。一些一般性（如白细胞计数或细胞活素水平变化）或特定性（增加自身抗体水平）免疫影响表明发展自身免疫性疾病的风险增加，因此将"触发"风险评估过程。这些影响综合性列表参见第 3 章表 3.1。在描述具有调节免疫系统与促进自体反应性效力的化学物质危险特性时，可通过使用证据权重方法实现，评估该化学物质现有的流行病学和动物实验数据。

某种化学物质对自身免疫危险鉴定应基于现有的人类和实验室动物试验数据，使用证据权重方法得出相应结论。风险评估人员应考虑效果相关的整个数据库，包括支持自身免疫诱导或加重的数据，以及不支持化学物质相关自身免疫的数据。数据通常在相同或类似检测，以及多个物种免疫系统不同测量中被进行评估。对于每一次试验，在缺乏明显普遍毒性时，化学物质暴露剂量-反应关系是证明自身免疫的必要标准。

权重证据结论通过一致性（特别是跨物种、性别或相关终点），生物合理性与生物免疫毒性证据广度（影响范围）加强。特定实验或跨物种、品系或性别免疫毒性类型缺乏一致性并不一定代表数据相互矛盾，往往代表品种、品系或性别之间差异。相互矛盾的数据应通过个体研究的优势和劣势（例如，样本大小和暴露时间），以及给定化学物质免疫毒性数据库其余部分的背景进行评估。用于解释品种、品系或性别之间差异的补充信息可通过考虑毒代动力学数据（可用时）或激素活性化学物质产生性别差异的可能性（如内分泌干扰物）获得。如其他非癌症终点，权重证据法评估应提出数据库专家判断，以根据以下关键因素确定给定化合物潜在的自身免疫（Hill，1965；IPCS，1999a；Weed，2005）；关键因素包括实验证据、剂量-反应关系、联系一致性、联系优势、时序关联、生物合理性、特异性、一致性和类似性。

用来组织免疫抑制数据的一系列类似问题（参见第 4 章）可应用于自身免疫性疾病证据，以帮助制定质量证据结论。用于评估现有数据的问题被安排从最多、最能预测数据（人体数据）至最少、最难预测（免疫器官质量）数据。针对于主要类型免疫毒性数据，以下列出不同实验相对强度和可预见性的简要说明。概述过程参见图 7.1。风险评估人员应参考下面有关识别关键特定类型数据优势和劣势，效果水平推导用数据效用应重点考虑因素的详细论述。某种化学物质自身免疫危险质量证据结论的制定应考虑以下五个问题。

1) 人类实验数据：是否存在流行病学研究、临床研究或个案研究，提供化学物质诱导自身免疫（即所有或特定自身免疫性疾病发病率增加，自身免疫免疫指标参数变化，自身抗体水平提高，调节性 T 细胞功能降低，免疫系统非特异性刺激迹象，炎症标志物水平增加）相关终点的人类实验数据？
   - 对照临床研究，相关疾病诊断标准定量评估与记录的暴露水平为推导自身免疫作用水平提供了最强的数据和明确证据。然而，人类实验数据更能精确证明暴露引发的免疫系统反应或疾病评估。
2) 疾病发病率或进展（动物实验数据）调制：是否有证据表明该化学品会导致自身免疫性疾病动物模型疾病发病率变化或进展？
   - 遗传易感自身免疫动物模型疾病发病率或进展调制将被视为自身免疫明确的证据和推导作用水平的相应数据。生物相关免疫功能调制，如局部应用相关化学物质（如 PLNA）淋巴结反应，会增加数据的效力，支持 MOA。遗传易感自身

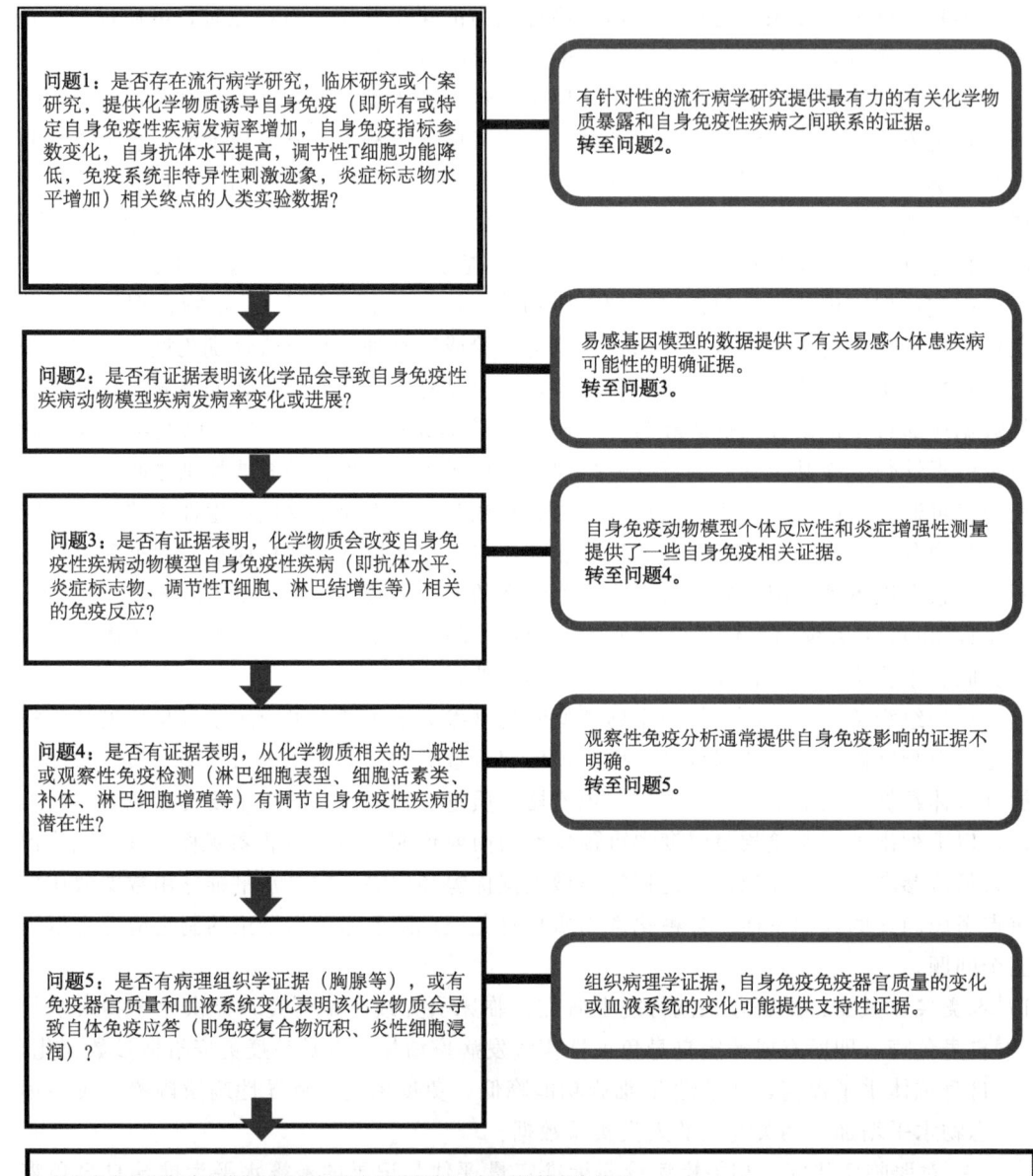

图 7.1 组织化学物质诱导自身免疫评估证据权重方法所有可用数据示意图

图概要介绍了分级分类数据,从最多、最能预测数据至最少、最难预测数据,参见第 7.7.1 节中描述,未使用决策树。注意:如果有终点相关免疫毒性数据,而不是自身免疫相关数据,在适当的章节评估这些数据,包括免疫毒性权重证据评估免疫动物模型疾病调制与免疫毒性附加证据（如炎性细胞群变化、细胞活素类、组织学改变、免疫器官质量）会增加数据效力，支持生物合理。调制多物种或多种自身免疫性疾病动物模型疾病发病率或进展与端点之间的一致性将增加对自身免疫影响明显证据的支持。

3) **免疫功能（动物实验数据）**：是否有证据表明，化学物质会改变自身免疫性疾病动物模型自身免疫性疾病（即抗体水平、炎症标志物、调节性 T 细胞、淋巴结增生等）相关的免疫反应？

- 淋巴结细胞增殖实验（如 PLNA）结果为阳性，将被视为自身免疫潜在影响的一些证据，并在有化学物质影响自身免疫附加证据支持时，为推导影响水平提供相应的数据。
- 非自身免疫性疾病易发品系小鼠自身抗体水平增加或自身免疫有关免疫反应变化将被认为是化学物质有调节自身免疫性疾病潜在性的一些证据，并在有化学物质影响自身免疫附加证据支持时，为推导影响水平提供相应的数据。例如，当在多个啮齿动物或多个物种中观察到自身免疫影响时，在推导影响水平时使用终点作为更大的支持。自身抗体水平调制或淋巴结细胞增殖实验结合其他炎症证据（如免疫表型、细胞活素类、组织学改变、免疫器官质量）增加影响自身免疫证据分量。
- 自身免疫测定调制结合其他支持 MOA 或生物合理机制的免疫系统失调证据增加自身免疫相关影响证据的权重。

4) **一般免疫试验（实验动物数据）**：是否有证据表明，从化学物质相关的一般性或观察性免疫检测（淋巴细胞表型、细胞活素类、补体、淋巴细胞增殖等）有调节自身免疫性疾病的潜在性？

- 淋巴细胞表型，细胞因子和其他检测可能添加 MOA 信息，为自身免疫影响提出生物合理化建议。
- 免疫细胞群体中预测值变化和表明炎症的可溶性介体浓度改变是公认的，然而，与自身免疫性疾病的联系不太清楚，因此，这些数据通常不用于推导自身免疫影响水平。

5) **组织病理学和血液学（实验动物数据）**：是否有病理组织学证据（胸腺等），或有免疫器官质量和血液系统变化表明该化学物质会导致自体免疫应答（即免疫复合物沉积、炎性细胞浸润）？

- 从特定靶器官获得的描述性病理组织学证据可以表明自体反应性，支持自身免疫性疾病化学物质诱导调制的概念，但不应被用于推导自身免疫影响水平。
- 有限的组织病理学证据不可靠。
- 血液学可显示炎症状况。

风险评估人员应根据所有 5 个问题的答案制定自身免疫危险源辨识证据分量。自身免疫证据质量结论也应描述数据库一致性和生物合理性，包括优势、劣势、不确定性和数据差距方面的信息。负数据与小型数据库提供的信息不可靠。正如一系列检测正数据增强免疫毒性证据分量，一系列预测分析测试提供的负数据，如免疫功能数据，增强支持缺乏免疫毒性的置信度。免疫数据库的强度将确定是否需要额外证据确定免疫毒性。如果监管法规允许，不完整或可疑的数据集与高剂量或高风险暴露将触发更多的数据请求。

当自身免疫诱导或加重通过特定化学物质的证据权重表明，这些结论将被提出进行剂量-反应评估。过程开始于选择最合适的终点或关键性影响，以及制定自身免疫POD值。然后通过使用总不确定性因子除以POD值计算出健康指导值或参考值（参见3.3.7节和4.9节有关剂量-反应评估和推导参考值详细讨论）。人类暴露数据（如职业性暴露研究和病例报告）是推导临界效应的首选，因为与动物实验数据相比，根据人类实验数据确定一般群体免疫毒性相对危险性需要较少的假设。因此，当人类数据用于推导临界效应和POD值，更小的不确定性因子通常用于获得参考值。不过，所有可用的数据被认为可用于推导临界效应。即使给定化学物质存在人类实验数据，但一些情况下，如剂量水平信息不足，无低剂量影响信息或人类试验数据集缺少NOEL，定量风险评估可以根据动物实验数据进行。

两种主要类型剂量相关性变化数据提供了明确的自身免疫诱导或加重相关证据，适合用作描述化学物质相关自身免疫临界效应：①化学诱导自体免疫相关终点人类实验数据；②自身免疫性疾病动物模型疾病发病率或进展变化相关数据。当数据得到化学诱导或加重自身免疫附加证据时，从自体免疫疾病动物模型中获得的自体免疫相关的免疫测量数据也可用于推导影响水平。特别建议，风险评估人员咨询免疫毒理学和临床免疫学方面的专家，以帮助解释这些较少的预测分析生物合理性和逆境。在一般情况下，POD值从最合适的物种（或在缺乏信息确定最合适的物种时，使用最敏感的哺乳动物）的最敏感不良免疫终点获得。从一般免疫检测、血液学、病理组织学和免疫器官质量变化获取的数据可能表明潜在的免疫毒性，有助于支持生物学似真性和在更多预测数据（如自身免疫性疾病动物模型病程进展）观察到的自身免疫潜在MOA。观测终点，如表型、淋巴细胞增殖和可溶性介质（细胞因子或补充）改变浓度，一般不应该被用于推导自身免疫影响水平，因为它们不被认为是不良自身免疫的可靠预测。免疫器官质量和一般病理组织学变化可能表明潜在的免疫毒性，可被用于支持更多的预测数据，但是，这些数据不应该被用于推导自身免疫影响水平，因为单独考虑时，这些终点预测值低。

7.7.2 行动/机制模式

生活方式和环境因素可能通过结合自身蛋白或修改控制免疫和炎症反应的调节因子，诱发基因突变，改变自身抗原识别，创建新型抗原。具有高亲和力识别自身抗原的淋巴细胞，在骨髓（B淋巴细胞）和胸腺（T淋巴细胞）中进行负选择，通过细胞凋亡被淘汰。然而，自体反应性B淋巴细胞和T淋巴细胞构成免疫细胞池的正常组成部分，天然自身抗体在"正常，健康"个体血清中观察到。这些细胞的存在表示大多数个体自身免疫性疾病处于低等级风险，因为自身抗原识别发生具有低的亲和力，并且可由外周耐受性与通过各种细胞类型和可溶性介质监管互动限制抗原特异性活性的胸腺后控制机制控制。抗原呈递细胞有两个信号要求，包括淋巴细胞增殖抗原特异性信号和非特异性信号，是监管检查的一个很好例子。在缺乏协同刺激信号情况下，自身反应性细胞呈现无响应（无反应性）。然而，在某些情况下，这些自身反应性细胞可以识别克服无反应性情况下的自身抗原，使抗原出现免疫原性。其中一个例子是感染或化学性炎症之后出现的细胞因子介导多克隆活化。微生物病原体非特异性地刺激先天免疫系统，诱导可溶性介质及维持免疫应答重要的协同刺激分子产生，在这些情况下，炎症的刺激或微生物蛋白可作为佐剂，耐受性可被损坏。接种疫苗和自身免疫之间的关联假设是一个类似的机制，其中在佐剂存在的情况下与抗原免疫接种，可能会破坏耐受性，促进自身蛋白质的反应性。也有人建议，六氯代苯作为佐剂，直接激活巨噬细胞等炎症细胞，并产生刺激 T 淋巴细胞多克隆炎症性信号（Ezendam et al., 2005）（详细信息参见后文案例分析 2）。

活化后，有益免疫应答的调节通过一些平衡免疫系统激活积极和消极方面的抑制路径介导。修改这些调控途径的内在缺陷或化学制剂可能会引发恢复正常免疫稳态失败，促成自身免疫性疾病的发病机制。导致不适当细胞死亡或存活凋亡通路或凋亡细胞间隙干扰的变化被建议作为一些自身免疫性疾病，包括类风湿性关节炎、系统性红斑狼疮、桥本甲状腺炎的潜在发病机制。很容易看到，这些类型的变化可能会导致自身永久性存在的病理。颗粒材料的吞噬作用，如二氧化硅通过肺泡巨噬细胞导致脂质过氧化作用，增加促炎性细胞因子的产生与活性氧类和蛋白水解酶的分泌，最终导致细胞死亡。二氧化硅通过濒死细胞释放时，可能会被其他巨噬细胞再次吸收，造成炎症和坏死性细胞死亡的循环过程。通过改变细胞因子产生和（或）细胞表面分子缺失或突变引发的调节性NK T 细胞或 T 细胞活性功能紊乱已在一些自身免疫性疾病中有描述。DNA 甲基化在一些炎症介质的表达和调控方面起着重要的作用。有越来越多的文献表明，变异 DNA 甲基化模式引发的表观遗传变异能够改变免疫功能，引发自身免疫性疾病，如系统性红斑狼疮的发展（Strickland and Richardson, 2008）。器官特异性自身免疫病的典型特征是细胞介导应答直接受自体反应性 CD8＋（细胞毒性）T 细胞影响，或间接受 CD4＋T 细胞和巨噬细胞活化的前炎性细胞活素和其他可溶性介质释放影响。相比之下，全身性自身免疫性疾病通常具有特异性自身抗体，可通过激活补体，阻塞或刺激细胞表面受体或聚集免疫复合物，激活非特异性炎症反应，引起损伤。有人曾建议，金属如汞通过创造 MHC 分子新高亲和力结合位点诱发自身免疫性疾病（详细信息参见下文案例研究5）。药物，如青霉素和氟烷，被指出诱导反应，在反应中，抗原特异性 T 细胞帮助抗体产生 B 细胞，识别化学改性的蛋白质，不包括自体蛋白质的天然形式。

氧化性损伤已被认为是一些自身免疫性疾病的发病机制。自由基引起的损伤、脂质过氧化及改性蛋白质和 DNA 氧化自身抗体已经在系统性红斑狼疮、类风湿关节炎、Ⅰ型糖尿病和自身免疫性肝炎患者体内观察到。氧化改性蛋白质可能作为新抗原，促使耐受性损坏。自由基生成和脂质过氧化作用诱导被认为是氟烷诱导肝炎和三氯乙烯诱导自身免疫性疾病的发病机制。麻醉剂氟烷通过两个主要细胞色素 P450（CYP）依赖途径代谢，这两个主要 CYP 依赖途径都会引发氟烷诱导肝损伤。在正常氧浓度情况下，氟烷氧化代谢三氟乙酰氯，可能共价改性肝脏蛋白质，如 CYP2E1，导致免疫介导肝损伤。与此相反，在缺氧条件下，氟烷通过还原途径代谢，产生 1，1，1-三氟醚-2-氯乙基自由基,然后与细胞蛋白质和脂质反应,导致免疫介导肝细胞毒性(综述性文章参见 Masubuchi and Horie,2007)。

正如在第 3 章的详细讨论(第 3.3.6 节和第 3.3.7 节),当有数据可用于根据实验动物研究制定 MOA,MOA 可通过使用证据权重方法进行评估,建立人类相关性(Boobis et al.,2008)。在分析危险数据库特性过程中,自身免疫动物模型评估证据权重法可用于确定人类相关性,因此可以说明人体暴露于化学品后自体免疫发展的潜在性。

7.8 生活阶段考虑事项和风险群体

已证明一些环境化学物质(如二噁英、汞、铅)等相同毒物可能会扰乱不同的免疫过程,取决于具体的暴露时间和靶器官剂量(Dietert,2009a)。关于具体的暴露时间,实验动物研究和人类流行病学有证据表明单一毒物可能促发不同的免疫相关疾病,取决于所用具体的暴露窗口(Holladay,1999;Dietert and Piepenbrink,2006b)。当我们更好地了解免疫失调后果时,有越来越多的怀疑生命早期暴露可能导致在晚年增加自身免疫性疾病的风险。关于怀孕期间接受 DES 防止早产或流产妇女所生孩子的一些健康问题已经被关注。作为大型涉及多个中心关于审查 DES-暴露和未暴露同年龄群体癌症和其他疾病发病率的流行病学研究后续部分,Noller 等(1988)调查了 1711 名暴露妇女和 922 名对照组自身免疫性疾病患病率自陈报告。与对照组相比,暴露女性自身免疫性疾病整体发病率显著升高(28.6‰相对于 16.3‰,$P=0.02$)。同期种群报道的 14 名自身免疫性疾病中,仅有桥本甲状腺炎在暴露妇女中有较高的患病率(Noller et al.,1988)。一些附加的研究表明,接受 DES 治疗妇女的后代表现出多种免疫系统扰动,包括增强 T 细胞增殖和 NK 细胞活性升高,能够导致免疫失调(Ford et al.,1983;Ways et al.,1987;Burke et al.,2001)及自身免疫性疾病风险升高。

多发性硬化症是一种自身免疫性疾病,其特征在于,髓鞘碱性蛋白自反应性,小胶质细胞不适当活化,神经系统 T 细胞介导淋巴细胞性浸润,以及髓鞘破坏。虽然常见在青壮年中诊断出疾病,但现在越来越多儿童和青少年被诊断出疾病(Thomas and Banwell,2008)。与非双胞胎兄弟姐妹相比,异卵双胞胎患多发性硬化症危险度超高,发病率母体效应证据表明,妊娠或生命早期暴露可能诱发易感性(Ebers,2008)。虽然目前我们不了解什么环境因素可能会导致疾病过程,但暴露于外源性化学物质将诱导不当髓单核细胞活化,自体反应性细胞不当调节或 Th 功能改变,增加多发性硬化症风险(Dietert,2008)。

一些研究者针对自交系和自身免疫性疾病多发小鼠品系产前或围产期暴露后的免疫影响进行了调查(综述性文章参见 Holladay,1999)。原型免疫毒性二噁英已被证明能诱导胸腺萎缩,改变胸腺细胞成熟和 MHC 分子表达,增加胸腺外自体反应性 T 细胞(Holladay et al.,1991;Blaylock et al.,1992;Silverstone et al.,1994),这表明该化合物可以促发自身免疫性。据报道,在子宫内暴露于二噁英改变自身免疫性肾小球肾炎小鼠发病时间(Silverstone et al.,1998;Smith and Germolec,2000)。在 C57BL/6 小鼠中，有遗传因素发展自身免疫性疾病的小鼠妊娠期暴露于二噁英会改变脾脏和胸腺 T 细胞群（Mustafa et al.，2008）。在肾小球增加免疫复合物和补体 C3 沉积，升高自身抗体滴度，表明这些小鼠可能处于自身免疫性危险之中（Mustafa et al.，2008；Holladay et al.，2011）。在 SNF1（SWR × NZB：F1）狼疮易感小鼠妊娠第 12 天通过给药途径暴露于单剂量二噁英，观察到类似结果。增加自身抗体产生和免疫复合物沉积表明产前暴露于二噁英可能加剧雌性 SNF1 自身免疫性肾炎，诱导雄性 SNF1 小鼠早期发病（Holladay et al.，2011）。如上所述，产前暴露于 DES 已证明伴随着人类免疫失调。在啮齿类实验动物中，DES 是一种强效免疫毒物，子宫内暴露导致性别特异性方式胸腺萎缩与细胞和体液介导免疫功能抑制（综述性文章参见 Luebke et al.，2006a）；但是，只有限的证据表明，这些免疫功能的改变可能会影响自身免疫性疾病易感小鼠暴露引发的疾病发展（Stoll and Gavalchin，2000）。

除了少数例外（如 I 型糖尿病和心肌炎），自身免疫性疾病在儿童和青少年中不常见，许多自身免疫性疾病诊断年龄通常是 40 岁以上（Jacobson et al.，1997）。由于免疫衰老与适应性免疫力下降有关，因此争论的矛盾点在于老龄化是否是增加自身抗体的产生频率、慢性炎症性疾病和自身免疫性疾病的因素（Hakim and Gress，2007）。研究表明不建议将免疫系统中年龄相关变化考虑为免疫应答普遍下降的因素，更合适的做法是查看免疫重塑和失调的过程（Huang et al.，2005）。虽然目前还不清楚调节性 T 细胞数量是否随着年龄的增长而降低，啮齿类动物和人类研究表明调节性 T 细胞功能活性减少，促使自身免疫性疾病发展（Tsaknaridis et al.，2003；Zhao et al.，2007）。B 细胞淋巴细胞增殖减少和初始 B 细胞缺乏竞争可能会导致自体反应性 B 细胞保留在淋巴滤泡中（Johnson and Cambier，2004）。此外，虽然在外围 B 细胞的数量基本保持不变，研究表明老年个体中免疫反应偏向于产生低亲和性自身抗体的长寿抗原刺激 B 细胞（Yung and Julius，2008）。中老年人一些 T 细胞群细胞因子产生改变，与促炎细胞因子水平升高可能导致 B 和 T 细胞免疫功能与非特异性免疫激活改变，耐受性损坏，产生自身免疫（Huang et al.，2005）。

7.9 剂量-反应关系和阈值

正如在第 3 章（3.3.7 节）所讨论，剂量-反应关系的测定和评估是确定许多诱导免疫系统毒性化合物潜在性的重要因素。然而，由于相同化学物质可能对免疫系统有不同的影响，取决于暴露水平和靶器官剂量，因此自身免疫面临一定问题。原型免疫毒物环磷酰胺提供了非典型剂量-反应关系的有趣例子。环磷酰胺通常在免疫毒理学研究中作为阳性对照。在使用累积剂量 100~200 mg/kg 体重时，通过细胞毒性 T 淋巴细胞和淋巴组织增生性反应，一些免疫参数被抑制，包括针对肿瘤细胞激发与细菌感染宿主抵抗力，抗原特异性抗体应答，肿瘤细胞杀死（Luster et al.，1993）。令人惊讶的是，某些免疫测定已证明低剂量环磷酰胺也引发自身免疫（Luster et al.，1993；Brode and Cooke，2008）。环磷酰胺暴露被证明能增加 NOD 小鼠 DTH 反应，增强抗肿瘤应答，并增加 I 型糖尿病进展（综述性文章参见 Brode and Cooke，2008）。引发这些增强免疫应答的两个作用机制包括 Th2/Th1 应答歪斜，和调控或阻抑细胞群体的去除或抑制。虽然免疫应答增强和自身耐受性损坏之间关系目前尚不清楚，有越来越多的证据表明，抑制调控性因子可增加自身免疫性疾病风险。

暴露于六氯苯、农药，与意外和职业性暴露引发的免疫影响相似，包括某些免疫指标抑制和其他刺激产生。在小鼠中，六氯苯已被证明是一种有效的免疫抑制剂，减少抗体应答，抵抗感染性疾病和肿瘤。相反，研究已经证明，对布朗挪威和其他遗传易感大鼠株研究表明，六氯苯暴露提高血清和抗原特异性免疫球蛋白的生产，刺激淋巴细胞增殖反应。对于流行病学其他信息，六氯苯诱导调制免疫系统病理学和机制，读者参考六氯苯案例研究乙和 IPCS（2006a）。

挪威棕鼠自身免疫性终点已被在美国氯化汞（Ⅱ）风险评估中用于作为当前口服 RfD（USEPA，1995）。虽然使用证据权重方法，且考虑多个研究，三个使用棕色挪威大鼠作为试验菌株的研究表明，汞诱导自身免疫性肾小球肾炎发展是汞暴露后不良影响最敏感终点，被用于设置建议性安全饮用水无机汞的暴露水平（无机汞浓度为 0.010 mg/L）（Druet et al.，1978；Bernaudin et al.，1981；Andres，1984）。肾小球基底膜 IgG 抗体的产生和沉积被认为是形成汞诱导自身免疫性疾病（HgIA）的第一步。由于布朗挪威鼠和敏感人类疾病过程之间的相似之处，合并的不确定性因子 10 用于解释实验室动物到人类推断及敏感人类群体（即个体内变异）（USEPA，1995b）。实际上，用于计算标准和健康咨询的不确定性因子减少了 10 倍，因为动物模型被认为是敏感人群汞诱导肾损害研究的一个很好替代品（USEPA，1995b）。

除了确定剂量-反应曲线的形状和自身免疫影响的有效剂量范围，因素，例如暴露（途径、时间和持续时间）和可能会影响与人体暴露场景比较的毒代动力学被作为剂量-反应评估一部分进行识别与讨论（参见第 3 章，第 3.3.7～3.3.9 节）。其他因素，如耐受性的发展，可能复杂化自身免疫剂量-反应关系评估。例如，低强度暴露一些能促发自身免疫性的制剂，如氯化汞（Ⅱ）和青霉胺，已被证明在某些啮齿类动物模型中诱导耐受性，随后暴露于高剂量的这些化合物，不诱导自体免疫病理。正如在第 3 章中所讨论的，剂量-反应数据的解释应确定剂量相关的不良影响，以及无不良影响的剂量，以确定最合适的终点或临界效应。

7.10 不确定性因子

读者应参考第 3 章（第 3.3.10 节）有关给定诱导免疫系统毒性化学物质风险表征描述不确定性因子应用一般性讨论。然而，由于对人口遗传变异性和观察到的某些表现出特异性自身免疫性疾病的基因型倾向，以及年龄和性别相关的特异易感性的独特关注，风险评估人员可能考虑额外的不确定性因子，以便推导 AEL。

7.10.1 遗传易感性

家庭聚集性和实验动物研究表明遗传学和大多数自身免疫性疾病之间的强烈关联。

同卵双胞胎之间的遗传一致率范围为 9%～40%，取决于疾病。虽然有证据表明，环境因素都可导致疾病病因，有限的一致性可通过免疫系统组库"非全同"特性解释，包括 T 细胞受体和免疫球蛋白基因重组，受体集合变化和体细胞突变。许多易感基因已在转基因动物模型中确定；这些单基因自身免疫性疾病的研究已经表明 Fas 介导的 T 细胞凋亡相关蛋白突变，胸腺阴性选择与调节性 T 细胞发育和活化的重要性。然而，涉及自身耐受性诱导和维持，调节免疫效应物功能及器官特定功能的任何产品基因编码可能与个体易感性相关。针对大多数的自身免疫性疾病，已被证明是多基因过程与多个易感基因位点协同工作。

最清楚的遗传关联是 MHC 基因内的特异等位基因（Rose and Mackay，2006）。功能多态性基因编码 FcγRⅡA，FcγRⅢA 和 FcγRⅢB 也被证明是确定发病机制和许多自身免疫性疾病过程的遗传因素。调节 T 细胞活化的免疫抑制受体，如 CTLA-4，基因编码调控区域的多态性也被证明是疾病易感性的重要因素。影响功能或调节性表达水平或炎症效应分子、纤维化或其他自身免疫性疾病发展涉及的病理过程的基因多态性也被观察。例子包括系统性硬化症（TGF-β1、TGF-β2、TGF-β3）、青少年特发性关节炎（IL-1α）、类风湿关节炎（IL-4）、系统性红斑狼疮（IL-10）、干燥综合征（IL-10）、青少年特发性炎性肌病（IL-1RA）、韦格纳肉芽肿（IL-10）。TNF 多态性已被证明是类风湿性关节炎和系统性红斑狼疮相关联的易感性因素。这些多态性可以直接参与疾病的发病机制中，TNF-α 被称为是一个强有力的炎症因子，能够成功干预治疗，长久改性免疫应答。最后，基因的多态性与非免疫参数，如药物代谢酶相关，可能会导致药物或化学诱导自身免疫易感性差异。这可能是通过使用替代的代谢途径，改变蛋白质加合物生成和共价改性抗原的结果。

导致原发性免疫缺陷的遗传缺陷现在被认为是特异性自身免疫综合征易感性的基础；对于大量原发性免疫缺陷，自身免疫是主要疾病，是目前存在于大多数个体的特异遗传缺陷（Carneiro-Sampaio and Coutinho，2007；Torgerson，2008）。在建立耐受性和免疫调节过程中关键步骤缺陷与在生命早期临床表现自身免疫性相关，已在 T 细胞调节重要基因、T 细胞和 B 细胞表面受体体细胞重组、补体成分凋亡和生产中表现出（Carneiro-Sampaio and Coutinho，2007）。最常见的两种抗体缺乏，选择性 IgA 缺乏症和共同变量免疫缺乏，与一大群靶组织自体反应相关，自身免疫临床表现可能出现在多达 35% 的原发性免疫缺陷个体中。事实上，并不是特异原发性免疫缺陷的所有个体都会表现出自身免疫中某些或完全相同的症状，环境因素也是这些疾病发生和发展的进一步诱因。如上所讨论的，转基因和基因敲除小鼠，通常用于阐明分子机制，通过该基因为基础的免疫失调可能改变调节性 T 细胞发展、维持和功能，导致免疫耐受异常。

虽然可以相信，自反应性遗传易感性与自身免疫性疾病存在于所有个体，不同易感因素可能调控疾病或个体发展特定疾病的时间。正如其他多因子疾病（如癌症）表明，遗传和环境因子相互作用，以确定疾病的后果和进展；然而，对于是否它们将导致累积和顺序变化或混合物暴露后遗症，我们所知甚少。这意味着，免疫效果评估时间可能会降低特定疾病的已知风险。例如，在许多啮齿动物中含汞化合物具有有效的免疫抑制效应（综述性文章参见 Havarinasab and Hultman，2005）。然而，遗传易感菌株，如棕色挪威大鼠，影响模式在相对短时间内变化，反映免疫刺激，其特征在于，多克隆B细胞激活，增加血清免疫球蛋白水平，增加循环自身抗体。有趣的是，甲基汞诱发免疫刺激和免疫抑制LOEL相似（Havarinasab et al.，2007）。

7.11 暴露评估

使用其他毒理学终点和复杂的生物学过程评估由于环境暴露可能导致疾病发展风险的方法是有问题的。Miller等（2000）提出一套结构化标准定义人口中有关环境方面自身免疫性疾病。这些标准的5个主要元素是时间合理性、其他致病因子排除、去激发（去除制剂后解决或改善条件）、激发试验（再次暴露制剂后病情复发或恶化）和生物合理性。类似情况或几乎相同情况鉴定与剂量-反应效应证据也被认为是相关性证明。建议的分层方法提供了一个框架，评估暴露于外生制剂和自身免疫性疾病之间关联的证据分量。在比较少见的情况下，特定环境暴露和自身免疫性疾病发病之间的时间关联存在流行病学证据。例如，嗜酸性粒细胞增多-肌肉痛综合征和中毒性油综合征，自身免疫失调性弥漫性筋膜炎与嗜酸性粒细胞浸润和系统性硬化症，已被证明与不纯L-色氨酸构成的膳食补充剂（嗜酸性粒细胞增多-肌肉痛）和特定炼油厂生产的污染菜籽油摄取（毒油综合征）（Kaufman and Krupp，1995）有关。一些研究表明，一些疾病程度与进气量和频率相关（Tabuenca，1981；Kamb et al.，1992；Back et al.，1993），显示了潜在的剂量-反应关系。然而，暴露与疾病发展之间往往有一个很长的潜伏期，对于许多化合物，人类研究证据分量仅作为相关提示。化学诱导自身免疫实验室动物模型须提供重要信息，包括剂量-反应曲线形状、有效剂量范围、敏感终点、暴露与影响生物标记物。

7.12 风险特征描述

在第3章，总结风险特征是风险评估过程的一部分，其中结合危害特征描述、定量剂量-反应评估、暴露评估，以便提供综合性暴露水平和健康风险预估。风险特征描述同时考虑科学数据的不确定性来源（关于危害特征描述和暴露），表明风险评估结论的置信度，建议哪些额外数据有必要被使用来加强风险评估，并提供风险管理决策的信息。风险评估的结果（风险表征概述）是识别那些对人类健康没有影响与可能对健康有重大风险化学物质暴露水平的基础。此外，在可用数据允许的范围内，风险特征表示暴露的风险如何变化，描述暴露人数，讨论是否暴露水平会产生公共健康问题，并确定易感人群。有助于风险管理人员和决策者识别资源分配所关心的问题，降低风险（IPCS，1999a）。

理想的情况下，针对所有形式的免疫毒性，应进行定量风险评估自身免疫性疾病与化学物质暴露之间的关联性。在无可用数据的情况下，可进行定性风险评估。

自身免疫性疾病风险评估，包括风险特征描述的两个举例，参见汞和三氯乙烯个案研究（分别参见案例研究5和6）。

参 考 文 献

Abou-Raya A, Abou-Raya S (2006) Inflammation: a pivotal link between autoimmune diseases and atherosclerosis. *Autoimmunity Reviews*, 5 (5): 331-337.

Adler S, Basketter D, Creton S, Pelkonen O, Van Benthem J, Zuang V, Andersen KE, Angers-Loustau A, Aptula A, Bal-Price A, Benfenati E, Bernauer E, Bessems J, Bois FY, Boobis A, Brandon E, Bremer S, Broschard T, Casati S, Coecke S, Corvi R, Cronin M, Daston D, Dekant W, Felter S, Grignard E, Gundert-Remy U, Heinonen T, Kimber I, Kleinjans J, Komulainen H, Kreiling R, Kreysa J, Batista Leite S, Loizou G, Maxwell G, Mazzatorta P, Munn P, Pfuhler S, Phrakonkham P, Piersma A, Poth A, Prieto P, Repetto G, Rogiers V, Schoeters V, Schwarz M, Serafimova R, Tähti H, Testai E, Van Delft J, Van Loveren H, Vinken M, Worth A, Zaldivar JM (2011) Alternative (non-animal) methods for cosmetics testing: current status and future prospects—2010. *Archives of Toxicology*, 85: 367-485.

Aeby P, Wyss C, Beck H, Griem P, Scheffler H, Goebel C (2004) Characterization of the sensitizing potential of chemicals by in vitro analysis of dendritic cell activation and skin penetration. *Journal of Investigative Dermatology*, 122: 1154-1164.

Aeby P, Python F, Goebel C (2007) Skin sensitization: understanding the in vivo situation for the development of reliable in vitro test approaches. *Alternatives to Animal Experimentation* (ALTEX), 24 (Special Issue): 3-5.

Akkan Z, Kalberlah F, Oltmanns J, Schneider K (2004) *Beurteilung der Wirkstärke hautsensibilisierender Chemikalien anhand des Local Lymph Node Assay*. Dortmund, Berlin, Dresden, Bundesanstalt für Arbeitsschutz und Arbeitsmedizin (Forschungsbericht Fb 1009).

Allan SE, Broady R, Gregori S, Himmel ME, Locke N, Roncarolo MG, Bacchetta R, Levings MK (2008) CD4+ T-regulatory cells: toward therapy for human diseases. *Immunological Reviews*, 223: 391-421.

Allen SS, Evans W, Carlisle J, Hajizadeh R, Nadaf M, Shepherd BE, Pride DT, Johnson JE, Drake WP (2008) Superoxide dismutase A antigens derived from molecular analysis of sarcoidosis granulomas elicit systemic Th1 immune responses. *Respiratory Research*, 9 (1): e36.

Allenby CF, Basketter DA (1993) An arm immersion model of compromised skin. (II). Influence on minimal eliciting patch test concentrations of nickel. *Contact Dermatitis*, 28: 129-133.

Allenby CF, Basketter DA (1994) The effect of repeated open exposure to low levels of nickel on compromised hand skin of nickel-allergic subjects. *Contact Dermatitis*, 30: 135-138.

Al-Ramadi BK, Fernandez-Cabezudo MJ, Ullah A, El-Hasasna H, Flavell RA (2006) CD154 is essential for protective immunity in experimental *Salmonella* infection: evidence for a dual role in innate and adaptive immune responses. *Journal of Immunology*, 176: 496-506.

Andersen ME, Dennison JE (2001) Mode of action and tissue dosimetry in current and future risk assessments. *Science of the Total Environment*, 274 (1-3): 3-14.

Andersen ME, Dennison JE (2002) Toxicokinetic models: where we've been and where we need to go!

Human and Ecological Risk Assessment, 8 (6): 1375-1395.

Anderson C, Hehr A, Robbins R, Hasan R, Athar M, Mukhtar H, Elmets CA (1995) Metabolic requirements for induction of contact hypersensitivity to immunotoxic polyaromatic hydrocarbons. *Journal of Immunology*, 155: 3530-3537.

Andres P (1984) IgA-IgG disease in the intestine of Brown Norway rats ingesting mercuric chloride. *Clinical Immunology and Immunopathology*, 30: 488-494.

Anisimov VN (2007) Biology of aging and cancer. *Cancer Control*, 14 (1): 23-31.

Antonelli MA, Moreland LW, Brick JE (1991) Herpes zoster in patients with rheumatoid arthritis treated with weekly, low-dose methotrexate. *American Journal of Medicine*, 90 (3): 295-298.

Antúnez C, Martín E, Cornejo-García JA, Blanca-Lopez N, R-Pena R, Mayorga C, Torres MJ, Blanca M (2006) Immediate hypersensitivity reactions to penicillins and other betalactams. *Current Pharmaceutical Design*, 12: 3327-3333.

Api AM, Basketter DA, Cadby PA, Cano M-F, Ellis G, Gerberick GF, Griem P, McNamee PM, Ryan CA, Safford B (2008) Dermal sensitization quantitative risk assessment (QRA) for fragrance ingredients. *Regulatory Toxicology and Pharmacology*, 52: 3-23.

Apostolou I, Verginis P, Kretschmer K, Polansky J, Huhn J, Von Boehmer H (2008) Peripherally induced T_{reg}: mode, stability, and role in specific tolerance. *Journal of Clinical Immunology*, 28 (6): 619-624.

Arts JHE, Kuper CE, Spoor SM, Bloksma N (1998) Airway morphology and function of rats following dermal sensitization and respiratory challenge with low molecular weight chemicals. *Toxicology and Applied Pharmacology*, 152: 66-76 [cited in Arts et al., 2006].

Arts JHE, Muijser H, Appel MJ, Frieke Kuper C, Bessems JG, Woutersen RA (2004a) Subacute (28-day) toxicity of furfural in Fischer 344 rats: a comparison of the oral and inhalation route. *Food and Chemical Toxicology*, 42 (9): 1389-1399.

Arts JHE, De Koning MW, Bloksma N, Kuper CF (2004b) Respiratory allergy to trimellitic anhydride in rats: concentration-response relationships during elicitation. *Inhalation Toxicology*, 16: 259-269 [cited in Arts et al., 2006].

Arts JHE, Mommers C, De Heer C (2006) Dose-response relationships and threshold levels in skin and respiratory allergy. *Critical Reviews in Toxicology*, 36: 219-251.

Ashwood P, Wills S, Vande Water J (2006) The immune response in autism: a new frontier for autism research. *Journal of Leukocyte Biology*, 80 (1): 1-15.

Ashwood P, Enstrom A, Kralowiak P, Hert-Picciotto I, Hansen RL, Croen LA, Ozonoff S, Pessah IN, De Water JV (2008) Decreased transforming growth factor beta1 in autism: a potential link between immune dysregulation and impairment in clinical behavioral outcomes. *Journal of Neuroimmunology*, 204 (1-2): 149-153.

Atkinson K, ed. (2000) *Clinical bone marrow and blood stem cell transplantation*. Boston, MA, Cambridge University Press.

Aw D, Silva AB, Palmer DB (2007) Immunosenescence: emerging challenges for an ageing population. *Immunology*, 120 (4): 435-446.

Back EE, Henning KJ, Kallenbach LR, Brix KA, Gunn RA, Melius JM (1993) Risk factors for developing eosinophilia myalgia syndrome among L-tryptophan users in New York. *Journal of Rheumatology*, 20 (4): 666-672.

Baken KA, Arkusz J, Pennings JL, Vandebriel RJ, Van Loveren H (2007) In vitro immunotoxicity of bis (tri-*n*butyltin) oxide (TBTO) studied by toxicogenomics. *Toxicology*, 237 (1-3): 35-48.

Baken KA, Pennings J, Johnker MJ, Schaap MM, De Vries A, Van Steeg H, Breit TM, Van Loveren H (2008) Overlapping gene expression profiles of model compounds provide opportunities for immunotoxicity screening. *Toxicology and Applied Pharmacology*, 226 (1): 46-59.

Bakker JM, Kavelaars A, Kamphuis PJ, Cobelens PM, Van Vugt HH, Van Bel, Heijnen CJ (2000) Neonatal dexamethasone treatment increases susceptibility to experimental autoimmune disease in adult rats. *Journal of Immunology*, 165: 5932-5937.

Bakos N, Schöll I, Szalai K, Kundi M, Untersmayr E, Jensen-Jarolim E (2006) Risk assessment in elderly for sensitization to food and respiratory allergens. *Immunology Letters*, 107: 15-21.

Barber ED, Teetsel NM, Kolberg KF, Guest D (1992) A comparative study of the rates of in vitro percutaneous absorption of eight chemicals using rat and human skin. *Fundamental and Applied Toxicology*, 19: 493-497.

Barlow BK, Richfield EK, Cory-Sclechta DA, Thiruchelvam M (2004) A fetal risk factor for Parkinson's disease. *Developmental Neuroscience*, 26 (1): 11-23.

Barlow S (2005) *Threshold of toxicological concern (TTC) -a tool for assessing substances of unknown toxicity present at low levels in the diet*. Brussels, International Life Sciences Institute, 37 pp. (ILSI Europe Concise Monograph Series; http://www.ilsi.org/Europe/Publications/C2005Thres_Tox.pdf).

Bar-Or A (2008) The immunology of multiple sclerosis. *Seminars in Neurology*, 28 (1): 29-45.

Basketter DA, Cookman G, Gerberick GF, Hamaide N, Potokar M (1997) Skin sensitization thresholds: determination in predictive models. *Food and Chemical Toxicology*, 35: 417-425.

Basketter DA, Blaikie L, Dearman RJ, Kimber I, Ryan CA, Gerberick GF, Harvey P, Evans P, White IR, Rycroft RJG (2000) Use of the local lymph node assay for the estimation of relative contact allergenic potency. *Contact Dermatitis*, 42 (6): 344-348.

Basketter DA, Angelini G, Ingber A, Kern PS, Menne T (2003) Nickel, chromium and cobalt in consumer products: revisiting safe levels in the new millennium. *Contact Dermatitis*, 49: 1-7.

Basketter DA, Andersen KE, Liden C, Van Loveren H, Boman A, Kimber I, Alanko K, Berggren E (2005a) Evaluation of the skin sensitizing potency of chemicals by using the existing methods and considerations of relevance for elicitation. *Contact Dermatitis*, 52 (1): 39-43.

Basketter DA, Clapp C, Jefferies D, Safford B, Ryan CA, Gerberick F, Dearman RJ, Kimber I (2005b) Predictive identification of human skin sensitization thresholds. *Contact Dermatitis*, 53: 260-267.

Basketter DA, Clapp CJ, Safford BJ, Jowsey IR, McNamee P, Ryan CA, Gerberick GF (2008) Preservatives and skin sensitization quantitative risk assessment. *Dermatitis*, 19: 20-27.

Baur X (2003) Are we closer to developing threshold limit values for allergens in the workplace? *Annals of Allergy, Asthma & Immunology*, 90 (Suppl. 2): 11-18.

Baur X, Chen Z, Liebers V (1998) Exposure-response relationships of occupational inhalative allergens. *Clinical and Experimental Allergy*, 28: 537-544.

Belin L, Hoborn J, Falsen E, Andre J (1970) Enzyme sensitization in consumers of enzyme-containing washing powder. *Lancet*, 2: 1153-1157 [cited in SDA, 2005].

Belin RM, Astor BC, Powe NR, Ladenson PW (2004) Smoke exposure is associated with a lower prevalence of serum thyroid autoantibodies and thyrotropin concentration elevation and a higher prevalence of mild thyrotropin concentration suppression in the third National Health and Nutrition Examination Survey (NHANES III). *Journal of Clinical Endocrinology and Metabolism*, 89 (12): 6077-6086.

Benfeldt E, Serup J, Menne T (1999) Effect of barrier perturbation on cutaneous salicylic acid penetration in human skin: in vivo pharmacokinetics using microdialysis non-invasive quantification of barrier function. *British Journal of Dermatology*, 140: 739-748.

Bernaudin JF, Druet D, Druet P, Masse R (1981) Inhalation or ingestion of organic or inorganic mercurials produces auto-immune disease in rats. *Clinical Immunology and Immunopathology*, 20: 129-135.

Bernier J, Girard D, Krzystyniak K, Chevalier G, Trottier B, Nadeau D, Rola-Pleszczynski M, Fournier M (1995) Immunotoxicity of aminocarb. III. Exposure route-dependent immunomodulation by aminocarb in mice. *Toxicology*, 99: 135-146.

Bernstein DI, Cartier A, Côté J, Malo JL, Boulet LP, Wanner M, Milot J, L'Archevéque J, Trudeau C, Lummus Z (2002) Diisocyanate antigen-stimulated monocyte chemoattractant protein-1 synthesis has greater test efficiency than specific antibodies for identification of diisocyanate asthma. *American Journal of Respiratory and Critical Care Medicine*, 166 (4): 445-450.

Bernstein JA (1996) Overview of diisocyanate occupational asthma. *Toxicology*, 111 (1-3): 181-189.

Bernstein JA, Bernstein IL, Bucchini L, Goldman LR, Hamilton RG, Lehrer S, Rubin C, Sampson HA (2003) Clinical and laboratory investigation of allergy to genetically modified foods. *Environmental Health Perspectives*, 111 (8): 1114-1121.

Besteman EG, Zimmerman KL, Holladay SD (2005) Diethylstilbestrol (DES) -induced fetal thymic atrophy in C57BL/6 mice: inhibited thymocyte differentiation and increased apoptotic cell death. *International Journal of Toxicology*, 24 (4): 231-239.

Biondi M, Zannino LG (1997) Psychological stress, neuroimmunomodulation, and susceptibility to infectious diseases in animals and man: a review. *Psychotherapy and Psychosomatics*, 66 (1): 3-26.

Birmingham NP, Parvataneni S, Hassan HM, Harkema J, Samineni S, Navuluri L, Kelly CJ, Gangur V (2007) An adjuvant-free mouse model of tree nut allergy using hazelnut as a model tree nut. *International Archives of Allergy and Immunology*, 144 (3): 203-210.

Blaylock BL, Holladay SD, Comment CE, Heindel JJ, Luster MI (1992) Exposure to tetrachlorodibenzo-*p*dioxin (TCDD) alters fetal thymocyte maturation. *Toxicology and Applied Pharmacology*, 112 (2): 207-213.

Block ML, Hong JS (2007) Chronic microglial activation and progressive dopaminergic neurotoxicity. *Biochemical Society Transactions*, 35 (Pt 5): 1127-1132.

Blyler G, Landreth KS, Barnett JB (1994) Gender-specific effects of prenatal chlordane exposure on myeloid cell development. *Fundamental and Applied Toxicology*, 23 (2): 188-193.

Boin F, De Fanis U, Bartlett SJ, Wigley FM, Rosen A, Casolaro V (2008) T cell polarization identifies distinct clinical phenotypes in scleroderma lung disease. *Arthritis and Rheumatism*, 58 (4): 1165-1174.

Bombassei GJ, Kaplan AA (1992) The association between hydrocarbon exposure and anti-glomerular basement membrane antibody-mediated disease (Goodpasture's syndrome). *American Journal of Industrial Medicine*, 21: 141-153.

Boobis AR, Cohen SM, Dellarco V, McGregor D, Meek ME, Vickers C, Willcocks D, Farland W (2006) IPCS framework for analyzing the relevance of a cancer mode of action for humans. *Critical*

Reviews in Toxicology, 36: 781-792.

Boobis AR, Doe JE, Heinrich-Hirsch B, Meek ME, Munn S, Ruchirawat M, Schlatter J, Seed J, Vickers C (2008) IPCS framework for analyzing the relevance of a noncancer mode of action for humans. *Critical Reviews in Toxicology*, 38 (2): 87-96.

Boogaard PJ, Dennemal MA, Van Sittert NJ (2000) Dermal penetration and metabolism of five glycidyl ethers in human, rat and mouse skin. *Xenobiotica*, 30: 469-483.

Botham PA, Rattray NJ, Woodcock DR, Walsh ST, Hat PM (1989) The induction of respiratory allergy in guinea-pigs following intradermal injection of trimellitic anhydride: a comparison with the response to 2, 4-dinitrochlorobenzene. *Toxicology Letters*, 47: 25-39 [cited in Arts et al., 2006].

Bowman CC, Selgrade MJK (2008a) Differences in allergenic potential of food extracts following oral exposure in mice reflect differences in digestibility: potential approaches to safety assessment. *Toxicological Sciences*, 102: 100-109.

Bowman CC, Selgrade MJK (2008b) Differential oral tolerance induction in mice exposed to common food allergens. *Toxicological Sciences*, 106: 435-443.

Boyle RJ, Tang ML (2006) Can allergic diseases be prevented prenatally? *Allergy*, 61 (12): 1423-1431.

Boyle RJ, Le C, Balloch A, Tang ML (2006) The clinical syndrome of specific antibody deficiency in children. *Clinical and Experimental Immunology*, 146 (3): 486-492.

Bradley JD, Brandt KD, Katz BP (1989) Infectious complications of cyclophosphamide treatment for vasculitis. *Arthritis and Rheumatism*, 32 (1): 45-53.

Bradley SG (1995) Listeria host resistance model. In: Burleson GR, Dean JH, Munson AE, eds. *Methods in immunotoxicology*. Vol. 2. New York, NY, Wiley-Liss, pp. 169-179.

Briani C, Samaroo D, Alaedini A (2008) Celiac disease: from gluten to autoimmunity. *Autoimmunity Reviews*, 7 (8): 644-650.

Brode S, Cooke A (2008) Immune-potentiating effects of the chemotherapeutic drug cyclophosphamide. *Critical Reviews in Immunology*, 28 (2): 109-126.

Brousseau P, Payette Y, Tryphonas H, Blakley B, Boermans H, Flipo D, Fournier M (1999) *Manual of immunological methods*. Boca Raton, FL, CRC Press.

Brown N, Nagarkatti M, Nagarkatti PS (2006) Diethylstilbestrol alters positive and negative selection of T cells in the thymus and modulates T-cell repertoire in the periphery. *Toxicology and Applied Pharmacology*, 212 (2): 119-126.

Bullock TN, Colella TA, Engelhard VH (2000) The density of peptides displayed by dendritic cells affects immune responses to human tyrosinase and gp100 in HLA-A2 transgenic mice. *Journal of Immunology*, 164: 2354-2361 [cited in SDA, 2005].

Bunn TL, Marsh JA, Dietert RR (2000) Gender differences in developmental immunotoxicity to lead in the chicken: analysis following a single early low-level exposure in ovo. *Journal of Toxicology and Environmental Health. Part A*, 61 (8): 677-693.

Bunn TL, Parsons PJ, Kao E, Dietert RR (2001a) Exposure to lead during critical windows of embryonic development: differential immunotoxic outcome based on stage of exposure and gender. *Toxicological Sciences*, 64 (1): 57-66.

Bunn TL, Parsons PJ, Kao E, Dietert RR (2001b) Gender-based profiles of developmental immunotoxicity to lead in the rat: assessment in juveniles and adults. *Journal of Toxicology and Environmental*

Health. Part A, 64 (3): 223-240.

Burke L, Segall-Blank M, Lorenzo C, Dynesius-Trentham R, Trentham D, Mortola JF (2001) Altered immune response in adult women exposed to diethylstilbestrol in utero. *American Journal of Obstetrics and Gynecology*, 185 (1): 78-81.

Burks AW, Laubach S, Jones SM (2008) Oral tolerance, food allergy, and immunotherapy: implications for future treatment. *Journal of Allergy and Clinical Immunology*, 121: 1344-1350.

Burleson G, Burleson FG (2007) Influenza virus host resistance model. *Methods (San Diego, Calif.)*, 41 (1): 31-37.

Burns-Naas LA, Hastings KL, Ladics GS, Makris SL, Parker GA, Holsapple MP (2008) What's so special about the developing immune system? *International Journal of Toxicology*, 27 (2): 223-254.

Calabrese EJ (2005) Hormetic dose-response relationships in immunology: occurrence, quantitative features of the dose response, mechanistic foundations, and clinical implications. *Critical Reviews in Toxicology*, 35: 89-295.

Calder PC, Krauss-Etschmann S, De Jong EC, Dupont C, Frick JS, Frokiaer H, Heinrich J, Garn H, Koletzko S, Lack G, Mattelio G, Renz H, Sangild PT, Schrezenmeir J, Stulnig TM, Thymann T, Wold AE, Koletzko B (2006) Early nutrition and immunity—progress and perspectives. *British Journal of Nutrition*, 96: 774-790.

Carfi M, Gennari A, Malerba I, Corsini E, Pallardy M, Pieters R, Van Loveren H, Vohr HW, Hartung T, Gribaldo L (2007) In vitro tests to evaluate immunotoxicity: a preliminary study. *Toxicology*, 229 (1-2): 11-22.

Carneiro-Sampaio M, Coutinho A (2007) Tolerance and autoimmunity: lessons at the bedside of primary immunodeficiencies. *Advances in Immunology*, 95: 51-82.

Cartier A, Grammer L, Malo JL, Lagier F, Ghezzo H, Harris K, Patterson R (1989) Specific serum antibodies against isocyanates: association with occupational asthma. *Journal of Allergy and Clinial Immunology*, 84 (4 Pt 1): 507-514.

Cassimos C, Kanakoudi-Tsakalidis F, Spyroglou K, Ladianos M, Tzaphi R (1980) Skin sensitization to 2, 4-dinitrochlorobenzene (DNCB) in the first months of life. *Journal of Clinical & Laboratory Immunology*, 3 (2): 111-113.

Caturegli P, Kimura H, Rocchi R, Rose NR (2007) Autoimmune thyroid diseases. *Current Opinion in Rheumatology*, 19 (1): 44-48.

Caucheteux SM, Vernochet C, Wantyghem J, Gendron MC, Kanellopoulos-Langevin C (2008) Tolerance induction to self-MHC antigens in fetal and neonatal mouse B cells. *International Immunology*, 20 (1): 11-20.

Chakrabarti S, Collingham KE, Marshall T, Holder K, Gentle T, Hale G, Fegan CD, Milligan DW (2001) Respiratory virus infections in adult T cell-depleted transplant recipients: the role of cellular immunity. *Transplantation*, 72 (8): 1460-1463.

Chan RC, Wang M, Li N, Yanagawa Y, Onoé K, Lee JJ, Nel AE (2006) Pro-oxidative diesel exhaust particle chemicals inhibit LPS-induced dendritic cell responses involved in T-helper differentiation. *Journal of Allergy and Clinical Immunology*, 118: 455-465.

Chatterjee M, Ionan A, Draghici S, Tainsky MA (2006) Epitomics: global profiling of immune response to disease using protein microarrays. *Omics*, 10 (4): 499-506.

Christensen HR, Kjaer TM, Frokiaer H (2003) Low-dose oral tolerance due to antigen in the diet suppresses differentially the cholera toxin-adjuvantized IgE, IgA and IgG response. *International Archives of Allergy and Immunology*, 132: 248-257.

Chung YJ, Coates NH, Viana ME, Copeland L, Vesper SJ, Selgrade MJK, Ward MD (2005) Dose-dependent allergic responses to an extract of *Penicillium chrysogenum* in BALB/c mice. *Toxicology*, 209 (1): 77-89.

Ciencewicki J, Gowdy K, Krantz OT, Linak WP, Brighton L, Gilmour MI, Jaspers I (2007) Diesel exhaust enhanced susceptibility to influenza infection is associated with decreased surfactant protein expression. *Inhalation Toxicology*, 19 (14): 1121-1133.

Clark KR, Forsythe JL, Shenton BK, Lennard TW, Proud G, Taylor RM (1993) Administration of ATG according to the absolute T lymphocyte count during therapy for steroid-resistant rejection. *Transplant International*, 6 (1): 18-21.

Clewell HJ 3rd, Andersen ME, Barton HA (2002) A consistent approach for the application of pharmacokinetic modeling in cancer and noncancer risk assessment. *Environmental Health Perspectives*, 110 (1): 85-93.

Cohen HJ (1994) Biology of aging as related to cancer. *Cancer*, 74 (Suppl. 7): 2092-2100.

Cohen MD (2007) Bacterial host resistance models in the evaluation of immunotoxicity. *Methods (San Diego, Calif.)*, 41 (1): 20-30.

Cohen S (1995) Psychological stress and susceptibility to upper respiratory infections. *American Journal of Respiratory and Critical Care Medicine*, 152 (4 Pt 2): S53-S58.

Cohen S, Tyrrell DA, Smith AP (1991) Psychological stress and susceptibility to the common cold. *New England Journal of Medicine*, 325 (9): 606-612.

Compston A, Coles A (2008) Multiple sclerosis. *Lancet*, 372 (9648): 1502-1517.

Cools N, Ponsaerts P, Van Tendeloo VF, Berneman ZN (2007a) Balancing between immunity and tolerance: an interplay between dendritic cells, regulatory T cells, and effector T cells. *Journal of Leukocyte Biology*, 82 (6): 1365-1374.

Cools N, Ponsaerts P, Van Tendeloo VF, Berneman ZN (2007b) Regulatory T cells and human disease. *Clinical & Developmental Immunology*, 2007: 89195.

Cooper GS, Bynum MLK, Somers EC (2009) Recent insights in the epidemiology of autoimmune diseases: improved prevalence estimates and understanding of clustering of diseases. *Journal of Autoimmunity*, 33: 197-207.

Cope A, Schulze-Koos H, Aringer M (2007) The central role of T cells in rheumatoid arthritis. *Clinical and Experimental Rheumatology*, 25: S4-S11.

Coquette A, Berna N, Vandenbosch A, Rosdy M, De Wever B, Poumay Y (2003) Analysis of IL-1 and IL-8 expression and release in in vitro reconstructed human epidermis for the prediction of in vivo skin irritation and/or sensitization. *Toxicology In Vitro*, 17: 311-321.

Cowan-Ellsberry CE, Robinson SH (2009) Refining aggregate exposure: example using parabens. *Regulatory Toxicology and Pharmacology*, 55: 321-329.

Crevel RW, Briggs D, Hefle SL, Knulst AC, Taylor SL (2007) Hazard characterization in food allergen risk assessment: the application of statistical approaches and the use of clinical data. *Food and Chemical Toxicology*, 45: 691-701.

Crevel RW, Ballmer-Weber BK, Holzhauser T, Hourihane JO, Knulst AC, Mackie AR, Timmermans

F, Taylor SL (2008) Thresholds for food allergens and their value to different stakeholders. *Allergy*, 63 (5): 597-609.

Cumberbatch M, Scott RC, Basketter DA, Scholes EW, Hilton J, Dearman RJ, Kimber I (1993) Influence of sodium lauryl sulfate on 2, 4-dinitrochlorobenzene-induced lymph node activation. *Toxicology*, 77: 181-191.

Cunico RL, Maibach HI, Khan H, Bloom E (1977) Skin barrier properties in the newborn. Transepidermal water loss and carbon dioxide emission rates. *Biology of the Neonate*, 32 (3-4): 177-182.

Dahlgren J, Takhar H, Anderson-Mahoney P, Kotlerman J, Tarr J, Warshaw R (2007) Cluster of systemic lupus erythematosus (SLE) associated with an oil field waste site: a cross sectional study. *Environmental Health*, 6: e8.

Dallaire F, Dewailly E, Vezina C, Muckle G, Weber J, Bruneau S, Ayotte P (2006) Effect of prenatal exposure to polychlorinated biphenyls on incidence of acute respiratory infections in preschool Inuit children. *Environmental Health Perspectives*, 114 (8): 1301-1305.

Daniels MA, Teixeiro E, Gill J, Hausmann B, Roubaty D, Holmber K, Werlen G, Hollander GA, Gascuigne NR, Palmer E (2006) Thymic selection threshold defined by compartmentalization of Ras/MAPK signalling. *Nature*, 444 (7120): 724-729.

Daniels MJ, Ménache MG, Burleson GR, Graham JA, Selgrade MK (1987) Effects of $NiCl_2$ and $CdCl_2$ on susceptibility to murine cytomegalovirus and virus-augmented natural killer cell and interferon responses. *Fundamental and Applied Toxicology*, 8 (4): 443-453.

Dearman R, Kimber I (2008) A mouse model for food allergy using intraperitoneal sensitization. *Methods (San Diego, Calif.)*, 41: 91-98.

Descotes J (2003) From clinical to human toxicology: linking animal research and risk assessment in man. *Toxicology Letters*, 140-141: 3-10.

Descotes J (2006) Methods of evaluating immunotoxicity. *Expert Opinion on Drug Metabolism & Toxicology*, 2 (2): 249-259.

Descotes JG, Vial T (1994) Cytoreductive drugs. In: Dean JH, Luster MI, Munson AE, Kimber I, eds. *Immunotoxicology and immunopharmacology*, 2nd ed. New York, NY, Raven Press, pp. 293-302.

DeWitt JC, Luebke RW (2009) Immunological aging. In: Lawrence DA, ed. *Comprehensive toxicology*. Oxford, UK, Elsevier Ltd, pp. 455-465.

Diamantis I, Boumpas DT (2004) Autoimmune hepatitis: evolving concepts. *Autoimmunity Reviews*, 3 (3): 207-214.

Dietert RR (2005) Commentary on hormetic dose-response relationships in immunology: occurrence, quantitative features of the dose response, mechanistic foundations, and clinical implications. *Critical Reviews in Toxicology*, 35 (2-3): 305-306.

Dietert RR (2008) Developmental immunotoxicity (DIT) in drug safety testing: matching DIT testing to adverse outcomes and childhood disease risk. *Current Drug Safety*, 3 (3): 216-226.

Dietert RR (2009a) Developmental immunotoxicology: focus on health risks. *Chemical Research in Toxicology*, 21 (1): 17-23.

Dietert RR (2009b) Developmental immunotoxicity, postnatal immune dysfunction and childhood leukemia. *Blood Cells, Molecules & Diseases*, 42 (2): 108-112.

Dietert RR, Dietert JM (2007) Early-life immune insult and developmental immunotoxicity (DIT) -associated diseases: potential of herbal- and fungal-derived medicinals. *Current Medicinal Chemistry*,

14 (10): 1075-1085.

Dietert RR, Dietert JM (2008a) Possible role for early-life immune insult including developmental immunotoxicity in chronic fatigue syndrome (CFS) or myalgic encephalomyelitis (ME). *Toxicology*, 247: 61-72.

Dietert RR, Dietert JM (2008b) Potential for early life immune insult including developmental immunotoxicity in autism and autism spectrum disorders: focus on critical windows of immune vulnerability. *Journal of Toxicology and Environmental Health. Part B, Critical Reviews*, 11 (8): 660-680.

Dietert RR, Dietert J (2010) *Strategies for protecting your child's immune system*. Singapore, World Scientific Publications.

Dietert RR, Holsapple MP (2007) Methodologies for developmental immunotoxicity (DIT) testing. *Methods*, 41 (1): 123-131.

Dietert RR, Piepenbrink MS (2006a) Lead and immune function. *Critical Reviews in Toxicology*, 36: 359-385.

Dietert RR, Piepenbrink MS (2006b) Perinatal immunotoxicity: why adult exposure assessment fails to predict risk. *Environmental Health Perspectives*, 114 (4): 477-483.

Dietert RR, Zelikoff JT (2008) Early-life environment, developmental immunotoxicology, and the risk of pediatric allergic disease including asthma. *Birth Defects Research. Part B, Developmental and Reproductive Toxicology*, 83 (6): 543-560.

Dietert RR, Zelikoff JT (2009) Pediatric immune dysfunction and health risks following early-life immune insult. *Current Pediatric Reviews*, 5 (1): 36-51.

Dietert RR, Etzel RA, Chen D, Halonen M, Holladay SD, Jarabek AM, Landreth K, Peden DB, Pinkerton K, Smialowicz RJ, Zoetis T (2000) Workshop to identify critical windows of exposure for children's health: immune and respiratory systems work groups summary. *Environmental Health Perspectives*, 108 (Suppl. 3): 483-490.

Dietert RR, DeWitt JC, Germolec DR, Zelikoff JT (2010) Breaking patterns of environmentally influenced disease for health risk reduction: immune perspectives. *Environmental Health Perspectives*, 118 (8): 1091-1099.

Di Sabatino A, Pickard KM, Gordon JN, Salvati V, Mazzarella G, Beattie RM, Vossenkaemer A, Rovedatti L, Leakey NA, Croft NM, Troncone R, Corazza GR, Stagg AJ, Monteleone G, Macdonald TT (2007) Evidence for the role of interferon-alpha production by dendritic cells in the Th1 response in celiac disease. *Gastroenterology*, 133 (4): 1175-1187.

Dorne JL, Renwick AG (2005) The refinement of uncertainty/safety factors in risk assessment by the incorporation of data on toxicokinetic variability in humans. *Toxicological Sciences*, 86 (1): 20-26.

Druet P, Druet E, Potdevin R, Sapin C (1978) Immune type glomerulonephritis induced by $HgCl_2$ in the Brown Norway rat. *Annales d'Immunologie (Paris)*, 129C (6): 777-792.

Dybing E (2003) Panel discussion: application of physiological-toxicokinetic modeling. *Toxicology Letters*, 138 (1-2): 173-178.

Dybing E, Doe J, Groten J, Kleiner J, O'Brien J, Renwick AG, Schlatter J, Steinberg P, Tritscher A, Walker R, Younes M (2002) Hazard characterisation of chemicals in food and diet: dose response, mechanisms and extrapolation issues. *Food and Chemical Toxicology*, 40 (2-3): 237-282.

Ebers GC (2008) Environmental factors and multiple sclerosis. *Lancet Neurology*, 7 (3): 268-277.

EC (2003) *Meeting of the Sensitisation Expert Group, Ispra, 4-6 November 2002*. European Commission (ECBI/81/02 Rev. 2, 8 January 2003).

ECETOC (2003) *Contact sensitisation: classification according to potency*. European Centre for Ecotoxicology and Toxicology of Chemicals (Technical Report No. 87).

ECHA (2010a) *Guidance on information requirements and chemical safety assessment. Chapter R. 14: Occupational exposure estimation*. European Chemicals Agency (ECHA-2010-G-09-EN; http://echa.europa.eu/documents/10162/17224/information_requirements_r14_en.pdf).

ECHA (2010b) *Guidance on information requirements and chemical safety assessment. Chapter R. 15: Consumer exposure estimation*. European Chemicals Agency (ECHA-10-G-03-EN; http://echa.europa.eu/documents/10162/17224/information_requirements_r15_en.pdf).

Edler L, Poirier K, Dourson M, Kleiner J, Mileson B, Nordmann H, Renwick A, Slob W, Walton K, Würtzen G (2002) Mathematical modelling and quantitative methods. *Food and Chemical Toxicology*, 40 (2-3): 283-326.

Edman B (1994) The influence of shaving method on perfume allergy. *Contact Dermatitis*, 31 (5): 291-292.

Eisen HN (2001) Specificity and degeneracy in antigen recognition: yin and yang in the immune system. *Annual Reviews in Immunology*, 19: 1-21 [cited in SDA, 2005].

Elkayam O, Ablin J, Caspi D (2007) Safety and efficacy of vaccination against streptococcus pneumonia in patients with rheumatic diseases. *Autoimmunity Reviews*, 6: 312-314.

Elmets CA (1994) Management of common superficial fungal infections in patients with AIDS. *Journal of the American Academy of Dermatology*, 31 (3 Pt 2): S60-S63.

Elmore SA (2006a) Enhanced histopathology of the bone marrow. *Toxicologic Pathology*, 34 (5): 666-686.

Elmore SA (2006b) Enhanced histopathology of the thymus. *Toxicologic Pathology*, 34 (5): 656-665.

Elmore SA (2006c) Enhanced histopathology of the spleen. *Toxicologic Pathology*, 34 (5): 648-655.

Elmore SA (2006d) Enhanced histopathology of mucosa-associated lymphoid tissue. *Toxicologic Pathology*, 34 (5): 687-696.

Elmore SA (2006e) Enhanced histopathology of the lymph nodes. *Toxicologic Pathology*, 34 (5): 634-647.

Esterling BA, Antoni MH, Kumar M, Schneiderman N (1993) Defensiveness, trait anxiety, and Epstein-Barr viral capsid antigen antibody titers in healthy college students. *Health Psychology*, 12 (2): 132-139.

Ezendam J, Kosterman K, Spijkerboer H, Bleumink R, Hassing I, Van Rooijen N, Vos JG, Pieters R (2005) Macrophages are involved in hexachlorobenzene-induced adverse immune effects. *Toxicology and Applied Pharmacology*, 209: 19-27.

Fairley JA, Rasmussen JE (1983) Comparison of stratum corneum thickness in children and adults. *Journal of the American Academy of Dermatology*, 8 (5): 652-654.

FAO/WHO (1998). *Pesticide residues in food—1997*. Report of the Joint Meeting of the FAO Panel of Experts on Pesticide Residues in Food and the Environment and the WHO Core Assessment Group on Pesticide Residues, Lyons, France, 22 September - 1 October 1997. Rome, Food and Agriculture Organization of the United Nations and World Health Organization (FAO Plant Production and Protection Paper 145).

FAO/WHO (2003) *Guideline for the conduct of food safety assessment of foods derived from recombi-*

nant-DNA *plants*. Rome, Food and Agriculture Organization of the United Nations and World Health Organization, Codex Alimentarius Commission (Document CAC/GL 45-2003).

FAO/WHO (2009) *Principles and methods for the risk assessment of chemicals in food*. Rome, Food and Agriculture Organization of the United Nations, and Geneva, World Health Organization (Environmental Health Criteria 240).

Faustman EM, Gohlke J, Judd NL, Lewandowski TA, Bartell SM, Griffith WC (2005) Modeling developmental processes in animals: applications in neurodevelopmental toxicology. *Environmental Toxicology and Pharmacology*, 19: 615-624.

Feldmann RJ, Maibach HI (1967) Regional variation in percutaneous penetration of ^{14}C-cortisol in man. *Journal of Investigative Dermatology*, 48: 181-183.

Felter SP, Robinson MK, Basketter DA, Gerberick GF (2002) A review of the scientific basis for uncertainty factors for use in quantitative risk assessment for the induction of allergic contact dermatitis. *Contact Dermatitis*, 47 (5): 257-266.

Fenaux JB, Gogal RM Jr, Ahmed SA (2004) Diethylstilbesterol exposure during fetal development affects thymus: studies in fourteen-month-old mice. *Journal of Reproductive Immunology*, 64: 75-90.

Fireman E, Kramer MR, Riel I, Lerman Y (2006) Chronic beryllium disease among dental technicians in Israel. *Sarcoidosis, Vasculitis, and Diffuse Lung Diseases*, 23 (3): 215-221.

Fischer LA, Johansen JD, Menné T (2009) Methyldibromoglutaronitrile allergy: relationship between patch test and repeated open application test thresholds. *British Journal of Dermatology*, 159: 1138-1143.

Ford CD, Johnson GH, Smith WG (1983) Natural killer cells in in utero diethylstilbesterol-exposed patients. *Gynecologic Oncology*, 16 (3): 400-404.

Ford RA, Api AM, Suskind RR (1988) Allergic contact sensitization potential of hydroxycitronellal in humans. *Food and Chemical Toxicology*, 26: 921-926.

Friedmann PS, Moss C (1985) Quantification of contact hypersensitivity in man. In: Maibach HI, Lowe NJ, eds. *Models in dermatology. Vol. 2*. Basel, Karger, pp. 275-281.

Friedmann PS, Moss C, Shuster S, Simpson JM (1983) Quantitative relationships between sensitizing dose of DNCB and reactivity in normal subjects. *Clinical and Experimental Immunology*, 53: 709-715.

Friedmann PS, Rees J, White SI, Matthews JNS (1990) Low dose exposure to antigen induces sub-clinical sensitization. *Clinical and Experimental Immunology*, 81: 507-509.

Gans H, DeHovitz R, Forghani B, Beeler J, Maldonado Y, Arvin AM (2003) Measles and mumps vaccination as a model to investigate the developing immune system: passive and active immunity during the first year of life. *Vaccine*, 21 (24): 3398-3405.

Gao D, Modal TK, Lawrence DA (2007) Lead effects on development and function of bone marrow-derived dendritic cells promote Th2 immune responses. *Toxicology and Applied Pharmacology*, 222 (1): 69-79.

Garbett K, Ebert J, Mitchell A, Lintas C, Manzi B, Mirnics K, Persico AM (2008) Immune transcriptome alterations in the temporal cortex of subjects with autism. *Neurobiology of Disease*, 30 (3): 303-311.

Gehrs BC, Smialowicz RJ (1999) Persistent suppression of delayed-type hypersensitivity in adult F344 rats after perinatal exposure to 2, 3, 7, 8-tetrachlorodibenzo-*p*-dioxin. *Toxicology*, 134 (1):

79-88.

Gerberick GF, Robinson MK, Felter SP, White IR, Basketter DA (2001a) Understanding fragrance allergy using an exposure based risk assessment approach. *Contact Dermatitis*, 45: 333-340.

Gerberick GF, Robinson MK, Ryan CA, Dearman RJ, Kimber I, Basketter DA, Wright Z, Marks JG (2001b) Contact allergenic potency: correlation of human and local lymph node assay data. *American Journal of Contact Dermatitis*, 12: 156-161.

Gerberick GF, Ryan CA, Kern PS, Dearman RJ, Kimber I, Patlewicz GY, Basketter DA (2004) A chemical dataset for evaluation of alternative approaches to skin-sensitization testing. *Contact Dermatitis*, 50 (5): 274-288.

Gerberick GF, Vassallo JD, Foertsch LM, Price BB, Chaney JG, Lepoittevin JP (2007) Quantification of chemical peptide reactivity for screening contact allergens: a classification tree model approach. *Toxicological Sciences*, 97: 417-427.

Germolec D (2005) Autoimmune diseases, animal models. In: Vohr H-W, ed. *Encyclopedic reference of immunotoxicology*. Berlin, Springer-Verlag, pp. 75-79.

Germolec D (2009) *Explanation of levels of evidence for immune system toxicity*. Research Triangle Park, NC, United States Department of Health and Human Services, National Toxicology Program (http:// ntp. niehs. nih. gov/files/09-3566 _ NTP-ITOX-R6. pdf).

Germolec DR, Kashon M, Nyska A, Kuper CF, Portier C, Kommineni C, Johnson KA, Luster MI (2004a) The accuracy of extended histopathology to detect immunotoxic chemicals. *Toxicological Sciences*, 82 (2): 504-514.

Germolec DR, Nyska A, Kashon M, Kuper CF, Portier C, Kommineni C, Johnson KA, Luster MI (2004b) Extended histopathology in immunotoxicity testing: interlaboratory validation studies. *Toxicological Sciences*, 78 (1): 107-115.

Gille C, Leiber A, Spring B, Kempf VA, Loeffler J, Poets CF, Orlikowsky TW (2008) Diminished phagocytosis-induced cell death (PICD) in neonatal monocytes upon infection with *Escherichia coli*. *Pediatric Research*, 63 (1): 33-38.

Gilmour MI, Selgrade MK (1993) A comparison of the pulmonary defenses against streptococcal infection in rats and mice following O_3 exposure: differences in disease susceptibility and neutrophil recruitment. *Toxicology and Applied Pharmacology*, 123 (2): 211-218.

Gilmour MI, Selgrade MJK, Lambert AL (2000) Enhanced allergic sensitization in animals exposed to particulate air pollution. *Inhalation Toxicology*, 12 (Suppl. 3): 373-380.

Gilmour MI, Jaakkola MS, London SJ, Nel AE, Rogers CA (2006) How exposure to environmental tobacco smoke, outdoor air pollutants, and increased pollen burdens influences the incidence of asthma. *Environmental Health Perspectives*, 114: 627-633.

Glaser R, Rice J, Sheridan J, Fertel R, Stout J, Speicher C, Pinsky D, Kotur M, Post A, Beck M, Kiecolt-Glaser J (1987) Stress-related immune suppression: health implications. *Brain, Behavior, and Immunity*, 1 (1): 7-20.

Glaser R, Pearson GR, Bonneau RH, Esterling BA, Atkinson C, Kiecolt-Glaser JK (1993) Stress and the memory T-cell response to the Epstein-Barr virus in healthy medical students. *Health Psychology*, 12 (6): 435-442.

Glück T, Müller-Ladner U (2008) Vaccination in patients with chronic rheumatic or autoimmune diseases. *Clinical Infectious Diseases*, 46: 1459-1465.

Gold LS, Ward MH, Dosemeci M, De Roos AJ (2007) Systemic autoimmune disease mortality and occupational exposures. *Arthritis and Rheumatism*, 56 (10): 3189-3201.

Goronzy JJ, Weyand CM (2003) Aging, autoimmunity and arthritis: T-cell senescence and contraction of T-cell repertoire diversity—catalysts of autoimmunity and chronic inflammation. *Arthritis Research & Therapy*, 5 (5): 225-234.

Graham PL 3rd, Begg MD, Larson E, Della-Latta P, Allen A, Saiman L (2006) Risk factors for late onset Gram-negative sepsis in low birth weight infants hospitalized in theneonatal intensive care unit. *Pediatric Infectious Disease Journal*, 25 (2): 113-117.

Greaves M (2006) Infection, immune responses and the aetiology of childhood leukaemia. *Nature Reviews. Cancer*, 6 (3): 193-203.

Griem P, Goebel C, Scheffler H (2003) Proposal for a risk assessment methodology for skin sensitization potency data. *Regulatory Toxicology and Pharmacology*, 38: 269-290.

Guedes HT, Souza LS (2009) Exposure to maternal smoking in the first year of life interferes in breastfeeding protective effect against the onset of respiratory allergy from birth to 5 yr. *Pediatric Allergy and Immunology*, 20 (1): 30-34.

Gundert-Remy U, Sonich-Mullin C (2002) The use of toxicokinetic and toxicodynamic data in risk assessment: an international perspective. *Science of the Total Environment*, 288 (1-2): 3-11.

Guo TL, Chi RP, Germolec DR, White KL Jr (2005a) Stimulation of the immune response in B6C3F1 mice by genistein is affected by exposure duration, gender, and litter order. *Journal of Nutrition*, 135 (10): 2449-2456.

GuoTL, Auttachoat W, Chi RP (2005b) Genistein enhancement of respiratory allergen trimellitic anhydride- induced IgE production by adult B6C3F1 mice following in utero and postnatal exposure. *Toxicological Sciences*, 87: 399-408.

Guo X, Nakamura K, Kohyama K, Harada C, Behanna HA, Watterson DM, Matsumoto Y, Harada T (2007) Inhibition of glial cell activation ameliorates the severity of experimental autoimmune encephalomyelitis. *Neuroscience Research*, 59 (4): 457-466.

Hakim FT, Gress RE (2007) Immunosenescence: deficits in adaptive immunity in the elderly. *Tissue Antigens*, 70 (3): 179-189.

Hanson GK (2009) Atherosclerosis—An immune disease: the Anitschkov Lecture 2007. *Atherosclerosis*, 202 (1): 2-10.

Harpin VA, Rutter N (1983) Barrier properties of the newborn infant's skin. *Journal of Pediatrics*, 102: 419-425.

Harris DT, Sakiestewa D, Robledo RF, Witten M (1997) Immunotoxicological effects of JP-8 jet fuel exposure. *Toxicology and Industrial Health*, 13 (1): 43-55.

Hartevelt MM, Bavinck JN, Kootte AM, VermeerBJ, Vandenbroucke JP (1990) Incidence of skin cancer after renal transplantation in the Netherlands. *Transplantation*, 49 (3): 506-509.

Hassan ZM, Ostad SN, Minaee B, Narenjkar J, Azizi E, Neishabouri EZ (2004) Evaluation of immunotoxicity induced by propoxure in C57Bl/6 mice. *International Immunopharmacology*, 4: 1223-1230.

Hastings KL (2005) Commentary on hormetic dose-response relationships in immunology: occurrence, quantitative features of the dose response, mechanistic foundations, and clinical implications. *Critical Reviews in Toxicology*, 35 (2-3): 297-298.

Hausman PB, Weksler ME (1985) Changes in the immune response with age. In: Finch CE, Schneider

EL, eds. *Handbook of the biology of aging*, 2nd ed. New York, NY, Van Nostrand Reinhold, pp. 414-432.

Havarinasab S, Hultman P (2005) Organic mercury compounds and autoimmunity. *Autoimmunity Reviews*, 4 (5): 270-275.

Havarinasab S, Björn E, Nielsen JB, Hultman P (2007) Mercury species in lymphoid and non-lymphoid tissues after exposure to methyl mercury: correlation with autoimmune parameters during and after treatment in susceptible mice. *Toxicology and Applied Pharmacology*, 221 (1): 21-28.

Heederik D, Houba R (2001) An exploratory quantitative risk assessment for high molecular weight sensitizers: wheat flour. *Annals of Occupational Hygiene*, 45: 175-185.

Hegde VL, Hegde S, Cravatt BF, Hofseth LJ, Nagakatti M, Nagakatti PS (2008) Attenuation of experimental autoimmune hepatitis by exogenous and endogenous cannabinoids: involvement of regulatory T cells. *Molecular Pharmacology*, 74 (1): 20-33.

Heilmann C, Grandjean P, Weihe P, Nielsen F, Budtz-Jørgensen E (2006) Reduced antibody responses to vaccinations in children exposed to polychlorinated biphenyls. *PLoS Medicine*, 3: e311.

Heindel JJ, Cooper GS, Germolec DR, Selgrade MK, eds (1999) Linking environmental agents to autoimmune diseases. *Environmental Health Perspectives*, 107 (Suppl. 5): 659-813.

Hemdan NY, Lehmann I, Wichmann G, Lehmann J, Emmrich F, Sack U (2007) Immunomodulation by mercuric chloride in vitro: application of different cell activation pathways. *Clinical and Experimental Immunology*, 148: 325-337.

Hennig BJ, Fielding K, Broxholme J, Diatta M, Mendy M, Moore C, Pollard AJ, Rayco-Solon P, Sirugo G, Van der Sande MA, Waight P, Whittle HC, Zaman SM, Hill AV, Hall AJ (2008) Host genetic factors and vaccine-induced immunity to hepatitis B virus infection. *PLoS One*, 3 (3): e1898.

Hickman-Davis JM (2001) Implications of mouse genotype for phenotype. *News in Physiological Sciences*, 16: 19-22.

Hill AB (1965) The environment and disease: association or causation? *Proceedings of the Royal Society of Medicine*, 58: 295-300.

Hinton D (2000) US FDA "Redbook II" immunotoxicity testing guidelines and research in immunotoxicity evaluations of food, chemicals and new food proteins. *Toxicologic Pathology*, 28: 467-478.

Hirano T, Kodama S, Fujita K, Maeda K, Suzuki M (2007) Role of Toll-like receptor 4 in innate immune responses in a mouse model of acute otitis media. *FEMS Immunology and Medical Microbiology*, 49 (1): 75-83.

Hirsch F, Couderc J, Sapin C, Fournie G, Druet P (1982) Polyclonal effect of $HgCl_2$ in the rat, its possible role in an experimental autoimmune disease. *European Journal of Immunology*, 12: 620-625.

Hochstenbach K, Van Leeuwen DM, Gmuender H, Stolevik SB, Nygaard UC, Lovik M, Granum B, Namork E, Van Delft JHM, Van Loveren H (2010) Transcriptomic profile of immunotoxic exposure: in vitro studies in peripheral blood mononuclear cells. *Toxicological Sciences*, 118: 19-30.

Hogaboam JP, Moore AJ, Lawrence BP (2008) The aryl hydrocarbon receptor affects distinct tissue compartments during ontogeny of the immune system. *Toxicological Sciences*, 102 (1): 160-170.

Holladay SD (1999) Prenatal immunotoxicant exposure and postnatal autoimmune disease. *Environmental Health Perspectives*, 107 (Suppl. 5): 687-691.

Holladay SD (2005) *Developmental immunotoxicology*. Boca Raton, FL, CRC Press.

Holladay SD, Smialowicz RJ (2000) Development of the murine and human immune system: differential effects of immunotoxicants depend on time of exposure. *Environmental Health Perspectives*, 108 (Suppl. 3): 463-473.

Holladay SD, Lindstrom P, Blaylock BL, Comment CE, Germolec DR, Heindell JJ, Luster MI (1991) Perinatal thymocyte antigen expression and postnatal immune development altered by gestational exposure to tetrachlorodibenzo-*p*-dioxin (TCDD). *Teratology*, 44 (4): 385-393.

Holladay SD, Ehrich M, Gogal RM Jr (2005) Commentary on hormetic dose-response relationships in immunology: occurrence, quantitative features of the dose response, mechanistic foundations, and clinical implications. *Critical Reviews in Toxicology*, 35 (2-3): 299-302.

Holladay SD, Mustafa A, Gogal RM Jr (2011) Prenatal TCDD in mice increases adult autoimmunity. *Reproductive Toxicology*, 31 (3): 312-318.

Holsapple MP (2002) Autoimmunity by pesticides: a critical review of the state of the science. *Toxicology Letters*, 127 (1-3): 101-109.

Holsapple MP (2003) Developmental immunotoxicity testing: a review. *Toxicology*, 185 (3): 193-203.

Holsappple MP, West LJ, Landreth KS (2003) Species comparison of anatomical and functional immune system development. *Birth Defects Research. Part B, Developmental and Reproductive Toxicology*, 68 (4): 321-334.

Holsapple MP, Burns-Naas LA, Hastings KL, Ladics GS, Lavin AL, Makris SL, Yang Y, Luster MI (2005) A proposed testing framework for developmental immunotoxicology (DIT). *Toxicological Sciences*, 83 (1): 18-24.

Holvast B, Huckriede A, Kallenberg CG, Bijl M (2007) Influenza vaccination in systemic lupus erythematosus: safe and protective? *Autoimmunity Reviews*, 6: 300-305.

Horne C, Quintana PJE, Keown PA, Dimich-Ward H, Chan-Yeung M (2000) Distribution of HLA class II DQB1 alleles in patients with occupational asthma due to western red cedar. *European Respiratory Journal*, 15: 911-914 [cited in Mapp et al., 2005].

Hotchkiss AK, Rider CV, Blystone CR, Wilson VS, Hartig PC, Ankley GT, Foster PM, Gray CL, Gray LE (2008) Fifteen years after "Wingspread" —environmental endocrine disrupters and human and wildlife health: where we are today and where we need to go. *Toxicological Sciences*, 105 (2): 235-259.

Huang H, Patel DD, Manton KG (2005) The immune system in aging: roles of cytokines, T cells and NK cells. *Frontiers in Bioscience: a Journal and Virtual Library*, 10: 192-215.

Hudson CA, Cao L, Kasten-Jolly J, Kirkwood JN, Lawrence DA (2003) Susceptibility of lupus-prone NZM mouse strains to lead exacerbation of systemic lupus erythematosus symptoms. *Journal of Toxicology and Environmental Health. Part A*, 66: 895-918.

Hurtenbach U, Oberbarnscheidt J, Gleichmann E (1988) Modulation of murine T and B cell reactivity after short-term cadmium exposure in vivo. *Archives of Toxicology*, 62: 22-28.

Innis SM, Jacobson K (2007) Dietary lipids in early development and intestinal inflammatory disease. *Nutrition Reviews*, 65 (12 Pt 2): S188-193.

IPCS (1993) *Principles for evaluating chemical effects on the aged population*. Geneva, World Health Organization, International Programme on Chemical Safety (Environmental Health Criteria 144; http://www.inchem.org/documents/ehc/ehc/ehc144.htm).

IPCS (1994) *Assessing human health risks of chemicals: derivation of guidance values for health-*

based exposure limits. Geneva, World Health Organization, International Programme on Chemical Safety (Environmental Health Criteria 170; http://www.inchem.org/documents/ehc/ehc/ehc170.htm).

IPCS (1996) *Principles and methods for assessing direct immunotoxicity associated with exposure to chemicals*. Geneva, World Health Organization, International Programme on Chemical Safety (Environmental Health Criteria 180; http://www.inchem.org/documents/ehc/ehc/ehc180.htm).

IPCS (1999a) *Principles for the assessment of risks to human health from exposure to chemicals*. Geneva, World Health Organization, International Programme on Chemical Safety (Environmental Health Criteria 210; http://www.inchem.org/documents/ehc/ehc/ehc210.htm).

IPCS (1999b) *Principles and methods for assessing allergic hypersensitization associated with exposure to chemicals*. Geneva, World Health Organization, International Programme on Chemical Safety (Environmental Health Criteria 212; http://www.inchem.org/documents/ehc/ehc/ehc212.htm).

IPCS (2006a) *Principles and methods for assessing autoimmunity associated with exposure to chemicals*. Geneva, World Health Organization, International Programme on Chemical Safety (Environmental Health Criteria 236; http://www.who.int/ipcs/publications/ehc/ehc236.pdf).

IPCS (2006b) *Principles for evaluating health risks in children associated with exposure to chemicals*. Geneva, World Health Organization, International Programme on Chemical Safety (Environmental Health Criteria 237; http://www.who.int/entity/ipcs/publications/ehc/ehc237.pdf).

IPCS (2009) *Principles for modelling dose-response for the risk assessment of chemicals*. Geneva, World Health Organization, International Programme on Chemical Safety (Environmental Health Criteria 239; http://whqlibdoc.who.int/publications/2009/9789241572392_eng.pdf).

Izaks GJ, Remarque EJ, Becker SV, Westendorp RG (2003) Lymphocyte count and mortality risk in older persons. The Leiden 85-Plus Study. *Journal of the American Geriatrics Society*, 51 (10): 1461-1465.

Jaakkola JJ, Gissler M (2004) Maternal smoking in pregnancy, fetal development, and childhood asthma. *American Journal of Public Health*, 94 (1): 136-140.

Jacobson DL, Gange SJ, Rose NR, Graham NM (1997) Epidemiology and estimated population burden of selected autoimmune diseases in the United States. *Clinical Immunology and Immunopathology*, 84 (3): 223-243.

Jamil B, Nicholls K, Becker GJ, Walker RG (1999) Impact of acute rejection therapy on infections and malignancies in renal transplant recipients. *Transplantation*, 68 (10): 1597-1603.

Janssen NA, Brunekreef B, Van Vliet P, Aarts F, Meliefste K, Harssema H, Fischer P (2003) The relationship between air pollution from heavy traffic and allergic sensitization, bronchial hyperresponsiveness, and respiratory symptoms in Dutch schoolchildren. *Environmental Health Perspectives*, 111: 1512-1518.

Jerschow E, Hostynek JJ, Maibach HI (2001) Allergic contact dermatitis elicitation thresholds of potent allergens in humans. *Food and Chemical Toxicology*, 39: 1095-1108.

Johnson SA, Cambier JC (2004) Ageing, autoimmunity and arthritis: senescence of the B cell compartment— implications for humoral immunity. *Arthritis Research & Therapy*, 6 (4): 131-139.

Johnson VJ, Rosenberg AM, Lee K, Blakley BR (2002) Increased T-lymphocyte dependent antibody production in female SJL/J mice following exposure to commercial grade malathion. *Toxicology*, 170:

119-129.

Jones MG, Nielsen J, Welch J, Harris J, Welinder H, Bensryd I, Skerfving S, Welsh K, Venables KM, Taylor AN (2004) Association of HLA-DQ5 and HLA-DR1 with sensitisation to organic acid anhydrides. *Clinical and Experimental Allergy*, 34: 812-816 [cited in Mapp et al., 2005].

Jordan WP Jr, King SE (1977) Delayed hypersensitivity in females. The development of allergic contact dermatitis in females during the comparison of two predictive patch tests. *Contact Dermatitis*, 3: 19-26.

Jowsey IR, Basketter DA, Westmoreland C, Kimber I (2006) A future approach to measuring relative skin sensitising potency: a proposal. *Journal of Applied Toxicology*, 26: 341-350.

Julien E, Boobis AR, Olin SS, the ILSI Research Foundation Threshold Working Group (2009) The key events dose-response framework: a cross-disciplinary mode-of-action based approach to examining dose-response and thresholds. *Critical Reviews in Food Science and Nutrition*, 49: 682-689.

Jung KK, Kim SY, Kim TG, Kang JH, Kang SY, Cho JY, Kim SH (2007) Differential regulation of thyroid hormone receptor-mediated function by endocrine disruptors. *Archives of Pharmacal Research*, 30: 616-623.

Kalland T (1980) Reduced natural killer activity in female mice after neonatal exposure to diethylstilbestrol. *Journal of Immunology*, 124 (3): 1297-1300.

Kalland T (1984) Exposure of neonatal female mice to diethylstilbestrol persistently impairs NK activity through reduction of effector cells at the bone marrow level. *Immunopharmacology*, 7 (2): 127-134.

Kalland T, Forsberg JG (1980) Permanent inhibition of capping of spleen lymphocytes from neonatally oestrogen-treated female mice. *Immunology*, 39 (2): 281-284.

Kamb ML, Murphy JJ, Jones JL, Caston JC, Nederlof K, Horney LF, Swygert LA, Falk H, Kilbourne EM (1992) Eosinophilia-myalgia syndrome in L-tryptophan-exposed patients. *JAMA: the Journal of the American Medical Association*, 267 (1): 77-82.

Kang J, Huddleston SJ, Fraser JM, Khoruts A (2008) De novo induction of antigen-specific CD4+ CD25+Foxp3+ regulatory T cells in vivo following systemic antigen administration accompanied by blockade of mTOR. *Journal of Leukocyte Biology*, 83 (5): 1230-1239.

Karmaus W, Kuehr J, Kruse H (2001) Infections and atopic disorders in childhood and organochlorine exposure. *Archives of Environmental Health*, 56 (6): 485-492.

Karol MH (1980) Study of guinea pig and human antibodies to toluene diisocyanate. *American Review of Respiratory Disease*, 122: 965-970 [cited in Arts et al., 2006].

Karol MH (1983) Concentration-dependent immunologic response to toluene diisocyanate (TDI) following inhalationexposure. *Toxicology and Applied Pharmacology*, 68: 229-241 [cited in Arts et al., 2006].

Karrow NA, Guo TL, Delclos KB, Newbold RR, Weis C, Germolec DR, White KL Jr, McCay JA (2004) Nonylphenol alters the activity of splenic NK cells and the numbers of leukocyte subpopulations in Sprague-Dawley rats: a two-generation feeding study. *Toxicology*, 196 (3): 237-245.

Kasl SV, Evans AS, Niederman JC (1979) Psychosocial risk factors in the development of infectious mononucleosis. *Psychosomatic Medicine*, 41 (6): 445-466.

Kaufman LD, Krupp LB (1995) Eosinophilia-myalgia syndrome, toxic-oil syndrome, and diffuse fasciitis with eosinophilia. *Current Opinion in Rheumatology*, 7 (6): 560-567.

Kavukçu S, Soylu A, Sarioğlu S, Türkmen M, Küpelioğlu A, Pekçetin C, Güre A (1997) IgA nephropathy in mice following repeated administration of conjugated *Haemophilus influenzae* type B vaccine (PRP-T). *Tokai Journal of Experimental and Clinical Medicine*, 22: 167-174.

Kawabata TT, Babcock LS, Horn PA (1996) Specific IgE and IgG1 responses to subtilisin Carlsberg (Alcalase) in mice: development of an intratracheal exposure model. *Fundamental and Applied Toxicology*, 29: 238-243.

Khakoo A, Lack G (2004) Preventing food allergy. *Current Allergy and Asthma Reports*, 4 (1): 36-42.

Kiecolt-Glaser JK, Glaser R, Strain EC, Stout JC, Tarr KL, Holliday JE, Speicher CE (1986) Modulation of cellular immunity in medical students. *Journal of Behavioral Medicine*, 9 (1): 5-21.

Kiecolt-Glaser JK, Glaser R, Shuttleworth EC, Dyer CS, Ogrocki P, Speicher CE (1987) Chronic stress and immunity in family caregivers of Alzheimer's disease victims. *Psychosomatic Medicine*, 49 (5): 523-535.

Kiecolt-Glaser JK, Glaser R, Gravenstein S, Malarkey WB, Sheridan J (1996) Chronic stress alters the immune response to influenza virus vaccine in older adults. *Proceedings of the National Academy of Sciences of the United States of America*, 93 (7): 3043-3047.

Kiecolt-Glaser JK, McGuire L, Robles TF, Glaser R (2002) Psychoneuroimmunology: psychological influences on immune function and health. *Journal of Consulting and Clinical Psychology*, 70 (3): 537-547.

Kieszko R, Krawczyk P, Chocholska S, Bojarska-Junak A, Jankowska O, Krol A, Rolonski J, Milanowski J (2007) Tumor necrosis factor receptors (TNFRs) on T lymphocytes and soluble TNFRs in different clinical courses of sarcoidosis. *Respiratory Medicine*, 101 (3): 645-654.

Kimbell JS, Godo MN, Gross EA, Joyner DR, Richardson RB, Morgan KT (1997) Computer simulation of inspiratory airflow in all regions of the F344 rat nasal passages. *Toxicology and Applied Pharmacology*, 145 (2): 388-398.

Kimber I, Dearman RJ (2002) Immune responses: adverse versus non-adverse effects. *Toxicologic Pathology*, 30 (1): 54-58.

Kimber I, Basketter DA, Butler M, Gamer A, Garrigue JL, Gerberick GF, Newsome C, Steiling W, Vohr HW (2003) Classification of contact allergens according to potency: proposals. *Food and Chemical Toxicology*, 41: 1799-1809.

Kimber I, Dearman RJ, Basketter DA, Ryan CA, Gerberick GF, McNamee PM, Lalko J, Api AM (2008) Dose metrics in the acquisition of skin sensitization: thresholds and importance of dose per unit area. *Regulatory Toxicology and Pharmacology*, 52: 39-45.

Kishikawa H, Song R, Lawrence DA (1997) Interleukin-12 promotes enhanced resistance to *Listeria monocytogenes* infection of lead-exposed mice. *Toxicology and Applied Pharmacology*, 147: 180-189.

Kligman AM (1966) The identification of contact allergens by human assay. II. Factors influencing the induction and measurement of allergic contact dermatitis. *Journal of Investigative Dermatology*, 47: 375-392.

Klimas NG, Koneru AO (2007) Chronic fatigue syndrome: inflammation, immune function, and neuroendocrine interactions. *Current Rheumatology Reports*, 9 (6): 482-487.

Koller LD (2001) A perspective on the progression of immunotoxicology. *Toxicology*, 160 (1-3): 105-110.

Koller LD, Exon JH, Roan JG (1976) Humoral antibody response in mice after single dose exposure to lead or cadmium. *Proceedings of the Society of Experimental Biology and Medicine*, 151: 339-342.

Krassas GE, Wiersinga W (2006) Smoking and autoimmune thyroid disease: the plot thickens. *European Journal of Endocrinology*, 154 (6): 777-780.

Kretschmer K, Apostolou I, Verginis P, Von Boehmer H (2008) Regulatory T cells and antigen-specific tolerance. *Chemical Immunology and Allergy*, 94: 8-15.

Kroes R, Galli C, Munro I, Schilter B, Tran L, Walker R, Wurtzen G (2000) Threshold of toxicological concern for chemical substances present in the diet: a practical tool for assessing the need for toxicity testing. *Food and Chemical Toxicology*, 38 (2-3): 255-312.

Kroes R, Renwick AG, Cheeseman M, Kleiner J, Mangelsdorf I, Piersma A, Schilter B, Schlatter J, Van Schothorst F, Vos JG, Wurtzen G (2004) Structure-based thresholds of toxicological concern (TTC): guidance for application to substances present at low levels in the diet. *Food and Chemical Toxicology*, 42: 65-83.

Kroneld U, Halse AK, Jonsson R, Bremell T, Tarkowki A, Carlsten H (1997) Differential immunological aberrations in patients with primary and secondary Sjogren syndrome. *Scandinavian Journal of Immunology*, 45 (6): 698-705.

Kruizinga AG, Briggs D, Crevel RWR, Knulst AC, Van den Bosch LMC, Houben GF (2008) Probabilistic risk assessment model for allergens in food: sensitivity analysis of the minimum eliciting dose and food consumption. *Food and Chemical Toxicology*, 46: 1437-1443.

Kumar R, Burns EA (2008) Age-related decline in immunity: implications for vaccine responsiveness. *Expert Review of Vaccines*, 7 (4): 467-479.

Kureja A, Maclaren NK (2002) NKT cells and type 1 diabetes and the "hygiene hypothesis" to explain the rising incidence rates. *Diabetes Technology & Therapeutics*, 4 (3): 323-333.

Ladics GS, Loveless SE (2005) Commentary on hormetic dose-response relationships in immunology: occurrence, quantitative features of the dose response, mechanistic foundations, and clinical implications. *Critical Reviews in Toxicology*, 35 (2-3): 303-304.

Ladics GS, Chapin RE, Hastings KL, Holsapple MP, Makris SL, Sheets LP, Woolhiser MR, Burns-Naas LA (2005) Developmental toxicology evaluations—issues with including neurotoxicology and immunotoxicology assessments in reproductive toxicology studies. *Toxicological Sciences*, 88 (1): 24-29.

Landreth KS (2002) Critical windows in development of the rodent immune system. *Human & Experimental Toxicology*, 21 (9-10): 493-498.

Langley RJ, Kalra R, Mishra NC, Hahn FF, Razani-Boroujerdi S, Singh SP, Benson JM, Peña-Philippides JC, Barr EB, Sopori ML (2004) A biphasic response to silica: I. Immunostimulation is restricted to the early stage of silicosis in Lewis rats. *American Journal of Respiratory Cell and Molecular Biology*, 30: 823-829.

Lankveld DPK, Van Loveren H, Baken KA, Vandebriel RJ (2010) In vitro testing for direct immunotoxicity: state of the art. *Methods in Molecular Biology*, 598: 401-423.

Lawrence DA, McCabe MJ Jr (2002) Immunomodulation by metals. *International Immunopharmacology*, 2: 293-302.

Lawson DH, Lovatt GE, Gurton CS, Hennings RC (1984) Adverse effects of azathioprine. *Adverse Drug Reactions and Acute Poisoning Reviews*, 3 (3): 161-171.

Lee AN, Werth VP (2004) Activation of autoimmunity following use of immunostimulatory herbal supplements. *Archives of Dermatology*, 140: 723-727.

Lee TJ, Chun JK, Yeon SI, Shin JS, Kim DS (2007) Increased serum levels of macrophage migration inhibitory factor in patients with Kawasaki disease. *Scandinavian Journal of Rheumatology*, 36 (3): 222-225.

Leffel EK, Wolf C, Poklis A, White LK Jr (2003) Drinking water exposure to cadmium, an environmental contaminant, results in the exacerbation of autoimmune disease in a murine model. *Toxicology*, 188: 222-250.

Leibnitz R (2005) Development of the human immune system. In: Holladay SD, ed. *Developmental immunotoxicology*. Boca Raton, FL, CRC Press, pp. 21-42.

Lerner A (2007) Aluminum is a potential environmental factor for Crohn's disease induction: extended hypothesis. *Annals of the New York Academy of Sciences*, 1107: 329-345.

Lewis J (1995) Isolation of alveolar macrophages, peritoneal macrophages, and Kupffer cells. In: Burleson GR, Dean JH, Munson AE, eds. *Methods in immunotoxicology*. Vol. 2. New York, NY, Wiley-Liss, pp. 15-38.

Li MO, Flavell RA (2008) Contextual regulation of inflammation: a duet by transforming growth factor-beta and interleukin-10. *Immunity*, 28 (4): 468-476.

Liu B (2006) Modulation of microglial pro-inflammatory and neurotoxic activity for the treatment of Parkinson's disease. *AAPS Journal*, 8 (3): E606-621.

Loftus EV Jr (2004) Clinical epidemiology of inflammatory bowel disease: incidence, prevalence, and environmental influences. *Gastroenterology*, 126: 1504-1517.

Lorusso L, Mikhaylova SV, Capelli E, Ferrari D, Ngonda GK, Ricevuti G (2009) Immunological aspects of chronic fatigue syndrome. *Autoimmunity Reviews*, 8 (4): 287-291.

Lucas JS, Grimshaw KE, Collins K, Warner JO, Hourihane JO (2004) Kiwi fruit is a significant allergen and is associated with differing patterns of reactivity in children and adults. *Clinical and Experimental Allergy*, 34 (7): 1115-1121.

Luebke RW (1995) Assessment of host resistance to infection with rodent malaria. In: Burleson GR, Dean JH, Munson AE, eds. *Methods in immunotoxicology*. Vol. 2. New York, NY, Wiley-Liss, pp. 221-242.

Luebke R (2002) Pesticide-induced immunotoxicity: are humans at risk? *Human and Ecological Risk Assessment*, 8 (2): 293-303.

Luebke RW, Copeland CB, Diliberto JJ, Akubue PI, Andrews DL, Riddle MM, Williams WC, Birnbaum LS (1994) Assessment of host resistance to *Trichinella spiralis* in mice following preinfection exposure to 2, 3, 7, 8-TCDD. *Toxicology and Applied Pharmacology*, 125 (1): 7-16.

Luebke RW, Copeland CB, Andrews DL (1995) Host resistance to *Trichinella spiralis* infection in rats exposed to 2, 3, 7, 8-tetrachlorodibenzo-*p*-dioxin (TCDD). *Fundamental and Applied Toxicology*, 24 (2): 285-289.

Luebke RW, Copeland CB, Bishop LR, Daniels MJ, Gilmour MI (2002) Mortality in dioxin-exposed mice infected with influenza: mitochondrial toxicity (Reye's-like syndrome) versus enhanced inflammation as the mode of action. *Toxicological Sciences*, 69 (1): 109-116.

Luebke RW, Parks C, Luster MI (2004) Suppression of immune function and susceptibility to infections in humans: association of immune function with clinical disease. *Journal of Immunotoxicology*, 1:

15-24.

Luebke RW, Chen DH, Dietert RR, Yang Y, King M, Luster MI (2006a) The comparative immunotoxicity of five selected compounds following developmental or adult exposure. *Journal of Toxicology and Environmental Health. Part B, Critical Reviews*, 9: 1-26.

Luebke RW, Holsapple MP, Ladics GS, Luster MI, Selgrade M, Smialowicz RJ, Wollhiser MR, Germolec DR (2006b) Immunotoxicogenomics: the potential of genomics technology in the immunotoxicity risk assessment process. *Toxicological Sciences*, 94 (1): 22-27.

Luster MI, Faith RE, McLachlan JA, Clark G (1980a) Immunological effects following in utero exposure to diethylstilbestrol in mice. In: Asher IM, ed. *Inadvertent modification of the immune response: the effects of foods, drugs, and environmental contaminants*. Proceedings of the Fourth FDA Science Symposium held at the United States Naval Academy, 28-30 August 1978. Rockville, MD, United States Department of Health and Human Services, Food and Drug Administration, pp. 263-267.

Luster MI, Boorman GA, Dean JH, Harris MW, Luebke RW, Padarathsingh ML, Moore JA (1980b) Examination of bone marrow, immunologic parameters and host susceptibility following pre- and postnatal exposure to 2, 3, 7, 8-tetrachlorodibenzo-p-dioxin (TCDD). *International Journal of Immunopharmacology*, 2 (4): 301-310.

Luster MI, Munson AE, Thomas PT, Holsapple MP, Fenters JD, White KL Jr, Lauer LD, Germolec DR, Rosenthal GJ, Dean JH (1988) Development of a testing battery to assess chemical-induced immunotoxicity: National Toxicology Program's guidelines for immunotoxicity evaluation in mice. *Fundamental and Applied Toxicology*, 10 (1): 2-19.

Luster MI, Portier C, Pait DG, White KL Jr, Gennings C, Munson AE, Rosenthal GJ (1992) Risk assessment in immunotoxicology. I. Sensitivity and predictability of immune tests. *Fundamental and Applied Toxicology*, 18 (2): 200-210.

Luster MI, Portier C, Pait DG, Rosenthal GJ, GermolecDR, Corsini E, Blaylock BL, Pollock P, Kouchi Y, Craig W, White KL, Munson AE, Comment CE (1993) Risk assessment in immunotoxicology. II. Relationships between immune and host resistance tests. *Fundamental and Applied Toxicology*, 21 (1): 71-82.

Luster MI, Simeonova PP, Gallucci R, Matheson J (1999) Autoimmunity and risk assessment. *Environmental Health Perspectives*, 107 (Suppl. 5): 679-680.

Luster MI, Dean JH, Germolec DR (2003) Consensus workshop on methods to evaluate developmental immunotoxicity. *Environmental Health Perspectives*, 111 (4): 579-583.

Luster MI, Germolec DR, Parks CG, Blanciforti L, Kashon M, Luebke R (2004) Associating changes in the immune system with clinical diseases for interpretation in risk assessment. In: Maines M, Costa L, Reed D, Hodgson E, eds. *Current protocols in toxicology*. New York, NY, John Wiley & Sons, pp. 18. 1. 1-18. 1. 20.

Luster MI, Germolec DR, Parks CG, Blanciforti L, Kashon M, Luebke RW (2005a) Are changes in the immune system predictive of clinical diseases? In: TryphonasH, Fournier M, Blakley BR, Smits JE, Brousseau P, eds. *Investigative immunotoxicology*. New York, NY, Taylor & Francis, pp. 165-182.

Luster MI, Johnson VJ, Yucesoy B, Simeonova PP (2005b) Biomarkers to assess potential developmental immunotoxicity in children. *Toxicology and Applied Pharmacology*, 206 (2): 229-236.

MacArthur AC, McBride ML, Spinelli J, Tamaro S, Gallagher RP, Theriault G (2008) Risk of childhood leukemia associated with parental smoking and alcohol consumption prior to conception and during pregnancy: the cross-Canada childhood leukemia study. *Cancer Causes & Control*, 19 (3): 283-295.

Madsen C, Claesson MH, Röpke C (1996) Immunotoxicity of the pyrethroid insecticides deltamethrin and alpha-cypermethrin. *Toxicology*, 107: 219-227.

Madsen CB, Hattersley S, Buck J, Gendel SM, Houben GF, Hourihane JO, Mackie A, Mills ENC, Nørhede P, Taylor SL, Crevel RWR (2009) Approaches to risk assessment in food allergy: report from a workshop "Developing a framework for assessing the risk from allergenic foods". *Food and Chemical Toxicology*, 47: 480-489.

Magnusson B, Kligman AM (1970) *Allergic contact dermatitis in the guinea pig*. Springfield, IL, C. C. Thomas, pp. 50-56.

Malavé I, De Ruffino DT (1984) Altered immune response during cadmium administration in mice. *Toxicology and Applied Pharmacology*, 74: 46-56.

Malo JL, Chan-Yeung M (2009) Agents causing occupational asthma. *Journal of Allergy and Clinical Immunology*, 123 (3): 545-550.

Mapp CE, Beghè B, Balboni A, Zamorani G, Padoan M, Jovine L, Baricordi OR, Fabbri LM (2000) Association between HLA genes and susceptibility to toluene diisocyanate-induced asthma. *Clinical and Experimental Allergy*, 30: 651-656 [cited in Mapp et al., 2005].

Mapp CE, Boschetto P, Maestrelli P, Fabbri LM (2005) Occupational asthma. *American Journal of Respiratory and Critical Care Medicine*, 172 (3): 280-305.

Marshall NB, Vorachek WR, Steppan LB, Mourich DV, Kerkvliet NI (2008) Functional characterization and gene expression analysis of CD4+CD25+ regulatory T cells generated in mice treated with 2, 3, 7, 8-tetrachlorodibenzo-p-dioxin. *Journal of Immunology*, 181 (4): 2382-2391.

Marti GE, Zenger VE, Vogt R, Gaigalas A (2002) Quantitative flow cytometry: history, practice, theory, consensus, inter-laboratory variation and present status. *Cytotherapy*, 4 (1): 97-98.

Masubuchi Y, Horie T (2007) Toxicological significance of mechanism-based inactivation of cytochrome P450 enzymes by drugs. *Critical Reviews in Toxicology*, 37: 389-412.

Matheson JM, Johnson VJ, Vallyathan V, Luster MI (2005) Exposure and immunological determinants in a murine model for toluene diisocyanate (TDI) asthma. *Toxicological Sciences*, 84 (1): 88-98.

Mauri C, Ehrenstein MR (2008) The "short" history of regulatory B cells. *Trends in Immunology*, 29 (1): 34-40.

Maxwell G, Aeby P, Ashikaga T, Bessou-Touya S, Diembeck W, Gerberick F, Kern P, Marrec-Fairley M, Ovigne JM, Sakaguchi H, Schroeder K, Tailhardat M, Teissier S, Winkler P (2011) Skin sensitisation: the Colipa strategy for developing and evaluating non-animal test methods for risk assessment. *Alternatives to Animal Experimentation (ALTEX)*, 28: 50-55.

McCabe MJ Jr, Lawrence DA (1991) Lead, a major environmental pollutant, is immunomodulatory by its differential effects on CD4+ T cells subsets. *Toxicology and Applied Pharmacology*, 111: 13-23.

McNamee PM, Api AM, Basketter DA, Gerberick GF, Gilpin DA, Hall BM, Jowsey I, Robinson MK (2008) A review of critical factors in the conduct and interpretation of the human repeat insult patch test. *Regulatory Toxicology and Pharmacology*, 52: 24-34.

Meek ME, Renwick A, Ohanian E, Dourson M, Lake B, Naumann BD, Vu V (2002) Guidelines for application of chemical-specific adjustment factors in dose/concentration-response assessment. *Toxi-*

cology, 181-182: 115-120.

Meek ME, Renwick A, Sonich-Mullin C (2003) Practical application of kinetic data in risk assessment—an IPCS initiative. *Toxicology Letters*, 138 (1-2): 151-160.

Meera P, Rao PR, Shanker R, Tripathi O (1992) Immunomodulatory effects of gamma-HCH (lindane) in mice. *Immunopharmacology and Immunotoxicology*, 14: 261-282.

Merget R, Kulzer R, Dierkes-Globisch A, Breitstadt R, Gebler A, Kniffka A, Artelt S, Koenig HP, Alt F, Vormberg R, Baur X, Schultze-Werninghaus G (2000) Exposure-effect relationship of platinum salt allergy in a catalyst production plant: conclusions from a 5-year prospective cohort study. *Journal of Allergy and Clinical Immunology*, 105 (2 Pt 1): 364-370.

Meyer U, Nyffeler M, Yee BK, Knuesel I, Feldon J (2008) Adult brain and behavioral pathological markers of prenatal immune challenge during early/middle and late fetal development in mice. *Brain, Behavior, and Immunity*, 22 (4): 469-486.

Michielsen CC, Van Loveren H, Vos JG (1999) The role of the immune system in hexachlorobenzene-induced toxicity. *Environmental Health Perspectives*, 107 (Suppl. 5): 783-792.

Miller FW (2006) Noninfectious environmental agents and autoimmunity. In: Rose NR, Mackay IR, eds. *The autoimmune diseases*. St. Louis, MO, Elsevier, pp. 297-307.

Miller FW, Hess EV, Clauw DJ, Hertzman PA, Pincus T, Silver RM, Mayes MD, Varga J, Medsger TA Jr, Love LA (2000) Approaches for identifying and defining environmentally associated rheumatic disorders. *Arthritis and Rheumatism*, 43 (2): 243-249.

Miller RA (1996) Aging and the immune response. In: Schneider EL, Rowe JW, eds. *Handbook of the biology of aging*, 4th ed. San Diego, CA, Academic Press, pp. 355-392.

Miller TE, Golemboski KA, Ha RS, Bunn T, Sander FS, Dietert RR (1998) Developmental exposure to lead causes persistent immunotoxicity in Fischer 344 rats. *Toxicological Sciences*, 42 (2): 129-135.

Mitchell K, Lawrence BP (2003) Exposure to 2, 3, 7, 8-tetrachlorodibenzo-*p*-dioxin (TCDD) renders influenza virus-specific $CD8^+$ T cells hyporesponsive to antigen. *Toxicological Sciences*, 74: 74-84.

Molloy EJ, O'Neill AJ, Grantham-Sloan JJ, Webb DW, Watson RW (2008) Maternal and neonatal lipopolysaccharide and Fas responses are altered by antenatal risk factors for sepsis. *Clinical and Experimental Immunology*, 151 (2): 244-250.

Moneret-Vautrin DA, Morisset M (2005) Adult food allergy. *Current Allergy and Asthma Reports*, 5 (1): 80-85.

Mor G, Singla M, Steinberg AD, Hoffman SL, Okuda K, Klinman DM (1997) Do DNA vaccines induce autoimmune disease? *Human Gene Therapy*, 8: 293-300.

Morisset M, Moneret-Vautrin DA, Kanny G, Guénard L, Beaudouin E, Flabbée J, Hatahet R (2003) Thresholds of clinical reactivity to milk, egg, peanut and sesame in immunoglobulin E-dependent allergies: evaluation by double-blind or single-blind placebo-controlled oral challenges. *Clinical and Experimental Allergy*, 33: 1046-1051.

Morris JG Jr, Potter M (1997) Emergence of new pathogens as a function of changes in host susceptibility. *Emerging Infectious Diseases*, 3 (4): 435-441.

Moss C, Friedmann PS, Shuster S, Simpson JM (1985) Susceptibility and amplification of sensitivity in contact dermatitis. *Clinical and Experimental Immunology*, 61: 232-241.

Mudzinski SP, Rudofsky UH, Mitchell DG, Lawrence DA (1986) Analysis of lead effects on in vivo antibody-mediated immunity in several mouse strains. *Toxicology and Applied Pharmacology*, 83: 321-330.

Muller N (2008) Inflammation and the glutamate system in schizophrenia: implications for therapeutic targets and drug development. *Expert Opinion on Therapeutic Targets*, 12 (12): 1497-1507.

Munro IC, Renwick AG, Danielewska-Nikiel B (2008) The threshold of toxicological concern (TTC) in risk assessment. *Toxicology Letters*, 180 (2): 151-156.

Murphy KM, Travers P, Walport M (2008) *Janeway's immunobiology*, 7th rev. ed. London, Taylor & Francis.

Mustafa A, Holladay SD, Goff M, Witonsky SG, Kerr R, Reilly CM, Sponenberg DP, Gogal RM Jr (2008) An enhanced postnatal autoimmune profile in 24 week-old C57BL/6 mice developmentally exposed to TCDD. *Toxicology and Applied Pharmacology*, 232 (1): 51-59.

Naeher D, Daniels MA, Hausmann B, Guillaume P, Luescher I, Palmer E (2007) A constant affinity threshold for T cell tolerance. *Journal of Experimental Medicine*, 204 (11): 2553-2559.

National Heart, Lung and Blood Institute (2007) *Expert Panel Report 3: Guidelines for the diagnosis and management of asthma*. United States Department of Health and Human Services, National Institutes of Health, National Heart, Lung and Blood Institute, National Asthma Education and Prevention Program (http:// www. nhlbi. nih. gov/guidelines/asthma/asthgdln. pdf).

Natsch A, Gfeller H, Rothaupt M, Ellis G (2007) Utility and limitations of a peptide reactivity assay to predict fragrance allergens in vitro. *Toxicology In Vitro*, 21: 1220-1226.

Natsch A, Emter R, Ellis G (2009) Filling the concept with data: integrating data from different in vitro and in silico assays on skin sensitizers to explore the battery approach for animal-free skin sensitization testing. *Toxicological Sciences*, 107: 106-121.

Natsch A, Bauch C, Foertsch L, Gerberick F, Norman K, Hilberer A, Inglis H, LandsiedelR, Onken S, Reuter H, Schepky A, Emter R (2011) The intra- and inter-laboratory reproducibility and predictivity of the KeratinoSens assay to predict skin sensitizers in vitro: results of a ring-study in five laboratories. *Toxicology in Vitro*, 25: 733-744.

NCDENR (undated) *Summary of the toxicity assessment of toluene diisocyanate conducted by the Secretary's Scientific Advisory Board on Toxic Air Pollutants*. Raleigh, NC, North Carolina Department of Environment and Natural Resources, Division of Air Quality (http://daq. state. nc. us/toxics/risk/sab/ra/tdisumm. shtml).

Neldon DL, Lange RW, Rosenthal GJ, Comment CE, Burleson GR (1995) Macrophage nonspecific phagocytosis assays. In: Burleson GR, Dean JH, Munson AE, eds. *Methods in immunotoxicology*. Vol. 2. New York, NY, Wiley-Liss, pp. 39-57.

Nethercott J, Paustenbach D, Adams R, Fowler J, Marks J, Morton C, Taylor J, Horowitz S, Finley B (1994) A study of chromium induced allergic contact dermatitis with 54 volunteers: implications for environmental risk assessment. *Occupational and Environmental Medicine*, 51: 371-380.

Neuman MG (2007) Immune dysfunction and inflammatory bowel disease. *Translational Research*, 149 (4): 173-186.

Neumann HA, Fauser AA (1982) Effect of interferon on pluripotent hemopoietic progenitors (CFU-GEMM) derived from human bone marrow. *Experimental Hematology*, 10 (7): 587-590.

Ng SP, Zelikoff JT (2007) Smoking during pregnancy: subsequent effects on offspring immune competence and disease vulnerability in later life. *Reproductive Toxicology*, 23 (3): 428-437.

Ng SP, Silverstone AE, Lai ZW, Zelikoff JT (2006) Effects of prenatal exposure to cigarette smoke on offspring tumor susceptibility and associated immune mechanisms. *Toxicological Sciences*, 89 (1): 135-144.

Nicolls MR, Haskins K, Flores SC (2007) Oxidant stress, immune dysregulation, and vascular function in type 1 diabetes. *Antioxidants & Redox Signaling*, 9 (7): 879-889.

Nijs J, Fremont M (2008) Intracellular immune dysfunction in myalgic encephalomyelitis/chronic fatigue syndrome: state of the art and therapeutic implications. *Expert Opinion on Therapeutic Targets*, 12 (3): 281-289.

Noller KL, Blair PB, O'Brien PC, Melton LJ 3rd, Offord JR, Kaufman RH, Colton T (1988) Increased occurrence of autoimmune disease among women exposed in utero to diethylstilbestrol. *Fertility and Sterility*, 49 (6): 1080-1082.

Noroski LM, Shearer WT (1998) Screening for primary immunodeficiencies in the clinical immunology laboratory. *Clinical Immunology and Immunopathology*, 86 (3): 237-245.

Oberdörster G, Bunn W, Driscoll K, Graham J, Harkema J, Phalen R, Pauluhn J, Nemery B (1998) White paper on respiratory toxicity research. In: *State of the science white papers*. Chemical Manufacturers Association and Chemical Industry Institute of Toxicology, pp. 159-182.

Ochs L, Shu XO, Miller J, Enright H, Wagner J, Filipovich A, Miller W, Weisdorf D (1995) Late infections after allogeneic bone marrow transplantations: comparison of incidence in related and unrelated donor transplant recipients. *Blood*, 86 (10): 3979-3986.

Odio M, Friedlander SF (2000) Diaper dermatitis and advances in diaper technology. *Current Opinions in Pediatrics*, 12 (4): 342-346.

OEHHA (2000) *Chronic toxicity summary—phthalic anhydride*. Sacramento, CA, California Environmental Protection Agency, Office of Environmental Health Hazard Assessment (http://www.oehha.org/air/chronic_rels/pdf/85449.pdf).

OEHHA (2001) *Chronic toxicity summary—beryllium and beryllium compounds*. Sacramento, CA, California Environmental Protection Agency, Office of Environmental Health Hazard Assessment (http://www.oehha.org/air/chronic_rels/pdf/berylliumandcomp.pdf).

Ohsawa M, Sato K, Takahashi K, Ochi T (1983) Modified distribution of lymphocyte subpopulation in blood and spleen from mice exposed to cadmium. *Toxicology Letters*, 19 (1-2): 29-35.

Ohsawa M, Takahashi K, Otsuka F (1988) Induction of anti-nuclear antibodies in mice orally exposed to cadmium at low concentrations. *Clinical and Experimental Immunology*, 73: 98-102.

Olson H, Betton G, Robinson D, Thomas K, Monro A, Kolaja G, Lilly P, Sanders J, Sipes G, Bracken W, Dorato M, Van Deun K, Smith P, Berger B, Heller A (2000) Concordance of the toxicity of pharmaceuticals in humans and animals. *Regulatory Toxicology and Pharmacology*, 32: 56-67.

Orbach H, Shoenfeld Y (2007) Hyperprolactinemia and autoimmune diseases. *Autoimmunity Reviews*, 6: 537-542.

Ortega HG, Lopez M, Salvaggio JE, Reimers R, Hsiao-Lin C, Bollinger JE, George W (1997) Lymphocyte proliferative response and tissue distribution of methylmercury sulfide and chloride in exposed rats. *Journal of Toxicology and Environmental Health. Part B, Critical Reviews*, 50 (6): 605-616.

Osman AM, Van Kol S, Peijnenburg A, Blokland A, Pennings JLA, Kleinjans JCS, Van Loveren H (2009) Proteomic analysis of mouse thymoma EL4 cells treated with bis (tri-*n*-butyltin) oxide (TB-

TO). *Journal of Immunotoxicology*, 6: 174-183.

Osman AM, Pennings JLA, Blokland M, Peijnenburg A, Van Loveren H (2010) Protein expression profiling of mouse thymoma cells upon exposure to the trichothecene deoxynivalenol (DON): implications for its mechanism of action. *Journal of Immunotoxicology*, 7 (3): 147-156.

Ovsyannikova IG, Jacobson RM, Dhiman N, Vierkant RA, Pankratz VS, Poland GA (2008) Human leukocyte antigen and cytokine receptor gene polymorphisms associated with heterogeneous immune responses to mumps viral vaccine. *Pediatrics*, 121 (5): e1091-e1099.

Palinski W, Yamashita T, Freigang S, Napoli C (2007) Developmental programming: maternal hypercholesterolemia and immunity influence susceptibility to atherosclerosis. *Nutrition Reviews*, 65 (12 Pt 2): S182-187.

Parish IA, Heath WR (2008) Too dangerous to ignore: self-tolerance and the control of ignorant autoreactive T cells. *Immunology and Cell Biology*, 86 (2): 146-152.

Park HS, Kim HY, Nahm DH, Son JW, Kim YY (1999) Specific IgG, but not specific IgE, antibodies to toluene diisocyanate-human serum albumin conjugate are associated with toluene diisocyanate bronchoprovocation test results. *Journal of Allergy and Clinical Immunology*, 104: 847-851.

Parks CG, Conrad K, Cooper GS (1999) Occupational exposure to crystalline silica and autoimmune disease. *Environmental Health Perspectives*, 107 (Suppl. 5): 793-802.

Parks CG, Andrew ME, Blanciforti LA, Luster MI (2007) Variation in the WBC differential count and other factors associated with reporting of herpes labialis: a population-based study of adults. *FEMS Immunology and Medical Microbiology*, 51 (2): 336-343.

Patriarca PA (1994) A randomized controlled trial of influenza vaccine in the elderly. Scientific scrutiny and ethicalresponsibility. *JAMA: the Journal of the American Medical Association*, 272 (21): 1700-1701.

Pauluhn J (2008) Brown Norway rat asthma model of diphenylmethane-4, 4'-diisocyanate (MDI): impact of vehicle for topical induction. *Regulatory Toxicology and Pharmacology*, 50: 144-154.

Pauluhn J, Mohr U (1994) Assessment of respiratory hypersensitivity in guinea-pigs sensitized to diphenylmethane-4, 4'-diisocyanate (MDI) and challenged with MDI, acetylcholine or MDI-albumin conjugate. *Toxicologist*, 92: 53-74 [cited in Arts et al., 2006].

Pauluhn J, Poole A (2011) Brown Norway rat asthma model of diphenylmethane-4, 4'-diisocyanate (MDI): determination of the elicitation threshold concentration of after inhalation sensitization. *Toxicology*, 281: 15-24.

Pelekis M, Krishnan K (2004) Magnitude and mechanistic determinants of the interspecies toxicokinetic uncertainty factor for organic chemicals. *Regulatory Toxicology and Pharmacology*, 40 (3): 264-271.

Pelletier L, Pasquier R, Guettier C, Vial MC, Mandet C, Nochy D, Bazin H, Druet P (1988) $HgCl_2$ induces T and B cells to proliferate and differentiate in BN rats. *Clinical and Experimental Immunology*, 71: 336-342.

Penn I (2000) Post-transplant malignancy: the role of immunosuppression. *Drug Safety*, 23 (2): 101-113.

Pessah IN, Seegal RF, Lein PJ, LaSalle J, Yee BK, Van de Water J, Berman RF (2008) Immunologic and neurodevelopmental susceptibilities of autism. *Neurotoxicology*, 29 (3): 532-545.

Peters U, Askling J, Gridley G, Ekbom A, Linet M (2003) Causes of death in patients with celiac disease in a population-based Swedish cohort. *Archives of Internal Medicine*, 163 (13): 1566-1572.

Petit JC (1980) Resistance to listeriosis in mice that are deficient in the fifth component of complement. *Infection and Immunity*, 27 (1): 61-67.

Peyrin-Biroulet L, Chamaillard M (2007) NOD2 and defensins: translating innate to adaptive immunity in Crohn's disease. *Journal of Endotoxin Research*, 13 (3): 135-139.

Piccirillo CA, d'Hennezel E, Sgouroudis E, Yurchenko E (2008) CD4$^+$Foxp3$^+$ regulatory T cells in the control of autoimmunity: in vivo veritas. *Current Opinion in Immunology*, 20 (6): 655-662.

Pieters R, Ezendam J, Bleumink R, Bol M, Nierkens S (2002) Predictive testing for autoimmunity. *Toxicology Letters*, 127: 83-91.

Pilones K, Lai Z-W, Gavalchin J (2007) Prenatal HgCl2 alters fetal cell phenotypes. *Journal of Immunotoxicology*, 4 (4): 295-301.

Plackett TP, Boehmer ED, Faunce DE, Kovacs EJ (2004) Aging and innate immune cells. *Journal of Leukocyte Biology*, 76 (2): 291-299.

Ponce R (2008) Adverse consequences of immunostimulation. *Journal of Immunotoxicology*, 5 (1): 33-41.

Poole JA, Barriga K, Leung DY, Hoffman M, Eisenbarth GS, Rewers M, Norris JM (2006) Timing of initial exposure to cereal grains and the risk of wheat allergy. *Pediatrics*, 117 (6): 2175-2182.

Portier C, Ye F (1998) U-shaped dose-response curves for carcinogens. *Human & Experimental Toxicology*, 17 (12): 705-707.

Powell TJ, Dwyer DW, Morgan T, Hollenbaugh JA, Dutton RW (2006) The immune system provides a strong response to even a low exposure to virus. *Clinical Immunology*, 119 (1): 87-94.

Price HV, Salaman JR, Laurence KM, Langmaid H (1976) Immunosuppressive drugs and the foetus. *Transplantation*, 21 (4): 294-298.

Pruett SB, Fan R (2001) Quantitative modeling of suppression of IgG1, IgG2a, IL-2, and IL-4 responses to antigen in mice treated with exogenous corticosterone or restraint stress. *Journal of Toxicology and Environmental Health. Part A*, 62 (3): 175-189.

Pruett SB, Collier S, Wu WJ, Fan R (1999) Quantitative relationships between the suppression of selected immunological parameters and the area under the corticosterone concentration vs. time curve in B6C3F1 mice subjected to exogenous corticosterone or to restraint stress. *Toxicological Sciences*, 49 (2): 272-280.

Pruett SB, Fan R, Myers LP, Wu WJ, Collier S (2000) Quantitative analysis of the neuroendocrine-immune axis: linear modeling of the effects of exogenous corticosterone and restraint stress on lymphocyte sub-populations in the spleen and thymus in female B6C3F1 mice. *Brain, Behavior, and Immunity*, 14 (4): 270-287.

Pruett SB, Fan R, Zheng Q, Myers LP, Hebert P (2003) Modeling and predicting immunological effects of chemical stressors: characterization of a quantitative biomarker for immunological changes caused by atrazine and ethanol. *Toxicological Sciences*, 75 (2): 343-354.

Putman E, Van der Laan JW, Van Loveren H (2003) Assessing immunotoxicity: guidelines. *Fundamental & Clinical Pharmacology*, 17 (5): 615-626.

Rahman FZ, Marks DJ, Hayee BH, Smith AM, Bloom SL, Segal AW (2008) Phagocyte dysfunction and inflammatory bowel disease. *Inflammatory Bowel Disease*, 14 (10): 1443-1452.

Ravel G, Christ M, Horand F, Descotes J (2004) Autoimmunity, environmental exposure and vaccination: is there a link? *Toxicology*, 196: 211-216.

Rees JL, Friedmann PS, Matthews JN (1989) Sex differences in susceptibility to development of contact hypersensitivity to dinitrochlorobenzene (DNCB). *British Journal of Dermatology*, 120 (3): 371-374.

Rees JL, Friedmann PS, Matthews JNS (1990) The influence of area of application on sensitization by dinitrochlorobenzene. *British Journal of Dermatology*, 122: 29-31.

Rehm SR, Gross GN, Pierce AK (1980) Early bacterial clearance from murine lungs. Species-dependent phagocyte response. *Journal of Clinical Investigation*, 66 (2): 194-199.

Reitz C, Den Heijer T, Van Duijn C, Hofman A, Breteler MM (2007) Relation between smoking and risk of dementia and Alzheimer disease: the Rotterdam Study. *Neurology*, 69 (10): 998-1005.

Rentzos M, Nikolaou C, Andredou E, Paraskevas GP, Rombos A, Zonga M, Tsoutsou A, Boufidou F, Kapaki E, Vassilopoulos D (2009) Circulating interleukin-10 and interleukin-12 in Parkinson's disease. *Acta Neurologica Scandinavica*, 119 (5): 332-337.

Renwick AG (1994) Toxicokinetics-pharmacokinetics in toxicology. In: Hayes AW, ed. *Principles and methods of toxicology*, 3rd ed. New York, NY, Raven Press, pp. 101-148.

Reuter H, Spieker J, Gerlach S, Engels U, Pape W, Kolbe L, Schmucker R, Wenck H, Diembeck W, Wittern KP, Reisinger K, Schepky AG (2011) In vitro detection of contact allergens: development of an optimized protocol using human peripheral blood monocyte-derived dendritic cells. *Toxicology in Vitro*, 25: 315-323.

Riedl MA (2008) The effect of air pollution on asthma and allergy. *Current Allergy and Asthma Reports*, 8: 139-146.

Ritz HL, Evans BLB, Bruce RD, Fletcher ER, Fisher GL, Sarlo K (1993) Respiratory and immunological responses of guinea pigs to enzyme containing detergents: a comparison of intratracheal and inhalation modes of exposure. *Fundamental and Applied Toxicology*, 21: 31-37 [cited in SDA, 2005].

Rivas JM, Ullrich SE (1994) The role of IL-4, IL-10, and TNF-alpha in the immune suppression induced by ultraviolet radiation. *Journal of Leukocyte Biology*, 56 (6): 769-775.

Robinson MK (1999) Population differencesin skin structure and physiology and the susceptibility to irritant and allergic contact dermatitis: implications for skin safety testing and risk assessment. *Contact Dermatitis*, 41 (2): 65-79.

Robinson MK, Horn PA, Kawabata TT, Babcock LS, Fletcher ER, Sarlo K (1998) Use of the mouse intranasal test (MINT) to determine the allergenic potency of detergent enzymes: comparison to the guinea pig intratracheal (GPIT) test. *Toxicological Sciences*, 43: 39-46.

Robinson MK, Gerberick FG, Ryan CA, McNamee PM, White IR, Basketter DA (2000) The importance of exposure estimation in the assessment of skin sensitization risk. *Contact Dermatitis*, 42 (5): 251-259.

Rodgers KE (1997) Effects of oral administration of malathion on the course of disease in MRL-lpr mice. *Journal of Autoimmunity*, 10: 367-373.

Rodgers KE, Leung N, Ware CF, Devens BH, Imamura T (1986) Lack of immunosuppressive effects of acute and subacute administration of malathion. *Pesticide Biochemistry and Physiology*, 25: 358-365.

Rodgers K, St Amand K, Xiong S (1996) Effects of malathion on humoral immunity and macrophage function in mast cell-deficient mice. *Fundamental and Applied Toxicology*, 31: 252-258.

Romero E, Guaza C, Castellano B, Borrell J (2010) Ontogeny of sensorimotor gating and immune impairment induced by prenatal immune challenge in rats: implications for the etiopathology of schizophrenia. *Molecular Psychiatry*, 15 (4): 372-383.

Rooney AA, Matulka RA, Luebke RW (2003) Developmental atrazine exposure suppresses immune function in male, but not female Sprague-Dawley rats. *Toxicological Sciences*, 76: 366-375.

Rose NR, Mackay IR, eds (2006) *The autoimmune diseases*. St. Louis, MO, Elsevier, 1134 pp.

Rosenkranz D, Weyer S, Tolosa E, Gaenslen A, Berg D, Leyhe T, Gasser T, Stoltze L (2007) Higher frequency of regulatory T cells in the elderly and increased suppressive activity in neurodegeneration. *Journal of Neuroimmunology*, 188 (1-2): 117-127.

Rowe AM, Brundage KM, Scafer R, Barnett JB (2006) Immunomodulatory effects of maternal atrazine exposure on male Balb/c mice. *Toxicology and Applied Pharmacology*, 214 (1): 69-77.

Ryan LK, Copeland LR, Daniels MJ, Costa ER, Selgrade MJ (2002) Proinflammatory and Th1 cytokine alterations following ultraviolet radiation enhancement of disease due to influenza infection in mice. *Toxicological Sciences*, 67 (1): 88-97.

Ryffel B, Car BD, Eugster H-P, Woerly G (1994) Transplantation agents. In: Dean JH, Luster MI, Munson AE, Kimber I, eds. *Immunotoxicology and immunopharmacology*, 2nd ed. New York, NY, Raven Press, pp. 267-292.

Safford B (2008) The dermal sensitisation threshold—a TTC approach for allergic contact dermatitis. *Regulatory Toxicology and Pharmacology*, 51: 195-200.

Sakaguchi H, Ashikaga T, Miyazawa M, Yoshida Y, Ito Y, Yoneyama K, Hirota M, Itakagi H, Toyoda H, Suzuki H (2006) Development of an in vitro skin sensitization test using human cell lines: human cell line activation test (h-CLAT) II. An inter-laboratory study of the h-CLAT. *Toxicology In Vitro*, 20: 774-784.

Sakaguchi S, Yamaguchi T, Nomura T, Ono M (2008) Regulatory T cell and immune tolerance. *Cell*, 133: 775-787.

Saklayen MG, Pesce AJ, Pollak VE, Michael JG (1984) Kinetics of oral tolerance: study of variables affecting tolerance induced by oral administration of antigen. *International Archives of Allergy and Applied Immunology*, 73: 5-9.

Salazar KD, De la Rosa P, Barnett JB, Schafer R (2005) The polysaccharide antibody response after*Streptococcus pneumoniae* vaccination is differentially enhanced or suppressed by 3, 4-dichloropropionanilide and 2, 4dichlorophenoxyacetic acid. *Toxicological Sciences*, 87: 123-133.

Salazar KD, Miller MR, Barnett JB, Schafer R (2006) Evidence for a novel endocrine disruptor: the pesticide propanil requires the ovaries and steroid synthesis to enhance humoral immunity. *Toxicological Sciences*, 93: 62-74.

Sampson HA (2005) Food allergy—accurately identifying clinical reactivity. *Allergy*, 60 (Suppl. 79): 19.

Sarlo K, Kirchner DB (2002) Occupational asthma and allergy in the detergent industry: new developments. *Current Opinion in Allergy and Clinical Immunology*, 2: 97-101 [cited in SDA, 2005].

Sarlo K, Fletcher ER, Gaines WG, Ritz HL (1997) Respiratory allergenicity of detergent enzymes in the guinea pig intratracheal test: association with sensitization of occupationally exposed individuals. *Fundamental and Applied Toxicology*, 39: 44-52.

Saruta M, Yu QT, Fleshner PR, Mantel PY, Schmidt-Weber CB, Banham AH, Papadakis KA (2007)

Characterization of FOXP3+CD4+ regulatory T cells in Crohn's disease. *Clinical Immunology*, 125 (3): 281-290.

Schaefer H, Redelmeier TE (1996) Factors affecting percutaneous absorption. In: *Skin barrier: principles of percutaneous absorption*. Basel, Schweiz, S. Karger AG, pp. 153-212.

Scheuplein R, Ross L (1970) Effects of surfactants and solvents on the permeability of epidermis. *Journal of the Society of Cosmetic Chemists*, 21: 853-873.

Schneider A, Rieck M, Sanda S, Pihoker C, Greenbaum C, Buckner JH (2008) The effector T cells of diabetic subjects are resistant to regulation via CD4+ FOXP3+ regulatory T cells. *Journal of Immunology*, 181 (10): 7350-7355.

Schneider K, Akkan Z (2004) Quantitative relationship between the local lymph node assay and human skin sensitization assays. *Regulatory Toxicology and Pharmacology*, 39: 245-255.

Schneider T, Roman A, Basta-Kaim A, Kubera M, Budziszewska B, Schneider K, Przewlocki R (2008) Gender-specific behavioral and immunological alterations in an animal model of autism induced by prenatal exposure to valproic acid. *Psychoneuroendocrinology*, 33 (6): 728-740.

Schulte A, Ruehl-Fehlert C (2006) Regulatory aspects of immunotoxicology. *Experimental and Toxicologic Pathology*, 57 (5-6): 385-389.

Scott AE, Kashon ML, Yucesoy B, Luster MI, Tinkle SS (2002) Insights into the quantitative relationship between sensitization and challenge for allergic contact dermatitis reactions. *Toxicology and Applied Pharmacology*, 183: 66-70.

SDA (2005) *Risk assessment guidance for enzyme-containing products*. Washington, DC, The Soap and Detergent Association (http://www.aciscience.org/docs/SDA_Enzyme_Risk_Guidance_October_2005.pdf).

Selgrade MK (1999) Use of immunotoxicity data in health risk assessments: uncertainties and research to improve the process. *Toxicology*, 133 (1): 59-72.

Selgrade MK (2000) Air pollution and respiratory disease: extrapolating from animal models to human health effects. *Immunopharmacology*, 48 (3): 319-324.

Selgrade MK (2007) Immunotoxicity: the risk is real. *Toxicological Sciences*, 100 (2): 328-332.

Selgrade MK, Gilmour MI (2006) Immunotoxicology of inhaled compounds—assessing risks of local immune suppression and hypersensitivity. *Journal of Toxicology and Environmental Health. Part A*, 69 (9): 827-844.

Selgrade MK, Illing JW, Starnes DM, Stead AG, Ménache MG, Stevens MA (1988) Evaluation of effects of ozone exposure on influenza infection in mice using several indicators of susceptibility. *Fundamental and Applied Toxicology*, 11: 169-180.

Selgrade MK, Daniels MJ, Dean JH (1992) Correlation between chemical suppression of natural killer cell activity in mice and susceptibilityto cytomegalovirus: rationale for applying murine cytomegalovirus as a host resistance model and for interpreting immunotoxicity testing in terms of risk of disease. *Journal of Toxicology and Environmental Health*, 37 (1): 123-137.

Selgrade MK, Lemanske RF, Gilmour MI, Neas LM, Ward MDW, Henneberger PK, Weisman DN, Hoppin JA, Dietert RR, Sly PD, Geller AM, Enright PL, Backus GS, Bromberg PA, Germolec DR, Yeatts KB (2006) Induction of asthma and the environment: what we know and need to know. *Environmental Health Perspectives*, 114 (4): 615-619.

Shearer WT, Easley KA, Goldfarb J, Rosenblatt HM, Jenson HB, Kovacs A, McIntosh K (2000) Prospective 5-year study of peripheral blood CD4, CD8, and CD19/CD20 lymphocytes and serum Igs in children born to HIV1 women. The P (2) C (2) HIV Study Group. *Journal of Allergy and Clinical Immunology*, 106 (3): 559-566.

Shearer WT, Rosenblatt HM, Gelman RS, Oyomopito R, Plaeger S, Stiehm ER, Wara DW, Douglas SD, Luzuriaga K, McFarland EJ, Yogev R, Rathore MH, Levy W, Graham BL, SpectorSA (2003) Lymphocyte subsets in healthy children from birth through 18 years of age: the Pediatric AIDS Clinical Trials Group P1009 study. *Journal of Allergy and Clinical Immunology*, 112 (5): 973-980.

Sia IG, Paya CV (1998) Infectious complications following renal transplantation. *Surgical Clinics of North America*, 78 (1): 95-112.

Siegel PD, Al-Humadi NH, Nelson ER, Lewis DM, Hubbs AF (1997) Adjuvant effect of respiratory irritation on pulmonary allergic sensitization: time and site dependency. *Toxicology and Applied Pharmacology*, 144: 356-362.

Silverstone AE, Frazier DE Jr, Fiore NC, Soults JA, Gasiewicz TA (1994) Dexamethasone, beta-estradiol, and 2, 3, 7, 8-tetrachlorodibenzo-p-dioxin elicit thymic atrophy through different cellular targets. *Toxicology and Applied Pharmacology*, 126 (2): 248-259.

Silverstone AE, Gavalchin J, Gasiewicz TA (1998) TCDD, DES and estradiol potentiate a lupus-like autoimmune nephritis in NZB × SWR (SNF1) mice. *Toxicologist*, 42: 403.

Skaper SD (2007) The brain as a target for inflammatory processes and neuroprotective strategies. *Annals of the New York Academy of Sciences*, 1122: 23-34.

Sleijffers A, Garssen J, De Gruijl FR, Boland GJ, Van Hattum J, Van Vloten WA, Van Loveren H (2001) Influence of ultraviolet B exposure on immune responses following hepatitis B vaccination in human volunteers. *Journal of Investigative Dermatology*, 117 (5): 1144-1150.

Small TN, Papadopoulos EB, Boulad F, Black P, Castro-Malaspina H, Childs BH, Collins N, Gillio A, George D, Jakubowski A, Heller G, Fazzari M, Kernan N, MacKinnon S, Szabolcs P, Young JW, O'Reilly RJ (1999) Comparison of immune reconstitution after unrelated and related T-cell-depleted bone marrow transplantation: effect of patient age and donor leukocyte infusions. *Blood*, 93 (2): 467-480.

Smialowicz RJ (2002) The rat as a model in developmental immunotoxicology. *Human & Experimental Toxicology*, 21 (9-10): 513-519.

Smialowicz RJ, Williams WC, Riddle MM (1996) Comparison of the T cell-independent antibody response of mice and rats exposed to 2, 3, 7, 8-tetrachlorodibenzo-p-dioxin. *Fundamental and Applied Toxicology*, 32 (2): 293-297.

Smialowicz RJ, Burgin DE, Williams WC, Diliberto JJ, Setzer RW, Birnbaum LS (2004) CYP1A2 is not required for 2, 3, 7, 8-tetrachlorodibenzo-p-dioxin-induced immunosuppression. *Toxicology*, 197 (1): 15-22.

Smith CK, Hotchkiss SAM (2001) *Allergic contact dermatitis: chemical and metabolic mechanisms*. London, Taylor & Francis.

Smith D, Germolec DR (1999) Introduction to immunology and autoimmunity. *Environmental Health Perspectives*, 107 (Suppl. 5): 661-666.

Smith DA, Germolec DR (2000) Developmental exposure to TCDD and mercuric chloride in autoimmune-prone MRL/lpr mice. *Toxicologist*, 54: 8 (abstract).

Smith HR, Holloway D, Armstrong DKB, Basketter DA, McFadden JP (2000) Irritantthresholds in subjects with colophony allergy. *Contact Dermatitis*, 42 (2): 95-97.

Snapper CM, Peschel C, Paul WE (1988) IFN-γ stimulates IgG2a secretion by murine B cells stimulated with bacterial lipopolysaccharide. *Journal of Immunology*, 140: 2121-2127.

Snodin DJ (2004) Regulatory immunotoxicology: does the published evidence support mandatory nonclinical immune function screening in drug development? *Regulatory Toxicology and Pharmacology*, 40 (3): 336-355.

Sohn SJ, Thompson J, Winota A (2007) Apoptosis during negative selection of autoreactive thymocytes. *Current Opinion in Immunology*, 19 (5): 510-515.

Solecki R, Davies L, Dellarco V, Dewhurst I, Raaij M, Tritscher A (2005) Guidance on setting of acute reference dose (ARfD) for pesticides. *Food and Chemical Toxicology*, 43 (11): 1569-1593.

Soreq L, Israel Z, Bergman H, Soreq H (2008) Advanced microarray analysis highlights modified neuroimmune signaling in nucleated blood cells from Parkinson's disease patients. *Journal of Neuroimmunology*, 201-202: 227-236.

Sosted H, Menne T, Johansen JD (2006) Patch test dose-response study of *p*-phenylenediamine: thresholds and anatomical regional differences. *Contact Dermatitis*, 54: 145-149.

Soto-Peña GA, Luna AL, Acosta-Saavedra L, Conde P, López-Carrillo L, Cebrián ME, Bastida M, Calderón-Aranda ES, Vega L (2006) Assessment of lymphocyte subpopulations and cytokine secretion in children exposed to arsenic. *FASEB Journal*, 20 (6): 779-781.

Spanhaak S (2006) The ICH S8 immunotoxicity guidance. Immune function assessment and toxicological pathology: autonomous or synergistic methods to predict immunotoxicity? *Experimental and Toxicologic Pathology*, 57 (5-6): 373-376.

Spanjersberg MQI, Kruizinga AG, Rennen MAJ, Houben GF (2007) Risk assessment and food allergy: the probabilistic model applied to allergens. *Food and Chemical Toxicology*, 45: 49-54.

Spanjersberg MQI, Knulst AC, Kruizinga AG, Van Duijn G, Houben GF (2010) Concentrations of undeclared allergens in food products can reach levels that are relevant for public health. *Food Additives and Contaminants*, *Part A*, 27 (2): 169-174.

Stanca CM, Babar J, Singal V, Ozdenerol E, Odin JA (2008) Pathogenic role of environmental toxins in immune-mediated liver diseases. *Journal of Immunotoxicology*, 5 (1): 59-68.

Stanulis ED, Jordan SD, Rosecrans JA, Holsapple MP (1997a) Disruption of Th1/Th2 cytokine balance by cocaine is mediated by corticosterone. *Immunopharmacology*, 37: 25-33.

Stanulis ED, Matulka RA, Jordan SD, Rosecrans JA, Holsapple MP (1997b) Role of corticosterone in the enhancement of the antibody response after acute cocaine administration. *Journal of Pharmacology and Experimental Therapeutics*, 280: 284-291.

Steerenberg PA, Withagen CE, Dormans JA, Van Dalen WJ, Van Loveren H, Casee FR (2003) Adjuvant activity of various diesel exhaust and ambient particles in two allergic models. *Journal of Toxicology and Environmental Health. Part A*, 66: 1421-1439.

Steerenberg PA, Withagen CE, Van Dalen WJ, Dormans JA, Heisterkamp SH, Van Loveren H, Cassee FR (2005) Dose dependency of adjuvant activity of particulate matter from five European sites in three seasons in an ovalbumin-mouse model. *Inhalation Toxicology*, 17: 133-145.

Steinman L (2008) Nuanced roles of cytokines in three major human brain disorders. *Journal of Clinical Investigation*, 118 (11): 3557-3563.

Sternberg EM, Young WS 3rd, Bernardini R, Calogero AE, Chrousos GP, Gold PW, Wilder RL

(1989) A central nervous system defect in biosynthesis of corticotrophin releasing hormone is associated with susceptibility to streptococcal cell wall-induced arthritis in Lewis rats. *Proceedings of the National Academy of Sciences of the United States of America*, 86: 4771-4775.

Sterzl I, Prochazkova J, Hrda P, Matucha P, Bartova J, Stejskal V (2006) Removal of dental amalgam decreases anti-TPO and anti-Tg autoantibodies in patients with autoimmune thyroiditis. *Neuro Endocrinology Letters*, 27 (Suppl. 1): 25-30.

Stevenson DD, Szczeklik A (2006) Clinical and pathologic perspectives on aspirin sensitivity and asthma. *Journal of Allergy and Clinical Immunology*, 118: 773-786.

Stiehm ER, Chin TW, Haas A, Peerless AG (1986) Infectious complications of the primary immunodeficiencies. *Clinical Immunology and Immunopathology*, 40 (1): 69-86.

Stoll ML, Gavalchin J (2000) Systemic lupus erythematosus—messages from experimental models. *Rheumatology (Oxford, England)*, 39 (1): 18-27.

Storek J, Gooley T, Witherspoon RP, Sullivan KM, Storb R (1997) Infectious morbidity in long-term survivors of allogeneic marrow transplantation is associated with low CD4 T cell counts. *American Journal of Hematology*, 54 (2): 131-138.

Storek J, Espino G, Dawson MA, Storer B, Flowers ME, Maloney DG (2000) Low B-cell and monocyte counts on day 80 are associated with high infection rates between days 100 and 365 after allogeneic marrow transplantation. *Blood*, 96 (9): 3290-3293.

Strickland FM, Richardson BC (2008) Epigenetics in human autoimmunity. Epigenetics in autoimmunity— DNA methylation in systemic lupus erythematosus and beyond. *Autoimmunity*, 41 (4): 278-286.

Strobel S, Mowat AM (1998) Immune responses to dietary antigens: oral tolerance. *Immunology Today*, 19: 173-181.

Suter GW 2nd, Vermeire T, Munns WR Jr, Sekizawa J (2005) An integrated framework for health and ecological risk assessment. *Toxicology and Applied Pharmacology*, 207 (Suppl. 2): 611-616.

Szebeni J (2005) Complement activation-related pseudoallergy caused by amphiphilic drug carriers: the role of lipoproteins. *Current Drug Delivery*, 2 (4): 443-449.

Tabbara KF, Vera-Christo CL (2000) Sjogren syndrome. *Current Opinion in Ophthalmology*, 11 (6): 449-454.

Tabuenca JM (1981) Toxic-allergic syndrome caused by ingestion of rapeseed oil denatured with aniline. *Lancet*, 2: 567-568.

Tager IB (2008) The effects of second-hand and direct tobacco smoke on asthma and lung function in adolescence. *Paediatric Respiratory Reviews*, 9 (1): 29-38.

Tamura Y, Teng A, Nozawa R, Takamoto-Matsui Y, Isii Y (2008) Characterization of the immature dendritic cells and cytotoxic cells both expanded after activation of invariant NKT cells with alpha-galactosylceramide in vivo. *Biochemical and Biophysical Research Communications*, 369 (2): 485-492.

Tanaka S, Royds C, Buckley D, Basketter DA, Goossens A, Bruze M, Svedman C, Menné T, Johansen JD, White IR, McFadden JP (2004) Contact allergy to isoeugenol and its derivatives: problems with allergen substitution. *Contact Dermatitis*, 51: 288-291.

Targonski PV, Jacobson RM, Poland GA (2007) Immunosenescence: role and measurement in influenza vaccine response among the elderly. *Vaccine*, 25 (16): 3066-3069.

Tarlo SM (2008) Occupational exposures and adult asthma. *Immunology and Allergy Clinics of North America*, 28 (3): 563-576.

Tasat DR, Mancuso R, O'Connor S, Molinari B (2003) Age-dependent change in reactive oxygen species and nitric oxide generation by rat alveolar macrophages. *Aging Cell*, 2 (3): 159-164.

Taylor SL, Gendel SM, Houben GF, Julien E (2009) The key events dose-response framework: a foundation for examining variability in elicitation thresholds for food allergens. *Critical Reviews in Food Science and Nutrition*, 49: 729-739.

Tendron A, Gouyon JB, Decramer S (2002) In utero exposure to immunosuppressive drugs: experimental and clinical studies. *Pediatric Nephrology*, 17 (2): 121-130.

Teske S, Bohn AA, Hogaboam JP, Lawrence BP (2008) Aryl hydrocarbon receptor targets pathways extrinsic to bone marrow cells to enhance neutrophil recruitment during influenza virus infection. *Toxicological Sciences*, 102 (1): 89-99.

Thomas PS, Yates DH, Barnes PJ (1995) Tumor necrosis factor-α increases airway responsiveness and sputum neutrophilia in normal human subjects. *American Journal of Respiratory and Critical Care Medicine*, 152 (1): 76-80.

Thomas PT, Ratajczak HV, Aranyi C, Gibbons R, Fenters JD (1985) Evaluation of host resistance and immune function in cadmium-exposed mice. *Toxicology and Applied Pharmacology*, 80: 446-456.

Thomas T, Banwell B (2008) Multiple sclerosis in children. *Seminars in Neurology*, 28 (1): 69-83.

Tolle SL (2008) Scleroderma: considerations for dental hygienists. *International Journal of Dental Hygiene*, 6 (2): 77-83.

Torgerson TR (2008) Immune dysregulation in primary immunodeficiency disorders. *Immunology and Allergy Clinics of North America*, 28 (2): 315-327, viii-ix.

Treudler R, Kozovska Y, Simon JC (2008) Severe immediate type hypersensitivity reactions in 105 Germanadults: when to diagnose anaphylaxis. *Journal of Investigational Allergology & Clinical Immunology*, 18 (1): 52-58.

Trzaska D, Zembek P, Olszewski M, Adamczewska V, Ulleräs E, Dastych J (2005) Fluorescent cell chip for immunotoxicity testing: development of the c-fos expression reporter cell lines. *Toxicology and Applied Pharmacology*, 207: 133-141.

Tsaknaridis L, Spencer L, Culbertson N, Hicks K, LaTocha D, Chou YK, Whitham RH, Bakke A, Jones RE, Offner H, Bourdette DN, Vandenbark AA (2003) Functionalassay for human CD4+CD25+T_{reg} cells reveals an age-dependent loss of suppressive activity. *Journal of Neuroscience Research*, 74 (2): 296-308.

Ullrich SE (1999) Dermal application of JP-8 jet fuel induces immune suppression. *Toxicological Sciences*, 52 (1): 61-67.

Ullrich SE, Lyons HJ (2000) Mechanisms involved in the immunotoxicity induced by dermal application of JP8 jet fuel. *Toxicological Sciences*, 58 (2): 290-298.

UN (2008) *Updating of the second revised edition of the Globally Harmonized System of Classification and Labelling of Chemicals (GHS). Health hazards. Revision of Chapter 3. 4 with respect to strong versus weak sensitizers.* United Nations (Document No. ST/SG/AC. 10/C. 4/2008/18, dated 15 August 2008; http:// www. unece. org/trans/doc/2008/ac10c4/ST-SG-AC10-C4-2008-18a1e. doc).

Upadhye MR, Maibach HI (1992) Influence of area of application of allergens on sensitization in contact dermatitis. *Contact Dermatitis*, 27: 281-286.

USEPA (1992) *Guidelines for exposure assessment*. Washington, DC, United States Environmental Protection Agency, Risk Assessment Forum (EPA/600/Z-92/001; http://oaspub. epa. gov/eims/eimscomm. getfile? p _ download _ id = 429103). Published in *Federal Register*, 57 (104): 22888-22938.

USEPA (1994) *Methods of derivation of inhalation reference concentrations and application of inhalation dosimetry*. Washington, DC, United States Environmental Protection Agency, Office of Research and Development, Office of Health and Environmental Assessment (EPA/600/8-90/066F; http://cfpub. epa. gov/ncea/ cfm/recordisplay. cfm? deid=71993).

USEPA (1995a) *Use of the benchmark dose approach in health risk assessment*. Washington, DC, United States Environmental Protection Agency, Risk Assessment Forum (EPA/630/R-94/007; http://www. epa. gov/raf/ publications/pdfs/BENCHMARK. PDF).

USEPA (1995b) *Mercury, elemental (CASRN 7439-97-6)*. Washington, DC, United States Environmental Protection Agency, National Center for Environmental Assessment, Integrated Risk Information System (http:// www. epa. gov/iris/subst/0370. htm).

USEPA (1996a) *Biochemicals test guidelines: OPPTS 880. 3800. Immune response*. Washington, DC, United States Environmental Protection Agency, Office of Prevention, Pesticides and Toxic Substances (EPA/712/C96/281; http://fedbbs. access. gpo. gov/library/epa _ 880/880-3800. pdf).

USEPA (1996b) *Biochemicals test guidelines: OPPTS 880. 3550. Immunotoxicity*. Washington, DC, United States Environmental Protection Agency, Office of Prevention, Pesticides and Toxic Substances (EPA/712/C96/280; http://fedbbs. access. gpo. gov/library/epa _ 880/880-3550. pdf).

USEPA (1998) *Health effects test guidelines: OPPTS 870. 7800. Immunotoxicity*. Washington, DC, United States Environmental Protection Agency, Office of Prevention, Pesticides and Toxic Substances (EPA/712/C98/351; http://www. epa. gov/ocspp/pubs/frs/publications/Test _ Guidelines/series870. htm).

USEPA (2000a) *CatReg software documentation*. Washington, DC, United States Environmental Protection Agency, Office of Research and Development (EPA/600/R-98/053F; http://cfpub. epa. gov/ncea/cfm/ recordisplay. cfm? deid=18162).

USEPA (2000b) *Benchmark dose technical guidance document* [external review draft]. Washington, DC, United States Environmental Protection Agency, Risk Assessment Forum (EPA/630/R-00/001; http://www. epa. gov/ nceawww1/pdfs/bmds/BMD-External _ 10 _ 13 _ 2000. pdf).

USEPA (2001) *General principles for performing aggregate exposure and risk assessments*. Washington, DC, United States Environmental Protection Agency, Office of Pesticide Programs (http:// www. epa. gov/ pesticides/trac/science/aggregate. pdf).

USEPA (2002) *A review of the reference dose and reference concentration processes*. Washington, DC, United States Environmental Protection Agency, Risk Assessment Forum (EPA/630/P-02/002F; http://www. epa. gov/ raf/publications/pdfs/rfd-final. pdf).

USEPA (2005a) *Guidance on selecting age groups for monitoring and assessing childhood exposures to environmental contaminants*. Washington, DC, United States Environmental Protection Agency, Risk Assessment Forum (EPA/630/P-03/003F; http://www. epa. gov/raf/publications/guidance-on-selecting-agegroups. htm).

USEPA (2005b) *Approaches for the application of physiologically-based pharmacokinetic data and* models in risk assessment [external review draft]. Washington, DC, United States Environmental Protection Agency, National Center for Environmental Assessment, Office of Research and Development (EPA/600/R-05/043A; http://cfpub.epa.gov/ncea/cfm/recordisplay.cfm? deid=135427).

USEPA (2005c) *Aging and toxic response: issues relevant to risk assessment*. Washington, DC, United States Environmental Protection Agency, National Center for Environmental Assessment, Office of Research and Development (EPA/600/P-03/004A; http://cfpub.epa.gov/ncea/cfm/recordisplay.cfm? deid=156648).

USEPA (2007) *Summary report of the U. S. EPA workshop on: Challenges to integrating immunotoxicological and microbial risk assessment for susceptible populations and life stages*. Washington, DC, United States Environmental Protection Agency, Risk Assessment Forum, Office of Science Policy.

USEPA (2011) *Recommended use of body weight$^{3/4}$ as the default method in derivation of the oral reference dose*. Washington, DC, United States Environmental Protection Agency, Risk Assessment Forum (EPA/100/R11/0001 Final; http://www.epa.gov/raf/publications/pdfs/recommended-use-of-bw34.pdf).

USFDA (1999) *Immunotoxicity testing guidance*. Rockville, MD, United States Department of Health and Human Services, Food and Drug Administration (http://www.fda.gov/ohrms/dockets/98fr/970024g2.pdf).

Uyemura K, Castle SC, Makinodan T (2002) The frail elderly: role of dendritic cells in the susceptibility of infection. *Mechanisms of Ageing and Development*, 123 (8): 955-962.

Vandebriel RJ, Van Loveren H (2010) Non-animal sensitization testing. State of the art. *Critical Reviews in Toxicology*, 40: 389-404.

Vandebriel RJ, Pennings JLA, Baken KA, Pronk TE, Boorsma A, Gottschalk R, Van Loveren H (2010) Keratinocyte gene expression profiles discriminate sensitizing and irritating compounds. *Toxicological Sciences*, 117: 81-89.

Vandebriel RJ, Van Loveren H, Baken KA, Pennings JLA (2011) Immunotoxicogenomics: a systems approach. In: *General, applied and systems toxicology* (online) and *Handbook of systems toxicology* (in print). John Wiley & Sons, Ltd.

Vandenberg JJ, Epstein WL (1963) Experimental nickel contact sensitization in man. *Journal of Investigative Dermatology*, 41: 413-418.

Van der Laan JW, Van Loveren H (2005) Immune function testing of human pharmaceuticals: regulatory overshoot? *Expert Opinion on Drug Safety*, 4 (1): 1-5.

Van Loveren H, Piersma A (2004) Immunotoxicological consequences of perinatal chemical exposures. *Toxicology Letters*, 149 (1-3): 141-145.

Van Loveren H, Luebke RW, Vos JG (1995) Assessment of immunotoxicity with the parasitic infection model *Trichinella spiralis*. In: Burleson GR, Dean JH, Munson AE, eds. *Methods in immunotoxicology*. Vol. 2. New York, NY, Wiley-Liss, pp. 243-271.

Van Loveren H, Germolec D, Koren H, Luster M, Nolan C, Repetto R, Smith E, Vos JG, Vogt R (1999) Report of the Bilthoven symposium: advancement of epidemiological studies in assessing the human health effects of immunotoxic agents in the environment and the workplace. *Biomarkers*, 4: 135-157.

Van Loveren H, Van Amsterdam JGC, Vandebriel RJ, Kimman TG, Rumke HC, Steerenberg PS, Vos

JG (2001) Vaccine-induced antibody responses as parameters of the influence of endogenous and environmental factors. *Environmental Health Perspectives*, 109 (8): 757-764.

Van Loveren H, Vos J, Putnam E, Piersma A (2003) Immunotoxicological consequences of perinatal chemical exposures: a plea for inclusion of immune parameters in reproduction studies. *Toxicology*, 185 (3): 185-191.

Van Och FMM, Vandebriel RJ, Prinsen MK, De Jong WH, Slob W, Van Loveren H (2001) Comparison of dose-responses of contact allergens using the guinea pig maximization test and the local lymph node assay. *Toxicology*, 167: 207-215.

Varthaman A, Khallau-Laschet J, Thaunat O, Caliguiri G, Nicoletti A (2008) [Atherogenesis: a dysimmune disease.] *Médecine Sciences (Paris)*, 24 (2): 169-175 (in French).

Ventura MT, Calogiuri GF, Muratore L, Di Leo E, Buquicchio R, Ferrannini A, Resta O, Romano A (2006) Cross-reactivity in cell-mediated and IgE-mediated hypersensitivity to glucocorticoids. *Current Pharmaceutical Design*, 12: 3383-3391.

Verwilghen J, Corrigall V, Poe RM, Rodrigues R, Panayi GS (1993) Expression and function of CD5 and CD28 in patients with rheumatoid arthritis. *Immunology*, 80 (1): 96-102.

Vestergaard P (2002) Smoking and thyroid disorders—a meta-analysis. *European Journal of Endocrinology*, 146 (2): 153-161.

Vestergaard P, Rejnmark L, Weeke J, Hoeck HC, Nielsen HK, Rungby J, Laurberg P, Mosekilde L (2002) Smoking as a risk factor for Graves' disease, toxic nodular goiter, and autoimmune hypothyroidism. *Thyroid*, 12 (1): 69-75.

Vial T, Nicolas B, Descotes J (1996) Clinical immunotoxicity of pesticides. *Journal of Toxicology and Environmental Health*, 48 (3): 215-229.

Vignola AM, Scichilone N, Bousquet J, Bonsignore G, Bellia V (2003) Aging and asthma: pathophysiological mechanisms. *Allergy*, 58 (3): 165-175.

Villanueva R, Inzerillo AM, Tomer Y, Barbesino G, Meltzer M, Concecion ES, Greenberg DA, Maclaren N, Sun ZS, Zhang DM, Tucci S, Davies TF (2000) Limited genetic susceptibility to severe Graves' ophthalmopathy: no role for CTLA-4 but evidence for an environmental etiology. *Thyroid*, 10 (9): 791-798.

Voccia I, Blakley B, Brousseau P, Fournier M (1999) Immunotoxicity of pesticides: a review. *Toxicology and Industrial Health*, 15 (1-2): 119-132.

Vorderstrasse BA, Cundiff JA, Lawrence BP (2006) A dose-response study of the effects of prenatal and lactational exposure to TCDD on the immune response to influenza A virus. *Journal of Toxicology and Environmental Health. Part A*, 69 (6): 445-463.

Vos JG, Van Loveren H (1995) Markers for immunotoxic effects in rodents and man. *Toxicology Letters*, 82- 83: 385-394.

Vos JG, Van Loveren H (1998) Experimental studies on immunosuppression: how do they predict for man? *Toxicology*, 129 (1): 13-26.

Wagner DH Jr (2007) Re-shaping the T cell repertoire: TCR editing and TCR revision for good and for bad. *Clinical Immunology*, 123 (1): 1-6.

Wagner W, Walczak-Drzewiecka A, Slusarczyk A, Biecek P, Rychlewski L, Dastych J (2006) Fluorescent Cell Chip a new in vitro approach for immunotoxicity screening. *Toxicology Letters*, 162 (1): 55-70.

Wang L, Pinkerton KE (2008) Detrimental effects of tobacco smoke exposure during development on postnatal lung function and asthma. *Birth Defects Research. Part C, Embryo Today: Reviews*, 84 (1): 54-60.

Wang XJ, Yan ZQ, Lu GQ, Stuart S, Chen SD (2007) Parkinson disease IgG and C5a-induced synergistic dopaminergic neurotoxicity: role of microglia. *Neurochemistry International*, 50 (1): 39-50.

Ways SC, Mortola JF, Zvaifler NJ, Weiss RJ, Yen SS (1987) Alterations in immune responsiveness in women exposed to diethylstilbestrol in utero. *Fertility and Sterility*, 48 (2): 193-197.

Weaver JE, Cardin CW, Maibach HI (1985) Dose-response and diagnostic patch testing with sensitized humans. *Contact Dermatitis*, 12: 141-145.

Weaver JL, Broud DD, Germolec D (2001) The effect of partial depletion of selected peripheral blood leukocyte populations on host resistance in mice. *Toxicologist*, 60: 25.

Weaver JL, Staten D, Swann J, Armstrong G, Bates M, Hastings KL (2003) Detection of systemic hypersensitivity to drugs using standard guinea pig assays. *Toxicology*, 193 (3): 203-217.

Weed DL (2005) Weight of evidence: a review of concept and methods. *Risk Analysis*, 25 (6): 1545-1557.

Weigand DA, Haygood C, Gaylor JR (1974) Cell layers and density of Negro and Caucasian stratum corneum. *Journal of Investigative Dermatology*, 62: 563-568.

Weisglas-Kuperus N, Sas TC, Koopman-Esseboom C, Van der Zwan CW, De Ridder MA, Beishuizen A, Hooijkaas H, Sauer PJ (1995) Immunologic effects of background prenatal and postnatal exposure to dioxins and polychlorinated biphenyls in Dutch infants. *Pediatric Research*, 38 (3): 404-410.

Weisglas-Kuperus N, Patandin S, Berbers GA, Sas TC, Mulder PG, Sauer PJ, Hooijkaas H (2000) Immunologic effects of background exposure to polychlorinated biphenyls anddioxins in Dutch preschool children. *Environmental Health Perspectives*, 108 (12): 1203-1207.

Weisglas-Kuperus N, Vreigdenhil HJ, Mulder PG (2004) Immunological effects of environmental exposure to polychlorinated biphenyls and dioxins in Dutch school children. *Toxicology Letters*, 149: 281-285.

Welters MS, Piersma SJ, Van der Burg SH (2008) T-regulatory cells in tumour-specific vaccination strategies. *Expert Opinion on Biological Therapy*, 8: 1365-1379.

Wen L, Wong FS (2005) How can innate immune system influence autoimmmunity in type 1 diabetes and other autoimmune disorders? *Critical Reviews in Immunology*, 25 (3): 225-250.

Weng X, Liu L, Bacellos LF, Allison JE, Herrinton LJ (2007) Clustering of inflammatory bowel disease with immune mediated diseases among members of a northern California-managed care organization. *American Journal of Gastroenterology*, 102 (7): 1429-1435.

West DP, Worobec S, Solomon LM (1981) Pharmacology and toxicology of infant skin. *Journal of Investigative Dermatology*, 76: 147-150.

WhiteKL Jr, Germolec DR, Booker CD, Hernendez DM, McCay JA, Delclos KB, Newbold RR, Weis C, Guo TL (2005) Dietary methoxychlor exposure modulates splenic natural killer cell activity, antibody-forming cell response and phenotypic marker expression in F_0 and F_1 generations of Sprague Dawley rats. *Toxicology*, 207: 271-281.

White SI, Friedmann PS, Moss C, Simpson JM (1986) The effect of altering area of application and dose per area on sensitization by DNCB. *British Journal of Dermatology*, 155: 663-668.

WHO (2009) *Influenza (seasonal)*. Geneva, World Health Organization (Fact Sheet No. 211; http://

www. who. int/mediacentre/factsheets/fs211/en/).

Wieneke H, Otte B, Lang D, Heidenreich S (1996) Predictive value of IgG subclass levels for infectious complications in renal transplant recipients. *Clinical Nephrology*, 45 (1): 22-28.

Wilson DR, Maibach HI (1980) Transepidermal water loss in vivo. Premature and term infants. *Biology of the Neonate*, 37: 180-185.

Wilson SD, McCay JA, Butterworth LF, Munson AE, White KL Jr (2001) Correlation of suppressed natural killer cell activity with altered host resistance models in B6C3F1 mice. *Toxicology and Applied Pharmacology*, 177 (3): 208-218.

Yager EJ, Ahmed M, Lanzer K, Randall TD, Woodland DL, Blackman MA (2008) Age-associated decline in T cell repertoire diversity leads to holes in the repertoire and impaired immunity to influenza virus. *Journal of Experimental Medicine*, 205 (3): 711-723.

Yamamura T, Sakuishi K, Illes Z, Miyake S (2007) Understanding the behavior of invariant NKT cells in autoimmune diseases. *Journal of Neuroimmunology*, 191 (1-2): 8-15.

Yamano T, Shimizu M, Noda T (2001) Relative elicitation potencies of seven chemical allergens in the guinea pig maximization test. *Journal of Health Sciences*, 47: 123-128.

Yang EV, Glaser R (2000) Stress-induced immunomodulation: impact on immune defenses against infectious disease. *Biomedicine & Pharmacotherapy*, 54 (5): 245-250.

Yankner BA, Lu T, Loerch P (2008) The aging brain. *Annual Review of Pathology*, 3: 41-66.

Yeatts K, Sly P, Shore S, Weiss S, Martinez F, Geller A, Bromberg P, Enright P, Koren H, Weissman D, Selgrade M (2006) A brief targeted review of susceptibility factors, environmental exposures, asthma incidence, and recommendations for future asthma incidence research. *Environmental Health Perspectives*, 114 (4): 634-640.

Yilmaz A, Rowley A, Schulte DJ, Doherty TM, Schröder NW, Fishbein MC, Kalelkar M, Cicha I, Schubert K, Daniel WG, Garlichs CD, Arditi M (2007) Activated myeloid dendritic cells accumulate and co-localize with CD3+ T cells in coronary artery lesions in patients with Kawasaki disease. *Experimental and Molecular Pathology*, 83 (1): 93-102.

Yokota K, Johyama Y, Yamaguchi K, Takeshita T, Morimoto K (1999) Exposure-response relationships in rhinitis and conjunctivitis caused by methyltetrahydrophthalic anhydride. *International Archives of Occupational and Environmental Health*, 72: 14-18.

Youn JY, Park HY, Lee JW, Jung IO, Choi KH, Kim K, Cho KH (2002) Evaluation of the immune response following exposure of mice to bisphenol A: induction of Th1 cytokine and prolactin by BPA exposure in the mouse spleen cells. *Archives of Pharmacal Research*, 25: 946-953.

Young E, Van Weelden H, Van Osch L (1988) Age and sex distribution of the incidence of contact sensitivity to standard allergens. *Contact Dermatitis*, 19: 307-308.

Yung RL, Julius A (2008) Epigenetics, aging, and autoimmunity. *Autoimmunity*, 41 (4): 329-335.

Yurino H, Ishikawa S, Sato T, Akadegawa K, Ito T, Ueha S, Inadera H, Matsushima K (2004) Endocrine disruptors (environmental estrogens) enhance autoantibody production by B1 cells. *Toxicological Sciences*, 81: 139-147.

Zachariae C, Lerbaek A, McNamee PM, Gray JE, Wooder M, Menne T (2006) An evaluation of dose/unit area and time as key factors influencing the elicitation capacity of methylchloroisothiazolinone/methylisothiazolinone (MCI/MI) in MCI/MI-allergic patients. *Contact Dermatitis*, 55: 160-166.

Zetterstrom O, Wide L (1974) IgE antibodies and skin test reactions to a detergent enzyme in Swedish consumers. *Clinical Allergy*, 4: 272-280 [cited in SDA, 2005].

Zhai H, Maibach HI (2001) Effects of skin occlusion on percutaneous absorption: an overview. *Skin Pharmacology and Applied Skin Physiology*, 14 (1): 1-10.

Zhang P, Summer WR, Bagby GJ, Nelson S (2000) Innate immunity and pulmonary host defense. *Immunology Reviews*, 173: 39-51.

Zhang XD, Fedan JS, Lewis DM, Siegel PD (2004) Asthma-like biphasic airway responses in Brown Norway rats sensitized by dermal exposure to dry mellitic anhydride powder. *Journal of Allergy and Clinical Immunology*, 113: 320-326 [cited in Arts et al., 2006].

Zhao L, Sun L, Wang H, Ma H, Liu G, Zhao Y (2007) Changes of CD4+CD25+Foxp3+ regulatory T cells in aged Balb/c mice. *Journal of Leukocyte Biology*, 81 (6): 1386-1394.

术语表[①]

损害作用（adverse effect）：所致的机体生物学改变是持久的或不可逆的，造成机体功能容量，如进食量、体力劳动负荷能力等涉及解剖、生理、生化和行为等方面的指标的改变，维持体内的稳态能力下降，对额外应激状态的代偿能力降低，以及对其他环境有害因素的易感性增高，使机体正常形态、生长发育过程受到影响，寿命缩短。

累积暴露（aggregate exposure）：外源化学物质多次反复进入机体，而且吸收速度或总量超过代谢转化排出的速度或总量，化学物质在体内逐渐增加并储留，是发生慢性毒作用的前提。

变应原（allergen）：引起超敏反应的抗原，包括完全抗原和半抗原。

变应原性（allergenicity）：引发过敏的能力。

变应性接触性皮炎（allergic contact dermatitis）：一种皮肤再次接触特殊的特异性志敏物质引起的迟发型过敏反应。

变态反应（allergic response）：免疫系统对一些对机体无危害性的物质如花粉、动物皮毛等过于敏感，发生免疫应答，对机体造成伤害。

过敏（allergy）：有机体对某些药物或外界刺激的感受性不正常地增高的现象。

过敏性反应（anaphylaxis）：即变态反应，是机体对外源化学物产生的一种病理性免疫反应。

抗体（antibody）：指存在于体液和淋巴细胞表面上的能与抗原特异性结合的免疫球蛋白。

抗原（antigen）：指能刺激机体免疫系统缠身特异性免疫应答，并参与相应免疫应答产物（抗体和致敏淋巴细胞）结合的物质。

抗核抗体（antinuclear antibody）：又称抗核酸抗原抗体，是一组将自身真核细胞的各种成分脱氧核糖核蛋白（DNP）、DNA、可提取的核抗原（ENA）和RNA等作为靶抗原的自身抗体的总称，能与所有动物的细胞核发生反应。

抗核仁抗体（antinucleolar antibody）：指抗细胞核仁组分的抗体总称。

细胞凋亡（apoptosis）：体内细胞的程序性主动死亡的过程。

异位性（atopy）：出现过敏性哮喘及过敏性鼻炎等这一类过敏性症状的倾向。

自体抗体（autoantibody）：即自身抗体，是指针对自身组织、器官、细胞及细胞成分的抗体。

自体抗原（autoantigen）：被自身免疫系统识别并引发免疫反应的正常细胞，组织或分子。

[①] 本术语表包括在本指南中出现的常用术语的简短定义。定义出自指南本身或摘自WHO/IPCS文件（参见表后的术语定义来源）。读者可以参考文件中提出的此处不包括的扩展概念或定义。

自身免疫疾病（autoimmune disease）：指免疫系统对宿主自身成分表现出免疫反应性增高而导致对自身组织损害的病理过程。

自身免疫（autoimmunity）：指机体免疫系统对自身成分发生免疫应答，产生针对自身组织成分的抗体和殖民淋巴细胞的现象。

生物标志物（biomarker）：又称生物学标记或生物标志物，是指针对于通过生物学屏障进入组织或体液的化学物质及其代谢产物、以及它们所引起的生物学效应而采用的检测指标，可分为接触生物学标志、效应生物学标志和易感性生物学标志 3 类。

化学物特异的调整系数（chemical-specific adjustment factor）：在毒物动力学或毒效学中物种间试验资料外推至人的不确定因素及人群毒性资料本身包含的不确定因素而设置的转换系数，是物种间差异和个体间差异的安全系数乘积。

交叉反应性（cross-reactivity）：一种抗血清和抗原或抗原复合物之间的反应，但并不引发抗血清的特异抗体的产生。

迟发型超敏反应（delayed-type hypersensitivity）：由致敏 T 细胞与相应抗原结合引发，变现为以单核细胞、淋巴细胞浸润和细胞变性坏死为特征的局部反应性炎症，其发生与抗体无关，反应迟缓，一般在接触抗原后 48～72h 发生。

剂量效应关系（dose-response relationship）：指外源化学物作用于生物体的剂量与引起的生物学作用的发生率或作用强度之间的相互关系。

诱发（elicitation）：是指对某种抗原敏感的个体暴露于该抗原时产生过敏反应的过程。

暴露评估（exposure assessment）：指评价机体、系统或（亚）人群对一种因子（和其衍生物）的评价。暴露评估是危险度评估的第 3 阶段。

危害（hazard）：指当机体、系统或（亚）人群暴露时可能产生有害作用的某一种因子或场景的固有性质。

危害表征（hazard characterization）：定性或定量的描述具有引起有害作用能力的某因素或某情形固有的性质，危害表征包括剂量-反应关系评定及其伴随的不确定性。危害表征是危险度评估的第 2 阶段。

危害鉴定（hazard identification）：指识别具有引起机体、系统（亚）人群固有能力的因素的有害作用的种类和性质。危害鉴定是危险度评估的第 1 阶段。

健康指导值（health-based guidance value）：指环境中含有的某种物质对人和动物健康不产生明显不良影响的剂量阈值。

超敏反应（hypersensitivity）：指机体对外源化学物产生的一种病理性免疫反应。

免疫活性（immunocompetence）：机体在暴露于免疫原时产生正常水平的免疫应答的能力。

免疫调节（immunomodulation）：指在遗传基因控制下免疫细胞和免疫分子间的互相作用，由此调控免疫应答过程的现象。

免疫刺激（immunostimulation）：指外来物进入机体或在某些病理状况下，提高细胞免疫或促进体液免疫作用，导致机体免疫力增强。

免疫抑制（immunosuppression）：由于外来物对机体的体液免疫或细胞免疫功能

产生抑制，造成机体对各种感染因子的抵抗力和对肿瘤免疫监视功能降低。

免疫毒性（immunotoxicity）：指化学品暴露引起机体正常免疫应答出现抑制或增强的不良效应。

炎症（inflammation）：具有血管系统的活体组织对损伤因子所发生的防御反应为炎症。

暴露限值（margin of exposure）：指与机体实际接触的量或环境中机体接触毒物的总量。

作用机理（mechanism of action）：指免疫反应中具体的细胞间或分子间相互作用。

作用模式（mode of action）：毒物对细胞核分子产生有害效应的作用方式和途径的表达形式。

无阈值效应（non-threshold effect）：化学毒物的致癌作用及致体细胞和生殖细胞突变的作用在零以上的任何剂量均可发生。

危险度（risk）：又称危险或危险性，指在特定条件下，因接触某种水平的化学毒物而造成的机体损伤、发生疾病甚至死亡的预期概率。

危险度分析（risk analysis）：指在危险度评价、管理和风险性信息交流进程中所应用的整个科学性和政策性的评价过程。

危险度评价（risk assessment）：指评定人体接触化学物质及其他有害因素所致潜在有害健康效应特征的整个过程，包括定性定量的危险性评价。

危险度表征（risk characterization）：是危险度评价过程的最后一个阶段，应用接触评价和剂量效应关系判断或推断人在各种解除条件下可能发生有害健康效应的概率。

风险管理（risk management）：应用危险度评价结果做出管理选择，最终选择适当的降低风险的措施。

自身耐受性（self-tolerance）：正常的免疫系统具有能辨识自己，而对自己的物质不发生免疫反应的特性。

敏化作用（sensitization）：机体暴露于某种抗原产生免疫应答，再次暴露于该抗原易产生更强的免疫应答。其中初次致敏过程称为敏化作用。

阈值（threshold）：指引起一种可检测出的毒性效应的毒物剂量或浓度。

阈值效应（threshold effect）：当达到阈值时产生的突然、剧烈的反应。

耐受（tolerance）：指机体免疫系统在接触某种抗原后产生的特异性免疫无反应状态，表现为再次接触统一抗原时，不发生可见的反应，单对其他抗原扔保持正常免疫应答。

不确定系数（uncertainty factor）：由于人对于多数化学毒物的毒性要比动物敏感，在把动物试验结果向人外推的过程中，存在许多不确定因素，会造成误差。尤其是以毫克每千克体重表示剂量时更是如此，故在计算 RfD 时，应把实验动物的 NOAEL 或 LOAEL 缩小一定倍数来校正误差，确保安全。这一缩小的倍数即为不确定系数（UF）或安全系数（SF），又称为外推系数（extrapolation coefficient）或转换系数（transfer coefficient）。UF 具有保守的性质，可以防止低估有阈值化学毒物对人类健康的危害。

术语定义来源：

FAO/WHO（2009）食品中化学物风险评估的原则与方法（环境健康标准240）；

IPCS（1996）与化学品暴露相关的直接免疫毒性的评估原则和方法（环境健康标准180）；

IPCS（1999）与化学品暴露相关的过敏反应的评估原则与方法（环境健康标准212）；

IPCS（2004）风险评估术语：第一部分 IPCS/OECD 化学危害风险评估中使用的术语总称，第2部分 IPCS 暴露评估术语词汇表（协调工程文件1）；

IPCS（2006）与化学品暴露相关的自身免疫性的评估原则与方法（环境健康标准236）。

附 件

附件1：欧盟与美国化学品免疫毒性相关指南

欧盟

欧盟关于化学物管理及安全使用的 REACH 法规（EC 1907/2006）于 2007 年 7 月 1 日实施，其涵盖化学物的注册，评估，授权和管理。附件 1 将详细说明化学物的安全评估过程及如何生成化学物质安全报告。通过 ECHA 网站（http://echa.europa.eu/reach_en.asp）可获得化学物质安全评估的技术指南文件。REACH 法规要求特殊场景定量暴露后与 DNEL 进行比较，比较结果用风险特征比率显示，用于安全暴露场景的评估数据。定性风险特征数据常用于皮肤敏化评估，指南文件第 6 章提出使用定量风险特征数据评估皮肤敏化的可能性。免疫系统的毒性效应评估步骤与其他器官毒性评估并无很大的差异，包括 NOAEL 数据，应用评估系数得到 DNEL，定量暴露评估得到风险特征比率。

美国

美国 EPA 在 WHO/IPCS 准备此指南文件时也正筹划免疫抑制风险评估的指南文件，欲为 EPA 科学家在实验室或临床模型研究化学物质暴露评估免疫抑制潜在风险提供技术支持。USEPA 文件着重无意免疫抑制，其将提供免疫抑制风险评估的基本信息。

附件2：WHO/IPCS 化学物质风险评估指南文件

环境健康准则专著：

IPCS（1999）与化学品暴露相关的人类健康风险评估原则与方法（环境健康标准210）；

IPCS（2006）与化学品暴露相关的儿童健康风险评估原则与方法（环境健康标准237）；

IPCS（2009）与化学品暴露相关的模化剂量效应风险评估原则与方法（环境健康标准239）。

协调工程文件：

IPCS（2004）风险评估术语：第1部分 IPCS/OECD 化学危害风险评估中使用的术语总称；第2部分 IPCS 暴露评估术语词汇表（协调工程文件1）；

IPCS（2005）人类变异性与种间差异的化学物质相关调整系数在剂量浓度效应评估的使用指南文件（协调工程文件2）；

IPCS（2007）第1部分：IPCS 人类癌症作用模型相关分析框架与实例；第2部分：IPCS 人类非癌症作用模型相关分析框架（协调工程文件4）。

案例研究

案例研究 1：铅暴露引起的免疫抑制评估

C1.1 简介

铅（Pb）的毒性通常来说与孩子的健康问题相关，特别是有学习障碍的孩子（Shen et al.，2001）。血液中铅含量（BLL）为 $10\sim15~\mu g/dl$，已被证明与认知和行为缺陷有关（Bellinger，1995；Garavan et al.，2000）。美国疾病控制和预防中心（CDC）定义 6 岁或以下儿童的 BLL 警戒上限值或干预阈值为等于或大于 $10~\mu g/dl$。儿童铅暴露主要来源是老房子中发现的恶化涂料和漆尘，个体暴露水平的差异往往与社会和经济因素相关。虽然由于努力限制铅的使用，儿童 BLL 降低，但 CDC 预估在美国约 11% 的 6 岁或以下儿童仍然存在 BLL 超过 $10~\mu g/dl$（Binns et al.，2001）。

在成人中，职业性暴露导致 BLL 达到警戒上限值，虽然在过去的几十年中显著减少，但在几乎所有国家和地区，包括西欧和美国仍然是面临的一个问题。美国全国健康和营养调查表明，在美国有 70 万成年人 BLL 大于 $5~\mu g/dl$，上万成年人由于职业性暴露 BLL 大于 $25~\mu g/dl$。据报道铅暴露对健康的影响已发生在多个器官系统，包括神经、血液系统和生殖系统。铅对多个器官系统产生的影响可能是由于其与钙、铁和锌竞争结合位点的能力。低水平铅暴露相关影响包括免疫影响，虽然没有得到很好的理解，但仍然受到关注。一些发表的研究中，针对铅暴露产生的免疫影响进行了研究，特别是在职业环境铅暴露免疫影响，但对于铅对人体免疫系统的影响仍存在一些不明确性。使用铅暴露的实验动物研究数据可以更有力地、更系统地、更清楚地解释铅对免疫系统的影响。

本案例研究旨在评估为免疫抑制评价提供的指导，免疫抑制评价参见本文件第 4 章。铅被选为案例研究，因为它是典型的众多公认免疫毒性化学物质之一，案例中收集了大量的实验和人体数据，其中仅对暴露人体产生的中度影响进行了报道。与其他领域毒理学研究相同，铅免疫毒性风险评估最好使用人类数据，因为人类试验数据存在较少推断，因此数据提供了针对一般人群更准确的预估。暴露和对照群体之间已被证明免疫系统终点存在统计学显著差异，虽然在某些情况下，暴露群体实验室数值在正常参考范围内，然而，据报道，当实验室数值集在正常参考范围以下时，暴露群体中人体健康将受到影响（Luebke et al.，2004）。因此，有证据表明，免疫终点统计学显著性变化可以预测对健康不利的影响，尽管预测证据接受度不具普遍性。关于铅，绝大多数人类研究收集成人职业性暴露相关数据，虽然最近一些注意力都集中在儿童的环境暴露。尽管如此，这里介绍案例研究呈现的评估数据支持铅导致免疫毒性的结论。

本案例研究不是正式的关于铅免疫毒性的风险评估。此外，仅对免疫毒性数据进行了评估，作为这次研究的一部分；因此，不考虑其他形式毒性（如发育神经毒性），即使暴露于低于导致铅免疫毒性的剂量，也可能对其他器官系统产生不利影响。这次研究开始将对铅引导免疫抑制有效证据作简短概述，随后应用证据权重法分析免疫抑制评估（第 4 章，图 4.1）。

C1.2 背景：铅暴露引发免疫毒性数据

重金属，在一般情况下，对免疫系统造成各种各样的影响。铅是环境和职业性化学物质暴露对免疫系统影响研究中最受关注的化学物质之一，出版物可以追溯到 20 世纪 50 年代（Belli and Giuliani, 1955）。在动物实验和职业工作者相关研究，以及一些儿童研究中，观察到铅暴露后存在免疫影响。表 C1.1～表 C1.4 列出重点出版物，汇总结果，并作为所有随后讨论的焦点。这些表包括成年动物实验研究（表 C1.1）、出生前和出生后实验动物研究（表 C1.2），成人人体研究（表 C1.3）和儿童研究（表 C1.4），其中一些已经完成。值得注意的是，表中不包括每一次公布的铅免疫毒性研究。相反，免疫抑制有关的出版物被认为可用于说明第 4 章中提出的风险评估框架。在这些表中给出的出版物一般包括在或接近免疫检测时间点确定的 BLL。这允许通过内部剂量度量标准直接比较人类和实验动物之间暴露产生的后果，大大提高免疫抑制力影响定量评估置信度。机制研究未列入表中，除非有助于支持风险评估的部分。使用产前或产后早期暴露的动物实验研究被包括，以评估是否免疫系统发育阶段个体暴露可能导致变成独特的易感人群。未成功报告 BLL 或只提出阴性结果的动物实验研究报告通常不被包括在表中，因为如果大量研究报道 BLL 和阳性免疫毒性结果，它们对评估过程没有帮助。

表 C1.1　铅暴露对成年实验动物免疫系统的影响

动物/菌株	暴露于	剂量/(mg/L)	BLL/(μg/dl)[a]	免疫影响[b,c]	备注	参考文献
CBA/J 小鼠	含乙酸铅饮用水长达 4 周	0mg/L 82.9mg/L 2072mg/L	— 18 >100	↓抗原呈递（2 周铅暴露），47%（82.9 mg/L），92%（2072 mg/L）	噬菌作用功能或 IL-1 生成未受影响	Kowolenko 等（1988）
BDF1 小鼠	含乙酸铅饮用水长达 3 周	0 mg/L 50 mg/L 200 mg/L 1000 mg/L	0.7 ± 0.4 ($\pm$SE) 25.4±1.3 38.6±3.2 82.6±5.9	↓对 SRBC T 细胞依赖性免疫应答；45%（50 mg/L），35%（200 mg/L），36%（1000 mg/L）		Blakley 和 Archer(1981)
CBA/J 小鼠	含乙酸铅饮用水长达 18 个月	0 mg/L 13 mg/L 1300 mg/L	ND	没有明确的剂量-反应效应；13 mg/L 诱导增加淋巴细胞刺激，但 1300 mg/L 未导致变化	铅也在饮食中被发现，浓度 ≤ 1.12 mg/kg	Koller 等（1977）
BALB/cByJ 小鼠	含乙酸铅饮用水长达 8 周	0 mg/L 414.4 mg/L	ND 约 45	↑感染单核细胞增多性李斯特氏菌后，脾细菌负担和血清 IFN-γ；↓脾质量	血清 IL-6 未受影响	Kim 和 Lawrence (2000)

续表

动物/菌株	暴露于	剂量/(mg/L)	BLL/(μg/dl)[a]	免疫影响[b,c]	备注	参考文献
CBA/J 和 C57BL/6 小鼠	含乙酸铅饮用水长达 10 周	0 mg/L 16.6 mg/L 82.9 mg/L 414.4 mg/L 2072 mg/L	ND	↑感染单核细胞增多性李斯特氏菌(浓度 2072 mg/L)后,脾细菌负担;↑≥82.9 mg/L 时死亡率	对 SRBC 细胞介导免疫反应未受影响;未报道统计数据	Lawrence (1981)
瑞士小白鼠	腹腔注射乙酸铅,每天一次,15 天	10 mg/kg 体重	ND	↓从血液中清除金黄色葡萄球菌;↓感染后脾巨噬细胞迁移和细胞黏附		Bishayi 和 Sengupta (2003)
Swiss-Webster CFW, CBA/J, SJL/J, DBA/1J, C57BL/6J, A/J, BALB/c 和 NZBWF1 小鼠	含乙酸铅饮用水中长达 8 周	0 mg/L 2072 mg/L	2.3~4.3 (平均范围) 59.2~132	SRBC 斑块形成实验任何小鼠品系未受到影响	—	Mudzinski 等 (1986)
C3H/HeN 小鼠	含乙酸铅饮用水中长达 18 周	0 mg/L 1036 mg/L 2072 mg/L	2.9±1.1 (平均范围) 20.5±1.1 106.2±8.9	↑鼠伤寒沙门氏菌菌株 SL1344 感染易感性;↓感染后存活率(浓度 0 mg/L 为 80%,浓度 1036 mg/L 为 40%,以及浓度 2072 mg/L 为 0%);↑ IL-4;↓ IFN-γ, IL-12	IL-2 或 TNF-α 未改变	Fernandez-Cabezudo 等 (2007)
BALB/c 小鼠	含乙酸铅饮用水中长达 3 周	0 mg/L 32 mg/L 128 mg/L 512 mg/L 2048 mg/L	<2 9±1 49±15 87±7 169±23	↓对 SRBC DTH 反应(剂量依赖性)	—	McCabe 等 (1999)

注:ND,尚未确定;SE,标准误差。
a 平均值,可用±标准差表示,除非另有说明。
b 所有铅暴露组发生反应,除非另有说明。
c 对照组影响显著不同 ($P<0.05$)。

表 C1.2　铅对出生前和(或)出生后暴露动物免疫系统的影响

动物/菌株	暴露于	剂量/(mg/L)	BLL/(μg/dl)[a]	免疫影响[b,c]	备注	参考文献
Sprague-Dawley 大鼠	母鼠暴露于含乙酸铅饮用水	0 25	5.5±1.0 29.3±14.1	后代:↓绝对和相对胸腺质量;↑绝对和相对脾脏	未出现胸腺或脾脏毒性组织病理	Luster 等 (1978)

续表

动物/菌株	暴露于	剂量/(mg/L)	BLL/(μg/dl)[a]	免疫影响[b,c]	备注	参考文献
	中连续7周（交配前）和整个交配期，妊娠和哺乳期；后代PND21断奶，继续直接暴露于相同剂量铅，直到PND35~45	50	5222.8±10.0	质量（50 mg/L仅雄性）；↓IgG抗体；↓对SRBC细胞介导免疫反应剂量依赖性	学证据；血清IgA或IgM水平未受到影响	
Sprague-Dawley大鼠	母鼠暴露于含醋酸铅饮用水中连续7周（交配前）和整个交配期，妊娠和哺乳期；后代PND21断奶，继续直接暴露于相同剂量铅，直到PND35~45	0 25 50	5.5±1.0 29.3±14.1 52.8±10.0	后代：↓绝对和相对胸腺质量；↑绝对和相对脾脏质量（50 mg/L仅雄性）；↓脾淋巴细胞抗原致有丝分裂反应；↓纯化蛋白质抗原DTH反应	无胸腺和脾脏病理组织学差异	Faith等(1979)
F344大鼠	交配和怀孕期间暴露于含醋酸铅饮用水中，仅在13周龄评估雌性后代	0 100 250 500	0.0(±SE) 39.4±6.7 70.8±8.2 112.0±19.9 （母鼠怀孕期间BLL）	后代：↓总白细胞计数≥250 mg/L；↓IFN-γ（仅500 mg/L）	分娩后后代与母鼠都没未继续暴露；后代许多免疫表型和功能参数表现出不规则的剂量-反应趋势	Miller等(1998)
F344大鼠	交配和怀孕期间暴露于含乙酸铅饮用水	0 250	约5.5 66.2+2.2[d]（母鼠） 49.0±7.4[e]（母鼠） 8.0±0.6[f]（后代） 6.8±1.2[g]（后代）	母鼠免疫表型或功能参数未受到影响；↓对KLH抗原DTH反应；↓IFN-γ；↑高蛋白饮食/铅群组后代IL-4和TNF-α；↓低蛋白饮食/铅群组IL-4	母鼠和后代在分娩停止铅暴露；母鼠治疗后7~8周与雌性后代治疗后12~13周检查免疫指标；高和低蛋白饮食在这项研究中是已知的共向变量。	Chen等(2004)
F344大鼠	母鼠整个妊娠期暴露于含乙酸铅饮用水	0 50 100 250	产后5周与13周雌性与雄性后代≤3.0	↓高剂量暴露群组（250 mg/L）雌性DTH反应	母鼠和后代在分娩停止铅暴露；仅在PND1观察到BLL差异；然而，在5周和13周检测免疫指标	Bunn等(2001a)

动物/菌株	暴露于	剂量/(mg/L)	BLL/(μg/dl)[a]	免疫影响[b,c]	备注	参考文献
BALB/c小鼠	母鼠妊娠15天（GD 15）与产后4周暴露于含乙酸铅饮用水；后代继续直接暴露于相同剂量含乙酸铅饮用水中额外2周	0 16.6 82.9 207.2	所有暴露新生小鼠与对照组相比，BLL显著增加；仅存在数据的图形表示	后代：↑IgE；↓产后2周和2周后动物脾脏白细胞计数	暴露浓度为5 μg/dl时，BLL =↑IgE	Snyder等(2000)

注：GD，妊娠日；PND，产后天数；SE，标准误差。
a 平均值，可用±标准差表示，除非另有说明。
b 所有铅暴露群组发生的影响，除非另有说明。
c 与对照组影响显著不同（$P<0.05$）。
d 高蛋白饮食母鼠BLL。
e 低蛋白饮食母鼠BLL。
f 高蛋白饮食雌性后代BLL。
g 低蛋白饮食雌性后代BLL。

表C1.3 成人铅暴露对免疫系统的影响

职业/暴露	样品数量[a]	BLL/(μg/dl)[b]	免疫影响[c,d]	备注	参考文献
电池工厂/铅冶炼厂工人；平均10年暴露史	参考样品(53) 暴露样品(72)	12.0 55.4 （未说明标准偏差）	↓C3补体，↓IgM，↓IgG，↓IgA	—	Ewers等(1982)
枪械教官	参考样品(36) 低剂量暴露样品(36)	— 14.6±4.6	↓% CD3+和CD4+细胞，↓T细胞和B细胞致有丝分裂反应（PHA或PWM），↓HLA-DR+细胞的百分比	—	
工厂工人，平均暴露10年	高剂量暴露样品(15) 参考样品(21) 暴露样品(39)	31.4±4.3 11.8±2.2 38.4±5.6	没有影响	血清免疫球蛋白水平和免疫力功能未变	Kimber等(1986)
铅冶炼工人；平均暴露5.3年	参考样品(84) 暴露样品(145)	<2~12 39(15~55)	↓单核细胞%，CD4+/CD8+ CD8+/CD56+细胞	调整变量后变化（如吸烟）	Pinkerton等(1998)
多变职业，平均暴露141个月	参考样品(25) 暴露样品(38)	— 62.3±21.6	↓IgM ↑淋巴细胞和C4补体，↓IgM	没有对照群体作为参考	Coscia等(1987)

续表

职业/暴露	样品数量[a]	BLL/(μg/dl)[b]	免疫影响[c,d]	备注	参考文献
铅蓄电池厂，平均暴露5.8年	暴露样品(606)	约23±10	↑IgE		Heo等(2004)
铅酸蓄电池厂工人，平均暴露5.8年	参考样品(20) 暴露样品(33)	<10.0 12.0～80.0	↓嗜中性粒细胞迁移活性	血清免疫球蛋白水平和抗原致有丝分裂反应未变	Queiroz等(1993, 1994)
硬脂酸铅厂工人	参考样品(29)	7	↓CD16+(NK)细胞		Sata等(1998)
蓄电池厂工人，平均暴露6年	低剂量暴露样品(19) 高剂量暴露样品(10) 参考样品(25) 暴露样品(25)	<20 >20 16.7±5.0 74.8±17.8	↓CD4+，IgG，IgM和C3与C4补体	也有所下降，但并未出现显著性差异	Undeger等(1996)
参考群体	(30)	4.5			
三轮车司机	(30)	6.5±4.7			
电池厂工人	(34)	128.1±104.7			
银首饰珠宝制造商	(20)	17.8±18.5	↑IFN-γ ↓淋巴细胞增殖，↑IFN-γ	所有三个群体平均暴露时间11～12年	Mishra等(2003)

注：PWM，商陆有丝分裂原；SD，标准差。
a 该组等于N插入成分数量；"参考"表示与铅暴露群体比较，选择对照组作为参考。
b 平均值，可用±标准差表示，除非另有说明。
c 血清水平。
d 所有铅暴露群组发生的影响，除非另有说明。

表C1.4 儿童铅暴露对免疫系统的影响

年龄组别	样品群组/数量[a]	BLL/(μg/dl)[b]	免疫影响[c,d]	备注	参考文献
学龄前儿童(4～6岁)	参考样品(7) 暴露样品(12)	22.6 45.3	血清免疫球蛋白，C3水平或可溶性抗原免疫反应未受到任何影响		Reidart和Graber(1976)
9个月～6岁儿童	参考样品(约179) 暴露样品(约100)	<9 ≥10	↑IgE水平	免疫指标综合检查，未发现增加铅暴露相关的改变	Lutz等(2005)
3～6岁儿童	参考样品(35) 暴露样品(35)	6.4 14.1	↓CD4+ ↑CD8+细胞		Li等(2005)

续表

年龄组别	样品群组/数量[a]	BLL/(μg/dl)[b]	免疫影响[c,d]	备注	参考文献
6个月~15岁儿童	6~35个月 36~71个月 6~15年	7 6 4	↑BLL⩾15 μg/dl 的 3 岁以下儿童 IgA、IgG 和 IgM 水平	3岁以上儿童未受到影响；结果受到镉存在影响混淆	Sarasua 等(2000)

a 可用时，该组等于 N 插入成分数量；"参考"表示与铅暴露群体比较，选择对照组作为参考。
b 平均值，可用±标准差表示，除非另有说明。
c 血清水平。
d 所有铅暴露群组发生的影响，除非另有说明。

免疫抑制有关人类研究本质上是流行病学和回溯性研究。不包括案例研究或前瞻性研究。除了在学童中进行的几项研究，其中报道环境暴露导致相对较低的 BLL，人类试验数据均来自职业性暴露群体。这些流行病学研究通常提供最小范围的暴露史，往往局限于工作年限平均值或工作范围，但也包括当前的 BLL。此外，作为一个整体，人类研究中的数据用于确定铅对免疫系统产生的影响时具有不确定性。铅可能引发免疫毒性；然而，一些人类研究表明铅对免疫系统造成影响，其他研究表明铅不会对免疫系统造成影响。研究缺乏重现性和许多数据点缺乏可变性，限制了在铅免疫毒性风险评估中人类数据的使用。

最近，与铅暴露相关的潜在免疫病理范围已经扩大到包括暴露可能会增加血清 IgE 和过敏性疾病的发病率的证据。例如，实验动物研究表明，铅会影响 CD4+T 细胞和 B 细胞，导致 Th2 细胞因子和 IgE 产生增加（Dietert and Piepenbrink, 2006）。同样，Boscolo 等（1999）报道，B 细胞数和血清 IgE 浓度升高均与 BLL 增加有关。在儿童暴露于环境中的铅研究中也发现血清 IgE 水平升高（Lutz et al., 1999）。在波兰一项前瞻性研究中，研究对象包括 224 名中期妊娠妇女，通过在儿童 5 岁时进行的常见过敏原皮肤点刺测试确定，孕产妇和脐带 BLL 低于 2 μg/dl 会增加儿童发生过敏反应频率（Jedrychowski et al., 2011）。因为案例研究是关于铅暴露相关潜在免疫抑制，因此在波兰前瞻性研究中获得的数据没有进一步的评论。然而，值得注意的是，针对铅免疫毒性全面评估，风险评估人员将按照第 4 章和图 4.1 中给出的指导完成免疫抑制数据评估。然后，根据图 4.1 中指示，风险评估人员将评估终点相关免疫毒性数据，包括免疫毒性评估证据权重，而不是相应章节中提及的其他免疫抑制。鉴于上述数据，风险评估人员将按照第 6 章变应性过敏反应评估指南，评估 IgE 和超敏反应相关数据。

C1.3 铅引导免疫抑制评估

C1.3.1 铅暴露评估

C1.3.1.1 成人观察免疫毒性瞬态

一般来说，免疫系统具有较高的适应和损害后修复的能力。没有足够的数据可以清楚地证实铅引导的免疫毒性效应是否是短暂性的或是持续性的；没有成年人或实验动物研究针对评估铅暴露停止后随着时间的推移免疫毒性发展情况。间接证据，包括缺乏对干细胞影响，暴露停止后 BLL 下降，表明尤其是成人暴露于铅，产生的影响不是持久性的。观察到的免疫影响类型表明免疫调节活动改变（如改变 CD4/CD8 细胞或调节性细胞因子），但很少有证据表明暴露于至少导致永久性损坏的相关剂量水平，会对造血干细胞有显著影响。然而，应注意的是人体消除无机铅半衰期，在血液中是 30 天，在骨骼中约 27 年。因此，在软组织，如肝、肾和骨骼随着时间的推移存在铅生物蓄积的潜在性。此外，在成人体内，骨铅约占总身体负担的 94%。而骨骼中的铅作为暴露停止很久后血液中生物可利用铅的来源，并与非免疫终点，如心血管疾病和肾功能影响相关联，是否骨骼中的铅会抑制免疫力很长一段时间、目前尚不清楚。铅暴露增加不成熟免疫细胞类型（祖细胞），发生发育抑制作用，表明可能影响会更持久，然而，没有什么实质性的证据表明这种情况。

C1.3.1.2 发育免疫系统对铅诱导免疫毒性的灵敏度

人们普遍认为，与成熟的免疫系统相比较，正在发育的免疫系统更容易受到化学物质影响。发育中的免疫系统比成熟免疫系统发生毒性反应的风险更大，通常表现在两个方面——较低剂量可能产生不利影响，不利影响可能更持久——或两方面都存在（Luebke et al.，2006）。然而，现有的证据表明，儿童和成人在类似 BLL 情况下发生免疫效应。在产前或婴儿时期 BLL 等于和低于 10 μg/dl 可能会导致认知和行为障碍（Goyer，1993；Bellinger et al.，2004；Hu et al.，2006；USEPA，2006；Jedrychowski et al.，2008），而在一些动物物种的研究表明，围产期 BLL 约 10 μg/dl 也会引发青少年免疫毒性（Dietert et al.，2004）。在大型儿童研究中，Sarasua 等（2000）发现 BLL 大于 15 μg/dl 会引发血清 IgG，IgA 和 IgM 水平与外周 B 细胞计数的变化。在成人中，免疫球蛋白水平的变化尚无定论（表 C1.3）。因此，现有数据无法证实铅暴露群体产生的免疫抑制作用会因年龄不同而有差异。在新生小鼠中，免疫系统的变化，可在 BLL 低于 20 μg/dl 时观察到，而在成人啮齿动物中，免疫改变可在类似 BLL（≤40 μg/dl）观察到（Dietert et al.，2004）。实验动物数据表明，在免疫系统发育期，铅诱导效应尤其会对脆弱性器官产生不利影响（Dietert et al.，2004）。发育中的胎儿和儿童由于生理因素或行为高剂量暴露，如摄入灰尘和油漆碎片，在人生阶段也可能产生免疫效应。相对于怀孕前后孕产妇 BLL 降低，在怀孕期间骨骼中铅增强转移很可能导致发育中的胎儿暴露于铅的概率增大。

C1.3.1.3 免疫系统发育时期，暴露后持久性免疫毒性

总体而言，已公布的数据表明，在免疫系统发育时期，暴露发生时免疫系统影响可能持续更长时间。没有出现过针对从环境中除去铅后在儿童中进行的免疫毒性研究。在动物实验中，Bunn 等（2001b）与 Miller 等（1998）执行试验，将雌性 F344 大鼠交配前暴露于含铅饮用水 2 周，妊娠期暴露于含铅饮用水 2~21 天，以及整个孕期都暴露于含铅饮用水。观察到众多免疫改变，特别是雌性幼仔，包括 DTH 反应（LOEL=250 mg/L）和

IFN-γ生产显著减少，而 IL-4 生产和总血清 IgE 升高（LOEL＝100 mg/L）。Bunn 等（2001a）报道，BLL 为 38 μg/dl（暴露后立刻）发生抑制 DTH 反应；雌性出生时 100 mg/L 剂量 BLL 为 7.6 μg/dl。在这些研究中，免疫评估时 BLL（年龄为 5 周和 13 周）在背景值水平，这表明，免疫系统发育阶段，铅诱导免疫毒性可能在暴露后持续存在。

C1.3.2　应用证据权重方法

在第 4 章，第 4.8.1 节"免疫抑制评估证据权重方法"中提出的一系列问题旨在帮助组织和描述免疫毒性数据特性，这些数据源自从强到弱显著免疫抑制证据。下面再现了问题和回答，随后将讨论支持性免疫毒性数据。

C1.3.2.1　是否有流行病学研究、临床研究或个案研究提供免疫抑制相关终点人类试验数据（即感染发生率、接种疫苗后反应、DTH、淋巴细胞增殖、其他数据）？

有。已经有不少有关人体暴露于铅的回顾性研究。由于数据的可变性，铅能诱导免疫抑制的相关数据具有不确定性；但是，一些研究表明，铅对免疫系统有一定的影响。

一些研究表明，铅暴露会影响人类抗感染能力。Ewers 等（1982）报道男性职业性暴露于铅至少 2 年感冒和流感年发病率有增长"轻微倾向"（未提供统计分析）。暴露于铅的工人 BLL 为 21.3～85.2 μg/dl，其对照为 6.6～20.8 μg/dl。日本一项铅作业工人研究证明 BLL 大于 60 μg/dl 的个体与低于 60 μg/dl 的个体相比较，每年明显患两次或两次以上感冒（Horiguchi et al.，1992）。Rabinowitz 等（1990）报道铅行业工人的孩子除患感冒或流感的概率增加以外，呼吸道疾病、严重耳部感染和疾病风险也呈增加趋势［比值比（OR）1.2～1.5；95％置信区间（CI）1～2.4］。

6 项人类实验研究针对铅暴露后免疫功能进行了测试。第一项研究未检测儿童 BLL 与破伤风类毒素接种抗体应答之间的关联（Reigart and Graber，1976）。然而，在这项研究中，一组只有 7 名儿童，BLL 低于 30 μg/dl（群组平均 BLL＝22.6 μg/dl，范围为 14～30 μg/dl，当时被认为是"正常"）与另一组，有 12 名儿童 BLL "提升"（群组平均 BLL＝45.3 μg/dl，范围为 41～51 μg/dl）进行比较。应该指出的是，在本研究中，对照组 BLL 超过当前 CDC 处置界限。

一系列投稿报道了铅对 PMNL 和巨噬细胞的抑制作用。Governa 等（1988）报道，平均 BLL 为 63.2 μg/dl 的意大利铅作业工人与平均 BLL 为 19.2 μg/dl 的参考群体相比，PMNL 趋化作用显著受损。在这项研究中，参照物与铅作业工人之间的血液和代谢参数相似。同时报道铅作业工人 BLL 增加与 PMNL 趋化作用下降存在直接联系（Valentino et al.，1991）。Queiroz 等（1993，1994）报道 PMNL 趋化作用和催化活性下降的工人 BLL 为 12～90 μg/dl。Bergeret 等（1990）报道 BLL 为 9 μg/dl 的对照组与 BLL 为 71 μg/dl 的工人会受到相似的影响。Pineda-Zavaleta 等（2004）也报道了铅对 PMNL 和巨噬细胞的影响，研究发现儿童 BLL（4～50 μg/dl）与巨噬细胞和 PMNL 激活之间的关联。然而，看起来至少有两个研究报告的结果源自相同的测试人口，且在一些研究中，影响也与剂量不相关。

PMNL 看起来是铅毒性反应的影响目标之一。一项研究评估了暴露于铅的工人中通过中性粒细胞在细胞内杀灭白色念珠菌和假热带念珠菌（Queiroz et al.，1994）。所有工人抗原和吞噬细胞脾功能吞噬作用都显示正常；然而，白色念珠菌细胞溶素活性受损。检测出 33 名工人平均 BLL 为 43.2 μg/dl。由于 BLL 已被记录，且 PMNL 影响可被复写，因此这些数据可适用于定量风险评估。第 3 章第 3.3.9 节中所描述的不确定性因子应按照以下提示应用。

- 种间不确定性因子是 1，因为这项研究是用人类作为试验对象。
- 说明个体差异的种内不确定性因子应为 10，因为缺乏更明确的数据。此外，本研究没有审查剂量-反应关系，因此，观察到的使 PMNL 产生影响的最小剂量不明确。
- LOAEL 至 NOAEL 不确定性因子将是 10。
- 亚慢性至慢性不确定性因子将是 3。在这项研究中平均暴露周期为 4 年，但一些工人暴露只有 6 个月。
- 铅毒性相关数据库是全面的，包含了有关铅所造成免疫影响的大量数据。因此，数据库中的不确定性因子将是 1。

若要完成 AEL 值推导，指导建议考虑群体风险（即儿童和老人），然后使用总不确定性因子除以 POD 值得出。使用上述免疫抑制风险评估不确定性因子，应用的总不确定性因子将是 300 [不确定性因子：种间为 1，种内为 10，LOAEL 至 NOAEL 为 10，亚慢性至慢性数据库为 1]。从研究（即 POD 值）中获得的应用不确定性因子与 BLL，其结果是 BLL 为 0.144 μg/dl（即 43.2/300）时可作为 AEL。

有一些研究报道了针对青年和成年人试验发现的铅对一般免疫的影响（表 C1.3～C1.4）。在儿童中，环境暴露于铅已被证明与血清免疫球蛋白水平（即 IgG、IgM、IgA 和 IgE）及 CD8+细胞和 B 细胞数量呈正相关，与 CD4+细胞数量呈负相关（表 C1-4）。在成人中，铅暴露与 NK 细胞和 B 细胞数量、C3 和 C4 补体浓度、血清 IgG、IgM 和 IgA 水平呈负相关。两项职业性铅暴露研究报道铅暴露个体有丝分裂原反应减少（Fischbein et al.，1993；Mishra et al.，2003）。Mishra 等（2003）报道虽然由于明显缺乏敏感度，非特异性有丝分裂原刺激，作为免疫功能测试很少被使用，但 BLL 低至 6.5 μg/dl 的工人有丝分裂原反应明显减少。在成人试验研究中，观察到职业性暴露于铅超过 5 年，其 BLL 为 15～55 μg/dl，导致单核细胞减少（Pinkerton et al.，1998）。没有关于人类试验病理组织或器官质量数据可用。

尽管看似有大量的铅暴露人类试验研究，但大多人类研究获得的数据被认为不足以建立一个准确的 POD 值（表 C1.3 及表 C1.4）。没有研究建立因果关系，本质上都是追溯性研究。此外，有关 BLL 人类个体免疫功能终点的信息很少。而且，不能确定生物上似合理的免疫毒性简况，也无类似 BLL 群体之间影响一致性的报道。例如，一些研究表明铅暴露工人免疫球蛋白水平下降，但是，一些研究也显示免疫球蛋白水平未受到影响。其他研究表明，铅可能导致儿童免疫刺激（表 C1.4）。Sarasua 等（2000）发现，3 岁以下儿童 BLL 大于或等于 15 μg/dl，IgA、IgG 和 IgM 水平增加。此外，Lutz 等（1999）发现，BLL 大于或等于 10 μg/dl 的儿童暴露于铅，IgE 水平增加；然而，在这项研究中，未观察到对其他一般免疫参数有影响。一项研究表明，铅可能会导致 T 细胞应答转变（Li et al., 2005），但另一项研究表明，铅对儿童免疫系统不会造成影响（Reigart and Graber, 1976）。人类证据权重表明，铅暴露使免疫系统产生变化，但没有足够的数据来确定免疫毒性的精确影响和（或）机制；实际上，似乎有证据证明铅（特别是在较低水平）作为免疫抑制剂，而不是免疫刺激剂。上述PMNL数据被确定适用于定量风险评估，因为一些研究中观察到铅暴露影响。这些数据的AEL被确定为 0.144 μg/dl（参见上述计算）。

注意：下面的问题源自证据权重方法，仅参考动物实验数据。

C1.3.2.2 是否有证据证明化学物质降低抗感染和（或）肿瘤能力？

有。从多个动物研究中获得明确的证据证明铅暴露（浓度 82.9 mg/L）后或 BLL 低于 20.5 μg/dl，宿主抵抗细菌感染能力被削弱。USEPA 关于空气质量标准（USEPA, 2006 年）文件报道多个啮齿动物宿主抵抗力研究中，暴露于铅和各种病原体动物的死亡率明显增高。经剂量为 20 mg/kg 体重铅静脉注射的大鼠，表皮葡萄球菌、大肠埃希氏菌导致死亡率为 80%～96%，而非铅暴露动物的死亡率为 0%。在小鼠中，口腔途径铅暴露（浓度 2000 mg/L）2 周，导致 EMC 病毒，死亡率 100%，非铅暴露小鼠死亡率 19%。

多个成年小鼠研究报道暴露于铅后，细菌激发易感性增加（参见表 C1.1）。敏感性可通过死亡率或器官（如脾脏）细菌数量监测。结果表明暴露于铅浓度大于或等于 82.9 mg/L 饮用水连续 4 周，暴露于含铅饮用水（浓度 1036 mg/L 或 2072 mg/L）16 周（Fernandez-Cabezudo et al., 2007）后每日腹腔铅注射（10 mg/kg 体重）金黄色葡萄球菌和鼠伤寒沙门氏菌 15 天（Bishayi and Sengupta, 2003），单核细胞增多性李斯特氏菌易感性增强（Lawrence, 1981）。暴露于含铅饮用水 4 周后观察到最敏感的小鼠模型出现抗李斯特氏菌感染能力降低，脾脏中细菌数量增加（暴露剂量 2072 mg/L），死亡率增加（暴露剂量 82.9 mg/L 以上）（Lawrence, 1981）。暴露水平可能选定作为 LOAEL。然而，在本研究中未确定 BLL，未使用内部剂量度量对人类和实验动物之间直接暴露进行比较，因此显著降低免疫抑制影响定量评估置信度。

动物暴露于铅导致宿主抵抗其他病原体能力下降。这些数据包含了强有力的证据，证明导致可能免疫抑制，尤其是 Fernandez-Cabezudo 等（2007）研究观察到铅暴露剂量与存活率下降相关。这些数据还包括 BLL（浓度 1036 mg/L 和 2072 mg/L 时 BLL 分别为 20.5 μg/dl 和 106 μg/dl），增加了用于确定 POD 值宿主抵抗力相关数据的效用。设计和实施良好，免疫系统缺陷相关的宿主抵抗力试验能够提供最直接的不良健康影响的证据。此外，两项流行病学研究表明铅作业工人呼吸道感染抵抗力下降，啮齿类动物一般免疫实验中也观察到变化。宿主的抵抗力、免疫功能测量和一般免疫检测相结合，能够提供非常强大的啮齿动物免疫毒性相关数据集。在这项研究中口服途径是人体暴露极其重要的途径。

在 Fernandez-Cabezudo 等（2007）研究中，C3H/HeN 小鼠暴露于一系列浓度（0 mg/L, 1036 mg/L 和 2072 mg/L）含乙酸铅的饮用水中约 16 周。暴露于浓度为 0 mg/L, 1036 mg/L 和 2072 mg/L 的群体平均 BLL 分别为 (2.9±1.1) μg/dl, (20.5±

1.1)μg/dl 与（106.2±8.9）μg/dl。将小鼠故意暴露于较高剂量铅，沙门氏菌感染易感性增加，靶器官的细菌负担增加，暴露于浓度为 0 mg/L，1036 mg/L 和 2072 mg/L 的群体死亡率都有所增加；在 1036 mg/L 暴露群组中未对细菌负担进行评估。在本研究中未观察到 B 细胞和 T 细胞功能数量任何变化。小鼠中体内体外培养脾细胞表现出 IFN-γ 和 IL-12p40 生产显著减少。同时也观察到暴露于铅的小鼠脾细胞分泌 IL-4 增加，表明所观察到的体内抗沙门氏菌抗体对保护性 IgG2a 同种型与非保护性 Th2 细胞诱导 IgG1 同种型应答转变具有合理的解释。暴露于浓度为 1036 mg/L 和 2072 mg/L 乙酸铅群组的 BLL 分别受到铅暴露剂量影响。对照组小鼠 BLL 与美国群体背景水平相似。研究观察了感染鼠伤寒沙门氏菌强毒株次致死剂量小鼠经过 16 周治疗，持续观察 60 天的死亡率。对照组小鼠的总体存活率为 80%，中位生存时间为 60 天。暴露于浓度为 1036 mg/L 乙酸铅小鼠的存活率为 40%，中位生存时间为 26 天。暴露于浓度为 2072 mg/L 乙酸铅的老鼠感染后都未存活，中位生存时间为 16 天。高剂量死亡率增加与肠系膜淋巴结、脾脏和肝脏细菌负担增加相关联。细胞因子产生（IL-4、IL-12、TNF-α 和 IFN-γ）通过使用体内体外培养脾细胞进行了评估。脾细胞暴露于铅观察到 IL-12p40 水平减少，22%～25% 无刺激，42%～45% 发生刺激。无刺激发生，脾细胞不分泌任何可检测水平的 TNF-α，刺激后，暴露于浓度为 1036 mg/L 和 2072 mg/L 群组的 IFN-γ 水平分别减少了 27%～35%。与此相反，铅暴露小鼠的脾细胞培养物 IL-4 水平增加。在这项研究中乙酸铅 LOAEL 为 1036 mg/L，相应的 BLL 为（20.5±1.1）μg/dl。由于缺乏无效应水平，使用 LOAEL 不是很合适，但是，这是少数包括 BLL 的宿主抵抗力研究之一，这些数据更适合于铅暴露风险评估。这项研究是在成年动物中进行；因此，它可能低估对儿童及老年人的危害，因为儿童免疫系统尚未充分发育成熟，而老年人的免疫系统正在经历衰老。

要继续使用 Fernandez-Cabezudo 等（2007）得出的 LOAEL 进行风险评估，须应用第 3 章第 3.3.9 节中所描述的不确定性因子。

• 种间不确定性因子将是 3。此研究不在人类中进行，但是，所使用的度量是一个内部浓度，而不是一个剂量水平或剂量浓度。人体试验中观察到寄主抗病性变化。
• 种内不确定性因子考虑不同个体之间差异，在没有更明确的数据时，将是 10。
• LOAEL 至 NOAEL 不确定性因子将是 10。
• 亚慢性至慢性不确定性因子将是 10。
• 铅毒性相关数据库是全面的，包含了有关铅所造成免疫影响的大量数据。因此，数据库中的不确定性因子将是 1。

若要完成 AEL 值推导，指导建议考虑群体风险（即儿童和老人），然后使用总不确定性因子除以 POD 值得出。如上所讨论，有证据表明，儿童和老年人的免疫系统更容易受到毒性危害。使用上述免疫抑制风险评估不确定性因子，总不确定性因子将是 3000 [不确定性因子：种间为 3，种内为 10，LOAEL 至 NOAEL 为 10，亚慢性至慢性数据库为 1]。

从研究（即 POD 值）中获得的应用不确定性因子与 BLL，其结果是 BLL 为 0.0068 μg/dl（即 20.5/3000）时可作为 AEL。

C1.3.2.3　是否有证据证明化学物质降低免疫功能（抗体产生、NK 细胞功能、DTH、MLR、CTL、单核细胞吞噬作用或细菌杀灭作用等）？

有。成人和正在进行的实验动物研究中相当多的证据表明铅对功能性免疫应答的影响。影响包括抗体 PFC 应答抑制与 DTH 抑制，抗体 PFC 应答是体液免疫功能的一个指标，DTH 则是典型的细胞介导免疫功能指标。然而，在观察期间，与对 PFC 应答影响相比较，对 DTH 影响似乎更加具有一致性。例如，Luster 等（1978）报道产前/产后暴露于铅，BLL 低至 29 $\mu g/dl$ 的 Sprague-Dawley 大鼠 PFC 应答降低，Blakley 和 Archer（1981）报道体外暴露，BLL 为 25 $\mu g/dl$ 抑制 PFC 应答。然而，Mudzinski 等（1986）与 Lawrence（1981）在啮齿类动物测试和各种暴露范例中未能成功显示出对 PFC 应答产生的影响。DTH 应答依赖于 T 细胞引发与抗原定位部位确认，其中 Th1 介导过程干扰将导致致病激发免疫反应降低。与 PFC 数据相比，一致性的 DTH 应答抑制已在多个试验物种和各种不同暴露范例，包括产前、新生儿或成人暴露中观察到（表 C1.5）。BLL 低至 6.8 $\mu g/dl$ 的 4 周大幼崽出现 DTH 应答抑制（Chen et al., 2004）。母鼠从生殖前到断奶暴露于铅，其幼鼠直到产后 45 天（BLL 大于或等于 29.3 $\mu g/dl$）暴露于铅也观察到发生 DTH 应答下降（Faith et al., 1979）。

表 C1.5　铅诱导迟发型超敏反应和相关应答抑制

动物/菌株	年龄	途径	LOEL	持续时间	BLL/ ($\mu g/dl$)	参考文献
小鼠						
BALB/c	成年	口腔	512 mg/L	3 周	87	McCabe 等（1999）
Swiss	成年	皮下注射	0.5 mg/kg 体重每天	3 天	NM	Laschi-Loquerie 等（1984）
BLAB/c	成年	腹腔注射	0.025mg/d	30 天	NM	Müller 等（1977）
大鼠						
SD	产前	母体遗传	250 mg/kg	5 周	6.8（在 4 周时）	Chen 等（2004）
CD	胚胎/胎儿	母体遗传	500 mg/kg	6 天	NM	Bunn 等（2001b）
F344/CD	胚胎/胎儿	母体遗传	250 mg/kg	3 周	NM	Bunn 等（2001c）
F344	胚胎/胎儿	母体遗传	250 mg/kg	3 周	34.8（在出生时）	Bunn 等（2001a）
F344	胚胎/胎儿	母体遗传	250 mg/kg	5 周	NM	Chen 等（1999）
F344	胚胎/胎儿	母体遗传	250 mg/kg	5 周	NM	Miller 等（1998）
Wistar	成年	口腔	25 mg/kg	16 周	29.3	Faith 等（1979）
鸡						
Comell K	胚胎	蛋中	200 μg	急性，胚胎12 天	NM	Lee 等（2002）
Comell K	胚胎	蛋中	200 μg	急性，胚胎12 天	87	Lee 等（2001）
山羊						
远交群	成年	口腔	500 mg/kg 每天体重	6 周	NM	Haneef 等（1995）

注：NM 表示未测。

McCabe 等（1999）一项研究还包括每一剂量群组的 BLL，使得这些数据适用于推导 POD 值。在这项研究中暴露途径是饮用水，是人体暴露极其重要的途径。数据的劣势是缺乏人体试验相关数据。DTH 测试用于儿童，以帮助诊断原发性 T 细胞缺陷，然而，DTH 应答与相应人类健康中轻度/中度变化之间的相关性却知之甚少。在这项研究中，成年 BALB/c 小鼠右脚垫使用 SRBC 皮下注射激发 4 天后，使用 108 SRBC 静脉注射致敏。通过在抗原激发之前和之后（24 h）比较受试脚垫大小，判断 DTH 应答（足垫发生肿胀）。在对照小鼠中，脚垫大小增加 0.48mm；但是，经口腔途径暴露于浓度为 512 mg/L 铅的小鼠，脚垫大小只增加 0.11 mm。在这项研究中最低有效剂量为 512 mg/L，对应 BLL 为 87 μg/dl。这项研究是在成年动物中进行，因此，它可能低估对儿童及老年人的危害，因为儿童免疫系统尚未充分发育成熟，而老年人的免疫系统正在经历衰老。

铅已被证明不仅通过干扰巨噬细胞发育，如集落刺激因子-1（CSF-1）应答（Kowolenko et al., 1989），而且通过改变成熟组织巨噬细胞功能，对巨噬细胞产生免疫毒性。暴露于浓度低至 82.9 mg/L 铅长达 4 周后，小鼠巨噬细胞抗原呈递和 T 淋巴细胞刺激减少（Kowolenko et al., 1988）。多个物种巨噬细胞一氧化氮产量下降，一项体外研究表明 BLL 为 10 μg/dl 减少一氧化氮生产（Tian and Lawrence, 1996）。一氧化氮对于巨噬细胞功能具有重要性，因为它负责白细胞的抗微生物和细胞毒素活性。

巨噬细胞相关数据是一致的，因为经过暴露于铅后，巨噬细胞功能似乎被抑制。另外，体外人类试验数据表明，铅暴露导致 PMNL 趋化性减少，这可能与人类呼吸道感染增加相关。这些细胞类型对于先天和适应性免疫非常重要。铅暴露导致细胞介导免疫抑制数据可精确获得；然而，铅暴露对体液免疫影响的相关数据缺乏准确性。动物实验中铅作为免疫抑制剂，引发的 DTH 抑制相关数据可能是最完整和可复写的数据集。因此，这些数据都是适合用于定量风险评估。虽然清楚地观察到暴露于浓度为 512 mg/L 的铅（BLL87 μg/dl）引发 DTH 应答抑制，McCabe 等（1999）研究也测试了较低剂量暴露引发的影响，以建立一个剂量-反应关系。在其研究中，虽然小鼠暴露于浓度为 0 mg/L，32 mg/L，128 mg/L，512 mg/L 或 2048 mg/L 的铅，然而，作者只报道了暴露于浓度为 512 mg/L 的铅的小鼠组群个体与对照组相比较 DTH 抑制相关数据信息，其他浓度暴露未进行比较。对于暴露于 128 mg/L 和 32 mg/L 浓度铅的小鼠（BLL499 μg/dl 和 9 μg/dl）是否产生抑制 DTH 应答是未知的。因此，浓度为 512 mg/L 铅（BLL 87 μg/dl）剂量被作为 LOAEL。

要继续使用 McCabe 等（1999）得出的 LOAEL 进行风险评估，须应用第 3 章第 3.3.10 节中所描述的不确定性因子。

- 种间不确定性因子将是 3。此研究不在人类中进行，但是，所使用的度量是一个内部浓度，而不是一个剂量水平或剂量浓度。
- 种内不确定性因子考虑不同个体之间差异，在没有更明确的数据时，将是 10。
- LOAEL 至 NOAEL 不确定性因子将是 10。
- 亚慢性至慢性不确定性因子将是 10。
- 铅毒性相关数据库是全面的，包含了有关铅所造成免疫影响的大量数据。因此，数据库中的不确定性因子将是1。

若要完成AEL值推导，指导建议考虑群体风险（即儿童和老人），使用种内不确定性因子，然后使用总不确定性因子除以POD值得出。如上所讨论，有证据表明，儿童和老年人的免疫系统更容易受到毒性。使用上述免疫抑制风险评估不确定性因子，总不确定性因子将是3000（不确定性因子：种间为3，种内为10，LOAEL至NOAEL为10，亚慢性至慢性数据库为1）。从研究（即POD值）中获得的应用不确定性因子与BLL，其结果是BLL为0.029 μg/dl（即87/3000）时可作为AEL。

C1.3.2.4 是否从一般或观察免疫试验（淋巴细胞表型、细胞因子、补体、淋巴细胞增殖等）有证据表明免疫抑制？

有。在实验动物研究中有证据显示铅影响免疫系统健康的一般标志物。动物暴露于铅引起免疫细胞转变为未成熟细胞类型（祖细胞）（Burchiel et al., 1987）。而Fernandez-Cabezudo等（2007）报道小鼠暴露于含铅（浓度2072 mg/L）饮用水连续16周[BLL=(106±9)μg/dl]，未发现B淋巴细胞至T淋巴细胞总数改变，细胞因子IFN-γ和IL-12p40浓度减小，体内体外培养脾细胞IL-4分泌增加。IL-4产量增加引发对保护性IgG2a同种型至Th2诱导IgG1同种型体内抗沙门氏菌抗体应答。作者建议，铅可引起免疫反应向Th2型反应转变，而不是一种细胞毒素过程。Chen等（2004）也报道早期发展过程中母体暴露于铅（饮用水，浓度250 mg/L）引发成年后代IFN-γ生产减少。他们还报告说，铅暴露且高蛋白质饮食母体的后代与铅暴露正常饮食大鼠后代相比，IL-4和TNF-α生产升高，虽然这些研究结果与风险评估相关性目前还不清楚。

细胞因子暂时水平减少未必是免疫抑制的可靠证据，免疫表型预测值尚未建立。一些研究表明免疫指标无差异。所有这些因素都引发了疑虑，即这些数据是否可用于定量或定性风险评估；然而，观察的免疫抑制影响增加了铅暴露和其抑制免疫系统评估的证据权重。

C1.3.2.5 是否有证据表明，化学物质导致血液变化（如改变白细胞计数），暗示免疫影响？

有。很少免疫毒性研究报道铅暴露引发的显著血液的影响。哺乳和怀孕期间暴露于含铅（浓度250 mg/L或500 mg/L）饮用水母体（BLL=70.8 μg/dl与112 μg/dl）的后代总外周血白细胞计数明显下降（Miller et al., 1998）。虽然外围白细胞不被一一列举，Snyder等（2000）报道出生前和出生后暴露低至16.6 mg/L剂量乙酸铅的小鼠在出生后2~3周龄出现类似的脾淋巴细胞下降。在大于或等于4周年龄，只有在怀孕和哺乳期暴露于铅的老鼠脾细胞继续减少。在这些研究中，母体在妊娠第15天开始暴露于含铅（浓度16.6~207.2 mg/L）饮用水。Bunn等（2001a）报道母体在妊娠期间暴露于铅（饮用水铅浓度100 mg/L）的13周龄雌性后代相对和绝对外周血单核细胞数减少（减少74%），相对嗜中性粒细胞数增加。雄性后代在5周龄，而不是13周龄，出现相对嗜中性粒细胞数增加，淋巴细胞减少。

这种性质的白细胞计数和健康影响的适度变化之间关联通常难以确定，鉴于这样的事实，关于铅暴露导致功能性免疫和抗宿主数据难以确定。许多这些研究未报道 BLL，数据并不一致。使用这些数据进行定量或定性风险评估的实用性仍是疑问。

C1.3.2.6　是否有病理组织学证据（胸腺、脾脏、淋巴结等）表明化学物质导致免疫毒性？

没有。Faith 等（1979）报道，产前/产后暴露于铅导致脾脏和胸腺质量改变（参见 C1.3.2.7），但未发现对照组和暴露组器官之间存在组织病理差异。

C1.3.2.7　是否有证据表明，化学物质减少免疫器官质量（胸腺、脾脏、淋巴结等）？

有。虽然极少数的动物研究包括淋巴器官检查，但淋巴器官质量的变化在产前/产后铅暴露后作为主要指标被指出。Faith 等（1979）报道产前和产后暴露于铅（饮用水中铅浓度 25 mg/L），BLL 低至 29 μg/dl 的大鼠胸腺质量显著减少；然而，仅发现 BLL 为 52.8 μg/dl，暴露于含铅（浓度 50 mg/L）饮用水中的雄性鼠脾脏质量增加。Bunn 等（2001a）确定妊娠期暴露后雄性和雌性大鼠在 5 周和 13 周龄发现相对脾质量结果如下：大鼠雌性后代暴露于含铅（浓度 250 mg/L）饮用水在 13 周年龄出现脾脏相对质量明显增加，但这一影响在 5 周龄不能被检测到。在 13 周年龄，所有雌性受试体相对脾重均显著高于雄性受试体（但雌性对照组相对脾重未显出高于铅暴露（浓度 250 mg/L）的雄性受试体。Kim and Lawrence（2000）的研究中，成年小鼠（BLL=45 μg/dl）暴露和感染单核细胞增生李斯特菌后脾脏质量减少，进一步支持铅暴露导致宿主抵抗力减少的影响。

动物实验获得的免疫器官质量数据是有限的，对脾产生影响的数据相互矛盾，这些研究结果表明诱导免疫抑制证据权重不确定。

C1.3.3　铅作为免疫抑制剂风险评估审查证据分量

铅在各种各样的环境中被发现，包括垃圾填埋场、危险废物场地、采矿区、旧住宅建筑物，甚至老果园周围的土壤。因此，正常的人类活动模式通过摄入食物和水、空气吸入或吞咽含有铅的颗粒物，都会引发暴露于这种无处不在金属的潜在风险。此外，应该指出的是，铅以几种形式存在（如铅盐、四乙基铅），通过所有可能的暴露途径铅及铅化合物能够产生许多生理效应。然而，本研究的目的不是要全面检讨铅的一般毒性作用，而是在这里提出的危险特性描述，特别集中论述通过口腔途径暴露于无机铅产生的抑制免疫反应影响。

正如在这一案例研究中铅对结论，类似内部剂量范围（即 BLL）和暴露时间/生命阶段（如表 C1.1～表 C1.4）对免疫系统引发的影响不同。几个人类实验研究说明 BLL 增加与免疫表型的改变之间相关联。这些人类实验研究结果，包括成年人群职业性暴露和儿童环境性暴露，几乎总是局限于非功能性免疫测试。铅诱导宿主抵抗力下降是免疫系统的主要影响，是公众关注的健康影响，关于人类传染病发病率或功能测试数据极少。

Ewers 等（1982）报道暗示传闻证据，铅作业工人对感染的抵抗力降低，BLL 是当时被认为"正常"人体的 2 倍以上或更多。人类流行病学研究中最常观察到的影响（测量时）包括血清免疫球蛋白水平的变化，特别是 IgG 和 IgA，以及免疫表型；但是，成人和儿童之间这种改变并不一致，差别很大。有少数证据表明标准血液学参数的变化，如白细胞计数或差异。工人为受试者的人类研究个主要劣势是流行病学评估本质上为追溯性，包含极少职业性暴露史。

也有证据表明在人类研究中数据不一致。例如，CD4＋细胞减少数量和 CD8＋细胞正常数量是一个普通观察，而一些研究报道的是 CD4＋细胞正常数量，也报道了 CD8＋细胞减少数量。在人类流行病学研究中数据的不一致性可能是由于多个测试方式输入错误，研究设计故障或简单的人类变率。此外，还应该指出的是，在 1990 年以前毒物学者最初采用的评估人类（实验动物）免疫功能的测试方法是不规范的。某些试验仍然没有标准化，因此，必须充分评估这些实验方法及其结果。通常执行的测试和由毒物学者制定的实验设计专案经常会导致不一致的结果。因此，铅对人体抑制免疫反应影响的观察经验不被认为是进行定量评估的可靠基础。

铅暴露在成人和新生啮齿动物中产生的免疫抑制作用包括抗原呈递改变，细胞因子产生减少，抗体和 DTH 反应减少，传染性病原体激发易感性增加。存在关于动物经过不同感染剂抗原激发宿主抵抗力相关数据，包括细胞内和细胞外的细菌（表 C1.1）。然而，应该注意，在一些情况下，BLL 低于那些被报道影响免疫功能标记物的值，引发感染易感性增加（Lawrence，1981）。这可能是由于暴露时间或非免疫机制的差异（Luster et al.，1978）。可以认为，宿主抵抗力数据提供了关于整体免疫和一般性健康的更佳依据。正如在第 4 章中的讨论，宿主抵抗力实验为定量风险评估提供了最好的动物数据，尤其是那些测定了 BLL 的研究。然而，在所有免疫影响的背景中，POD 值应被考虑；即铅可能不是严格意义上引发抑制免疫反应，而是引发免疫调节，因为对免疫系统的影响并不总是抑制性的。铅暴露后在动物中最一致的发现之一是降低 DTH 应答（表 C1.5）。然而，虽然暴露后免疫抗体应答被普遍报道显著减少，但不同研究或物种发现的影响并不一致。人类 DTH 数据似乎证明铅暴露工人和儿童中细胞介导免疫反应的上调，与动物实验发现的影响相矛盾。啮齿类动物研究的一个普遍缺点是，它们代表的是亚慢性暴露，并只有一种性别中进行。铅诱导免疫抑制动物数据库的优势包括覆盖更广的宿主抵抗力下降数据，发育免疫毒性研究，暴露-反应关系更高置信度（表 C1.1 和表 C1.2）。

适用于风险评估的机制数据是有限的。例如，铅诱导发育影响作用机制被认为是与调节性事件变化相关，最显著的转变是 Th1/Th2 细胞活动平衡，可通过调节性细胞因子水平的变化，包括 IL-4 和 IFN-γ 变化证明（Dietert and Piepenbrink，2006）。发育过程中铅暴露后持久性化学诱导改变免疫调节生物合理性，通过暴露于各种外来物质的类似结果支持（Wang & Pinkerton，2007）。Dietert 和 Zelikoff（2009）证明免疫系统发育时期发生铅暴露会导致 Th1 细胞和 Th2 细胞因子产生比例转变，即使在 BLL 下降到控制值。转变主要导致过敏显性，减少保护宿主免受感染的 Th1 驱动反应。但是，这些观察数据在这里不做详细讨论，因为转移 Th1 和 Th2 细胞因子产生的主要因素仍有待确定。

C1.4 结论

实验动物和人类中的数据，虽然有可变因素，但表明铅抑制防御机制，并诱导超敏反应。成年啮齿类动物的许多研究表明，口腔途径铅暴露诱导一般性免疫分析和功能的变化。细胞介导免疫与体液免疫比较数据有限，但证明口腔途径铅暴露细胞介导免疫为首要途径，而并未体液免疫，多个研究证据表明细胞介导免疫反应引发宿主抵抗病原体能力下降。环境性暴露儿童和职业性暴露成人的流行病学研究也显示铅暴露产生的免疫影响，但在许多研究中，仅进行了非功能性免疫测试（如血清免疫球蛋白水平和免疫分析）。更重要的是，人体发生免疫影响时的 BLL 与许多动物研究中发生免疫毒性时的 BLL 相似。虽然很少有人类实验研究铅暴露引发感染性疾病发病率，但一些在动物身上进行的易感性研究表明，如果铅浓度类似于，但不低于影响免疫力的水平，铅暴露降低抗革兰氏阳性和革兰氏阴性细菌感染能力。在啮齿类动物发育免疫毒性研究中，以及在儿童暴露于环境中影响的研究中，免疫变化也被多次观察到，尽管儿童暴露于环境中影响的研究受到数量和范围限制。当 BLL 相似于职业性暴露影响成人免疫系统的值时，发生儿童免疫影响，LOAEL 为 $10\sim20~\mu g/dl$。虽然暴露发生在免疫系统发育时期，免疫影响可能会更加持久，但支持此说法的数据非常有限。

PMNL 是非特异性免疫功能至关重要的细胞，在宿主防御细胞外病原体中发挥了举足轻重的作用。这些细胞通常与许多体液因素配合提高宿主的防御效果。此外，另一个进行先天免疫和病原清除的重要白细胞，巨噬细胞，也受到铅暴露导致的负面影响。因此，铅似乎抑制 PMNL 趋化性，抑制巨噬细胞功能，并降低整体细胞介导免疫；这些效应可解释人类和实验动物感染发生率的增加。

三种最一致的结论是职业性人类暴露 PMNL 功能下降（AEL＝0.144 $\mu g/dl$），C3H/HeN 小鼠暴露于含铅饮用水 16 周后（AEL＝0.0068 $\mu g/dl$）宿主抵抗力降低，BALB/c 小鼠暴露于含铅饮用水为期 3 周（AEL＝0.029 $\mu g/dl$）DTH 应答被抑制。三种结论指导值都基于 LOAEL，免疫抑制相关最低剂量不确定性增加。此外，动物实验采用亚慢性暴露，造成从这些数据推断慢性人体暴露参考值数据的附加不确定性。因此，即使有相对大量的铅免疫毒性研究，从动物数据推断出的参考值包括总不确定度调整数 3000，是许多组织执行风险评估所允许的最大不确定性因子。大于 3000 的总不确定性因子被视为不适合用于推导参考值，因为涉及的不确定性是不可接受的程度。

指导指出，人类或啮齿动物宿主抵抗力抑制和免疫功能测量被认为是对免疫抑制的有力支持。因此，这些数据提供了非常有说服力的证据表明铅暴露产生免疫抑制后果。虽然人类数据 PMNL 可用于推导出 AEL，有助于确定低剂量范围影响的不确定性，但源自暴露群体的功能性数据是罕见的，一般不包括 NOAEL（表 C1.3 和表 C1.4）。因此，动物数据应被视为可用于推导参考值，因为它们提供了支持免疫抑制的数据，基于动物实验数据的参考值是低剂量范围保护性值，未包括在人类数据中。

宿主抵抗力的参考值是基于死亡率（暴露于 1036 mg/L 铅浓度饮用水死亡率为 60%；Fernandez-Cabezudo et al.，2007），单一研究中评估得出的原始二进制结果。据报道，暴露于高剂量水平（2072 mg/L）细菌数量增加。虽然死亡率是一个引起关注的结果，但在较低暴露水平情况下，缺乏细菌计数可以防止死亡率差异是由于淋巴器官定植的结论。从寄主抗病力数据（AEL=0.0068 μg/dl）推导出的参考值与从 DTH 数据（AEL=0.029 μg/dl）推导出的参考值之间存在 4 倍差异。风险评估人员保守的方法通常是使用最低参考值结果的数据。

然而，缺乏细菌计数导致上面所讨论的宿主抵抗力测试具有更大的不确定性，建议仔细考虑 DTH 数据。基于 DTH 数据的参考值（AEL=0.029 μg/dl）可由来自不同实验室多个独立研究与报道相似铅相关 DTH 应答抑制研究者的支持，增加终点置信度。此外，多个研究者报道发现单核细胞增生李斯特氏菌感染抵抗力降低（表 C1.1），在本案例研究中，这些研究未被选定用于推导 POD 值，因为 BLL 尚未确定。然而，微生物抵抗力与 DTH 应答相关（North et al., 1997），改变的 DTH 作为免疫抑制指标，以及选择 DTH 作为适当的 AEL，增加了生物合理性置信度。

请注意，这一关于铅暴露的案例研究用于说明风险评估指导如何被应用于评估免疫抑制风险。并不提供全面的风险评估或最终监管状况。

C1.5 参考文献

Belli R, Giuliani V (1955) Lead effects on immunity. *Folia Medica (Naples)*, 38: 1407-1409.

Bellinger DC (1995) Interpreting the literature on lead and child development: the neglected role of the "experimental system". *Neurotoxicology and Teratology*, 17: 201-212.

Bellinger DC (2004) Lead. *Pediatrics*, 113 (Suppl. 4): 1016-1022.

Bergeret A, Pouget E, Tedone R, Meygret T, Cadot R, Descotes J (1990) Neutrophil functions in lead-exposed workers. *Human and Experimental Toxicology*, 9: 231-233.

Binns HJ, Kim D, Campbell C (2001) Targeted screening for elevated blood lead levels: population at high risk. *Pediatrics*, 10: 1364-1374.

Bishayi B, Sengupta M (2003) Intracellular survival of *S. aureus* due to alteration of cellular activity in arsenic and lead intoxicated mature Swiss albino mice. *Toxicology*, 184: 31-39.

Blakley BR, Archer DL (1981) The effect of lead acetate on the immune response in mice. *Toxicology and Applied Pharmacology*, 61: 18-26.

Boscolo P, DiGioacchino M, Sabbioni E, Benvenuti F, Conti P, Reale M, Bavazzano P, Giuliano G (1999) Expression of lymphocyte subpopulations, cytokine serum levels and blood and urinary trace elements in asymptomatic atopic men exposed to an urban environment. *International Archives of Occupational and Environmental Health*, 72: 26-32.

Bunn TL, Parsons PJ, Kao E, Dietert RR (2001a) Gender based profiles of developmental immunotoxicity to lead in the rat: assessment in juveniles and adults. *Journal of Toxicology and Environmental Health. Part A*, 64: 101-118.

Bunn TL, Ladics GS, Holsapple MP, Dietert RR (2001b) Developmental immunotoxicology assessment in the rat: age, gender and strain comparisons after exposure to lead. *Toxicology Mechanisms and. Methods*, 11: 41-58.

Bunn TL, Parsons PJ, Kao E, Dietert RR (2001c) Exposure to lead during critical windows of embryonic development: differential immunotoxic outcome based on stage of exposure and gender. *Toxicological Sciences*, 64: 57-66.

Burchiel SW, Hadley WM, Cameron CL, Fincher RH, Lim TW, Elias L, Stewart CC (1987) Analysis of heavy metal immunotoxicity by multi-parameter flow cytometry: correlation of flow cytometry and immune function data in B6CF1 mice. *International Journal of Immunopharmacology*, 9 (5): 597-610.

Chen S, Golemboski KA, Sanders FS, Dietert RR (1999) Persistent effect of in utero meso-2, 3-dimercaptosuccinic acid (DMSA) on immune function and lead induced immunotoxicity. *Toxicology*, 132: 67-79.

Chen S, Golemboski KA, Piepenbrink M, Dietert RR (2004) Developmental immunotoxicity of lead in the rat: influence of maternal diet. *Journal of Toxicology and Environmental Health. Part A*, 67: 495-511.

Coscia GC, Discalzi G, Ponzetti C (1987) Immunological aspects of occupational lead exposure. *La Medicina del Lavoro*, 78: 360-364.

Dietert RR, Piepenbrink MS (2006) Lead and immune function. *Critical Reviews in Toxicology*, 36: 359-385.

Dietert RR, Zelikoff JT (2009) Pediatric immune dysfunction and health risks following early-life immune insult. *Current Pediatric Reviews*, 5: 36-51.

Dietert RR, Lee JE, Hussain I, Piepenbrink M (2004) Developmental immunotoxicology of lead. *Toxicology and Applied Pharmacology*, 198: 86-94.

Ewers U, Stiller-Winkler R, Idel H (1982) Serum immunoglobulin, complement C3 and salivary IgA levels in lead workers. *Environmental Research*, 29: 351-357.

Faith RE, Luster MI, Kimmel CA (1979) Effect of chronic developmental lead exposure on cell-mediated immunity. *Clinical and Experimental Immunology*, 35: 413-420.

Fernandez-Cabezudo MJ, Ali SAE, Ullah A, Hasan MY, Kasanovic M, Fahim MA, Adem A, Al-Ramadi BK (2007) Pronounced susceptibility to infection by *Salmonella enterica* serovar Typhimurium in mice chronically exposed to lead correlated with a shift to Th-2 type immune responses. *Toxicology and Applied Pharmacology*, 218: 215-226.

Fischbein A, Tsang P, Luo J-C, Roboz JP, Jiang JD, Bekesi JG (1993) Phenotypic alterations of CD3+ and CD4+ cells and functional impairment of lymphocytes at low-level occupational exposure to lead. *Clinical Immunology and Immunopathology*, 66: 163-168.

Garavan H, Morgan RE, Levitshy DA, Herman-Vaquez L, Strupp BJ (2000) Enduring effects of early lead exposure: evidence for a specific deficit in associative ability. *Neurotoxicology and Teratology*, 22: 151-164.

Governa M, Valentino M, Visona I, Scielso R (1988) Impairment of chemotaxis of polymorphonuclear leukocytes from lead acid battery workers. *Science of the Total Environment*, 71: 543-546.

Goyer RA (1993) Lead toxicity: current concerns. *Environmental Health Perspectives*, 100: 177-187.

Haneef SS, Swarup D, Kalicharan, Dwivedi SK (1995) The effect of concurrent lead and cadmium exposure on the cell-mediated immune response in goats. *Veterinary and Human Toxicology*, 37: 428-429.

Heo Y, Lee B-K, Ahn K-D, Lawrence DA (2004) Serum IgE elevation correlates with blood lead levels in battery manufacturing workers. *Human and Experimental Toxicology*, 23: 209-213.

Horiguchi S, Endo G, Kiyota I, Teramoto K, Shinagawa K, Wakitani F, Tanaka H, Konishi Y, Kiyota A, Ota A, Fukui M (1992) Frequency of cold infections in workers at a lead refinery. *Osaka City Medical Journal*, 38 (1): 79-81.

Hu H, Téllez-Rojo MM, Bellinger D, Smith D, Ettinger AS, Lamadrid-Figueroa H, Schwartz J, Schnaas L, Mercado-García A, Hernández-Avila M (2006) Fetal lead exposure at each stage of pregnancy as a predictor of infant mental development. *Environmental Health Perspectives*, 114: 1730-1735.

Jedrychowski W, Perera F, Jankowski J, Rauh V, Flak E, Caldwell KL, Jones RL, Pac A, Lisowska-Miszczyk I (2008) Prenatal low-level lead exposure and developmental delay of infants at age 6 months (Krakow inner city study). *International Journal of Hygiene and Environmental Health*, 211: 345-351.

Jedrychowski W, Perera F, Maugeri U, Miller RL, Rembiasz M, Flak E, Mroz E, Majewska R, Zembala M (2011) Intrauterine exposure to lead may enhance sensitization to common inhalant allergens in early childhood. A prospective prebirth cohort study. *Environmental Research*, 111: 119-124.

Kim D, Lawrence DA (2000) Immunotoxic effects of inorganic lead on host resistance of mice with different circling behavior preferences. *Brain, Behavior, & Immunity*, 14: 305-317.

Kimber I, Stonard MD, Gidlow DA, Niewola Z (1986) Influence of chronic low-level exposure to lead on plasma immunoglobulin concentration and cellular immune function in man. *International Archives of Occupational and Environmental Health*, 57: 117-125.

Koller LD, Roan JG, Brauner JA, Exon JH (1977) Immune response in aged mice exposed to lead. *Journal of Toxicology and Environmental Health*, 3: 535-543.

Kowolenko M, Tracy L, Mudzinski S, Lawrence DA (1988) Effect of lead on macrophage function. *Journal of Leukocyte Biology*, 43: 357-364.

Kowolenko M, Tracy L, Lawrence DA (1989) Lead-induced alterations of in vitro bone marrow cell responses to colony stimulating factor-1. *Journal of Leukocyte Biology*, 45: 198-206.

Laschi-Loquerie A, Decotes J, Tachon P, Evreux JC (1984) Influence of lead acetate on hypersensitivity. Experimental study. *Journal of Immunopharmacology*, 6: 87-93.

Lawrence DL (1981) In vivo and in vitro effects of lead on humoral and cell-mediated immunity. *Infection and Immunity*, 31: 136-143.

Lee J-E, Chen S, Golemboski KA, Parsons PJ, Dietert RR (2001) Developmental windows of differential lead-induced immunotoxicity in chickens. *Toxicology*, 156: 161-170.

Lee J-E, Naqi SA, Kao E, Dietert RR (2002) Embryonic exposure to lead: comparison of immune and cellular responses in unchallenged and virally stressed chickens. *Archives of Toxicology*, 75: 717-724.

Li S, Zhengyan Z, Rong L, Hanyun C (2005) Decrease of CD4+ T-lymphocytes in children exposed to environmental lead. *Biological Trace Element Research*, 105: 19-25.

Luebke RW, Parks C, Luster MI (2004) Suppression of immune function and susceptibility to infections in humans: association of immune function with clinical disease. *Journal of Immunotoxicology*, 1: 15-24.

Luebke RW, Chen DH, Dietert R, Yang Y, King M, Luster MI (2006) The comparative immunotoxicity of five selected compounds following developmental or adult exposure. *Journal of Toxicology and Environmental Health. Part B, Critical Reviews*, 9: 1-26.

Luster MI, Faith RE, Kimmel AA (1978) Depression of humoral immunity in rats following chronic developmental lead exposure. *Journal of Environmental Pathology and Toxicology*, 1: 397-402.

Lutz PM, Wilson TJ, Ireland J, Jones AL, Gorman JS, Gale NL, Johnson JC, Hewett JE (1999) Elevated immunoglobulin E (IgE) levels in children with exposure to environmental lead. *Toxicology*, 134: 63-72.

McCabe MJ Jr, Singh KP, Reiner JJ Jr (1999) Lead intoxication impairs the generation of a delayed type hypersensitivity response. *Toxicology*, 139: 255-264.

Miller TE, Golemboski KA, Ha RS, Bunn TL, Sanders FS, Dietert RR (1998) Developmental exposure to lead causes persistent immunotoxicity in Fischer 344 rats. *Toxicological Sciences*, 42: 129-135.

Mishra KP, Singh VK, Rani R, Yadav VS, Chandran V, Srivastava SP, Seth PK (2003) Effect of lead exposure on the immune response of some occupationally exposed individuals. *Toxicology*, 188 (2-3): 251-259.

Mudzinski SP, Rudofsky UH, Mitchell DG, Lawrence DA (1986) Analysis of lead effects on in vivo antibody mediated immunity in several mouse strains. *Toxicology and Applied Pharmacology*, 83: 321-330.

Müller S, Gillert K-E, Krause C, Gross U, L' Age-Stehr J, Diamantstein T (1977) Suppression of delayed type hypersensitivity of mice by lead. *Experientia*, 33: 667-668.

North RJ, Dunn PL, Conlan JW (1997) Murine listeriosis as a model of antimicrobial defense. *Immunological Reviews*, 158: 27-36.

Pineda-Zavaleta AP, García-Vargas G, Borja-Aburto VH, Acosta-Saavedra LC, Vera Aguilar E, Gómez-Muñoz A, Cebrián ME, Calderón-Aranda ES (2004) Nitric oxide and superoxide anion production in monocytes from children exposed to arsenic and lead in region Lagunera, Mexico. *Toxicology and Applied Pharmacology*, 198: 283-290.

Pinkerton LE, Biagini RE, Ward EM, Hull RD, Deddebs JA, Boeniger MF, Schorr TM, MacKenzie BA, Luster MI (1998) Immunologic findings among lead-exposed workers. *American Journal of Industrial Medicine*, 33: 400-408.

Queiroz ML, Almeida M, Gallão MI, Höehr NF (1993) Defective neutrophil function in workers occupationally exposed to lead. *Pharmacology & Toxicology*, 72: 73-77.

Queiroz MLS, Perlingeiro RCR, Bincoletto C, Almeida M, Cardoso MP, Dantas DCM (1994) Immunoglobulin levels and cellular immune function in lead exposed workers. *Immunopharmacology and Immunotoxicology*, 16: 115-128.

Rabinowitz MB, Allred EN, Bellinger DC, Leviton A, Needleman HL (1990) Lead and childhood propensity to infectious and allergic disorders: is there an association? *Bulletin of Environmental Contamination and Toxicology*, 44: 657-660.

Reigart JR, Graber CD (1976) Evaluation of the humoral immune response of children with low level lead exposure. *Bulletin of Environmental Contamination and Toxicology*, 16: 112-117.

Sarasua SM, Vogt RF, Henderson LO, Jones PA, Lybarger JA (2000) Serum immunoglobulins and lymphocyte subset distributions in children living in communities assessed for lead and cadmium exposure. *Journal of Toxicology and Environmental Health. Part A*, 60: 1-15.

Sata F, Araki S, Tanigawa T, Morita Y, Sakurai S, Nakata A, Katsuno N (1998) Changes in T cell subpopulations in lead workers. *Environmental Research*, 76: 61-64.

Shen X, Wu S, Yan C (2001) Impacts of low-level lead exposure on development of children: recent studies in China. *Clinica Chimica Acta*, 313: 217-225.

Snyder JE, Filipov NM, Parsons PJ, Lawrence DA (2000) The efficiency of maternal transfer of lead and its influence on plasma IgE and splenic cellularity of mice. *Toxicological Sciences*, 57: 87-94.

Tian L, Lawrence DA (1996) Metal-induced modulation of nitric oxide production in vitro by murine macrophages: lead, nickel, and cobalt utilize different mechanisms. *Toxicology and Applied Pharmacology*, 141: 540-547.

Undeger U, Basaran N, Canpinar H, Kansu E (1996) Immune alterations in lead-exposed workers. *Toxicology*, 109: 167-172.

USEPA (2006) *Air quality criteria document for lead (2006) final report*. Washington, DC, United States Environmental Protection Agency (EPA/600/R-05/144aF-bF; http://cfpub.epa.gov/ncea/cfm/recordisplay.cfm?deid=158823).

Valentino M, Governa M, Marchiseppe I, Visona I (1991) Effects of lead on polymorphonuclear leukocyte (PMN) functions in occupationally exposed workers. *Archives of Toxicology*, 65: 685-688.

Wang L, Pinkerton KE (2007) Air pollutant effects on fetal and early postnatal development. *Birth Defects Research. Part C, Embryo Today: Reviews*, 81: 144-154.

案例研究 2：六氯苯诱发的免疫刺激评估

C2.1 简介

六氯苯是一种持久性有机污染物（POP），在过去已被用作种子谷物杀真菌剂。在 20 世纪 70 年代，使用六氯苯作为种子谷物杀真菌剂在大多数国家被禁止。然而，六氯苯作为一种工业化学品，通常是一些过程非计划中的副产物（Bailey，2001）。六氯苯暴露会对人类、啮齿动物和其他物种产生毒性作用。在 20 世纪 50 年代，在土耳其当一部分人口使用经六氯苯杀菌的种子谷物做面包后，意外暴露于高浓度六氯苯，产生的毒性非常明显。3000~5000 人出现一种综合征，被称为卟啉大斑病菌，因为其主要特点是肝性卟啉病症。在这些受害者中观察到的其他症状，如淋巴结肿大、关节炎，可能是对免疫系统影响的表现（Cam，1958）。据估计，人体暴露于 50~200 mg/d 剂量的六氯苯数月，但这一预估的基础未被说明，因此，下面描述的所有这些研究的暴露水平是未知的（IPCS，1997）。

六氯苯免疫毒性效应在啮齿类动物中得到了广泛的研究，研究表明会导致免疫刺激及免疫抑制。有趣的是，有较强的种属特异性效果，六氯代苯抑制小鼠免疫功能大多数参数，而对于大鼠，六氯苯刺激其免疫功能大多数参数（Vos，1986；Michielsen et al.，1999b）。

在这一案例研究中，六氯苯诱导的免疫刺激将被按照第 5 章中的描述进行评估。该案例研究的重点是针对免疫应答意外刺激和潜在影响进行风险评估。如第 5 章中所讨论，虽然意外免疫系统刺激可能标志其他有害免疫系统功能信号变化，但故意刺激免疫系统通常有助于预期治疗效果。在这一研究中选择六氯苯是因为已被证明口腔暴露于六氯苯可以诱导某些物种免疫刺激。此外，在人类中试验中获得的数据还表明这种化学物质可以刺激免疫系统。

重要的是，要注意，这一案例的目的不是要全面地评估暴露于六氯苯对健康产生的影响风险，也不是要全面评估暴露于六氯苯对免疫系统的影响。这种化合物被选用于描述第 5 章图 5.1 中提及的证据权重法，以便执行由化学物质诱导的免疫刺激影响相关的风险评估。

C2.2 六氯苯诱导免疫影响背景

六氯苯将在不同的物种中诱导不良的免疫影响。在人类中，免疫毒性效应发生于土耳其中毒的受害者中，也发生于巴西一家化工厂职业性暴露于六氯苯的工人中。在这些工人中观察到，中性粒细胞功能损伤，血清 IgM 和 IgG 水平增加（Queiroz et al.，1998a，b）。

实验室动物研究表明，六氯苯对小鼠和大鼠产生相反的免疫毒性影响。暴露于六氯苯的小鼠免疫系统被抑制（Loose et al.，1978；Barnett et al.，1987），而暴露于六氯苯的大鼠被观察到免疫系统刺激（Vos et al.，1979a，b，1983；Schielen et al.，1993；Michielsen et al.，1997）。Wistar 大鼠通过口腔途径暴露于六氯苯导致外周血嗜中性粒细胞和嗜碱性粒细胞及脾脏单核细胞数量与淋巴结质量发生剂量依赖性增加。病理组织学显示脾内边缘区和小囊与髓外造血增加，肠系膜淋巴结和腘淋巴结高内皮小静脉数量增加。暴露于六氯苯的大鼠也被发现对破伤风类毒素的原发性和次发性反应，胸腺依赖性抗原升高（Vos et al.，1979a）。Schielen 等（1993）表明，六氯苯增加 Wistar 大鼠脾脏 CD3＋巨噬细胞的数量。这些巨噬细胞与实验诱导的自身免疫性疾病，如类风湿关节炎相关（Dijkstra et al.，1987，1992），被认为能够激活 B-1 细胞（Damoiseaux et al.，1991）。众所周知，B-1 细胞会产生天然抗体，如抗 DNA 抗体。六氯苯暴露已被证明能增加脾脏 B-1 细胞数量和自身抗原血清 IgM 水平（Schielen et al.，1993，1995b），是六氯苯诱导免疫刺激的自体免疫成分指标。

比较三种不同大鼠品系（Wistar，Brown Norway 和 Lewis 大鼠）的一项研究显示，Brown Norway 大鼠似乎是六氯苯诱导免疫毒性最敏感的品系（Michielsen et al.，1997）。据了解 Brown Norway 大鼠较易患上 2 型依赖性自身免疫，而 Lewis 大鼠更易发展 1 型介导自身免疫性疾病（Donker et al.，1984）。六氯苯诱导 Brown Norway 大鼠产生免疫影响的具体信息，参见汇总表 C2.1。

表 C2.1　六氯苯诱导 Brown Norway 大鼠产生免疫毒性影响总结[a]

参数	剂量/[mg/(kg 体重・d)]	参考文献
脾脏质量增加	7.5，22.5	Michielsen 等（1997）
腘窝、腋窝和下颌淋巴结质量增加	22.5	Michielsen 等（1997，2002）
腘淋巴结高内皮小静脉数量增加	7.5，22.5	Michielsen 等（1997）
肠系膜淋巴结肉芽肿瘤形成	22.5	Michielsen 等（1997）
炎性皮损：表皮增生，激活真皮血管，中性粒细胞浸润，巨噬细胞和嗜酸性粒细胞	7.5，22.5	Michielsen 等（1997，1999a）
肺部炎症病变：巨噬细胞焦点聚集，肉芽肿形成，血管周围嗜酸性粒细胞浸润，高内皮样静脉	7.5，22.5	Michielsen 等（1997）
总血清 IgM 和 IgE 水平增加	22.5	Michielsen 等（1997）
总血清 IgG 水平增加	7.5，22.5	Michielsen 等（1997）
对单链 DNA 血清 IgM 水平增加	7.5，22.5	Michielsen 等（1997）
体外和体内气道高反应性增加	22.5	Michielsen 等（2001，2002）

注：每天通过膳食途径暴露于六氯苯，转换为暴露剂量 [mg/(kg 体重・d)]，根据标准假设大鼠每天消耗膳食量是其体重的 5%；因此，mg/(kg 体重・d) ＝mg/kg 消耗膳食量×0.05。

a Brown Norway 大鼠过饮食途径暴露于六氯苯 3 周或 4 周。该表只包含显著的变化。

六氯苯对 Brown Norway 大鼠的免疫毒性效应在一系列研究中被进一步调查。其中在暴露于六氯苯[剂量为 7.5 mg/(kg 体重・d) 或 22.5 mg/(kg 体重・d)] 28 天后，针对从 Brown Norway 大鼠脾、肠系膜淋巴结、血液、肝脏和肾脏的信使核糖核酸（mRNA）分离出的基因表达信息进行了评估。结果表明，暴露于六氯苯后，诱导基因编码促炎细胞因子、抗氧化剂、急性期蛋白质、肥大细胞标记物、补体，以及趋化因子和细胞黏附分子上调。这些基因表达数据表明，先天免疫系统起着重要作用，六氯苯诱导全身性炎症反应，不仅限于免疫器官，而且发生在肝脏和肾脏（Ezendam et al., 2004b）。

C2.3 六氯苯诱导免疫刺激评估

C2.3.1 免疫刺激评估应用证据权重方法

在第5章，第5.8.1节"免疫刺激评估证据权重法"列出的一连串问题，旨在帮助组织和表征显著免疫刺激从强到弱证据获得的免疫毒性数据。下面是问题再现和回答，并对支持免疫毒性数据进行了讨论。

C2.3.1.1 是否有提供免疫刺激（即细胞或体液免疫功能意外刺激、自身免疫或过敏）相关终点人类实验数据的流行病学研究、临床研究、案例研究？

有。有迹象表明，人类暴露于高浓度六氯苯，产生免疫毒性效应。

六氯苯毒性作用的首个证据出现在20世纪50年代，当时土耳其一部分人口意外暴露于六氯苯。最显要的毒性表现为迟发性皮肤卟啉症，主要发生于年龄为4~14岁的儿童。在这些受害者中，有几个症状可能是暴露于六氯苯影响免疫系统的暗示，如案例中50%的受害者发展成关节炎（Dogramaci，1964；Peters et al.，1982）。此外，报道出现淋巴结肿大，可能是暴露于六氯苯导致免疫刺激的暗示（Cam，1958；Peters，1976；Gocmen et al.，1986）。暴露于六氯苯的母亲母乳喂养的孩子表现出不同综合征。这些孩子没有发展为肝性卟啉病，而是出现非常严重的症候群称为 pembe yara 疾病（粉红色疮），轻度的蜂窝组织炎，表现为玫瑰红皮损，迅速恶化为威胁四肢甚至生命的软组织感染。这种病导约95%的受害者致命，且在大多数情况下，死亡的原因是宿主抵抗力受损，出现继发肺部感染（Cam，1960）。

六氯苯诱导的免疫影响其他人类证据包括巴西生产四氯化碳和氯乙烯（四氯乙烯）化工厂中工人暴露于六氯苯。在生产过程中产生固体残留物，特别是六氯苯，占残留物的55%~85%，工人暴露于六氯苯剂量范围为 0.1~16.0 $\mu g/dl$（Queiroz et al.，1998a）。与非暴露健康对照组相比，暴露后的工人血清 IgM 和 IgG 浓度升高，IgM 浓度和六氯苯暴露时间长短之间存在直接关系（Queiroz et al.，1998a）。此外，从这些暴露工人分离出的嗜中性粒细胞杀死酵母菌的效率较低，这可能是氧化突发干扰的后果（Queiroz et al.，1998b）。德国的一项研究针对职业性暴露于六氯苯或 PCB 超过6个月的受试者，评估其血液中 PCB 和六氯苯含量与细胞（淋巴细胞亚群数目、在体外淋巴细胞反应）或体液（血浆细胞因子水平、免疫球蛋白抗体）免疫功能障碍之间的剂量-反应关系。研究显示出血液中高六氯苯含量与血液中 IFN-γ 水平之间存在负相关性，表明六氯苯可能会对 Th1 细胞免疫产生影响（Daniel et al.，2001）。然而，在巴西和德国的研究中,研究人群暴露于除六氯苯以外的其他化学品,无法得出六氯苯特定免疫影响的相关结论。

人类实验数据提供的六氯苯诱导免疫影响相关证据极为有限。一些影响,如在土耳其事件中发现淋巴结肿大和关节炎发展,在巴西工厂工人观察到血清 IgM 和 IgG 水平增加,说明了六氯苯能够引发免疫刺激。然而,其他症状,如在土耳其食品污染事件中出现宿主抵抗力受损,以及在巴西工人中出现嗜中性粒细胞功能受损,都是免疫抑制的暗示。可以证明,抑制特异性免疫抗感染能力可能是六氯苯诱导非特异性免疫刺激的结果。然而,不可能使用人类数据进行六氯苯危险特性描述;缺乏可靠的定量暴露相关信息与同时暴露于其他免疫毒性化学品的可能性导致无法准确推断任何免疫系统影响的剂量-反应关系。

注意:剩下的问题参考动物实验数据。许多动物研究使用通过膳食途径,而不是直接给药途径暴露于六氯苯,在发表研究结论时六氯苯暴露水平表示为 mg/kg 饲料。出于保持与其他个案研究一致性的缘故,在这一案例研究中六氯苯暴露水平表示为 mg/(kg 体重·d)。每天通过膳食途径暴露于六氯苯,转换为暴露剂量 [mg/(kg 体重·d)],根据标准假设大鼠每天消耗膳食量是其体重的 5%;因此,mg/(kg 体重·d) = mg/kg 消耗膳食量 × 0.05。

C2.3.1.2 是否有证据表明,化学品暴露会导致过敏性反应或诱导或加重自身免疫性疾病或改变宿主抗病性检测的后果?

有。啮齿类动物暴露于六氯苯对实验性自身免疫性疾病和宿主抵抗力产生影响。

(a) 对自身免疫性疾病影响

针对六氯苯对实验性自身免疫疾病影响研究的受试体为两种不同模型的 Lewis 大鼠:佐剂性关节炎(AA)和实验性变态反应性脑脊髓炎(EAE)。雄性 Lewis 大鼠经口饮食含六氯苯为 0 mg/kg 饲料,50 mg/kg 饲料,150 mg/kg 饲料或 450 mg/kg 饲料暴露于六氯苯[相当于 0,2.5,7.5 和 22.5 mg/(kg 体重·d)]。6 周后,这些大鼠被诱导 AA 或 EAE。所有暴露组观察到 AA 剂量依赖性抑制,大鼠暴露于最高剂量六氯苯未发展 AA。与此相反,最高剂量六氯苯增加 EAE 严重程度。EAE 通常是可医治的,发病后临床症状几天内消退。然而,接受 22.5 mg/(kg 体重·d) 剂量暴露的大鼠出现一种渐进形式的疾病和死亡(Van Loveren et al., 1990; Michielsen et al., 1999b)。这些疾病模型暴露于六氯苯后出现的不同影响可被解释为六氯苯对巨噬细胞功能的特异性影响(Ezendam et al., 2005)。巨噬细胞是 EAE 重要的效应细胞,被六氯苯激活可能导致更严重的疾病形式。

这些数据表明,六氯苯可以调制自身免疫性疾病,但它们未表明六氯苯本身能够诱导自身免疫反应。在第 7 章提供了自身免疫性疾病风险评估指导。目前,没有有效的动物模型可用于预测是否一种化学物质可能会导致自身免疫。在本领域使用的一项实验是 PLNA 与标记体抗原。在用于筛选免疫刺激效果的化学品动物模型中,相关化学品与被标记体抗原被一起注入脚垫,表现出引流淋巴结应答。试验未评估口腔途径暴露的影响，而是简单地评估了注入的化学品诱导引流腘淋巴结免疫应答的内在能力。标记体抗原的加入使得化学物质是否能够诱导新抗原，导致自身免疫可评估（Pieters，2000）。六氯苯和其两种氧化代谢物（四氯代氢醌和四氯苯醌）在PLNA与标记体抗原中的影响也被进行了测试。六氯苯在该测定中为阴性，但其代谢产物四氯代氢醌和四氯苯醌增加细胞数，增加IgM和IgG1抗体分泌细胞至T细胞依赖抗原TNP-聚蔗糖数量，显示形成新抗原和T细胞活化（Ezendam et al.，2003）。这些数据证明，在PLNA中，这些六氯苯氧化代谢产物能够形成新抗原。然而，通过口腔途径暴露于六氯苯后，这些代谢产物是否引发免疫毒性效应目前还不清楚。Schielen等（1995a）发现的CYP途径暴露不会引发六氯苯诱导影响与六氯苯氧化代谢产物会引发免疫影响相矛盾，导致了对调用这些数据进行风险评估的效用问题产生异议。

在Wistar大鼠暴露于六氯苯3周后［剂量为25 mg/(kg体重·d) 或 50 mg/(kg体重·d)］观察到六氯苯暴露增加一些自身抗原IgM水平，包括单双链DNA、IgG和卵磷脂；但识别这些自身抗原的IgG抗体未增加。研究还证明自身抗体水平的提高是六氯苯刺激B-1细胞作用的结果，B-1细胞致力于生产这些自身抗体（Schielen et al.，1993；Michielsen et al.，1997）。在第7章，涉及化学诱导自身免疫性疾病，指出一些证据表明，非自身免疫性疾病易发菌株自身抗体水平的提高可能会被视为是一种化学品有调制自身免疫性疾病倾向的证据，参见C2.3.1.2a节描述。然而，IgM自身抗体不是证明IgG自身抗体自身免疫的可靠性证据。

重要的是，要注意，六氯苯的表现与能够诱导自身免疫性疾病的其他化学物质，如D-青霉胺和氯化汞（Ⅱ），不同，这些化学品的影响受到遗传因素的严重影响；例如，Brown Norway大鼠被诱导自身免疫，而Lewis大鼠被诱导抵抗性。对于这些化学品，已经表明，疾病可以被继转移到未受感染的受试体（Fournié et al.，2001，2002）。在六氯苯案例中，没有较强的应变依赖，不可能通过细胞转移疾病，表明不会发生特异性T细胞致敏（Ezendam et al.，2005）。

综上所述，六氯苯暴露显然通过刺激免疫系统能够恶化实验性自身免疫性疾病，虽然EAE加重仅在最高剂量暴露中观察到（Van Loveren et al.，1990）。EAE数据构成六氯苯暴露能够加剧自身免疫性疾病的证据，但如果数据来自一项单一研究，作为摘要发表，则不会受到同行的评议，且影响仅在最高剂量测试中观察到，因此作为预测疾病的数据置信度较低。所以，使用这些数据无法确定AEL。

(b) 对宿主抵抗力影响

正如上文所指出的，意外刺激可能引发其他功能抑制，导致免疫系统健康的负面影响。例如，Vos等（1979b）评估了出生前后暴露于六氯苯大鼠的免疫功能和对感染的抵抗力。依据孕产鼠或后代的体重，母鼠和断奶后代暴露于相当于2.5 mg/(kg体重·d) 或 7.5 mg/(kg体重·d) 剂量六氯苯；暴露跨越妊娠早期，直到小鼠5周年龄。意外感染小鼠暴露于7.5 mg/(kg体重·d) 剂量六氯苯，表现出旋毛虫抗体应答增加，宿主肌肉组织中幼虫数量翻了一番（尽管$P>0.05$）。抗体在原发感染时期不能发挥消除寄生成虫的重要作用，但表明能减少移行幼虫的数量（综述性文章参见Luebke，

2010)。因此，抗体滴度增加的整体效果表示为对感染的抵抗力降低。六氯苯暴露也导致抗细胞内细菌李斯特氏菌能力呈剂量依赖性降低。LD_{50} 分别在对照组中为 $14×10^5$ 细菌，在 2.5 mg/(kg 体重·d) 剂量群组中为 $7.1×10^5$ 细菌，在 7.5 mg/(kg 体重·d) 剂量群组中为 $5.0×10^5$ 细菌（$P<0.05$）。一项单独的产前/产后暴露研究发现暴露于相当于 0.2 mg/(kg 体重·d) 或 1 mg/(kg 体重·d) 的剂量，旋毛虫抗体应答或寄生虫幼虫身体负担没有显著影响（Vos et al.，1983）。

由此可以得出结论，六氯苯暴露通过刺激体液对旋毛虫感染免疫应答，改变宿主抵抗力，但增加的应答没有保护作用。此外，依赖于细胞介导免疫力的抗单核细胞增生李斯特氏菌感染抵抗力降低，说明评估免疫刺激证据时，需要考虑整个数据集。在六氯苯案例研究中，没有任何证据表明，暴露增加对感染的抵抗力。

C2.3.1.3 是否有证据表明化学品暴露会导致免疫功能意外刺激（抗体产生、DTH 应答）或改变免疫调节细胞因子的平衡？

有。在大鼠中，膳食途径六氯苯暴露刺激一些功能性免疫指标。

成年 Wistar 大鼠通过饮食途径暴露于浓度相当于 50 mg/(kg 体重·d) 剂量的六氯苯 3 周，原发性 IgM 和早期 IgG 对胸腺依赖性抗原破伤风类毒素应答增加（分别 $P<0.1$ 和 $P<0.05$）；但对暴露于浓度相当于 25 mg/(kg 体重·d) 剂量六氯苯的大鼠应答未进行评估（Vos et al.，1979a）。在两个独立的研究，Wistar 大鼠怀孕期间和哺乳期通过产鼠用药，以及断奶后直接暴露于六氯苯，显示出体液对破伤风类毒素应答增加。暴露于 2.5 mg/(kg 体重·d) 或 7.5 mg/(kg 体重·d) 剂量六氯苯，增加原发性和召回性 IgG 对破伤风类毒素应答（Vos et al.，1979b）。在另一项研究中（Vos et al.，1983），母体和断奶的后代被暴露于 0.2 mg/(kg 体重·d)，1 mg/(kg 体重·d) 或 5 mg/(kg 体重·d) 剂量六氯苯中，但是，暴露于最高剂量 [5 mg/(kg 体重·d)] 所有终点测试显示后代高死亡率（出生后第 21 天死亡率为 67%）被排除。接受过一种或两种免疫接种的群体暴露于 0.2 mg/(kg 体重·d) 和 1 mg/(kg 体重·d) 剂量六氯苯，表现出破伤风类毒素 IgM 和 IgG 滴度增加。与此相反，卵白蛋白 IgM 和 IgG 滴度未增加，但暴露于 1 mg/(kg 体重·d) 和 5 mg/(kg 体重·d) 剂量的群体 DTH 应答明显增加。

研究还显示正在发育的免疫系统似乎特别容易受到六氯苯诱导的免疫影响。然而，难以对围产期和成年暴露易感性进行比较，用于评估成人研究中免疫功能的最低浓度为 50 mg/(kg 体重·d)。

综上所述，围产期暴露于六氯苯的大鼠后代研究证明，六氯苯增加体液对破伤风类毒素和 DTH 应答。增加呈剂量依赖性，最低剂量为 0.2 mg/(kg 体重·d)。在成人试验中，暴露于 50 mg/(kg 体重·d) 剂量六氯苯 3 周后观察到体液对破伤风类毒素免疫应答增加。

C2.3.1.4 是否有证据表明化学刺激免疫功能一般免疫监测分析（表型，细胞因子，总免疫球蛋白等）？

有。在大鼠通过膳食途径暴露于六氯苯研究证明六氯苯刺激一般免疫应答。

成年 Wistar 大鼠通过食物摄取途径暴露于相当于 7.5 mg/(kg 体重·d) 或 22.5 mg/(kg 体重·d) 剂量六氯苯 6 周，伴刀豆球蛋白 A-诱导 IL-2 和 IFN-γ mRNA 水平增加，但 IL-4mRNA 水平未变化，表明六氯苯可能刺激 Th1 细胞表达，而不会刺激 Th2 型细胞因子（Vandebriel et al.，1998）。

几项研究已经表明，通过口腔途径暴露于六氯苯会增加抗体总血清水平。在成年 Wistar 大鼠试验中，通过口腔途径暴露于 22.5～100 mg/(kg 体重·d) 3 周，总 IgM 浓度显著增加，而总 IgG 浓度未变化（Vos et al.，1979a；Schielen et al.，1993；Michielsen et al.，1997）。更长时间暴露于 7.5 mg/(kg 体重·d) 或 15 mg/(kg 体重·d) 剂量六氯苯都会增加 IgM 血清水平。此外，在高剂量暴露群组中，IgA 抗体也表现出增加（Schielen et al.，1995a）。在另一项研究中，Wistar 大鼠暴露于六氯苯连续 4 周，表明暴露于 30 mg/(kg 体重·d) 或 100 mg/(kg 体重·d) 剂量会增加 IgM 抗体水平，而暴露于 3 mg/(kg 体重·d) 剂量不会增加 IgM 抗体水平（Schulte et al.，2002）。在 Brown Norway 试验中，通过饮食口腔暴露于 22.5 mg/(kg 体重·d) 剂量六氯苯连续 4 周，而不是 7.5 mg/(kg 体重·d) 剂量，表现出 IgM、IgG 和 IgE 抗体增加（Michielsen et al.，1997）。产前和产后的 Wistar 大鼠暴露于 7.5 mg/(kg 体重·d) 剂量六氯苯会增加血清中总 IgM 浓度，而不会增加总 IgG 浓度（Vos et al.，1979b）。另一组 Wistar 大鼠研究中，产前/产后暴露于 0.2 mg/(kg 体重·d)，1 mg/(kg 体重·d) 或 5 mg/(kg 体重·d) 剂量六氯苯，发现只有在最高剂量暴露时，总 IgM 浓度增加（Vos et al.，1983）。

由此可以得出结论，六氯苯暴露会增加血清总免疫球蛋白水平和 Th1 型细胞因子 mRNA 编码表达。在这些研究中能够增加应答相关的六氯苯最低剂量为 7.5 mg/(kg 体重·d)。这些结果似乎存在矛盾，因为 Th1 细胞因子被已知能够下调 Th2 型细胞因子生产，而 Th2 型细胞因子生产与抗体，特别是 IgG、IgA 和 IgE 同种型产生相关联。来自不同研究小组的总 IgM 增加独立报告表明，增加总 IgM 与 Th1/Th2 细胞因子基因表达谱无关联。然而，Th1/Th2 细胞因子功能上可能与第 C2.3.1.3 节报告的 DTH 应答增强相关联。

C2.3.1.5　是否有病理组织学证据，或有血液系统的变化表明，化学物质暴露导致免疫刺激或调节自身免疫性疾病或过敏？

有。大鼠、猴子和狗通过口腔途径暴露于六氯苯诱导病理组织学和血液学变化，出现免疫毒性。

恒河猴通过口腔途径暴露于六氯苯（剂量 8 mg/d，32 mg/d，64 mg/d 或 128 mg/d）[相当于约 1.6 mg/(kg 体重·d)，6.4 mg/(kg 体重·d)，12.8 mg/(kg 体重·d) 和 25.6 mg/(kg 体重·d)] 60 天，在所有剂量观察到诱导胸腺剂量依赖形态变化。变化包括个别小叶减少或缺失，网状细胞增生，髓质中巨噬细胞和血浆细胞变化（Iatropoulos et al.，1976）。在 Wistar 大鼠实验中，通过饮食途径暴露于六氯苯 [相当于 25 mg/(kg 体重·d) 与 50 mg/(kg 体重·d)] 3～13 周增加脾脏红髓骨髓造血作用，诱导脾边缘区和囊 B 淋巴细胞增生（Vos et al.，1979a；Schielen et al.，1993；

Michielsen et al., 1997; Schulte et al., 2002)。这些 B 淋巴细胞的刺激作用可能与抗体合成增加相关联。在 Wistar、Lewis 和 Brown Norway 大鼠试验中，通过饮食途径暴露于浓度相当于 7.5~50 mg/(kg 体重·d) 剂量六氯苯 3~4 周，出现淋巴结高内皮小静脉数量增加 (Vos et al., 1979a; Michielsen et al., 1997; Schulte et al., 2002)，淋巴细胞迁移活动。

通过膳食途径暴露于六氯苯诱导不同大鼠品系皮肤炎症和肺部病变 (Vos et al., 1979a, 1983; Michielsen et al., 1997)。最敏感品系是 Brown Norway 大鼠, Lewis 和 Wistar 大鼠中观察到皮损。已被证明，这些皮肤炎症和肺部病变的发生和严重程度依赖于 T 细胞和巨噬细胞 (Ezendam et al., 2004a, 2005)。

在 Brown Norway 和 Lewis 大鼠实验中，诱导皮肤损伤的最低剂量为 7.5 mg/(kg 体重·d)。Brown Norway 和 Lewis 大鼠发生第一次皮肤损伤分别是在第 22 天和第 27 天。在 Wistar 大鼠实验中，仅有暴露于 22.5 mg/(kg 体重·d) 剂量的大鼠在暴露后第 24 天出现皮损。皮损的病变形态特征包括：Brown Norway 大鼠嗜酸性粒细胞为主的皮肤炎性浸润，Lewis 和 Wistar 大鼠单核细胞皮肤炎性浸润 (Michielsen et al., 1997)。与 Turkey 成年鼠观察到皮损不同，这些皮损与卟啉症不相关 (Den Besten et al., 1993; Schielen et al., 1995a)，与免疫刺激指标，包括淋巴结肿大，IgM、IgG 和 IgE 血清增加，自身抗体水平增加相关，表明免疫系统在病变发展中起到重要的角色 (Michielsen et al., 1997)。病变类似于上述第 C2.3.1.1 节论述的母乳喂养儿童观察到的损害，与卟啉症不相关，但由一个未知的过程引发。六氯苯也诱导大鼠肺部炎症病变，表征为肺泡巨噬细胞聚集和肺血管增殖。与皮损相反，六氯苯诱导的肺部炎症病变与菌株无关，暴露于 7.5 mg/(kg 体重·d) 剂量 4 周在所有菌株诱发肺部影响。不同于皮肤病变，肺部影响与评估免疫指标无关联 (Michielsen et al., 1997)。暴露于六氯苯仅 4 天，肺部巨噬细胞外观出现的变化证明这些细胞在六氯苯诱导诱发肺部炎症中发挥重要的作用。

在六氯苯暴露对猎兔犬影响的研究中，每天使用 1 mg, 10 mg, 100 mg 或 1000 mg 六氯苯胶囊 [相当于 0.1 mg/(kg 体重·d), 1 mg/(kg 体重·d), 10 mg/(kg 体重·d) 或 100 mg/(kg 体重·d)]，持续 1 年时间。在最高剂量群组中，暴露 4 周后，嗜中性粒细胞数增加，并在研究过程中持续升高。在接受剂量为 10 mg/(kg 体重·d) 的群组中，总嗜中性粒细胞计数从 16 周起增加。在最低剂量组中，嗜中性粒细胞的数量并没有受到六氯苯暴露影响。组织病理显示暴露于六氯苯 1 年后发现，暴露于剂量为 100 mg/(kg 体重·d), 10 mg/(kg 体重·d), 1 mg/(kg 体重·d), 0.1 mg/(kg 体重·d) 的组群中分别有 41%，83%，92%，41% 的狗观察到胃淋巴组织增生，淋巴细胞增殖 (Gralla et al., 1977)。

在 Wistar 大鼠试验中，通过膳食暴露于六氯苯，剂量相当于 100 mg/(kg 体重·d) 3 周会增加外周血白细胞和单核细胞的数量。此外，暴露于 50 mg/(kg 体重·d) 剂量，嗜碱性粒细胞和嗜中性粒细胞的数量增加 (Vos et al., 1979a)。在 Wistar 大鼠实验中，暴露于六氯苯，剂量相当于 30 mg/(kg 体重·d) 和 100 mg/(kg 体重·d) 连续 4 周诱导剂量依赖性嗜中性粒细胞数量增加。在高剂量暴露组中，淋巴细胞和单核细胞的绝对数量增加（Schulte et al.，2002）。据报道，Wistar 大鼠妊娠和哺乳期及出生后的第 5 周通过膳食暴露于六氯苯［浓度相当于 7.5 mg/（kg 体重·d）］嗜酸性粒细胞数增加（Vos et al.，1979b）。与此相反，此组中 Wistar 后代出生前和出生后暴露于六氯苯 20 mg/（kg 体重·d）剂量，仅出现嗜碱性粒细胞数增加，出生后第 21 天 67％的死亡率与暴露剂量相关。

由此可以得出结论，六氯苯诱导大鼠、猴子和狗免疫刺激，引发组织学和血液学变化。在针对狗的研究中，胶囊给药剂量为 0.1 mg/（kg 体重·d），即最低剂量为期 1 年，出现胃淋巴组织病理。恒河猴通过给药途径暴露于剂量为 1.6 mg/（kg 体重·d）的六氯苯 60 天，在胸腺中观察到病理组织变化。在成年大鼠中，诱导淋巴结病理组织变化的最低剂量为 7.5 mg/（kg 体重·d），通过给药途径持续 3～4 周。诱导宏观和微观皮肤和肺病变的最低剂量为 7.5 mg/（kg 体重·d）。诱导血液变化的最低剂量为 30 mg/（kg 体重·d），通过给药途径持续 4 周。

C2.3.1.6　是否有证据表明，化学品增加免疫器官质量（胸腺、脾脏、淋巴结等）？

有。大鼠口服途径暴露于六氯苯，表现出剂量依赖性脾和淋巴结质量增加，但未影响到胸腺的质量。

成年 Wistar 大鼠通过膳食途径暴露于剂量为 7.5～100 mg/（kg 体重·d）六氯苯 3 或 13 周，脾脏和腘动脉及肠系膜淋巴结质量增加（Vos et al.，1979a；Schielen et al.，1993，1995a）。Wistar 大鼠，暴露于剂量为 30 mg/（kg 体重·d）或 100 mg/（kg 体重·d）六氯苯连续 4 周，脾和腘淋巴结质量增加，但肠系膜淋巴结质量未变化（Schulte et al.，2002）。低剂量［22.5 mg/（kg 体重·d）和 7.5 mg/（kg 体重·d）］暴露，Lewis 和 Brown Norway 大鼠脾和淋巴结质量增加（Michielsen et al.，1997）。Wistar 大鼠在产前和产后，即妊娠和哺乳期间及断奶后暴露于剂量为 1 mg/（kg 体重·d）或 5 mg/（kg 体重·d）六氯苯，在 5 周龄出现腘窝淋巴结质量增加；在 7 个月的年龄只有高剂量暴露增加结节质量（Vos et al.，1983）。

综上所述，成年大鼠通过口服途径暴露于六氯苯 3 或 13 周，出现剂量依赖性脾和淋巴结质量增加。出现反应的最低剂量为 7.5 mg/（kg 体重·d）。产前和产后暴露出现反应的最低剂量是 1 mg/（kg 体重·d），在动物 5 周龄诱导淋巴结质量增加。

C2.3.2　危险表征描述

本案例研究用于说明在第 5 章中提出的证据权重方法，而不是针对六氯苯诱导健康影响或免疫毒性的全面性风险评估。然而，风险评估人员应注意某些类型免疫功能刺激和其他类型免疫功能抑制可由单一化合物诱导，并同时发生。对于这个案例研究，我们将仅使用六氯苯危险特性描述中免疫刺激链接的那些参数。

在大鼠怀孕和哺乳期间暴露于六氯苯（Vos et al.，1979b）与成年犬通过口腔途径长期暴露于六氯苯 1 年（Gralla et al.，1977）研究中，提供了六氯苯诱导免疫刺激的最低暴露水平。Gralla 等（1977）报道狗暴露于六氯苯 1 年后，出现胃淋巴组织增生，所有剂量水平都能引发比较高的发病率，但未显示出明确的剂量-反应关系。因此，发病率是否与剂量相关联被质疑。在这项研究中，无免疫功能参数被进行评估。在大鼠研究（Vos et al.，1979b，1983）中，大鼠怀孕和哺乳期及断奶后暴露于剂量为 0.2 mg/(kg 体重·d) 六氯苯，破伤风类毒素免疫抗体应答和卵清蛋白 DTH 应答增强。这些功能性终点是免疫系统调制的良好预测指标，因为它们反映了免疫系统新型抗原的动态响应。

因此，在围产期暴露后的大鼠 LOAEL 为 0.2 mg/(kg 体重·d)，被选为 AEL 推导的 POD 值。第 3 章第 3.3.9 节中所描述的不确定性因子须按如下指导意见应用。

- 种间默认的不确定性因子为 10（从实验室动物与人类试验研究中推导）。目前，没有论据支持不同不确定性因子的推断。
- 种内不确定性因子（说明个体差异）为 10。暴露发生于免疫系统发育和成熟时期（孕期、哺乳期、少年早期阶段），从而跨越了大部分最脆弱的生命阶段。此外，六氯苯剂量与 Wistar 大鼠意外刺激抗体应答相关联，免疫系统发育阶段诱导反应的剂量约是成年阶段诱导反应剂量的 250 倍 [六氯苯浓度分别相当于 0.2 mg/(kg 体重·d) 和 50 mg/(kg 体重·d)]，DTH 应答刺激在免疫系统发育阶段暴露观察到（Vos et al.，1979b，1983），但在成年阶段暴露未观察到（Vos et al.，1979a）。虽然由于评估的是敏感亚群，能证明种内毒物动态差异不确定性因子不是必要的，但第 3.3.10.1 节提出不确定因子 10 应被应用，除非 POD 值是基于人类发育免疫毒性数据推导。
- 亚慢性与长期不确定性因子将不适用于这项研究，因为它是针对免疫系统发育时期的暴露研究。
- LOAEL 与 NOAEL 不确定性因子是 10。
- 数据库不确定性因子是 1。各种免疫系统终点在成人和发育中的动物实验中进行评估。

因此总不确定性因子为 1000（种间不确定性因子为 10×种内不确定性因子 10×LOAEL 与 NOAEL 不确定性因子 10）。基于免疫刺激，AEL 可以计算如下：0.2 mg/(kg 体重·d)/1000＝0.2 μg/(kg 体重·d)。

C2.4 结论

本案例研究描述了用于六氯苯诱导免疫刺激的权重证据法使用。六氯苯的免疫毒性效应非常复杂，物种内部免疫毒性效应不同，包括免疫刺激和免疫抑制。本案例研究的目标是测试第 5 章中提供的免疫刺激适用性指导，因此，我们一直将重点聚焦于免疫刺激相关参数。此外，这一案例研究未进行六氯苯有关全面性风险评估或调整性监管。虽然案例研究仅限于免疫系统意外刺激，但进行评估免疫刺激数据时，必须考虑暴露的其他后果（免疫抑制、过敏反应、自身免疫性疾病）。

确定在第 5 章中所描述的影响许多最终点的免疫刺激性化学物质可使用证据权重方法。发育中免疫系统暴露 AEL 远远低于成人暴露 AEL。这表明，发育中免疫系统特别脆弱，易被六氯苯诱导免疫影响。

研究证明免疫刺激不应该被认为是不必要的，不利于人体健康的影响，因为在某些情况下刺激是一种可取的、预期的效果（如注射疫苗佐剂）。然而人体暴露于化学品引起的无控和非预期的免疫刺激应被看作是不必要的、有害的影响。因此，六氯苯应考虑作为免疫刺激化合物，在一定浓度下，可能会在人体中导致不必要的不良反应。

C2.5 参考文献

Bailey RE (2001) Global hexachlorobenzene emissions. *Chemosphere*, 43: 167-182.

Barnett JB, Barfield L, Walls R, Joyner R, Owens R, Soderberg LS (1987) The effect of in utero exposure to hexachlorobenzene on the developing immune response of BALB/c mice. *Toxicology Letters*, 39: 263-274.

Cam C (1958) Cases of skin porphyria related to hexachlorobenzene intoxication. *Saglik Dergisi*, 32: 215-216.

Cam C (1960) Une nouvelle dermatose épidémique des enfants. *Annales de Dermatologie*, 87: 393-397.

Damoiseaux JG, Dopp EA, Dijkstra CD (1991) Cellular binding mechanism on rat macrophages for sialylated glycoconjugates, inhibited by the monoclonal antibody ED3. *Journal of Leukocyte Biology*, 49: 434-441.

Daniel V, Huber W, Bauer K, Suesal C, Conradt C, Opelz G (2001) Associations of blood levels of PCB, HCHs, and HCB with numbers of lymphocyte subpopulations, in vitro lymphocyte response, plasma cytokine levels, and immunoglobulin autoantibodies. *Environmental Health Perspectives*, 109: 173-178.

Den Besten C, Bennik MH, Bruggeman I, Schielen P, Kuper F, Brouwer A, Koeman JH, Vos JG, Van Bladeren PJ (1993) The role of oxidative metabolism in hexachlorobenzene-induced porphyria and thyroid hormone homeostasis: a comparison with pentachlorobenzene in a 13-week feeding study. *Toxicology and Applied Pharmacology*, 119: 181-194.

Dijkstra CD, Dopp EA, Vogels IM, Van Noorden CJ (1987) Macrophages and dendritic cells in antigen-induced arthritis. An immunohistochemical study using cryostat sections of the whole knee joint of rat. *Scandinavian Journal of Immunology*, 26: 513-523.

Dijkstra CD, Dopp EA, Huitinga I, Damoiseaux JG (1992) Macrophages in experimental autoimmune diseases in the rat: a review. *Current Eye Research*, 11 (Suppl.): 75-79.

Dogramaci I (1964) Porphyrias and porphyrin metabolism, with special reference to porphyria in childhood. *Advances in Pediatrics*, 13: 11-63.

Donker AJ, Venuto RC, Vladutiu AO, Brentjens JR, Andres GA (1984) Effects of prolonged administration of D-penicillamine or captopril in various strains of rats. Brown Norway rats treated with D-penicillamine develop autoantibodies, circulating immune complexes, and disseminated intravascular coagulation. *Clinical Immunology and Immunopathology*, 30: 142-155.

Ezendam J, Vissers I, Bleumink R, Vos JG, Pieters R (2003) Immunomodulatory effects of tetrachlorobenzoquinone, a reactive metabolite of hexachlorobenzene. *Chemical Research in Toxicology*, 16: 688-694.

Ezendam J, Hassing I, Bleumink R, Vos JG, Pieters R (2004a) Hexachlorobenzene-induced immunopathology in Brown Norway rats is partly mediated by T cells. *Toxicological Sciences*, 78: 88-95.

Ezendam J, Staedtler F, Pennings J, Vandebriel RJ, Pieters R, Harleman JH, Vos JG (2004b) Toxicogenomics of subchronic hexachlorobenzene exposure in Brown Norway rats. *EHP Toxicogenomics*, 112: 782-791.

Ezendam J, Kosterman K, Spijkerboer H, Bleumink R, Hassing I, Van Rooijen N, Vos JG, Pieters R (2005) Macrophages are involved in hexachlorobenzene-induced adverse immune effects. *Toxicology and Applied Pharmacology*, 209: 19-27.

Fournié GJ, Cautain B, Xystrakis E, Damoiseaux J, Mas M, Lagrange D, Bernard I, Subra JF, Pelletier L, Druet P, Saoudi A (2001) Cellular and genetic factors involved in the difference between Brown Norway and Lewis rats to develop respectively type-2 and type-1 immune-mediated diseases. *Immunology Reviews*, 184: 145-160.

Fournié GJ, Saoudi A, Druet P, Pelletier L (2002) Th2-type immunopathological manifestations induced by mercury chloride or gold salts in the rat: signal transduction pathways, cellular mechanisms and genetic control. *Autoimmunity Reviews*, 1: 205-212.

Gocmen A, Peters HA, Cripps DJ, Morris CR, Dogramaci I (1986) Porphyria turcica: hexachlorobenzeneinduced porphyria. In: Morris C, Cabral HR, eds. *Hexachlorobenzene: proceedings of an international symposium*. Lyon, International Agency for Research on Cancer, pp. 567-573 (IARC Scientific Publications No. 77).

Gralla EJ, Fleischman RW, Luthra YK (1977) Toxic effects of hexachlorobenzene after daily administration to Beagle dogs for one year. *Toxicology and Applied Pharmacology*, 40: 227-239.

Iatropoulos MJ, Hobson W, Knauf V, Adams HP (1976) Morphological effects of hexachlorobenzene toxicity in female Rhesus monkeys. *Toxicology and Applied Pharmacology*, 37: 433-444.

IPCS (1997) *Hexachlorobenzene*. Geneva, World Health Organization, International Programme on Chemical Safety (Environmental Health Criteria 195; http://www.inchem.org/documents/ehc/ehc/ehc195.htm).

Loose LD, Silkworth JB, Pittman KA, Benitz KF, Mueller W (1978) Impaired host resistance to endotoxin and malaria in polychlorinated biphenyl- and hexachlorobenzene-treated mice. *Infection and Immunity*, 20: 30-35.

Luebke RW (2010) Parasite challenge as host resistance models for immunotoxicity testing. *Methods in Molecular Biology (Clifton, N. J.)*, 598: 119-141.

Michielsen CC, Bloksma N, Ultee A, Van Mil F, Vos JG (1997) Hexachlorobenzene-induced immunomodulation and skin and lung lesions: a comparison between Brown Norway, Lewis, and Wistar rats. *Toxicology and Applied Pharmacology*, 144: 12-26.

Michielsen CC, Bloksma N, Klatter FA, Rozing J, Vos JG, Van Dijk JE (1999a) The role of thymus-dependent T cells in hexachlorobenzene-induced inflammatory skin and lung lesions. *Toxicology and Applied Pharmacology*, 161: 180-191.

Michielsen CC, Van Loveren H, Vos JG (1999b) The role of the immune system in hexachlorobenzene-induced toxicity. *Environmental Health Perspectives*, 107: 783-792.

Michielsen CC, Leusink-Muis A, Vos JG, Bloksma N (2001) Hexachlorobenzene-induced eosinophilic and granulomatous lung inflammation is associated with in vivo airways hyperresponsiveness in the Brown Norway rat. *Toxicology and Applied Pharmacology*, 172: 11-20.

Michielsen CC, Zeamari S, Leusink-Muis A, Vos J, Bloksma N (2002) The environmental pollutant hexachlorobenzene causes eosinophilic and granulomatous inflammation and in vitro airways hyperreactivity in the Brown Norway rat. *Archives of Toxicology*, 76: 236-247.

Peters HA (1976) Hexachlorobenzene poisoning in Turkey. *Federation Proceedings*, 35: 2400-2403.

Peters HA, Gocmen A, Cripps DJ, Bryan GT, Dogramaci I (1982) Epidemiology of hexachlorobenzene-induced porphyria in Turkey: clinical and laboratory follow-up after 25 years. *Archives of Neurology*, 39: 744-749.

Pieters R (2000) The popliteal lymph node assay in predictive testing for autoimmunity. *Toxicology Letters*, 112-113: 453-459.

Queiroz ML, Bincoletto C, Perlingeiro RC, Quadros MR, Souza CA (1998a) Immunoglobulin levels in workers exposed to hexachlorobenzene. *Human and Experimental Toxicology*, 17: 172-175.

Queiroz ML, Quadros MR, Valadares MC, Silveira JP (1998b) Polymorphonuclear phagocytosis and killing in workers occupationally exposed to hexachlorobenzene. *Immunopharmacology and Immunotoxicology*, 20: 447-454.

Schielen P, Schoo W, Tekstra J, Oostermeijer HH, Seinen W, Bloksma N (1993) Autoimmune effects of hexachlorobenzene in the rat. *Toxicology and Applied Pharmacology*, 122: 233-243.

Schielen P, Den Besten C, Vos JG, Van Bladeren PJ, Seinen W, Bloksma N (1995a) Immune effects of hexachlorobenzene in the rat: role of metabolism in a 13-week feeding study. *Toxicology and Applied Pharmacology*, 131: 37-43.

Schielen P, Van Rodijnen W, Pieters RH, Seinen W (1995b) Hexachlorobenzene treatment increases the number of splenic B-1-like cells and serum autoantibody levels in the rat. *Immunology*, 86: 568-574.

Schulte A, Althoff J, Ewe S, Richter-Reichhelm HB (2002) Two immunotoxicity ring studies according to OECD TG 407—comparison of data on cyclosporin A and hexachlorobenzene. *Regulatory Toxicology and Pharmacology*, 36: 12-21.

Vandebriel RJ, Meredith C, Scott MP, Roholl PJ, Van Loveren H (1998) Effects of in vivo exposure to bis (tri-*n*butyltin) oxide, hexachlorobenzene, and benzo (*a*) pyrene on cytokine (receptor) mRNA levels in cultured rat splenocytes and on IL-2 receptor protein levels. *Toxicology and Applied Pharmacology*, 148: 126-136.

Van Loveren H, Van Eden W, Kranjc-Franken MAM, De Kort W, Vos JG (1990) Hexachlorobenzene interferes with the development of experimental autoimmune diseases in the Lewis rat. *Toxicologist*, 10: 221 (abstract).

Vos JG (1986) Immunotoxicity of hexachlorobenzene. In: Morris CR, Cabral JR, eds. *Hexachlorobenzene: proceedings of an international symposium*. Lyon, International Agency for Research on Cancer, pp. 347-356 (IARC Scientific Publications No. 77).

Vos JG, Van Logten MJ, Kreeftenberg JG, Kruizinga W (1979a) Hexachlorobenzene-induced stimulation of the humoral response in rats. *Annals of the New York Academy of Sciences*, 320: 535-550.

Vos JG, Van Logten MJ, Kreeftenberg JG, Steerenberg PA, Kruizinga W (1979b) Effect of hexachlorobenzene on the immune system of rats following combined pre- and postnatal exposure. *Drug and Chemical Toxicology*, 2: 61-76.

Vos JG, Brouwer GMJ, Van Leeuwen FXR, Wagenaar S (1983) Toxicity of hexachlorobenzene in the rat following combined pre- and post-natal exposure: comparison of effects on immune system, liver and lung. In: Parke DV, Gibson GG, Hubbard R, eds. *Immunotoxicology*. London, Academic Press, pp. 219-235.

案例研究3：卤化铂盐致敏作用过敏反应评估

C3.1 简介

通过吸入途径卤化铂变应性过敏反应是大家已知的职业性暴露引发的相关人体健康危险（IPCS，1991；WHO，2000）。铂特异性过敏反应可由众多案例报告与发生卤化铂盐过敏性致敏反应工人的职业病研究支持。卤化铂盐的致敏潜力也可通过动物实验数据支持。仅发现卤化铂盐引发致敏作用，没有证据证明不溶性形式的铂（如氧化铂或铂金属）或非卤化水溶性铂化合物可引发变应性致敏反应。因此，下面的分析被限制为卤化铂盐。

这一案例研究旨在说明如何使用在第6章介绍的变应性过敏反应评估提供的风险评估指导。铂被选定作为案例研究是因为卤化铂盐是公认的强效致敏剂，可用的数据包括铂相关职业性暴露与健康影响信息。卤化铂盐案例研究重点突出呼吸道过敏反应的强大支持数据库，但诱发相关信息非常有限。

卤化铂盐风险评估中包括，首先简要总结卤化铂盐致敏的现有证据，然后将决策树应用于变应性过敏反应评估（参见第6章中图6.2A，图6.2B和图6.2C）。分析的目的不是卤化铂盐暴露相关健康影响的全面性风险评估，也不是卤化铂盐暴露相关致敏作用的全面性风险评估。相反，下面的评估通过考虑卤化铂盐暴露相关致敏作用的人类、实验室动物和机械数据描述执行变应性过敏反应评估的过程。

C3.2 背景：卤化铂盐致敏数据

关于卤化铂盐过敏反应的病例报告和职业性工人研究有许多；然而，大多数研究没有包括足够的暴露评估。在职业性暴露预估现有的研究中，一些研究报告预估空气中浓度低于阈限值每立方米2 μg 可溶性铂，卤化铂盐污染的工作场所工人变应性致敏反应的患病率增加（Merget et al.，1988，2000；Baker et al.，1990；Brooks et al.，1990；Bolm-Audorff et al.，1992；Linnett and Hughes，1999）。虽然现有的动物实验研究资料不足以说明实验动物通过吸入途径暴露于铂化合物引发的卤化铂盐诱导变应性致敏反应的暴露-反应关系特征，几项灵长类动物吸入途径暴露研究（Biagini et al.，1983，1985b，1986）与较大数量的啮齿动物皮肤和胃肠外暴露研究（Murdoch and Pepys，1984a，b，1985，1986；Schuppe et al.，1992，1997a，b；Dearman et al.，1998）证明了卤化铂盐具有引发人类过敏反应的潜在性。

有6项关于铂特异性致敏反应影响水平的流行病学研究（Merget et al.，1988，2000；Baker et al.，1990；Brooks et al.，1990；Bolm-Audorff et al.，1992；Linnett and Hughes，1999）。在这些研究基础上确定的影响程度参见表C3.1。Baker等

(1990) 与 Brooks 等（1990）报道 11% 暴露于最低水平（LOAEL 为 400 ng/m³）可溶性铂的工人产生致敏反应；但是，他们还报道，与其他 SPT 呈阳性的工作领域（如分析实验室 LOAEL 为 400 ng/m³ 时可溶性铂金 SPT 为 2/19）相比较，在不呈阳性 SPT 的区域（在办公室 SPT 为 0/15）浓度较高（600 ng/m³ 可溶性铂）。Linnett 和 Hughes（1999）发现 51% 的工人发生致敏反应，研究数据说明小于 500 ng/m³ 可溶性铂暴露可引发致敏反应。Linnett 和 Hughes（1999）未报道绝对铂浓度，未确定明确的最低观察到有害作用剂量，因为数据报道的是高于和低于 2 μg/m³ 暴露水平可溶性铂的相对频率。Bolm-Audorff 等（1992）指出研究中 19% 的工人出现致敏反应，研究包括固定样本暴露于 LOAEL 低于 80 ng/m³ 与个体样本暴露于低于限制值（50 ng/m³）可溶性铂的数据。Merget 等（1988）报道暴露于低于 80 ng/m³ 可溶性铂的工人中 20% 发生致敏反应。WHO（2000）关于欧洲空气质量准则中报道导致铂致敏性过敏反应的最低观察到有害作用剂量为 50 ng/m³。

表 C3.1 在人类研究中铂特异性致敏反应的影响程度

影响程度/(ng/m³)	致敏反应（在工人中所占百分比）	暴露数据	参考文献
最低观察到有害作用剂量			
52.9	11	28 个样本；炼油厂固定采样暴露测量，"一般低于 8×10⁻⁸ g/m³"	Merget 等（2000）
80	20		Merget 等（1988）
50～100	19	2 个固定样本<0.2 ng/m³ 2 个固定样本 80 与 100 ng/m³ 2 个个体样本<50 ng/m³ 检测限	Bolm-Audorff 等（1992）
50		分析实验室 3 个相关样本（1977～1979 年公司环境监测 75 次测量）	WHO（2000）（审查现有研究） Baker 等（1990）
400	11		
<500	51	88% 个体样本<50 ng/m³ 6% 样本是 500～1000 ng/m³	Linnett 和 Hughes（1990）
NOAEL			
3.37	—	固定样本	Merget 等（2000） 仅限于 NOAEL 的研究 仅限于前瞻性研究

在现有铂特异性敏化作用的职业性研究中，Merget 等（2000）提供了最适合的暴露评估数据与健康影响的足够证据，以便用于建立剂量-反应关系。Merget 等（2000）前瞻性研究针对德国催化剂生产工人进行，测试 275 个新入职和现有工人对卤化铂盐基线过敏反应敏感性，并在 5 年跟踪后重新进行评估。转换为呈阳性 SPT 与卤化铂盐六氢氯铂酸可作为卤化铂盐变应性致敏的一个指标。在暴露评估中，根据在工厂内的职位，工人被分配到不同暴露组别（高、低、无暴露）。该研究分析不包括遗传性过敏症

的个体与在研究开始皮肤点刺试验（SPT）呈阳性的工人。其中 115 名工人被分配至高剂量暴露组别，13 名工人（11.3%）在 5 年随访期结束时表现出 SPT 阳性反应。在其他暴露剂量组别，未报道 SPT 呈阳性反应。

空气监测样本用于量化每个组别可溶性铂[①]暴露剂量，高暴露剂量组别仅存在有限的个体监测样本。固定空气样本浓度参见表 C3.2 报道的算术平均数。合并算术平均值±高，低和没有暴露催化剂生产区 SE 浓度分别为每立方米（52.9±19.7）ng，（3.37±0.773）ng 与（0.048±0.005）ng 可溶性铂。表 C3.1 证明最低观察到有害作用剂量设定为 52.9 ng/m³ 是根据 Bolm-Audorff 等（1992）、Merget 等（1988）与 WHO（2000）报告得出的数据。个别空气监测数据仅限于 1993 年，且源自高剂量暴露群体；然而，有限的个体空气采样的数据表明，固定空气采样可能低估工作区暴露剂量达 10 倍。

表 C3.2　Merget 等（2000）报道德国催化剂生产工人三个暴露群组 SPT 呈阳性发病率与可溶性铂空气中浓度

暴露组群		算术平均可溶性铂浓度[a]/(ng/m³)			工人 SPT 呈阳性发病率
		1992	1993	合并值	
高剂量暴露	平均值	61.4	41.4	52.9	13/115
	SE	34.0	9.62	19.7	
	N	16	12	28	
低剂量暴露	平均值	6.06	0.675	3.37	0/111
	SE	0.664	0.211	0.773	
	N	8	8	16	
无剂量暴露	平均值	0.047	0.050	0.048	0/48
	SE	0.007	0.000	0.005	
	N	8	4	12	

a Merget 等（2000）主要作者所提供的依据原始数据计算的算术平均值。

C3.3　卤化铂盐变应性过敏反应评估

第 6 章中图 6.2A、图 6.2B 和图 6.2C 提及的决策树旨在执行风险评估过程中帮助组织和评估给定化学物质免疫毒性，以及化学物质暴露相关致敏和过敏性反应。通过回答这些决策树中的问题得出的证据权重法结论总结了致敏和过敏性反应的危险源辨识，并应描述数据库一致性和生物合理性，包括优势、劣势、不确定性和数据差距。当通过证据权重法证明一种化学品具有致敏剂特征，则用于剂量-反应评估的数据通常开始选

---

① 虽然职业性研究中可用的暴露相关数据只限于可溶性铂浓度特征描述，用于识别铂特定过敏性反应的 SPT 特异性表明，职业性暴露可引发致敏反应的铂化合物是氯化铂盐。此外，Cleare 等（1976）得出的数据表明，职业性暴露工人中的 SPT 也可能导致其他卤化铂盐，如溴化铂盐的阳性反应。

择最合适的最终点（临界效应），制定 POD 值。那些决策树的问题在下面通过论述支持数据，被重现并做出回答。

C3.3.1 是否有证据表明该物质是皮肤致敏剂（如 LLNA、GPMT、HRIPT、人类经验、QSAR、在体外试验的数据）？（见图 6.2A）

有。有证据表明，卤化铂盐是皮肤致敏剂。据报道在许多识别卤化铂盐暴露对工人健康影响的案例报告和职业性研究中，荨麻疹与接触性皮炎被确定为铂特异性过敏症状（Hunter et al., 1945; Marshall, 1952; Pepys et al., 1972; Pepys, 1984; Merget et al., 1988, 1999, 2000; Baker et al., 1990; IPCS, 1991; Bolm-Audorff et al., 1992; Calverley et al., 1995, 1999; Merget, 2000; WHO, 2000; Cristaudo et al., 2005）。动物实验数据还提供了一些皮肤过敏反应的支持信息。Schuppe 等（1997a）报道在避免放射性标记物的 LLNA 与改良耳廓肿胀试验法中，BALB/c 小鼠暴露于 5% 六氯铂酸钠（Na_2PtCl_6）表现出显著阳性反应。Dearman 等（1998）得出的数据证明 BALB/c 小鼠耳朵局部施用几种卤化铂盐[如 $(NH_4)_2PtCl_6$ 或 $(NH_4)_2PtCl_4$]，诱导耳廓淋巴结细胞因子。Dearman 等（1998）报道暴露于浓度为 1%，0.5% 和 0.25% 卤化铂盐，都表现出 IL-10 大量生产；但是，研究未使用放射性标记掺入法或其他方法制定 EC_3 值。虽然 Dearman 等（1998）得出结论，细胞因子是呼吸道致敏剂的表征（即 2 型细胞因子应答模式与 IL-4 和 IL-10 剧烈分泌），使用细胞因子谱区分皮肤和呼吸道致敏剂没有被完全支持，最近的研究表明，利用细胞因子分析进行危险源辨识可能还为时过早（Selgrade et al., 2006）。

C3.3.1.1 皮肤致敏效力信息是否可作为 LLNA EC_3 或人类 NOEL 推导出定量 POD 值？（见图 6.2A）

没有。大多数案例研究和职业性研究与铂特异性过敏反应对健康影响数据不包括暴露相关数据。此外，病例报告数据库和职业性研究未提供真皮与吸入途径暴露于卤化铂盐相关的足够信息，能够用于量化皮肤暴露。实验动物数据不足以允许进行剂量-反应关系评估，因为 Schuppe 等（1997a）研究中使用单一剂量。

C3.3.1.2 是否有皮肤致敏效力的足够信息，用于将物质按照皮肤致敏效力类别分组？（见图 6.2A）

没有。如前所述，职业性研究中皮肤暴露的数据缺乏，实验动物的数据源自使用单一剂量的研究。使用单一剂量的结论可能低估卤化铂盐效力类别。因此，建议使用皮肤过敏诱导定性风险评估，包括使用和暴露信息收集，以及可能造成皮肤过敏风险的暴露场景使用和描述。

虽然 SPT 是最常用的铂特异性过敏反应诊断测试，卤化铂盐斑贴试验有时会被作为职业性铂研究文献（Linnett and Hughes, 1999; Cristaudo et al., 2005）的一部分报道。其中一个案例是 Cristaudo 等（2005）报道的针对催化剂生产厂和回收工厂 153 名工人进行研究。该报告指出，153 名工人中有 2 名接受了卤化铂盐（H_2PtCl_6）阳性斑贴试验，22 名工人接受了相同化合物的阳性 SPT。贴剂测试使用单一浓度（10~2 mol/L）15 μl 的氯铂酸（H_2PtCl_6）进行。虽然这些以前的敏感个体斑贴试验可能会被要求卤化铂盐相关诱发评估，在 Cristaudo 等（2005）的研究中无暴露数据被报告，因此，这些数据没有提供致敏反应评估信息。低剂量暴露于卤化铂盐致敏反应相关定性评估，如 Merget 等（2000）暴露测量与第 C3.2 节所述呈阳性 SPT 表明，卤化铂盐是强有力的或强效致敏剂，但目前在任何可用职业性研究中不存在皮肤暴露测量。

除了缺乏人体皮肤暴露数据，用于制定皮肤过敏定性风险评估的实验动物卤化铂盐暴露数据不确定性增加了数据之间差异。两项实验动物研究（Schuppe et al.，1997a；Dearman et al.，1998）提供的证据表明，一些卤化铂盐是皮肤致敏剂。Schuppe 等（1997a）使用 LLNA，得到耳廓淋巴结指数 22.8，丙酮中 5% Na_2PtCl_6，从而避免使用放射性标记。在单一测试浓度，SI 超过 3。如果该值被用来作为 EC_3 值，则卤化铂盐类别将在适度的范围内（参见第 6 章中效力类别中的图 6.1）。然而，假设无更低剂量被测试，强或极端的效力类别不能被排除在外。Dearman 等（1998）报道（NH_4）$_2$ $PtCl_6$ 与（NH_4）$_2PtCl_4$ 暴露浓度下降至 0.25% 都生产大量 IL-10，暴露将表现为强药效类别。然而，Dearman 等（1998）仅对细胞因子的释放进行了评估，实验并未包括 LLNA 或制定 EC_3 值。可用的动物实验数据表明，一些卤化铂盐的效力类别将是中度或强度。但是，也有显著的数据差距，不存在较低暴露水平的数据，不可进行一些卤化铂盐是否可归类为强或极端致敏剂的评估。

C3.3.1.3　是否有可用诱发效力信息（如从人体斑贴试验获得的 BMD 或 NOEL 或 ROAT）推导出量化 POD 值？（见图 6.2A）

没有。数据表明，非职业性暴露个体并不是已经对卤化铂盐产生致敏反应［如 Santucci 等（2000）研究中 800 个患有接触性皮炎或荨麻疹的受试者连续进行卤化铂盐斑贴试验或 SPT，均未显示出阳性］。也没有数据可用于评估人类或实验动物通过皮肤或吸入途径暴露后，卤化铂盐的诱发效力。因此，建议使用定性风险评估皮肤过敏反应诱导，包括收集使用和暴露信息，以及可能造成过敏亚群诱发风险的使用和暴露场景描述。缺乏诱发剂量-反应数据与有限的卤化铂盐致敏个体过敏反应相关暴露数据导致了制定诱发相关信息性定性风险评估面临挑战。但是，存在相当多的信息可用于推导诱发效力的一些结论。例如，有相当多的其他化学品证据表明，暴露剂量与致敏反应及所需诱发剂量之间的关系。在一般情况下，当变应原敏化剂量增加时，激发实验中诱发反应所需的剂量将减小（Scott et al.，2002；Hostynek and Maibach，2004）。多种暴露因素都可能影响到这种关系，包括暴露频率与单一和多重暴露（Scott et al.，2002）。致敏强度也影响诱发剂量，致敏强度与诱发人体接触性过敏反应所需剂量之间存在着明显的逆向关系（Friedmann，2007）。

在报告卤化铂盐斑贴试验结果的几个例子之一中，催化剂生产和回收厂中有两名工人斑贴试验显示暴露于氯铂酸（H_2PtCl_6）呈阳性（Cristaudo et al.，2005）。虽然

Cristaudo 等（2005）研究未报道暴露相关信息，但执行的斑贴试验使用单一浓度为 10^{-2} mol/L 的氯铂酸（H_2PtCl_6）15 μl，因此提供了单一浓度与诱发之间的关联性。在 SPT 或斑贴试验中个体临床症状呈阳性（鼻炎、哮喘、荨麻疹和湿疹）表明，斑贴试验呈阳性可能已诱导湿疹。在呈阳性应答的工人中，仅有两名湿疹工人斑贴试验呈阳性结果（Cristaudo et al.，2005）。虽然斑贴试验的数据是有限的，但还存在一些卤化铂盐激发剂量与 SPT 呈阳性应答之间关联的职业性数据。例如，Brooks 等（1990）和 Biagini 等（1985a）报道在先前产生卤化铂酸盐致敏反应的个体中，诱发 SPT 阳性所需的卤化铂盐最低暴露浓度范围为 $10^{-9} \sim 10^{-3}$ g/ml（6 个数量级）。根据职业性暴露数据和 SPT 数据得出的卤化铂盐诱发剂量结论表明卤化铂盐是较高端级别致敏剂（参见第 6 章效力类别中图 6.1），即烈性或强烈性致敏剂诱发效力较强或猛烈。然而，SPT 包括将一滴试验物质放置在皮肤表面上，然后用针插入刺皮肤并穿透皮肤，使测试物质渗透。SPT 不同于斑贴试验。不存在足够的数据用于充分评估皮肤暴露卤化铂盐诱发剂量，进行定性评估的资料也很少。在 SPT 中低剂量诱发与较大变量（6 个数量级）表明卤化铂盐可能有较强的诱发皮肤病变效力。

C3.3.2 是否有证据表明，该物质导致呼吸道过敏（例如，从流行病学研究、人类经验或实验动物研究的数据）？（见图 6.2B）

有。卤化铂盐是已知的呼吸道致敏剂（IPCS，1991；WHO，2000）。在许多案例和确定卤化铂盐暴露对工人健康影响的职业性研究中报道了变应性过敏反应各种症状，包括哮喘、鼻炎和结膜炎（Hunter et al.，1945；Marshall，1952；Pepys et al.，1972；Pepys，1984；Merget et al.，1988，1999，2000；Baker et al.，1990；IPCS，1991；Bolm-Audorff et al.，1992；Calverley et al.，1995，1999；Merget，2000；WHO，2000；Cristaudo et al.，2005）。提供了支持卤化铂盐对呼吸道产生影响的附加报告包括：哮喘（Brooks et al.，1990；Merget et al.，1991，1994，1995，1996），呼吸困难（Karasek and Karasek，1911），呼吸道炎症变异（Roberts，1951；Merget et al.，1996），支气管痉挛（Calverley et al.，1999）与支气管高反应性（Biagini et al.，1985a；Brooks et al.，1990；Merget et al.，1991）。

C3.3.2.1 是否有可用的致敏效力相关信息（如从流行病学或实验室动物研究中获得的 BMD 或 NOEL）？（见图 6.2B）

有。因此，建议呼吸道过敏诱发定量风险评估，使用 sAF 推导可接受非致敏空气浓度，以及包括风险表征的定量暴露评估。全面性风险评估超越了本案例研究范围；但分析的预备步骤将列于如下，以便说明指导建议的方法。

正如上面 C3.2 节中所描述的，一些流行病学研究已经发现在预估空气浓度低于每立方米 2 μg 可溶性铂阈限值的卤化铂盐污染工作场所也将增加工人变应性过敏反应流行程度（Merget et al.，1988，2000；Baker et al.，1990；Bolm-Audorff et al.，1992；Linnett and Hughes，1999）。Merget 等（2000）提供了最适合的暴露评估数据与健康影响足够证据，以便用于建立剂量-反应关系，并且是提供卤化铂盐致敏反应 NOAEL 唯一的研究。在 5 年的研究过程中，不存在低剂量暴露类别工人在 SPT 中转变为呈阳性的情况；因此，低剂量暴露组别的暴露水平［每立方米可溶性铂（3.37±0.773）ng］代表 NOAEL。高剂量暴露组别的暴露水平［每立方米可溶性铂（52.9±19.7）ng］代表 LOAEL，这一组别中 115 名工人中有 13 名在 5 年的研究过程中，SPT 转变为呈阳性，表现出变应性过敏反应。表 C3.1 表明，根据这些数据确定的 NOAEL 为 52.9 ng/m^3 得到 Bolm-Audorff 等（1992）、Merget 等（1988）和 WHO（2000）报告数据的支持。NOAEL 可以用来作为风险评估 POD 值，列于表 C3.2 中的数据可以用来推导 BMC。但是，值得注意的是要考虑数据用于 BMC 建模是否适当，因为仅有三个暴露组（高剂量、低剂量和无暴露）数据存在，只有一组表现出非零应答。当建模数据集不包含至少两个非零应答级别时，存在很大程度的不确定性，因为从单一点与控制值可以得出广阔系列范围曲线（Barnes et al.，1995）。值得指出的是，依靠 NOAEL 进行的风险评估具有自己的一组限制值，例如，在一个给定研究中出现的剂量数量与暴露频率会影响用于确定 NOAEL 的剂量（Filipsson et al.，2003）。

如上所述，由于这些数据 BMC 建模相关的不确定性，因此为在案例研究中继续说明，Merget 等（2000）得出的 NOAEL 被选择作为 POD 值。正如在 6.5 节变应性过敏反应评估指导中描述的，风险评估过程的下一步将是应用外推法、不确定性或评估因素，并且参考第 3 章 3.3 节中指出的不确定性因子。请遵守以下指导。

• 正如 Merget 等（2000）研究中所使用的人体数据，种间不确定性因子是 1。
• 没有更明确数据的情况下，考虑个体差异，种内不确定性因子是 10。
• 正如 Merget 等（2000）研究中人体数据所使用的 NOAEL，LOAEL 与 NOAEL 不确定性因子是 1。
• 矩阵系数将是 1，然而，如果暴露涉及臭氧（下面讨论），矩阵系数 1 可能被系数 3 或 10 代替。
• 慢性暴露评估中，使用和时间因子将是 10，因为研究长度为 5 年；这一不确定性因子应用依赖于风险评估问题定式化阶段定义的范围（如终生/慢性、亚慢性）；使用和时间因子 1 将适用于亚慢性风险评估。
• 评估致敏反应的风险评估数据库不确定性因子将是 1，因为有大量证明致敏风险的研究，与执行剂量-反应评估的可用数据。

考虑到可用的铂暴露数据范围和暴露群组的有限数量，作为对比，Merget 等（2000）获得的 LOAEL 52.9 ng/m^3 也可以被用来作为 POD 值，说明在这项研究中可推导出 NOAEL。表 C3.1 表明，根据这些数据推出的 LOAEL 52.9 ng/m^3 在 Bolm-Audorff 等（1992）、Merget 等（1988）与 WHO（2000）报告提出的 50～80 ng/m^3 LOAEL 范围内。根据 LOAEL，而不是 NOAEL 推导基于健康指导值需要应用附加最低观察到的有害作用剂量与 NOAEL 不确定性因子 10。根据 LOAEL 推出的参考值与 Merget 等（2000）中得出的 NOAEL 3.37 ng/m^3 为基础的参考值相比较，相差小于因子 3（1.48～2.37）。

下面的计算用来说明使用 Merget 等（2000）得出的 NOAEL 推导卤化铂盐参考值

[计算中所用的每立方米可溶性铂（3.37±0.773）ng；每立方米可溶性铂 3.37×10^{-6} mg]作为 POD 值与不确定性因子。职业性暴露数据调整需要制定一个适用于持续性终身暴露的参考值。通过使用标准惯例（USEPA，1994）制定如下调整后的 NOAEL（或 $NOAEL_{ADJ}$），使用下面的公式弥补职业性 8 h/d、5d/周暴露与非职业性 24 h/d，7d/周预测暴露之间的差异：

$$NOAEL_{ADJ} = NOAEL(mg/m^3) \times (VE_{ho}/VE_h) \times 5d/7d$$

式中，NOAEL 是观察无不良影响时的 TWA 浓度（TWA）职业性暴露水平；VE_{ho} 是人类职业性默认每分钟通气量（10 m^3/d）；VE_h 是人类环境默认每分钟通气量（20 m^3/d）。使用这个转换，$NOAEL_{ADJ}$ 计算方法如下：

$$NOAEL_{ADJ} = 3.37\times10^{-6}\ mg/m^3 \times (10\ m^3/d\ /\ 20\ m^3/d) \times 5\ d/7\ d$$
$$= 1.20\times10^{-6}\ mg/m^3\ 可溶性铂$$

为完成基于健康指导值（如 RfC 或 AEL）的推导，指导建议考虑风险群体（如儿童、老年人等），然后用上述总致敏不确定性因子（致敏评估因素，或 SAF）除以 POD 值。对于这一案例研究，相关因素包括哮喘或气道完整性变化的个体可能会有卤化铂盐增加呼吸道过敏发展的风险。联合暴露于佐剂或刺激物也可能会影响呼吸道过敏反应。对于卤化铂盐，有证据表明，在一些铂精炼厂和催化剂生产厂工人职业性研究中，吸烟是导致铂特异性过敏反应发展的一种风险因素（Venables et al.，1989；Baker et al.，1990；Calverley et al.，1995；Linnett and Hughes，1999；Merget et al.，2000；Cristaudo et al.，2005）。虽然在流行病学研究中没有数据可用于其他有关刺激物或佐剂联合暴露，Biagini 等（1986）实验动物研究结果表明，臭氧促发铂过敏反应。在猴子试验中，吸入高浓度 $(NH_4)_2PtCl_6$（200 μg/m^3，4 h/d，5 d/周，长达 12 周）产生最小致敏的证据（例如，8 只猴子中有一只猴子六氯铂酸 SPT 呈阳性）。与此相反，与没有单独暴露于同样浓度臭氧的 7 只猴子相比，8 只猴子中有 4 只暴露于臭氧（浓度 2.14 mg/m^3）与六氯铂酸（浓度 200 μg/m^3），SPT Na_2PtCl_6 呈阳性。这些结果证明联合暴露于佐剂或刺激性材料及卤化铂盐会导致气道损伤，可能促发过敏性致敏的假设。为完成基于健康的指导值推导，最后的步骤是使用上述的总 SAF 除以 POD 值。

使用上面提到的 SAF，用于致敏风险评估，应用的总 SAF 将是 100（种间为 1，种内为 10，矩阵为 1，使用和时间为 10，数据库为 1）。卤化铂盐慢性参考值可以通过总 SAF 除以 POD 值，可以计算对于可溶性铂致敏风险评估：

$$参考值 = 1.20\times10^{-6}\ mg/m^3 \div 100$$
$$= 1.20\times10^{-8}\ mg/m^3$$

本案例研究的暴露评估包括特定持续时间个体接触卤化铂盐定性和定量描述（IPCS，2009）。Merget 等（2000）暴露研究使用呼吸时滞留在肺中的静气采样，采样周期为 12～17 h。因此，静气样本中的空气浓度为 12～17 h TWA 浓度。虽然从个人空气采样的数据会被首选（尤其是在一个异构暴露场景），Merget 等（2000）研究仅包括高剂量暴露组的个人空气采样和单一年的研究数据。个人空气采样数据约为固定数据的 10 倍，表明固定采样可能低估暴露。但是，个人空气采样数据不能被用来推导 NO-

AEL，因为没有低剂量暴露组工人的数据。

应用 Merget 等 （2000） 得出的数据于连续亚慢性或终身暴露需要剂量调整。在本案例研究中描述的额外挑战之一是缺乏特异性暴露测量。虽然职业性研究中可用的暴露数据仅报告了可溶性铂浓度表征，但用于识别铂特异性过敏性反应的 SPT 特征表明，引发职业性变应性致敏的铂化合物是氯化铂盐。此外，Cleare 等 （1976） 与 Cristaudo 等 （2005） 建议广泛应用铂特异性卤化铂盐变应性致敏数据，而不是氯化铂盐变应性致敏数据，表明铂特异性过敏反应可能是工人暴露于氯化铂盐或溴化铂盐 SPT 呈阳性。因此，仅限于可溶性铂浓度的暴露测量直接暗示卤化铂盐致敏的影响。WHO 报告（2000 年）也介绍了卤化铂复合物、可溶性铂盐暴露相关的致敏反应。数据不可用于进一步分析暴露水平或可溶性铂，个别卤化铂盐浓度特殊测量。

完整的卤化铂盐呼吸道过敏风险评估涉及危害特征描述，其中包括危害特征信息的总结和整合，定性和定量剂量-反应评估和暴露评估相结合，以及毒性信息严格评估。在本案例研究中突出的风险评估主要案例强度是指吸入途径暴露引发变应性致敏相关案例报告和职业性研究数据库的相对强度。相反，数据差距和不确定性考虑，具体包括几个方面：缺乏特异性卤化铂盐暴露水平数据，缺乏个人空气采样数据与静气采样数据变化。标准考虑因素包括职业性暴露和非职业性暴露推算相关不确定性，变应性致敏工作环境可能会进一步加剧对"健康工人"影响的潜在性。最后，上面的讨论集中于使用六氯铂酸 SPT 呈阳性反应作为卤化铂酸盐暴露产生变应性致敏的衡量标准。由于 SPT 检测 IgE 介导，1 型过敏性反应，这表明另一种不确定性的来源。导致一些个体产生变应性致敏潜在性第二个非 IgE 介导机制表明对已知敏化剂，如二异氰酸酯，存在 IgE 介导和非 IgE 介导超敏反应 （Kimber et al.，1998；Kimber and Dearman，2002；Redlich and Karol，2002）。IgE 介导与第二个非 IgE 介导机制可能在铂致敏反应中发挥作用。例如，Linnett 和 Hughes （1999） 报道，英国炼油厂针对 406 名工人的回顾性研究中，接近 10% （10/110） 确定为发生卤化铂盐过敏的工人 SPT 呈阴性。

C3.3.2.2 是否有诱发效力相关信息（如从流行病学和人类激发研究得出的 NOEC）？（见图 6.2B）

没有。没有确定一系列卤化铂盐空气中浓度与呼吸道过敏发展关联性的人类激发研究。但是，一些研究表明 SPT 剂量范围导致先前发生卤化铂盐致敏的个体 SPT 呈阳性。

从其他精炼厂工人铂过敏反应的数据表明，引发 SPT 与 $(NH_4)_2PtCl_6$ 呈阳性所需诱发剂量范围为 $10^{-9} \sim 10^{-3}$ g/ml （Biagini et al.，1985a），而 $(NH_4)_2PtCl_6$ 或 Na_2PtCl_6 剂量范围为 $10^{-8} \sim 10^{-3}$ g/ml （Brooks et al.，1990）。因此，建议诱发呼吸道过敏定性风险评估，包括使用和暴露信息收集，以及可能造成过敏亚群诱发风险使用和暴露场景描述。缺乏个体卤化铂盐致敏诱发剂量-反应数据提出了制定信息化诱发定性风险评估的严峻挑战。如皮肤诱发所描述的，致敏剂量和诱发剂量之间存在公认的广义的相反关系 （Scott et al.，2002；Hostynek and Maibach，2004）。这种关系的数据主要是基于皮肤致敏反应，而不是呼吸道过敏反应。尽管如此，还是有多重暴露因素影响这种关系，包括致敏途径、暴露频率，以及单一与多重暴露 （Scott et al.，2002）。致敏强度也会影响诱发剂量，造成致敏强度与随后诱发剂量之间的逆相关性（Friedmann，2007）。

Merget 等（1996）报道铂精炼和催化剂生产厂 57 名工人卤化铂盐特异性支气管激发结果。虽然 Merget 等（1996）研究未报道暴露信息，评估包括乙酰甲胆碱对支气管激发、卤化铂盐对支气管激发、SPT、血清 IgE 水平、肺功能及其他测量。特定气道传导性差别很大，卤化铂盐浓度下降了 50%（$2\times 10^{-7} \sim 1\times 10^{-2}$ mol/L）（Merget et al.，1991，1996）。职业暴露数据和 SPT 数据基础上获得的卤化铂盐诱发呼吸道反应剂量结论将表明卤化铂盐是高强度致敏剂（参见第 6 章关于类似规模皮肤过敏剂效力类别中图 6.1），即烈性或强烈性致敏剂诱发效力较强或猛烈。虽然从卤化铂盐特异性支气管激发获得的数据是有限的，还存在一些职业性激发剂量与卤化铂盐 SPT 阳性反应相关联的数据。针对先前已被卤化铂盐致敏的个体，诱发 SPT 呈阳性的卤化铂盐浓度有 6 个数量级变化（范围从 $10^{-9} \sim 10^{-3}$ g/ml）（Biagini et al.，1985a；Brooks et al.，1990）。如前所述，针对呼吸增敏剂，SPT 与诱发测试（即特异性支气管激发或测试）不同，但 SPT 数据可能预示卤化铂盐诱发呼吸道过敏反应。Merget 等（1996）报道了卤化铂盐特异性支气管反应与卤化铂盐 SPT 之间的相关性（$r=0.6$；$P<0.0001$）。

总之，用以评估卤化铂盐诱发效力的数据有限，但是，根据低剂量致敏与诱发的巨大反应变化（5 或 6 个数量级）表明，卤化铂盐可能有强大的诱发效力。

C3.3.3 是否有证据表明，该物质会导致口服或胃肠过敏反应（例如，从流行病学研究、人类经验或实验动物研究的数据）？（见图 6.2C）

有。卤化铂盐导致的皮肤和呼吸道过敏反应通过铂类抗癌药物分别被进行了评估，因为铂类抗癌药物预计不会导致铂源的重大环境暴露。虽然卡铂类似物已有大量不同程度临床试验，目前批准用于临床的铂类抗癌药物包括顺铂、卡铂和奥沙利铂（Sanderson et al.，1996）。铂类抗癌药物的丰富的临床经验提供了人体暴露于高剂量铂化合物后，一般急性或短期肠外暴露后，产生的不利影响相关信息。虽然全面检讨铂类抗癌药物引发的全身过敏性反应超出了本文的讨论范围，但许多报告表明，铂类抗癌药物会引发过敏反应（Markman，2003；Navo et al.，2006；Kim et al.，2009；Lee et al.，2009）。有证据表明，虽然铂抗癌药物变应性过敏反应存在一些交叉反应性，但个别药物特异性反应占主导地位（Leguy-Seguin et al.，2007）。不同铂类抗癌药物治疗往往可以抑制过敏反应的进一步并发症（Leguy-Seguin et al.，2007）。因此，全身过敏反应定性或半定量风险评估被建议，包括使用和暴露信息收集，以及可能造成全身过敏风险的使用和暴露场景描述。重要的是，要注意，暴露于铂抗癌疗法有助于治疗癌症，风险评估可能无法进行或并不适当，因为铂抗癌疗法的有关治疗暴露将基于医疗决定。铂类抗癌药物全身过敏风险定性评估可能会很有限，通过总结研究，证明铂类抗癌药物暴露/治疗条件或特定风险因素与更大过敏反应风险的相关性。例如，使用卡铂治疗复发性卵巢癌治疗的患者中，复治时间间隔接近 2 年的患者过敏症反应率比较短时间间隔的患者高 4 倍（Gadducci et al.，2008）。通过口服或肠外途径暴露于铂的潜在致敏定性风险评估进一步讨论超出了本文的讨论范围。

C3.4 结论

卤化铂盐案例研究旨在说明如何使用变应性过敏反应评估提供的风险评估指导。铂被选定作为案例研究是因为卤化铂盐是公认的呼吸道强效致敏剂,具有强大的数据。然而,用于描述化学致敏剂的举例通常包含皮肤、呼吸道和全身致敏特性表征信息。案例研究也说明了通常出现在职业性暴露测量中的变化。

应当指出的是,卤化铂盐案例的另一目的是描述如何将风险评估指导用于敏化反应,但它并不代表全面性的风险评估,也不代表最后的管制措施。

C3.5 参考文献

Baker D, Gann P, Brooks S, Gallagher J, Bernstein IL (1990) Cross-sectional study of platinum salts sensitization among precious metals refinery workers. *American Journal of Industrial Medicine*, 18: 653-664.

Barnes DG, Daston GP, Evans JS, Jarabek AM, Kavlock RJ, Kimmel CA, Park C, Spitzer HL (1995) Benchmark dose workshop: criteria for use of a benchmark dose to estimate a reference dose. *Regulatory Toxicology and Pharmacology*, 21 (2): 296-306.

Biagini RE, Moorman WJ, Smith RJ, Lewis TR, Bernstein IL (1983) Pulmonary hyperreactivity in cynomolgus monkeys (*Macaca fascicularis*) from nose-only inhalation exposure to disodium hexachloroplatinate, Na_2PtCl_6. *Toxicology and Applied Pharmacology*, 69 (3): 377-384.

Biagini RE, Bernstein IL, Gallagher JS, Moorman WJ, Brooks S, Gann PH (1985a) The diversity of reaginic immune responses to platinum and palladium metallic salts. *Journal of Allergy and Clinical Immunology*, 76 (6): 794-802.

Biagini RE, Moorman WJ, Lewis TR, Bernstein IL (1985b) Pulmonary responsiveness to methacholine and disodium hexachloroplatinate (Na_2PtCl_6) aerosols in cynomolgus monkeys (*Macaca fascicularis*). *Toxicology and Applied Pharmacology*, 78 (1): 139-146.

Biagini RE, Moorman WJ, Lewis TR, Bernstein IL (1986) Ozone enhancement of platinum asthma in a primate model. *American Review of Respiratory Disease*, 134 (4): 719-725.

Bolm-Audorff U, Bienfait HG, Burkhard J, Bury AH, Merget R, Pressel G, Schultze-Werninghaus G (1992) Prevalence of respiratory allergy in a platinum refinery. *International Archives of Occupational and Environmental Health*, 64: 257-260.

Brooks SM, Baker DB, Gann PH, Jarabek AM, Hertzberg V, Gallagher J, Biagini RE, Bernstein IL (1990) Cold air challenge and platinum skin reactivity in platinum refinery workers: bronchial reactivity precedes skin prick response. *Chest*, 97: 1401-1407.

Calverley AE, Rees D, Dowdeswell RJ, Linnett PJ, Kielkowski D (1995) Platinum salt sensitivity in refinery workers: incidence and effects of smoking and exposure. *Occupational and Environmental Medicine*, 52: 661-666.

Calverley AE, Rees D, Dowdeswell RJ (1999) Allergy to complex salts of platinum in refinery workers: prospective evaluations of IgE and Phadiatop© status. *Clinical and Experimental Allergy*, 29:

703-711.

Cleare MJ, Hughes EG, Jacobi B, Pepys J (1976) Immediate (type I) allergic responses to platinum compounds. *Clinical Allergy*, 6: 183-195.

Cristaudo A, Sera F, Severino V, De Rocco M, Di Lella E, Picardo M (2005) Occupational hypersensitivity to metal salts, including platinum, in the secondary industry. *Allergy*, 60: 159-164.

Dearman R, Basketter D, Kimber I (1998) Selective induction of type 2 cytokines following topical exposure of mice to platinum salts. *Food and Chemical Toxicology*, 36: 199-207.

Filipsson AF, Sand S, Nilsson J, Victorin K (2003) The benchmark dose method—review of available models, and recommendations for application in health risk assessment. *Critical Reviews in Toxicology*, 33 (5): 505-542.

Friedmann PS (2007) The relationships between exposure dose and response in induction and elicitation of contact hypersensitivity in humans. *British Journal of Dermatology*, 157 (6): 1093-1102.

Gadducci A, Tana R, Teti G, Zanca G, Fanucchi A, Genazzani AR (2008) Analysis of the pattern of hypersensitivity reactions in patients receiving carboplatin retreatment for recurrent ovarian cancer. *International Journal of Gynecologic Cancer*, 18 (4): 615-620.

Hostynek JJ, Maibach HI (2004) Thresholds of elicitation depend on induction conditions. Could low level exposure induce sub-clinical allergic states that are only elicited under the severe conditions of clinical diagnosis? *Food and Chemical Toxicology*, 42: 1859-1865.

Hunter D, Milton R, Perry K (1945) Asthma caused by the complex salts of platinum. *British Journal of Industrial Medicine*, 2: 92-98.

IPCS (1991) *Platinum*. Geneva, World Health Organization, International Programme on Chemical Safety (Environmental Health Criteria 125; http://www.inchem.org/documents/ehc/ehc/ehc125.htm).

IPCS (2009) *Principles for modelling dose-response for the risk assessment of chemicals*. Geneva, World Health Organization, International Programme on Chemical Safety (Environmental Health Criteria 239; http://whqlibdoc.who.int/publications/2009/9789241572392_eng.pdf).

Karasek S, Karasek M (1911) *The use of platinum paper*. Report of (Illinois) Commission on Occupational Diseases to His Excellency Governor Charles S. Deneen, January 1911, Chicago, Warner Printing Company, p. 97.

Kim BH, Bradley T, Tai J, Budman DR (2009) Hypersensitivity to oxaliplatin: an investigation of incidence and risk factors, and literature review. *Oncology*, 76 (4): 231-238.

Kimber I, Dearman RJ (2002) Chemical respiratory allergy: role of IgE antibody and relevance of route of exposure. *Toxicology*, 181-182: 311-315.

Kimber I, Warbrick EV, Dearman RJ (1998) Chemical respiratory allergy, IgE and the relevance of predictive test methods: a commentary. *Human and Experimental Toxicology*, 17: 537-540.

Lee C, Gianos M, Klaustermeyer WB (2009) Diagnosis and management of hypersensitivity reactions related to common cancer chemotherapy agents. *Annals of Allergy, Asthma & Immunology*, 102 (3):179-189.

Leguy-Seguin V, Jolimoy G, Coudert B, Pernot C, Dalac S, Vabres P, Collet E (2007) Diagnostic and predictive value of skin testing in platinum salt hypersensitivity. *Journal of Allergy and Clinical Immunology*, 119 (3): 726-730.

Linnett P, Hughes E (1999) 20 years of medical surveillance on exposure to allergenic and non-allergenic platinum compounds: the importance of chemical speciation. *Occupational and Environmental Medicine*, 56: 191-196.

Markman M (2003) Toxicities of the platinum antineoplastic agents. *Expert Opinion on Drug Safety*, 2 (6):597-607.

Marshall J (1952) Asthma and dermatitis caused by chloroplatinic acid. *South African Medical Journal*, 26 (1): 8-9.

Merget R (2000) Occupational platinum salt allergy. Diagnosis, prognosis, prevention and therapy. In: Zereini F, Alt F, eds. *Anthropogenic platinum-group element emissions: their impact on man and environment*. New York, NY, Springer Verlag, pp. 257-265.

Merget R, Schultze-Werninghaus G, Muthorst T, Friedrich W, Meier-Sydow J (1988) Asthma due to the complex salts of platinum—a cross-sectional survey of workers in a platinum refinery. *Clinical Allergy*, 18 (6): 569-580.

Merget R, Schultze-Werninghaus G, Bode F, Bergmann EM, Zachgo W, Meier-Sydow J (1991) Quantitative skin prick and bronchial provocation tests with platinum salt. *British Journal of Industrial Medicine*, 48: 830-837.

Merget R, Reineke M, Rueckmann A, Bergmann EM, Schultze-Werninghaus G (1994) Nonspecific and specific bronchial responsiveness in occupational asthma caused by platinum salts after allergen avoidance. *American Journal of Respiratory and Critical Care Medicine*, 150: 1146-1149.

Merget R, Caspari C, Kulzer R, Breitstadt R, Rueckmann A, Schultz-Werninghaus G (1995) The sequence of symptoms, sensitization and bronchial hyperresponsiveness in early occupational asthma due to platinum salts. *International Archives of Allergy and Immunology*, 107 (1-3): 406-407.

Merget R, Dierkes A, Rueckmann A, Bergmann EM, Schultze-Werninghaus G (1996) Absence of relationship between degree of nonspecific and specific bronchial responsiveness in occupational asthma due to platinum salts. *European Respiratory Journal*, 9 (2): 211-216.

Merget R, Schulte A, Gebler A, Breitstadt R, Kulzer R, Berndt ED, Baur X, Schultze-Werninghaus G (1999) Outcome of occupational asthma due to platinum salts after transferral to low-exposure areas. *International Archives of Occupational and Environmental Health*, 72: 33-39.

Merget R, Kulzer R, Dierkes-Globisch A, Breitstadt R, Gebler A, Kniffka A, Artelt S, Koenig HP, Alt F, Vormberg R, Baur X, Schultze-Werninghaus G (2000) Exposure-effect relationship of platinum salt allergy in a catalyst production plant: conclusions from a 5-year prospective cohort study. *Journal of Allergy and Clinical Immunology*, 105: 364-370.

Murdoch R, Pepys J (1984a) Immunological responses to complex salts of platinum. I. Specific IgE antibody production in the rat. *Clinical and Experimental Immunology*, 57: 107-114.

Murdoch R, Pepys J (1984b) Immunological responses to complex salts of platinum. II. Enhanced IgE antibody responses to ovalbumin with concurrent administration of platinum salts in the rat. *Clinical and Experimental Immunology*, 58: 478-485.

Murdoch R, Pepys J (1985) Cross reactivity studies with platinum group metal salts in platinum-sensitised rats. *International Archives of Allergy and Applied Immunology*, 77: 456-458.

Murdoch R, Pepys J (1986) Enhancement of antibody production by mercury and platinum group metal halide salts. Kinetics of total and ovalbumin-specific IgE synthesis. *International Archives of Allergy and Applied Immunology*, 80: 405-411.

Navo M, Kunthur A, Badell ML, Coffer LW 2nd, Markman M, Brown J, Smith JA (2006) Evaluation of the incidence of carboplatin hypersensitivity reactions in cancer patients. *Gynecologic Oncology*, 103 (2): 608-613.

Pepys J, ed. (1984) Occupational allergy due to platinum complex salts. In: *Clinics in immunology and allergy*. Vol. 4. London, W. B. Saunders, pp. 131-158.

Pepys J, Pickering CA, Hughes EG (1972) Asthma due to inhaled chemical agents—complex salts of platinum. *Clinical Allergy*, 2 (4): 391-396.

Redlich CA, Karol MH (2002) Diisocyanate asthma: clinical aspects and immunopathogenesis. *International Immunopharmacology*, 2: 213-224.

Roberts A (1951) Platinosis; a five-year study of the effects of soluble platinum salts on employees in a platinum laboratory and refinery. *AMA Archives of Industrial Hygiene and Occupational Medicine*, 4: 549-559.

Sanderson B, Ferguson L, Denny W (1996) Mutagenic and carcinogenic properties of platinum-based anticancer drugs. *Mutation Research*, 355: 59-70.

Santucci B, Valenzano C, De Rocco M, Cristaudo A (2000) Platinum in the environment: frequency of reactions to platinum-group elements in patients with dermatitis and urticaria. *Contact Dermatitis*, 43: 333-338.

Schuppe H, Haas-Raida D, Kulig J, Börner U, Gleichmann E, Kind P (1992) T-cell-dependent popliteal lymph node reactions to platinum compounds in mice. *International Archives of Allergy and Immunology*, 97 (4): 308-314.

Schuppe H, Kulig J, Lerchenmüller C, Becker D, Gleichmann E, Kind P (1997a) Contact hypersensitivity to disodium hexachloroplatinate in mice. *Toxicology Letters*, 93 (2-3): 125-133.

Schuppe H, Kulig J, Kühn U, Lempertz U, Kind P, Knop J, Becker D (1997b) Immunostimulatory effects of platinum compounds: correlation between sensitizing properties in vivo and modulation of receptor-mediated endocytosis in vitro. *International Archives of Allergy and Immunology*, 112 (2): 125-132.

Scott AE, Kashon ML, Yucesoy B, Luster MI, Tinkle SS (2002) Insights into the quantitative relationship between sensitization and challenge for allergic contact dermatitis reactions. *Toxicology and Applied Pharmacology*, 183: 66-70.

Selgrade M, Boykin EH, Haykal-Coates N, Woolhiser MR, Wiescinski C, Andrews DL, Farraj AK, Doerfler DL, Gavett SH (2006) Inconsistencies between cytokine profiles, antibody responses, and respiratory hyper-responsiveness following dermal exposure to isocyanates. *Toxicological Sciences*, 94 (1): 108-117.

USEPA (1994) *Methods for derivation of inhalation reference concentrations and application of inhalation dosimetry*. Washington, DC, United States Environmental Protection Agency, Office of Research and Development (EPA/600/8-90/066F; http://www.epa.gov/raf/publications/pdfs/RFC-METHODOLOGY.PDF).

Venables KM, Dally MB, Nunn AJ, Stevens JF, Stephens R, Farrer N, Hunter JV, Stewart M, Hughes EG, Newman Taylor AJ (1989) Smoking and occupational allergy in workers in a platinum refinery. *BMJ (Clinical Research ed.)*, 299 (6705): 939-942.

WHO (2000) Platinum. In: *Air quality guidelines for Europe*, 2nd ed. Copenhagen, World Health Organization Regional Office for Europe, pp. 166-169 (http://www.euro.who.int/_ _ data/assets/pdf _ file/0005/74732/E71922.pdf).

案例研究 4：柠檬醛皮肤致敏反应评估

C4.1 简介

柠檬醛通常用于消费性产品中作为香味物质，它属于化妆品和家用消费产品中最常见的过敏原。这一案例研究旨在说明如何使用在第 6 章介绍的变应性过敏反应评估提供的风险评估指导。柠檬醛被选中进行案例研究，是因为柠檬醛作为致敏剂，是香味成分导致皮肤过敏反应的一个代表例子。本案例研究重点强调柠檬醛诱导皮肤过敏反应的强大支持数据库，但提供的诱发剂量-反应关系信息非常有限。

柠檬醛的风险评估应用第 6 章中提供的变应性过敏反应评估决策树。这一案例研究的目的不是对暴露于柠檬醛产生的健康影响进行全面性评估，也不是对柠檬醛相关的过敏反应进行全面性风险评估。相反，考虑到现有的柠檬醛致敏相关的人类、实验动物和机械数据，下面的评估将对执行变应性过敏反应风险评估的过程进行说明。

C4.2 香味成分和柠檬醛致敏相关背景

许多各种不同的食品及消费品中已经被确定含有一些过敏物质。在工作中、家中，与皮肤接触的产品中物质是激发过敏性接触性湿疹的重要外生因素。消费品中物质也可能引发呼吸道过敏反应，但是这方面的证明资料非常稀少。

对于消费类产品，虽然数据表明引发过敏反应的物质可能存在于其他产品中，包括洗涤剂、玩具、纺织品和自己动手做产品，但化妆品中含有过敏物质的相关可用数据较多。引发过敏反应物质的存在并不总是能产生致敏反应：因为过敏源物质只有与皮肤接触，才能从基体释放，或可能进入肺部产生敏化作用（Wijnhoven et al., 2008）。

芳香剂是 5 种主要能引发过敏反应的物质类别之一，需要与其他消费产品区分开（Wijnhoven et al., 2008）。现今，超过 5000 种香味物质通常作为配合料，用于特别是化妆品（香水、洗发水、面霜、沐浴露、牙膏）、家用产品（室内空气清新剂、地毯清洗剂）、纺织品、鞋和玩具中。化妆品中的芳香剂已被确定为是引发过敏性接触性皮炎最常见的原因（综述性文章参见 SCCNFP，1999）。

在 1999 年，为消费者服务的化妆品与非食品科学委员会（SCCNFP，现今重建，称为消费者安全科学委员会）确定了 24 种可能导致接触性过敏反应的香料化学品，并把它们分成两个不同列表。表 C4.1 列出的是最经常作为消费者过敏原的芳香剂，表 C4.2 为不经常被报道为消费者过敏原的芳香剂。

必须强调的是，这些列表中的香料化学品不是唯一的能引起过敏反应的化合物。其他香料化学品也被报道能引起皮肤过敏反应或可能引起过敏症，但由于缺乏数据，还未得到确定。当患者被怀疑患上过敏性接触性皮炎，皮肤科医生通常会在患者的皮肤上应

表 C4.1　最经常被报道为消费者过敏原的芳香剂

通用名称	CAS 登记号
戊基肉桂醛	122-40-7
戊基肉桂醇	101-85-9
苄醇	100-51-6
水杨酸苄酯	118-58-1
肉桂醛	104-55-2
肉桂醇	104-54-1
柠檬醛	5392-40-5
香豆素	91-64-5
丁香酚	97-53-0
香叶醇	106-24-1
羟基香茅醛	107-75-5
羟甲基戊基环己烯缩醛	31906-04-4
异丁香酚	97-54-1

注：CAS，美国化学文摘社。
资料来源：SCCNFP (1999)。

表 C4.2　较少被报道为消费者过敏原的芳香剂

通用名称	CAS 登记号
茴香醇	105-13-5
苯甲酸苄酯	120-51-4
肉桂酸苄酯	103-41-3
香茅醇	106-22-9
金合欢醇	4602-84-0
己基肉桂醛	101-86-0
铃兰醛	80-54-6
右旋柠檬烯	5989-27-5
芳樟醇	78-70-6
庚炔羧酸甲酯	111-12-6
3-甲基-4-(2,6,6-三甲基-2-环己烷-1-基)-3-丁烯-2-酮(=γ-甲基紫罗兰酮)	127-51-5

注：CAS，美国化学文摘社。
资为来源：SCCNFP (1999)。

用两种不同的香料混合物（芳香混合物Ⅰ和Ⅱ）进行斑贴试验筛选导致皮肤过敏的香料。香料混合物Ⅰ的组成部分包括肉桂醇、肉桂醛、丁香酚、α-戊基肉桂醛、羟基香茅醛、香叶醇、异丁香子酚和橡苔净油（包括苔黑醛和氯化苔黑醛）。芳香混合物Ⅱ由α-己基肉桂醛、柠檬醛、香茅醇、金合欢醇、香豆素和羟甲基戊基环己烯缩醛组成（Wijnhoven et al., 2008）。

柠檬醛是两种无环单萜类化合物，香叶醛、橙花醛混合物，可以被视为一种支链的

案例研究 4：柠檬醛皮肤致敏反应评估

脂族不饱和醛（顺式-和反式-3-3,7-二甲基-2,6-辛二烯-1-醛）。因此柠檬醛也称为香叶醛（或柠檬醛 a）和橙花醛（或柠檬醛 b）（图 C4.1）。常见于香茅、柠檬等柑橘类水果。与柠檬烯类似，柠檬醛是柑橘家族的特征性气味之一。

柠檬醛以不同比例广泛存在于许多天然产品的不同成分异构体中，包括柑橘类精油、如柠檬油、橙油、香茅草油、山苍子油、黑胡椒油、马鞭草油、蜂花油和姜油。在日常生活中，柑橘类水果去皮与手工切割时，大多数人都暴露于柠檬醛。此外，在饮食中柠檬醛经常被发现作为一些香料和水果为主或水果口味软饮料的天然或人工合成香味组分（Lalko and Api，2008）。柠檬醛是公认的安全性食品添加剂，并已通过 USFDA（2009）认证可在食品中使用。

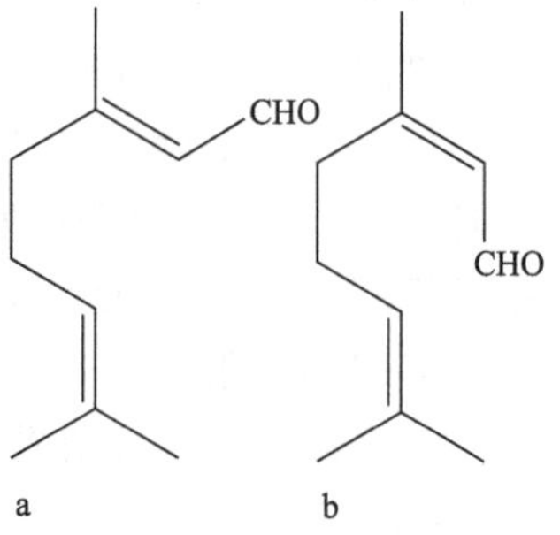

柠檬醛通常用于消费性产品中作为香味物质，根据 SCCNFP，它属于最常见的变应原组（表 C4.1）。

图 C4.1　柠檬醛 a（香叶醛）和柠檬醛 b（橙花醛）结构（源自 http://www.food-info.net）

2003 年，依据 SCCNFP 建议，欧洲化妆品指令 76/768/EEC 第 7 次修订版指令 2003/15/EC 被公布（EC，2003）。在欧盟范围内，指令要求，如果留置型化妆产品中柠檬醛浓度大于或等于 10 mg/kg（0.001%），冲洗化妆品中柠檬醛浓度大于或等于 100，柠檬醛则须被列在消费产品的成分标签上。

C4.3　柠檬醛致敏和过敏性反应评估

第 6 章中图 6.2A、图 6.2B 和图 6.2C 提出的决策树目的是在通过皮肤、呼吸和全身途径暴露于化学物质引发致敏和过敏性反应评估中作为过程指导。下面将再现决策树提及的问题，并作出回答，提供讨论支持数据。

C4.3.1　是否有证据表明，该物质引起皮肤过敏（如源自 GPMT、LLNA、HRIPT、人类经验、QSAR、在体外试验的数据）？（见图 6.2A）

有。从人类和动物实验研究数据有足够的证据表明，柠檬醛是皮肤致敏剂。

根据结构分析，QSAR 揭示了潜在皮肤毒性效果警戒状态，如致敏反应（Ford et al.，2000）。鉴于柠檬醛相对分子质量为 154.24，计算辛醇/脂水分配系数（log K_{ow}）为 3.45，因此基于规则的基于现有知识的风险推论预估（DEREK）系统也同时识别出柠檬醛是一种潜在的接触性过敏原。这表明柠檬醛会比较容易渗透进人体皮肤。由于柠檬醛是一种易挥发的有机化学物质，可以预期（在非闭塞的条件下），柠檬醛蒸发，经皮肤吸收，导致低于所施加剂量的暴露。有关柠檬醛经皮肤吸收的定量信息极为有限；但是，柠檬醛已被证明很容易通过人类和实验动物皮肤渗透（Meyer and Meyer，1959；Barbier and Benezra，1983；Mutalik and Udupa，2003）。肽反应研究调查已经确定柠檬醛产生蛋白质反应（Gerberick et al., 2004）。

柠檬醛对皮肤有刺激性，但对兔子的眼睛未发生刺激性。在人类试验中，8%浓度这种化学物质对皮肤有轻微刺激性（Lalko and Api，2008）。

在过去，柠檬醛的皮肤致敏作用已被广泛在豚鼠、小鼠和人类测试。在所有物种中，柠檬醛导致皮肤过敏测试呈阳性。鉴于豚鼠和人类试验结果主要可用于识别皮肤致敏剂，LLNA可提供危险识别和剂量-反应关系相关信息。

凡士林中1%柠檬醛被发现引发豚鼠致敏（无刺激性最高浓度，OECD测试指导公布前进行测试）（OECD，2001）。Lalko和Api（2008）报道了对豚鼠使用不同测试方法[如GPMT、豚鼠局部封闭涂皮试验、德来塞（Draize）测试、马奎尔（Maguire）测试]获得的广泛实验结果。所有豚鼠报告结果概述可参见本案例研究结束部分附录C4.1表C4.9。

含柠檬醛材料测试获得的致敏反应数据调查在肥皂和洗涤剂协会主持下进行（OECD，2001）。本次调查仅限于针对美国人类受试者进行皮肤斑贴试验，由肥皂和洗涤剂协会成员公司和香水供应商执行。在所进行的10 660次斑贴试验中，未发现含有柠檬醛的个人护理或家用产品诱导超敏反应，而在所进行的含柠檬醛香料混合物的2098次斑贴试验中，也未发现经证实的过敏反应。

在各种HRIPT和HMT中，在使用的乙醇或凡士林中柠檬醛浓度为2%～8%时，405名受试者中发现共105名被诱导致敏，当乙醇或凡士林中柠檬醛浓度为1.2%或更低，182名受试者中未发现诱导致敏发生。Lalko和Api（2008）对这些测试结果进行了评论，参见附录C4.1中表C4.10概述。文献报道的常规临床诊断性斑贴试验结果总结参见附录C4.1中表C4.11（采用源自Lalko and Api，2008信息）。

针对小鼠，按照OECD试验指导书429和OPPTS指导书870.26中描述的Kimber和Basketter方法，在LLNA中对其进行了广泛的柠檬醛致敏反应评估。11次LLNA结果（由Lalko and Api，2008总结）参见附录C4.1中表C4.12。在所有LLNA中柠檬醛均显示出皮肤致敏特性。

C4.3.1.1 皮肤致敏效力信息是否可作为LLNA EC_3或人类NOEL推导出定量POD值？（见图6.2A）

可以。LLNA数据和HRIPT数据都可用于柠檬醛致敏反应POD值推导。

由于LLNA结果提供皮肤过敏诱导的剂量-反应关系相关数据，因此Lalko和Api（2008）使用LLNA数据推导皮肤致敏诱导POD值。根据300～3250 $\mu g/cm^2$的11个EC_3值（参见附录C4.1中表C4.12），Lalko和Api（2008）计算出加权平均EC_3值1414 $\mu g/cm^2$；然而加权过程在本文件中未做解释。因此，鉴于本案例研究目的，新的基于介质的EC_3平均值被计算出。如果对于特定介质存在一个以上EC_3值，首先计算出该特定介质的平均值，然后推导出所有介质平均值，参见表C4.3。使用介质加权平均值，而不是最低EC_3值，具有合理性，因为OECD测试指南429规定如果测试物质与介质充分溶解，测试时丙酮：橄榄油（4:1）介质具有优先级。这一首选标准介质得出最高EC_3值。邻苯二甲酸二乙酯和乙醇不属于OECD测试指引中列出的标准介质，但实际上可作为渗透促进剂,从而产生较低 EC_3 值。使用介质为基础的平均值也具有合理性,因为重复进行试验时,LLNA EC_3 值往往是平均值的 2~3 倍,不同介质引起的 EC_3 值可变性导致风险评估的不确定性,因此须考虑设置矩阵系数(参见 6.5.3 节及以下章节)。

表 C4.3 根据 LLNA 结果计算基于介质 EC_3 平均值
(如附录 C4.1 中表 C4.12 报道)

介质群组	介质	$EC_3/(\mu g/cm^2)$	介质平均 EC_3 值$/(\mu g/cm^2)$
A	EtOH:DEP (1:3)	300	937.5
A	EtOH:DEP (1:3)	1757	
B	EtOH:DEP (3:1)	1150	1237.5
B	EtOH:DEP (3:1)	1325	
C[a]	EtOH:DEP (3:1) +0.1% Toc	375	
C	EtOH:DEP (1:3) +0.1% Toc	1700	
C	EtOH:DEP (1:3) +AO Mix	525	1012.5
C	EtOH:DEP (1:3) +AO Mix	1150	
C	EtOH:DEP (1:3)	925	
C	EtOH:DEP (1:3) +0.1% TrlC	1400	
D	EtOH:DEP (1:3) +0.1% TrlC	1250	3250
总平均值			1609

注:AO Mix,0.3%丁基羟基甲苯/维生素 E/丁香酚抗氧化剂混合物;DEP,邻苯二甲酸二乙酯;EtOH,乙醇;Toc,α-生育酚;TrlC,Trolox C(羧酸)。
a 表示 EtOH:DEP (3:1) 加抗氧化剂归并。

人类致敏试验数据还提供了阈值水平推导的相关数据(参见附录 C4.1 表 C4.10 汇总)。在 HRIPT 中,人类 NOEL 是 $1400\mu g/cm^2$,达到最差观察效果的水平是 $3876\mu g/cm^2$。一般来说,HRIPT 中诱导阶段共包括 9 个 24 h 闭塞式斑贴试验应用,如果斑贴移除后观察到中度或更强度皮肤反应,斑贴须被移除,改变应用皮肤部位。与此相反,HMT 诱导期中,如果测试物质本身不刺激,通常由 5 个交替性 48 h 斑贴应用于月桂基硫酸钠刺激的皮肤。这些条件可能会被认为不适用于体现皮肤致敏效力的表征。此外,HMT 由于道德伦理上的原因不再被进行。因此,与 HMT 数据相比,在证据权重方法中 HRIPT 数据往往被优先考虑(Api et al.,2008)。衍生 POD 值的研究是根据更新的标准协议,在足够数量受试者中执行的(Politano and Api,2008)。

从 HRIPT 数据推导出的人类 NOEL 为 1400 $\mu g/cm^2$,低于 LLNA 得出介质加权 EC_3 平均值 1609 $\mu g/cm^2$,因此可被作为皮肤致敏反应诱导评估的 POD 值〔也在由 IFRA/RIFM 制定的方法中被称为无预期致敏诱导水平(NESIL)〕(Api and Vey,2008)。

基于 LLNA EC_3 值 5.6%(Api et al.,2008)或 5.7%(Loveless et al.,2010),柠檬醛可被分类为弱至中度浓度范围的皮肤致敏剂(参见第 6 章图 6.1)。

C4.3.1.2 是否皮肤过敏诱发定量风险评估使用 SAF 推导可接受的非诱发皮肤面积剂量；是否定量暴露评估描述过敏亚群风险特征（见图 6.2A）

(a) 暴露

* 在消费产品中存在

如在 Wijnhoven 等（2008）报告总结中所示，在一些消费产品中发现柠檬醛，参见下面给出的信息源。丹麦环境保护局在 26.1%（88 个受试品中有 23 个）含有香味物质的化妆品中存在浓度为 38.8~553.9 mg/L 的柠檬醛。在儿童化妆品，8.2%（208 个受试品中有 17 个）含有香味物质的化妆品中存在浓度为 4.0~73 mg/L 的柠檬醛。在荷兰，食品和消费品安全局研究也发现在儿童化妆品，8.7%（23 个受试品中有 2 个）含有香味物质的化妆品中存在浓度为 109~168mg/L 的柠檬醛。柠檬醛也被用于清洁产品和清洁剂中。丹麦环保局调查了 43 种清洁产品，其中 7 种产品（16.3%）柠檬醛的浓度可高达 0.0501%（按质量计算）。同样，食品和消费品安全局针对 52 种香水产品进行测量，发现 1 种香水产品柠檬醛的浓度为 8 mg/L。丹麦环境保护局在空气清新剂研究中确定 36.8% 的受试品（19 个受试品中有 7 个）柠檬醛浓度为 200~26 000 mg/L。欧洲消费者组织测量来自 74 种不同空气清新剂的排放物。可检测到 2 种（2.6%）空气清新剂柠檬醛空气中的浓度为 2.0~48 $\mu g/m^3$。此外，丹麦环境保护局发现玩具中柠檬醛的浓度为 27 mg/kg。

本概述表明，在一些消费产品中柠檬醛浓度为 4~26 000 mg/L。在下一章节的暴露预估中，在化妆品和家用清洁产品中柠檬醛的上限浓度分别被假定为 0.06% 和 0.05%。

* 定量暴露评估

正如上面所提到的，柠檬醛已被证明存在于几个不同的消费产品中，包括化妆品、清洁剂、空气清新剂。正因为如此多种的潜在暴露源，可以证明总计暴露剂量（这里定义为一个皮肤部位暴露于来自不同消费产品的柠檬醛超过 1 天的总剂量）应该用于暴露预估。在这种情况下，关注的相关途径限制于皮肤途径。因此，对于这一量化暴露评估例子，已选定的暴露场景是一些消费产品在相对短的时间期限内应用到相同的皮肤部位。选择三种有可能含有柠檬醛的不同产品——两种化妆品（沐浴露和护手霜）结合家用清洁剂。总计暴露预估并没有考虑到的事实是市场上只有一小部分产品含有柠檬醛（最坏的情况）。

此外，为简化起见，决定不对群体暴露进行预估或不应用概率技术衡量评估的可变性和不确定性。此外，从其他来源暴露，如在食品中的柠檬醛，并没有在这里考虑到，虽然已知，对于高度过敏的个体，口服吸收致敏剂可能会导致在皮肤上表现出过敏症状。众所周知，这些方面可以在全面性的风险评估中讨论，但它超出了本案例的论述范围，本案例的目的旨在测试决策树的适用性。

下面的暴露场景已经被选择：个人使用护手霜，打扫厨房，淋浴，再使用护手霜。据预计，这些暴露将得出总暴露剂量，其中每种产品的暴露预估都被计算在内。

* 暴露参数

WHO 指导/决策树未明确给出最佳的暴露评估方法。因此，建议由 IFRA/RIFM 制定的方法（Api et al.，2008；IFRA，2008），在本案例中应用的是使用 ConsExpo 计算机模型的暴露建模方法。

1）使用 ConsExpo4.1 计算机模型［由荷兰国家公共卫生和环境研究所（RIVM）制定，可通过 http://www.rivm.nl/en/healthanddisease/productsafety/ConsExpo.jsp 查找］，暴露参数均来自化妆品（即护手霜和沐浴露）和清洁产品（即清洁剂）ConsExpo 情况说明书［由荷兰国家公共卫生与环境研究所制定］（Bremmer et al.，2006；Prud'homme de Lodder et al.，2006）。最坏情况下预估，根据 Wijnhoven 等（2008），柠檬醛在化妆品和清洗产品中的质量分数上限分别为 0.06% 和 0.05%（参见上文）。针对稀释和保留（漂洗）产品的质量分数上限进行了更正。表 C4.4 中数据显示了来自所选择场景，通过简单加法计算出的个别产品暴露参数及总计暴露剂量。

表 C4.4 根据随附的化妆品和清洁产品情况说明书，使用 ConsExpo 计算手部暴露参数和预估（参见附录 C4.2）

暴露参数	值
护肤霜	
产品中柠檬醛质量百分率/%	0.06
皮肤上使用量/g	1.7×2 次/天
接触皮肤的表面积/cm²	860
暴露估计值/(mg/cm²)	0.002 4
沐浴露	
产品中柠檬醛质量百分率/%	0.06/3（稀释倍数）
皮肤上使用量/g	26.1（使用量 8.7g×稀释倍数 3）
接触皮肤的表面积/cm²	17 500
暴露估计值/(mg/cm²)	0.000 30
清洁剂	
混合/应用产品中柠檬醛质量百分率/%	0.05/0.05 与应用时稀释倍数 80
皮肤上使用量/g（混合/应用）	0.010/19
接触皮肤的表面积/cm²（混合/应用）	215/1 900
暴露估计值/(mg/cm²)	0.000 086
总计暴露/(mg/cm²)	0.002 8（四舍五入）

2）另一种暴露预估方法通过使用 Api 和 Vey（2008）与 IFRA（2008）所描述的 IFRA/RIFM 方法进行。在这种方法中，所有含有香料的消费类产品被归类为 11 种不同产品类别中的一种（Api et al.，2008）。按类别暴露预估用于确定该类别内产品的"替代物"暴露信息。一般来说，选择相对较高使用量与较小暴露皮肤面积组合，得出特定类别高剂量暴露预估［备注：作为默认值的消费者暴露水平（CEL）主要依据未发表的行业收集数据］。

使用 IFRA/RIFM 方法的定量风险评估比较简单。特定产品的暴露估计值是根据该产品所属类别的暴露预估值。产品护手霜、沐浴露和家用清洁剂分别属于类别5、9 和10（有关详细信息，请参阅 Api & Vey，2008，与附录 C4.2），这三个类别的相应产品暴露预估值分别为每天 $4.2\ mg/cm^2$，$0.2\ mg/cm^2$ 和 $0.1\ mg/cm^2$。这些产品的相应暴露估计值通过表 C4.5 中的描述进行计算。

3) 除了产品中测得的柠檬醛浓度上限值，柠檬醛 IFRA 标准（可在 http://www.IFRAorg.org 查阅）也用于暴露预估（表 C4.5 右栏）。IFRA 标准定义个别香味成分的安全使用水平。它们须根据新的数据和科学发展被定期修订。它们是 IFRA 实践法规的一部分。

表 C4.5 根据 IFRA/RIFM 与类别方法，计算手部暴露参数与预估

暴露参数	值	
	使用销售产品测量的柠檬醛浓度上限	使用柠檬醛 IFRA 标准浓度
护手霜		
产品中柠檬醛质量百分率/%	0.06	0.3
产品类别5暴露估计值/[mg/(cm²·d)]	4.2	4.2
暴露估计值/(mg/cm²)	0.002 5	0.013
沐浴露		
产品中柠檬醛质量百分率/%	0.06	5.0
产品类别9暴露估计值/[mg/(cm²·d)]	0.2	2.0
暴露估计值/(mg/cm²)	0.000 12	0.010
清洁剂		
产品中柠檬醛质量百分率/%	0.05	2.5
产品类别10暴露估计值/[mg/(cm²·d)]	0.1	0.1
暴露估计值/(mg/cm²)	0.000 05	0.002 5
总计暴露/(mg/cm²)	0.002 7	0.025

(b) 风险特征描述

暴露于个别产品后，致敏反应风险

IFRA/RIFM 方法主要焦点是安全产品使用。对于这一点，每个产品的风险可通过比较 AEL（= NESIL/SAF）与 CEL 确定。CEL 可通过每种产品类别确定（Api et al.，2008）。如果 AEL/CEL 的值大于1，则该产品不被认为将构成皮肤敏化的风险。

SAF 用于皮肤致敏风险评估，根据实验（定义和控制的暴露条件）与现实生活中消费者暴露（消费者控制可变暴露）做出相应推算。这些 SAF 考虑三个参数：个体间差异（与一般毒理学相同，默认为10），介质/产品矩阵效果和使用注意事项（针对皮肤致敏）（Api et al.，2008）。由于使用人类数据作为 POD 值（即无种间推断），因此 IFRA/RIFM 方法中种间参数被确定为1，并结合在 NESIL 中。

根据 IFRA/RIFM 方法，此示例中不同产品总 SAF，包括矩阵和使用因子基本原理，参见表 C4.6。

使用 Griem 等（2003）所提出的皮肤过敏反应评估推导方法，也将得出总因子为 100，包括种间推断因子 1（因为以人体数据为起点，不适用），种内因子为 10（个体间），以及更频繁暴露，因子为 10。

表 C4.6 在这个例子中不同产品香味成分 SAF 推导

产品类型	个体间 SAF	矩阵 SAF	基本原理	使用 SAF	基本原理	总 SAF
护手霜	10	3.2	该产品矩阵与实验条件下不一样，可以被设计为提高渗透	3.2	区域主要是手部，可能包括皮肤干燥；可能是由于皮炎皮肤损害，但不发生闭塞	100
沐浴露	10	3.2	矩阵与实验条件下不同，可被设计为提高渗透，可能含有刺激性成分	3.2	区域是整个身体，包括皮肤干燥、破损皮肤和黏膜	100
家用清洁剂	10	3.2	矩阵不同于实验条件，并且可能包含溶剂和其他刺激性成分	3.2	手和下臂，可能涉及皮炎皮肤部位	100

资料来源：Api 等（2008）。

确定总 SAF 后，使用某产品后致敏风险可通过表 C4.7 选择单独产品确定。

表 C4.7 单独产品中柠檬醛致敏风险测定

方法	参数	护手霜	沐浴露	家用清洁剂
	NESIL/$(\mu g/cm^2)$	1 400	1 400	1 400
	SAF	100	100	100
	AEL/$[mg/(cm^2 \cdot d)]$	0.014	0.014	0.014
A)ConsExpo	CEL/$[mg/(cm^2 \cdot d)]$	0.002 4	0.000 30	0.000 086
	风险比（AEL/CEL）	5.8(安全)	47(安全)	163(安全)
B)IFRA/RIFM	CEL/$[mg/(cm^2 \cdot d)]$	0.002 5	0.000 12	0.000 05
	风险比（AEL/CEL）	5.6(安全)	117(安全)	280(安全)
C)IFRA/RIFM 标准	CEL/$[mg/(cm^2 \cdot d)]$	0.013	0.010	0.002 5
	风险比（AEL/CEL）	1.1(安全)	1.4(安全)	5.6(安全)

推导出的柠檬醛可接受暴露限制（AEL）与 CEL 相比较，CEL 通常使用 ConsExpo 软件工具或使用测得柠檬醛浓度上限值的 IFRA/RIFM 方法与使用柠檬醛 IFRA 标准（使用浓度上限值）的 IFRA/RIFM 方法推导出。从表 C4.7 中可以看出，所有 AEL/CEL 的值大于 1，因此，每一个单独的产品暴露场景被认为不会诱导皮肤出现致敏反应。

* 综合暴露致敏危险

如上面已经描述,可以想象的是,在现实生活中,一个人在一定时间期限内暴露于含有相同物质的产品(总计暴露)。因此,在这一案例中,致敏风险也被确定为包括三种含有柠檬醛产品暴露场景的总计暴露:两种化妆产品,以及一种家用清洁剂。同样,也使用三种方法 A,B 和 C 进行评估(表 C4.8)。

表 C4.8　选定产品:护手霜、沐浴露和家用清洁剂中柠檬醛总计暴露风险测定

方法/参数	总计手部暴露剂量
NESIL/($\mu g/cm^2$)	1400
SAF	100
AEL/[$mg/(cm^2 \cdot d)$]	0.014
A)ConsExpo	
总计 CEL/[$mg/(cm^2 \cdot d)$]	0.0028
风险比(AEL/CEL)	5.0(安全)
B)IFRA/RIFM	
总计 CEL/[$mg/(cm^2 \cdot d)$]	0.0027
风险比(AEL/CEL)	5.2(安全)
C)IFRA 标准	
总计 CEL/[$mg/(cm^2 \cdot d)$]	0.025
风险比(AEL/CEL)	0.56(不安全)

销售产品中柠檬醛浓度未超出使用上限值,总暴露预估可被认为不会诱导皮肤过敏反应。

根据 IFRA 标准,使用柠檬醛最大浓度阈值,在本案例中总计暴露 AEL/CEL 小于 1,因此不能被认为是安全的。

在合计评估使用中,根据 IFRA/RIFM 与分类方法得出的暴露预估可能出现高估。每个类别中的暴露水平是基于一个定点产品的最坏情况估计。有关合计暴露(考虑到暴露时间和地点)可能不会使用与合计暴露无关的产品暴露参数。

虽然不能排除一些市场上销售的产品含有的柠檬醛是符合 IFRA 标准规定的最大使用浓度限值,但很显然在合计暴露预估时,假设所有产品类别的所有产品中含有的柠檬醛均在最大浓度限制范围内是一种过于保守的做法。在本案例中,适当的方法,例如,通过使用概率为基础的方法(需要更多的习惯和使用数据输入),是必要的,以获得现实的最坏情况下预估。但是,这一论点超出本案例研究范围。

在本案例中柠檬醛导致皮肤致敏的风险已在不同消费产品暴露研究中被证明。正如案例研究中所示,个别消费产品中柠檬醛安全浓度限制值可被推导出。然而,当考虑到某些皮肤部位的总暴露,如在本案例中提及的手部肌肤暴露于几种不同化妆产品和其他消费产品,如空气清新剂或家用洗涤剂,进一步发展建立所有相关消费类产品中敏化剂适当浓度限值与总计暴露预估方法被认为是必要的。

C4.3.1.3 是否有可用诱发效力信息（如从人体斑贴试验获得的 BMD 或 NOEL 或 ROAT）推导出量化 POD 值？（见图 6.2A）

没有。没有柠檬醛诱发效力相关定量数据。

有一些柠檬醛人体斑贴试验研究（患者诊断性斑贴试验），其中试验浓度为0.5%~5%（Frosch et al.，2005；Lalko and Api，2008）。斑贴测试数据参见附录 C4.1 中表 C4.12 描述。然而，这些研究只给出了在实验中暴露于一定浓度柠檬醛几秒后，受试者中呈阳性个体的数量。从这些数据中无法推导出诱发过敏反应阈值。综上所述，现有数据不足，无法得出定量风险评估所需 POD 值（急性接触性皮炎个体诱发 NOEL）。

C4.3.1.4 是否皮肤过敏诱发定性风险评估收集使用和暴露信息，如果有的话，比较经皮诱发阈值，并描述可能构成变应性亚群诱发的使用和暴露场景（见图 6.2A）

诱发定性风险评估很难进行。唯一可用的信息，诱发阈值与相同的化学物质致敏诱导阈值相比较，较低。换句话说，未受感染者产生过敏反应所需剂量水平远远高于诱发已被感染受试体产生过敏反应所需剂量水平。Griem 等（2003）报道，在人类中，致敏和诱发阈值之间未显示出相关性；因此，诱导致敏阈值目前不能被用于预测诱发阈值。

此外，柠檬醛具体的暴露信息不存在。对特定过敏原过敏的已致敏患者应尽量避免接触过敏原。在欧盟，可通过立法帮助（即在制剂和化妆品标签上设置上述声明需要的浓度限值）避免与过敏原接触。通过这种方式，消费者可以明智选择他们的产品，并能避免与声明的特定过敏原产品接触。然而，应该指出的是，目前欧盟声明的限制值不是基于定量风险评估（既不是基于诱导风险评估也不是基于诱发风险评估），考虑到致敏试验数据和临床过敏的患病率，26 种香料成分被认为是最需被标记出的。

由于诱导和诱发相关的剂量度量标准是皮肤面积剂量（即每平方厘米皮肤应用的致敏剂数量），可以预期的是，假设产品中含有相同浓度柠檬醛，导致最高面积剂量的化妆品产品类别将对致敏患者产生相对较高风险，诱发过敏反应。IFRA 产品类别的皮肤面积剂量（Api & Vey，2008）按以下顺序降低：第 1 类（11.7 mg/cm^2 每天，唇部产品）＞第 2 类（9.1 mg/cm^2 每天，除臭剂/止汗香体产品）＞第 5 类（4.2 mg/cm^2 每天，手和面霜/面膜/彩妆）＞第 3 和第 4 类（2.2 mg/cm^2 每天，水醇凝胶、眼睛护理产品、头发喷雾剂、身体霜）＞第 6 类（1.4 mg/cm^2 每天，漱口水、牙膏）＞第 8 类（1.0 mg/cm^2 每天，卸妆产品、非喷雾头发造型辅助剂）＞第 9 类（0.2 mg/cm^2 每天，冲洗型护发产品、液体皂、剃须膏）＞第 10 类（0.1 mg/cm^2 每天，洗涤剂、家用清洁剂）＞第 11 类（0.000 33 mg/cm^2 每天，空气清新剂、蜡烛、机洗/餐具洗涤剂）。

C4.3.2 是否有证据表明，该物质导致呼吸道过敏（例如，从流行病学研究、人类经验或实验动物研究的数据）？（见图 6.2B）

没有。根据非常有限的数据，目前没有证据证明柠檬醛是呼吸道致敏剂。

通常情况下，这一终点的剂量-反应数据均来自临床研究（前瞻性或回顾性）。然而，对于一般的香料，只有吸入途径暴露引发影响的有限人类实验数据。有两个案例报告显示职业性暴露于香料可能会导致哮喘和鼻炎（Baur et al.，1999；Quirce et al.，2008）。这两个案例和其他最近 Schnuch 等（2010）针对异丁香酚或铃兰研究表明，吸入香料可能会导致呼吸道过敏。然而，不存在柠檬醛暴露后产生呼吸道过敏的公开性人类实验数据。在公开资料库不存在公开报道的柠檬醛（或其成分橙花醛、香叶醛）导致呼吸道过敏的病例报告（PubMed，Toxline）。有一些动物实验数据可证明柠檬醛致敏影响。Ezendam 等（2009a）描述了 LLNA 中柠檬醛对呼吸道影响的结果。结果显示虽然已使用相对高浓度的柠檬醛，柠檬醛被称为弱至中度的皮肤敏化剂，但在这个短期实验中可证明没有发生显著的细胞增殖诱导（Ezendam et al.，2009a）。

C4.3.2.1 是否有证据证明该物质是皮肤敏化剂或含有蛋白质的高分子质量化合物或是蛋白质？（见图 6.2B）

有。有证据表明，柠檬醛是皮肤致敏剂（参见 C4.3.1 节）。
有关柠檬醛暴露对人类上呼吸道产生影响的数据（职业性或消费者）非常有限。

C4.3.2.2 如果发生相关吸入暴露，收集使用和暴露信息，并描述使用和暴露场景（见图 6.2B）

在最近一次 RIVM 报告（Ezendam et al.，2009b）中已经描述柠檬醛存在于各种香味产品中，可被消费者吸入。荷兰国家中毒控制中心的数据库表明，柠檬醛存在于 32.7% 所有有香味的产品中，具有潜在性暴露于呼吸道危险（$n=113$，有 48 种空气清新剂和 65 种供蒸汽浴和桑拿使用产品）（Ezendam et al.，2009b）。可供公众查阅的 Sara Lee 网站（http://www.saralee-int.info/）也发现同样的趋势，其中已证明 49 种有香味产品（主要是电气室香味剂和汽车产品中香味剂）中 36.7% 含有柠檬醛（Ezendam et al.，2009b）。欧洲消费者组织对 74 种空气清新剂中的 11 种香料排放水平进行了研究报道。发现所有接受测试的空气清新剂中 2.6% 含有柠檬醛，空气中排放水平为 $2\sim48~\mu g/m^3$。丹麦环境保护机构的另外一个研究不仅发现柠檬醛存在于 36.8% 的被调查香味产品中，而且还发现柠檬醛是其中 5 种常用香料中含量最高的一种（高达产品质量的 2.6%）。

对于工作场所，在柠檬醛生产厂的监测数据表明工作场所的空气中柠檬醛浓度为 $0.31~mg/m^3$ 和 $0.56~mg/m^3$（OECD，2001）。

总之，这些数据表明，消费者呼吸道将有暴露于柠檬醛的潜在性危险。由于其皮肤致敏性和波动性特性，柠檬醛有可能会导致呼吸道过敏的可能性不能被排除。但缺乏评估呼吸道过敏相关人类或动物实验研究病例报告或流行病学证据权威数据。由于缺乏报告，可以得出结论，目前工作场所和消费产品吸入途径暴露于柠檬醛不大可能构成重大呼吸道过敏的危险。

C4.3.3 是否有证据表明，该物质会导致口服或胃肠过敏反应（例如，从流行病学研究、人类经验或实验动物研究的数据）？（见图 6.2C）

没有。没有证据表明柠檬醛会导致口服或胃肠过敏反应。

无病例报告表明柠檬醛（或其成分橙花醛、香叶醛）会导致口服或胃肠过敏反应，例如，食物过敏的形式已在可用资料数据库中公开（PubMed，Toxline）。同样，没有实验动物研究柠檬醛会导致口服或胃肠过敏反应。

C4.3.3.1 是否通过口服或肠外途径（如食品、肠外药用），物质发生显著故意或可预见暴露？（见图 6.2C）

有。有证据表明，柠檬醛作为食品添加剂使用，在一些食品是一种天然存在的物质。

食品添加剂 FAO/WHO 联合专家委员会对柠檬醛作为食品添加剂进行了评估，推导出一组萜类调味剂 ADI 为 0～0.5 mg/kg 体重（表示为柠檬醛），包括柠檬醛、香茅、乙酸香叶酯、芳樟醇和乙酸芳樟酯（FAO/WHO，2004）。

柠檬醛的非肠道应用未知。

C4.3.3.2 收集使用和暴露信息，评估与免疫系统相互作用的现有信息（如从重复给药毒性研究、其他致敏研究、QSAR、体外试验、人类经验），确定是否需要收集或产生进一步数据（例如，从危害识别测试）。填补信息空白，必要时重新启动使用和暴露信息收集（见图 6.2C）

柠檬醛自然存在于一些水果、香料和精油中（如香蜂草、柠檬香茅、番石榴树、非洲罗勒属植物、柠檬、酸橙、橘子和西红柿）（Ress et al.，2003）。由于其强烈的柠檬香味和气味，合成柠檬醛主要用作食品、饮料和糖果中的柠檬调味品。柠檬是一种公认安全（GRAS）列表中的化学物质（USFDA，2009）。几种食物中柠檬醛浓度已被报告：例如，口香糖（约 170 mg/kg），焙烤食品（约 43 mg/kg），糖果（约 41 mg/kg），冰淇淋（约 23 mg/kg）和饮料（约 9 mg/kg）（NTP，1990）。在欧洲和美国柠檬醛人均摄入量每天估计分别为 6.85 mg 与 6.99 mg（FAO/WHO，2004）。

缺乏任何食物过敏的病例报告，可以得出结论，目前通过食物暴露于柠檬醛不大可能构成重大口服致敏危险。

没有数据表明，从自然或调味食物中口腔途径暴露于柠檬醛会诱导胃肠道相关免疫系统免疫耐受。口服免疫耐受可能改变柠檬醛作为致敏剂的致敏反应。然而，目前为止没有证据证明这一点。

C4.4 结论

柠檬醛案例研究旨在说明如何使用在第 6 章介绍的变应性过敏反应评估提供的风险

评估指导。柠檬醛被选中进行案例研究，是因为柠檬醛作为致敏剂，是香味成分导致皮肤过敏反应的一个代表例子。本案例同时意在说明暴露于源自一些消费产品中的化学致敏剂，从而增加暴露评估的复杂性。

风险评估不包括有关风险是否能被或应被控制的决定。因此，在本案例中未对风险管理措施进行研究讨论。风险管理者有义务责任根据风险评估结果确定是否有必要采取保护和通信措施，充分控制风险。可能采取的措施包括，例如，在消费类产品贴上标签和使用说明，禁止或设定某些用途浓度限值，以及工作场所个人防护措施。

应当指出的是，这一关于柠檬醛案例目的是描述如何使用所提供的风险评估指导进行致敏风险评估，但它并不代表全面性风险评估，也不代表最终监管措施。

C4.5 参考文献

Api AM, Vey M (2008) Implementation of the dermal sensitisation quantitative risk assessment (QRA) for fragrance ingredients. *Regulatory Toxicology and Pharmacology*, 52: 53-61.

Api AM, Basketter DA, Cadby PA, Cano M-F, Ellis G, Gerberick GF, Griem P, McNamee PM, Ryan CA, Safford B (2008) Dermal sensitisation quantitative risk assessment (QRA) for fragrance ingredients. *Regulatory Toxicology and Pharmacology*, 52: 3-23.

Barbier P, Benezra C (1983) The influence of limonene on induced delayed hypersensitivity to citral in guinea pigs. II. Label distribution in the skin of ^{14}C labeled citral. *Acta Dermato-Venereologica*, 63: 93-96.

Baur X, Schneider EM, Wieners D, Czuppon AB (1999) Occupational asthma to perfume. *Allergy*, 54: 1334-1335.

Bremmer HJ, Prud'homme de Lodder LCH, Van Engelen JGM (2006) *Cosmetics fact sheet. To assess the risks for the consumer. Updated version for ConsExpo* 4. Bilthoven, National Institute for Public Health and the Environment (RIVM Report No. 320104001/2006; http://www.rivm.nl/bibliotheek/rapporten/320104001.pdf).

EC (2003) Directive 2003/15/EC of the European Parliament and of the Council of 27 February 2003 amending Council Directive 76/768/EEC on the approximation of the laws of the Member States relating to cosmetic products. *Official Journal of the European Union*, L66: 26-35 (http://eur-lex.europa.eu/LexUriServ/LexUriServ.do?uri=OJ: L: 2003: 066: 0026: 0035: en: PDF).

ECETOC (2003) *Contact sensitisation: classification according to potency*. European Centre for Ecotoxicology and Toxicology of Chemicals (Technical Report No. 87).

Ezendam J, Te Biesebeek JD, Wijnhoven SWP (2009a) *The presence of fragrance allergens in scented consumer products*. Bilthoven, National Institute for Public Health and the Environment (RIVM Letter Report No. 340301002/2009; http://www.rivm.nl/bibliotheek/rapporten/340301002.pdf).

Ezendam J, De Klerk A, Vermeulen J, Fokkens PHB, Van Loveren H (2009b) *Immune effects of inhalation exposure to fragrance allergens*. Bilthoven, National Institute for Public Health and the Environment (RIVM Letter Report No. 340301003/2009; http://www.rivm.nl/bibliotheek/rapporten/340301003.pdf).

FAO/WHO (2004) *Evaluation of certain food additives and contaminants* (Sixty-first report of the

Joint FAO/WHO Expert Committee on Food Additives). Geneva, World Health Organization (WHO Technical Report Series, No. 922).

Ford RA, Domeyer B, Easterday O, Maier K, Middleton J (2000) Criteria for the development of a database for safety evaluation of fragrance ingredients. *Regulatory Toxicology and Pharmacology*, 31: 161-181.

Frosch PJ, Rastogi SC, Pirker C, Brinkmeier T, Andersen KE, Bruze M, Svedman C, Goossens A, White IR, Uter W, Giminez EG, Lepoittevin J-P, Johansen JD, Menne T (2005) Patch testing with a new fragrance mix— reactivity to the individual constituents and chemical detection in relevant cosmetic products. *Contact Dermatitis*, 52: 216-225.

Gerberick GF, Vassallo JD, Bailey RE, Chaney JG, Morrall SW, Lepoittevin J-P (2004) Development of a peptide reactivity assay for screening contact allergens. *Toxicological Sciences*, 81: 332-343.

Griem P, Goebel C, Scheffler H (2003) Proposal for a risk assessment methodology for skin sensitization based on sensitization potency data. *Regulatory Toxicology and Pharmacology*, 38: 269-290.

IFRA (2008) *IFRA RIFM QRA Information Booklet Version 3. 4. Revised July* 2008. International Fragrance Association.

Lalko J, Api A (2008) Citral: identifying a threshold for induction of dermal sensitization. *Regulatory Toxicology and Pharmacology*, 52: 62-73.

Loveless SE, Api AM, Crevel RWR, Debruyne E, Gamer A, Jowsey IR, Kern P, Kimber I, Lea L, Lloyd P, Mehmood Z, Steiling W, Veenstra G, Woolhiserm M, Hennes C (2010) Potency values from the local lymph node assay: application to classification, labelling and risk assessment. *Regulatory Toxicology and Pharmacology*, 56 (1): 54-66.

Meyer F, Meyer E (1959) Absorption of ethereal oils and substances contained in them through the skin. *Arzneimittel-Forschung*, 9: 516-519.

Mutalik S, Udupa N (2003) Effect of some penetration enhancers on the permeation of glibenclamide and glipizide on mouse skin. *Pharmazie*, 58 (12): 891-894.

NTP (1990) *Carcinogenicity and toxicology studies of d-limonene in F344/N rats and B6C3F1 mice*. Research Triangle Park, NC, United States Department of Health and Human Services, National Toxicology Program (NTP-TR-347; NIH Publication No. 90-2802).

OECD (2001) *OECD SIDS initial assessment report on citral (CAS No. : 5392-40-5)*. 13th SIAM (Switzerland, 6-9 November 2001). Paris, Organisation for Economic Co-operation and Development.

OECD (2002) *Skin sensitization: local lymph node assay. Test Guideline* 429. Paris, Organisation for Economic Co-operation and Development.

Politano VT, Api AM (2008) The Research Institute for Fragrance Materials' human repeated insult patch test protocol. *Regulatory Toxicology and Pharmacology*, 52: 35-38.

Prud' homme de Lodder LCH, Bremmer HJ, Van Engelen JGM (2006) *Cleaning products fact sheet. To assess the risks for the consumer*. Bilthoven, National Institute for Public Health and the Environment (RIVM Report No. 320104003/2006; http://rivm. openrepository. com/rivm/bitstream/10029/7306/1/320104003. pdf).

Quirce S, Fernández-Nieto M, Del Pozo V, Sastre B, Sastre J (2008) Occupational asthma and rhinitis caused by eugenol in a hairdresser. *Allergy*, 63: 137-138.

Ress NB, Hailey JR, Maronpot RR, Bucher JR, Travlos GS, Haseman JK, Orzech DP, Johnson JD,

Hejtmancik MR (2003) Toxicology and carcinogenesis studies of microencapsulated citral in rats and mice. *Toxicological Sciences*, 71: 198-206.

SCCNFP (1999) *Draft pre-opinion of the Scientific Committee on Cosmetic Products and Non-Food Products Intended for Consumers concerning fragrance allergy in consumers—A review of the problem: analysis of the need for appropriate consumer information and identification of consumer allergens*. European Commission (SCCNFP/0017/98; http://ec. europa. eu/health/ph _ risk/committees/sccp/documents/out93 _ en. pdf).

Schnuch A, Oppel E, Oppel T, Römmelt H, Kramer M, Riu E, Darsow U, Przybilla B, Nowak D, Jörres RA (2010) Experimental inhalation of fragrance allergens in predisposed subjects: effects on skin and airways. *British Journal of Dermatology*, 162 (3): 598-606.

USFDA (2009) *Substances generally recognized as safe: synthetic flavoring substances and adjuvants*. Washington, DC, United States Food and Drug Administration (21CFR182. 60; http://www. accessdata. fda. gov/scripts/cdrh/cfdocs/cfcfr/CFRSearch. cfm? fr=182. 60).

Wijnhoven SWP, Ezendam J, Schuur AG, Van Loveren H, Van Engelen JGM (2008) *Allergens in consumer products*. Bilthoven, National Institute for Public Health and the Environment (RIVM Report No. 320025001/2008; http://www. rivm. nl/bibliotheek/rapporten/320025001. pdf).

附录 C4.1 补充数据表

表 C4.9 豚鼠致敏柠檬醛试验，显示敏化影响概述

方法	诱导浓度	激发浓度
最大剂量法	0.4%（皮内注射；VNR），1%（局部注射；VNR）	0.25%（VNR）
最大剂量法	0.2%，丙酮：橄榄油4:1（皮内注射），丙酮：橄榄油5%（局部注射）	4:1丙酮：橄榄油中0.5%
最大剂量法	0.9%生理盐水溶液中0.2%（皮内注射），70:30丙酮中5%/PEG400（局部注射）	在70:30丙酮/PEG400中0.5%
最大剂量法	皮内和真皮10%（VNR）	10%（VNR）
最大剂量法	5%（皮内注射；VNR），凡士林中25%（局部注射）	剂量报告作为子刺激物浓度（VNR）
Buehler	凡士林中20%	凡士林中20%
Draize	0.1%（皮内注射；VNR），20%（局部注射；VNR）	0.25%（VNR）
Draize	0.4%（皮内注射；VNR），20%（局部注射；VNR）	1%（VNR）
Draize	盐水中0.1%	盐水中0.1%
Maguire	凡士林中8%	凡士林中8%
Maguire	凡士林中8%	凡士林中8%
FCAT	FCA中50%柠檬醛	剂量报告作为凡士林子刺激性浓度

方法	诱导浓度	激发浓度
OET	10%柠檬醛（VNR）	1%（VNR）
CET	3%柠檬醛（VNR）	1%柠檬醛（VNR）
SIAT	FCA 中 0.4%	0.5%（VNR）
SIAT	生理盐水与 FCA 中 0.4%	丙酮/PEG 中 0.5%

注：Buehler，比埃勒 DTH 试验；CET，封闭上皮试验；Draize，改良眼刺激试验；FCA，弗氏完全佐剂；FCAT，弗氏完全佐剂试验；最大剂量法（maximization），Magnusson 与 Kligman GPMT；Maguire，改良 Maguire DTH 测试；OET，开放表皮试验；PEG，聚乙二醇；SIAT，单次注射辅助测试；VNR，未明确介质。

资料来源：根据 Lalko 和 Api（2008）修改；参见出版物参考文献。

表 C4.10　柠檬醛人体致敏试验概述

测试方法	诱导剂量/($\mu g/cm^2$)	测试物质浓度和介质	阳性反应发生率
HRIPT	3876	SDA39C 中 5%	5/8
HRIPT	1400	DEP：EtOH（3∶1）中 1.2%	0/101
HRIPT	1240	凡士林中 4%	0/50
HRIPT	775	SDA39C 中 1.0%	0/40
HRIPT	388	SDA39C 中 0.5%	0/41
HMT	5517	凡士林中 8%	8/24
HMT	3448	凡士林中 5%	16/25
HMT	3448	凡士林中 5%	14/25
HMT	3448	凡士林中 5%	12/25
HMT	3448	凡士林中 5%	8/25
HMT	3448	凡士林中 5%	11/24
HMT	3448	丁二醇中 5%	0/25
HMT	2759	凡士林中 4%	3/25
HMT	2759	凡士林中 4%	3/25
HMT	2759	凡士林中 4%	9/25
HMT	2759	凡士林中 4%	5/25
HMT	2759	凡士林中 4%	4/25
HMT	2759	凡士林中 4%	5/25
HMT	1379	凡士林中 2%	2/25

注：DEP，邻苯二甲酸二乙酯；EtOH，乙醇；SDA39C，酒精 SDA39C。

资料来源：依据 Lalko 和 Api（2008）修改；参见出版物参考文献。

表 C4.11　柠檬醛诊断性斑贴试验研究概述

浓度和介质	患者总人数中阳性结果数量
凡士林中 5%	4/155 化妆品皮炎患者
	5/159 湿疹/皮炎患者
	0/48 对照组

续表

浓度和介质	患者总人数中阳性结果数量
5%（VNR）	8/310 化妆品皮炎患者
	9/408 非美容患者
	1/122 对照组
2%（VNR）	21/1825 例患者
凡士林中 2%	19/1825 例患者
2%（VNR）	12/1701 例患者
2%（VNR）	28/658 例患者
2%（VNR）	1/240 化妆品皮炎患者
	2/584 非美容患者
	0/105 对照组
1%（VNR）	6/1701 例患者
1%（VNR）	4/228 例患者
凡士林中 1%	8/192 例患者
1%（VNR）	1/192 例患者（反应被质疑）

注：VNR，未明确介质。

资料来源：依据 Lalko 和 Api（2008）修改；参见出版物参考文献。

表 C4.12　柠檬醛 LLNA 结果概述[a]

EC_3值/%	EC_3值/（$\mu g/cm^2$）	介质
1.2	300	EtOH：DEP（1：3）
1.5	375	EtOH：DEP（3：1）＋0.1%Toc
2.1	525	EtOH：DEP（3：1）＋AO Mix
3.7	925	EtOH：DEP（3：1）＋0.1%Trlc
4.6	1150	EtOH：DEP（3：1）
4.6	1150	EtOH：DEP（3：1）＋AO Mix
5.3	1325	EtOH：DEP（3：1）
5.8	1400	EtOH：DEP（3：1）＋0.1%Trlc
6.3	1575	EtOH：DEP（1：3）
6.8	1700	EtOH：DEP（3：1）＋0.1%Toc
13.0	3250	丙酮：橄榄油（4：1）
5.7 加权平均＝5.7	1414 加权平均＝1414	

注：AO Mix，0.3%丁基羟基甲苯/维生素 E/丁香酚抗氧化剂混合物；EtOH，乙醇；DEP，邻苯二甲酸二乙酯；Toc，α-生育酚；TrlC，Trolox C（羚酸）。

a %EC_3值转换为剂量单位面积（$\mu g/cm^2$）等值，假设面积为 1 cm^2，剂量体积为 25 μl。加权平均 EC_3值取决于使用的介质。

资料来源：依据 Lalko 和 Api（2008）修改；参见出版物参考文献。

表 C4.13　依据产品类型，消费者暴露水平推导 IFRA 定量风险评估类别

IFRA QRA 类别	消费者暴露类别/[mg/(cm² · d)]	产品类型推导消费者暴露水平类别
类别 1	11.7	唇部产品
类别 2	9.1	除臭剂/止汗香体产品
类别 3	2.2	剃毛肌肤水-醇产品
类别 4	2.2	未剃毛肌肤水-醇产品
类别 5	4.2	护手霜
类别 6	1.4	漱口水
类别 7	4.4	亲密湿巾
类别 8	1.0	头发造型剂
类别 9	0.2	冲洗型护发素
类别 10	0.1	硬表面清洗剂
类别 11	0.000 33	蜡烛

注：QRA，定量风险评估。

消费者暴露水平类别通过产品类型与组合最高消费暴露水平和最高 SAF 推导。针对剃毛肌肤使用的产品具有较高 SAF 解释了第三和第四类的区别。

资料来源：IFRA/RIFM 定量风险评估信息手册（IFRA，2008 修订）。

附录 C4.2　使用 ConsExpo4 暴露预估

ConsExpo4.1 报告（方括号中为添加信息）
报告日期：2010.03.02
化合物
化合物名称：　　　　　柠檬醛
CAS 登记号：
摩尔质量/（g/mol）　　152
蒸汽压力/mmHg（267 Pa）0.2
K_{ow}　　　　　　　2.9 线性

产品	护手霜
一般暴露数据	
暴露频率/（次/d）	1
体重/kg	65
皮肤模式	产品直接与皮肤接触：即时应用
化合物质量分数/%	0.06
暴露面积/cm²	860
应用量/g	3.4
吸收模式	扩散
皮肤渗透性/(cm/h)	0.002 82（Fiserova-Bergerova 扩散 QSAR）

续表

产品	护手霜
化合物浓度/(mg/cm³)	0.6
暴露时间/min	1.44×10³(1440 min/天＝停留一段时间)
输出值	
皮肤	点估计值
皮肤负荷/(mg/cm²)	0.002 37
皮肤外部剂量/(mg/cm²)	0.031 4
皮肤急性(内部)剂量/(mg/kg)	0.031 4
产品	用液体肥皂洗澡
一般暴露数据	
暴露频率/(次/d)	1
体重/kg	65
皮肤模式	产品直接与皮肤接触；即时应用
化合物质量分数/％	0.02
暴露面积/cm²	1.75×10⁴
应用量/g	26.1
吸收模式	扩散
皮肤渗透性/(cm/h)	0.002 82 (Fiserova-Bergerova 扩散 QSAR)
化合物浓度/(mg/cm³)	0.3
暴露时间/min	4
输出值	
皮肤	点估计值
皮肤负荷/(mg/cm²)	0.000 298
皮肤外部剂量/(mg/cm²)	0.080 3
皮肤急性(内部)剂量/(mg/kg)	0.013 8
产品	家庭所有用途液体清洁剂(吸入预估值为显示)
使用步骤	装载和混合
皮肤模式	产品直接与皮肤接触；即时应用
化合物质量分数/％	0.05
暴露面积/cm²	215
应用量/g	0.01
吸收模式	扩散
皮肤渗透性/(cm/h)	0.712 (Fiserova-Bergerova 扩散 QSAR)
化合物浓度/(mg/cm³)	0.5
暴露时间/min	0.75
输出值	

续表

产品	家庭所有用途液体清洁剂(吸入预估值为显示)
皮肤	点估计值
皮肤负荷/(mg/cm^2)	2.33×10^{-5}
皮肤外部剂量/(mg/kg)	7.69×10^{-5}
皮肤急性(内部)剂量/(mg/kg)	2.19×10^{-5}
产品	家庭所有用途液体清洁剂(吸入预估值为显示)
使用步骤	应用
皮肤模式	产品直接与皮肤接触:即时应用
化合物质量分数/%	0.000 625 (80倍稀释)
暴露面积/cm^2	1.9×10^3
应用量/g	19
吸收模式	扩散
皮肤渗透性/(cm/h)	0.002 82 (Fiserova-Bergerova 扩散 QSAR)
化合物浓度/(mg/cm^3)	0.006 25
暴露时间/min	20
输出值	
皮肤	点估计值
皮肤负荷/(mg/cm^2)	6.25×10^{-5}
皮肤外部剂量/(mg/kg)	0.001 83
皮肤急性(内部)剂量/(mg/kg)	0.000 164
家用清洁剂皮肤负载总量:8.58×10^{-5} mg/cm^2	

案例研究 5：汞相关的自身免疫性疾病评估

C5.1　简介

有范围广泛的同行评议文献针对实验动物和人类暴露于汞产生的不同形式免疫反应进行了说明。根据化学形态、剂量、给药途径、宿主免疫状态，汞可以调节免疫机制，从而导致免疫抑制或自身免疫功能障碍（Moszczyński，1997；Silbergeld et al.，2005）。尤其是考虑到汞诱导或加重自身免疫性疾病的潜在性，从而促发了以人口为基础研究、疾病动物模型，以及细胞分子机制研究的实验请求。事实上，汞被认为是普遍存在的重要环境污染物的一个例子，与人类自身免疫性疾病有关联，针对汞研究已经开发了完善的动物模型系统。鉴于这一点，汞作为一个有助益的候选毒物旨在协助说明如何使用第 7 章图 7.1 中证据权重方法描述的示意图对化学物质诱导自身免疫进行风险评估。

在本案例研究中，汞诱导自身免疫或自身免疫性疾病的证据可按照第 7 章自身免疫评估提出的指导进行评估。本案例研究不是针对暴露于汞相关健康影响的全面性风险评估，也不是针对人体暴露于汞化合物自身免疫性疾病诱导潜在性相关的详细风险评估。相反，本案例下面的评估是考虑现有人类、实验动物和机械的数据，旨在描述执行汞诱导自身免疫风险分析的过程。

C5.2　背景：汞诱导自身免疫潜在性相关数据

汞是地球地壳和大气层的自然组成部分。它被发现以三种主要化学形式存在：元素汞（Hg^0）、有机汞（如甲基、乙基）和无机汞（如 Hg^{2+}）。人类主要暴露于三个来源的汞：两种有机化合物，即通过食用鱼暴露于甲基汞，通过一些疫苗组成部分暴露于硫柳汞；以及通过吸入汞合金牙齿填充物中汞蒸气，暴露于汞元素形态（Clarkson，2002）。这些化学形态的汞都有不同的毒代动力学性质，虽然它们在体内都转化为无机汞 Hg^{2+}。急性暴露于高剂量汞化合物产生的神经系统和肾脏系统毒性有据可查。然而，由于环境的污染无所不在，因此目前公共健康所关注的焦点主要集中于低水平暴露于汞对大部分人口产生的相关影响。低水平汞暴露对健康不利影响的关注和审查重点聚焦于免疫系统。

越来越多的文献提供的证据显示，暴露于汞，特别是在特定基因变异情况下，可能增加破坏免疫系统动态平衡，促发或诱导自身免疫的风险。流行病学研究和病例报告表明，职业性汞暴露和环境汞暴露中汞的剂量水平是导致人类特异反应自身免疫性疾病的一个因素。然而，一般来说，这些研究所提供的数据有限，不足以预测人体暴露于汞引发的自身免疫性疾病风险。啮齿动物研究提供了最直接的证据表明，各种形式的汞暴露会导致或加剧自身免疫性疾病。针对汞暴露与自身免疫性疾病发展的关联性，基本上主要包括 4 类啮齿类动物研究。第一类啮齿类动物研究被称为 HgIA 研究。在此模型中，带有 MHC 单模标本的小鼠通过给药途径暴露于汞，产生狼疮样全身性自身免疫性疾病，其特征为淋巴细胞增殖，血球蛋白过多，抗核抗体生产，以及全身性免疫复合物沉积，导致血管球形肾炎。HgIA 诱发取决于小鼠 H-2 遗传位点内既定的遗传因素，以及 H-2 遗传位点与汞或汞诱导细胞毒性相互作用。第二类啮齿类动物研究涉及大鼠通过给药途径暴露于汞后，诱导自身免疫性疾病。产生 HgIA 的大鼠模型也涉及汞和遗传元素之间的相互作用。虽然小鼠和 HgIA 大鼠模型一般有相似之处，但这两种鼠机制不同，两个物种之间疾病表现的临床特点不同。第三类啮齿类动物研究涉及自发或遗传自身免疫性疾病易发的品系小鼠暴露于汞，出现疾病发作、恶化或严重特征。第三类啮齿类动物研究与前两类啮齿类动物研究之间的区别可以简单地表述为前两类啮齿类动物研究更多定义汞和疾病遗传因素之间的相互作用（即 MHC）。在操作上，另一个重要的区别是，前两类啮齿类动物研究显然是需要汞诱导疾病，而第三类啮齿类动物研究中的疾病不一定需要汞诱导。第四也是最后一类啮齿类动物研究是涉及汞加剧，而不是诱导疾病的研究。在这些研究中，小鼠品系不容易发生自发遗传性自身免疫性疾病，但暴露于汞与其他环境物质后触发疾病诱导。总的来说，啮齿类动物研究中得出的大量数据库表明，根据具体情况，汞是再次引发自身免疫性疾病的诱导因素，是现有遗传易感性自身免疫性疾病的改性剂，或可作为触发自身免疫性疾病的辅助因子和其他非遗传性诱导剂。

C5.3 汞诱发或加重自身免疫潜在性评估

C5.3.1 应用证据权重方法

在第 7 章，第 7.7.1 节"自身免疫性疾病风险评估证据权重方法"提出的一系列问题旨在帮助组织和描述给定化学物质免疫毒性数据特性，用于评估现有数据的问题包括最多、最能预测人类自身免疫性和自身免疫性疾病风险的数据至最少、最难预测的数据。通过回答这些问题得出证据权重方法结论将进行自身免疫危险源辨识，并应描述数据库的一致性和生物合理性，包括优势、劣势、不确定性和数据差距。当使用证据权重方法表明自身免疫时，用于剂量-反应评估的数据开始应选择最合适的终点（临界效应），制定 POD 值。下面将再现并回答问题，随后将对免疫毒性支持数据进行讨论。

C5.3.1.1 是否存在流行病学研究、临床研究或个案研究，提供化学物质诱导自身免疫（即所有或特定自身免疫性疾病发病率增加，自身免疫免疫指标参数变化，自身抗体水平提高，调节性 T 细胞功能降低，免疫系统非特异性刺激迹象，炎症标志物水平增加）相关终点的人类实验数据？

有。从各种渠道人体暴露于汞后，已被证明能够触发自身免疫性疾病；然而，没有大规模的适当权威性流行病学研究对汞暴露与自身免疫性疾病因素进行评估。因此，适用于汞和自身免疫性疾病风险评估的可用人类实验数据是有限的。

几个小规模的群体研究提供了汞暴露与人类自身免疫性疾病表现之间关联性的支持数据。例如，在一个小规模系统性硬化症患者病例对照研究中，作者报告尿液中汞水平升高与结缔组织自身免疫性疾病、硬皮病严重程度之间的关联。在这份报告中，尿液中汞水平升高与核仁纤维血清抗体水平变高，硬皮病特异性抗体，以及疾病更严重程度相关（Arnett et al.，2000）。在另一个例子中对住在油田污水站附近的社区人群进行调查研究，表明假定毒物暴露（石油产品和汞）与风湿性疾病（OR＝10.78）和狼疮性（OR＝19.33）患病率之间的显著关联性（Dahlgren et al.，2007）。然而，许多流行病学研究中显示除了汞，住在油田污水站附近的居民还同时暴露于混合化合物，包括可能诱导自身免疫的高剂量化合物姥鲛烷和植烷）。因此，Dahlgren等（2007）的研究不能证明所观察到的自身免疫性疾病发展是由汞单独导致的。在另一项研究中，发现牙科员工中自报的职业性汞暴露与系统性红斑狼疮的患病率存在统计学上的显著相关性（OR＝3.6）（Cooper et al.，2004）。虽然这些人类研究从概念角度提供了汞暴露与人类自身免疫性疾病方面的相关性信息，但由于缺乏汞暴露足够的评估和参考资料，这些研究获得的信息无法用于进行全面和精确的风险评估和分析。

另一种方法是测试汞暴露群体自身免疫性疾病元素（如存在高于正常水平自身抗体，增加T细胞亚群）。在职业性暴露于汞蒸气的一个子集氯碱厂工人中发现高水平循环抗层黏性蛋白抗体（Lauwerys et al.，1983）。然而，在该群体中发现抗层黏性蛋白抗体水平提高并不能预测慢性肾小球肾炎。针对氯碱厂工人的一个附加的代表性研究显示，血液中汞含量升高和任何自身免疫性疾病诱导之间统计上无显著关联性（Barregård et al.，1997）。Moszczyński等（1995）报道T细胞数量变化（从40%变为96%，取决于T细胞亚群分解和汞蒸气暴露组群）是职业性暴露于汞的免疫学标志。男性工人被分为不同组群暴露于汞蒸气（时量平均容许浓度＝0.036 mg/m^3）长达10年或超过10年以上的时间，显示CD3＋T淋巴细胞分别增加45%和55%，CD4＋T淋巴细胞分别增加42%和60%，CD8＋T淋巴细胞分别增加80%和96%。由同一研究者针对第二个群组后续研究中更广泛地记录了汞暴露评估，其中包括汞蒸气暴露（时量平均容许浓度＝0.028 mg/m^3）导致尿液（范围为10～240 μg/L）和血液（范围为4～30 μg/L）中汞负荷量和总T细胞数量分别增加35%和38%，CD4＋T细胞分别增加42%和60%，CD8＋T细胞分别增加85%和96%，各T细胞亚群增加幅度与暴露的持续时间相关联，长达10年或超过10年以上的时间（Moszczyński et al.，1996）。虽然在这些群体中未对自身免疫性疾病进行诊断，也未研究更直接的自体免疫标记（如抗体滴度），但职业性暴露于汞蒸气导致T细胞数量的增加是促发自身免疫性疾病的一个因素。一般来说，啮齿类动物研究中，汞暴露会促发T细胞扩张和T细胞依赖性自身免疫性疾病。与此相反，Herrström等（1994）发现对照组——瑞典青少年群体暴露于汞合金填充物，平均血浆汞负荷3.2 μg/L，但总T细胞或T细胞亚群无显著变化。此外，Park等（2000）报道，在20名荧光灯制造者研究中发现，他们尿液中无机汞浓度为1.8～163 μg/L，T淋巴细胞亚群及NK细胞减少。这些研究表明免疫测量值的改变取决于自身免疫及源自一般性免疫测定的数据,一般性免疫测定通常会提供汞诱导人类自身免疫反应相关的支持性信息。但是,上述实例还表明调查汞暴露引发人类自身免疫性疾病发病率的文献具有不一致特性。

暴露于汞后相关的一般免疫终点变化的其他证据包括血清免疫球蛋白水平的变化,已在暴露于汞的不同工人群体中被证实。这里再次强调的是,汞暴露的影响还可通过体液免疫标记观察出,但有证据表明仅在较高剂量暴露时适用。例如,Herrström 等(1994)发现汞负荷和 IgG、IgM、IgA 或 IgE 水平之间没有相关性。同样,在暴露于无机汞工人研究中发现,导致尿液中平均汞浓度约 25 $\mu g/g$ 肌氨酸酐,但在血浆中 IgG、IgM 或 IgA 水平也没有显著的变化(Langworth et al.,1992)。然而,在一组 44 名汞生产厂暴露的男性工人研究中发现受试者血清中 IgG、IgA 和 IgM 水平升高(Queiroz et al.,1994)。这些工人尿液中汞含量为 3.5~68 $\mu g/g$ 肌氨酸酐(平均值=24.7 $\mu g/g$)。另一项研究报告显示,暴露于汞的工人血清 IgA 和 IgM 水平升高,尿液中的汞含量为 29~545 $\mu g/L$(Bencko et al.,1990)。

围绕着汞和人类自身免疫性疾病之间的关联性也存在着一些特别有争议的话题。例如,牙科用汞合金作为一个连续性汞暴露源,引发人类疾病(包括自身免疫)的潜在性仍然是一个有争议的话题。实际上,绝大多数暴露于汞合金的个体未表现出任何自身免疫性疾病的事实有效证明,汞合金源与疾病的发病率无关联性。大规模的回顾性群组调查研究表明含汞填充物数量不会对健康产生不利影响,包括自身免疫(Bates et al.,2004),在暴露于牙科汞合金填充物的对照组个体中也没有证据表明抗肾小球基膜 IgG 生成(Guzzi et al.,2008)。然而,另一份报告提供了牙科用汞合金暴露与多发性硬化症发展相关性的元分析,多发性硬化症是一种器官特异性自身免疫性疾病(Aminzadeh and Etminan,2007)。与此相对应,临床报告也针对系统性红斑狼疮、甲状腺炎或多发性硬化症患者在更换银汞合金充填物后的反应做了相应描述(Prochazkova et al.,2004;Sterzl et al.,2006)。第二个争议性的话题涉及疫苗中硫柳汞暴露后对健康造成不良影响的潜在性。然而,没有人类实验数据明确表明硫柳汞暴露后,与自身免疫或自身免疫性疾病元素之间的关联性。

总之,如上所述,流行病学数据提供了一些证据表明汞暴露诱导或恶化人类自身免疫性疾病。特别是,一些病例对照研究表明汞暴露与自身免疫性疾病之间的关联性,汞暴露群体中观察到自身免疫性疾病,且发现更换汞合金补牙后,系统性红斑狼疮、甲状腺炎或多发性硬化症症状减轻。但是,数据库显著缺少一项明确的、大规模性评估汞暴露和自身免疫性疾病元素的流行病学研究。在人类实验研究中汞和观察到的影响之间关联存在不确定性,因为研究中通常共同暴露于其他化学品,因此非常有限的研究能够确定受试体自身免疫与暴露于汞有关,如在 Dahlgren 等(2007)研究中受试体就同时暴露于姥鲛烷。风险评估人员须确定是否个别研究中暴露相关的问题会出现模棱两可的数据。现有的汞暴露流行病学数据针对汞暴露和报道的人类自身免疫性疾病症状之间的潜在剂量-反应关系提供的资料很少,并且不支持特定量风险评估。这些人类实验数据为证据权重方法提供了支持 HgIA 的大量数据,适用于动物模型,参见下面第 C5.3.1.2 章节论述。

C5.3.1.2 是否有证据表明该化学品会导致自身免疫性疾病动物模型疾病发病率变化或进展？

有。汞暴露和自身免疫性疾病之间的关系已通过广泛的研究，采用多种啮齿动物模型进行了具体研究。有大量文献证明汞暴露与自身免疫性疾病诱导，以及各种啮齿类动物模型中自身免疫性疾病发生和发展之间的连接性。汞暴露会诱导某些小鼠和大鼠品系自身免疫性疾病重新发作（Druet，1995；Vas and Monestier，2008；Schiraldi and Monestier，2009；Pollard et al.，2010）。大鼠和小鼠之间 HgIA 特性有所不同，但是这两种受试模型都有遗传易感性因素和自身免疫病因。大鼠和小鼠模型 HgIA 显示，在易感 MHC 背景下（小鼠 *H-2* 基因，大鼠 *RT-1* 基因），暴露于各种形式低剂量汞足以引起自身免疫性疾病。此外，非汞敏感 MHC 模型暴露于汞（可能更接近于大多数普通情况人类汞暴露），尚未发现人体汞感染性 MHC 单模标本，因此很显然，其他内在和外在辅助因子的作用对自身免疫性疾病发展起到一定影响，会提高临床疾病发展的风险。

大量的研究支持汞暴露协同其他内在（如遗传性）和外在（如免疫原）因素影响易感小鼠模型疾病的发生和发展的说法。例如，狼疮倾向菌株如 NZBWF1 或 MRL＋/＋，皮下注射氯化汞（1.6 mg/kg 体重，一周三次，持续 10 周）显示，加速各种疾病的发病，包括增加全身性自身抗体滴度和肾功能免疫复合物沉积（Al-Balaghi et al.，1996；Pollard et al.，1999）。一项额外研究（Pollard et al.，2001）调查汞暴露和剂量对狼疮倾向 BXSB 小鼠自身免疫表达的影响。在针对其他狼疮易感小鼠皮下注射氯化汞（剂量 0.04～40 μg/0.1 ml，每周两次，持续 4 周）研究中发现多细胞系免疫球蛋白和抗核抗体与抗染色质抗原滴度增加，加速 BXSB 小鼠肾脏病变。肾脏汞负荷（76～3600 ng/g 湿重）暴露评估表明，这些动物肾脏中汞含量在正常范围内，与非职业性暴露人类相同。总的来说，这些研究有助于证明汞加重动物模型自身免疫性疾病病情进展，但风险评估人员应注意在这些研究中使用的暴露途径（注射）与汞形态（无机氯化汞）一般不同于人类最普遍的暴露场景（口腔途径暴露于有机汞）。

低量汞也被发现加剧一些实验模型的自体免疫。例如，慢性移植物抗宿主反应的 parent-into-F_1 模型是一种患有狼疮样自身免疫性疾病的小鼠模型。供方亲体 CD4＋T 淋巴细胞转移到 F_1 宿主导致供体 T 淋巴细胞转移到宿主异体-抗原的反应，从而促发自身反应性免疫反应，导致多细胞系宿主 B 淋巴细胞激活，自身抗体产生，免疫复合物形成，肾脏沉积物伴随肾小球肾炎。供方亲体（DBA/2）转移到 B6D2F_1 对产生一种严重的慢性疾病，发病率和死亡率与肾小球性肾炎程度相关，与活化供体 T 细胞转移到宿主的数量直接相关。源自通过低剂量给药暴露于无机汞小鼠的供体 T 淋巴细胞（定义为非肾毒性剂量 20 μg/kg 或 200 μg/kg 体重隔日注射，持续 15 天）恶化移植物抗宿主病病程，特点是肾小球性肾炎证明病理组织更严重，加速蛋白尿症状，提高抗单链 DNA 自身抗体，并加速死亡（Via et al.，2003）。这些研究结果无机汞暴露与其他遗传和环境危险因素相互作用可能降低活化 T 细胞自身反应与易感个体自身免疫性疾病阈值（Via et al.，2003）。

在胶原诱导的关节炎疾病模型中，患有自体免疫的另一个小鼠模型在经过Ⅱ型胶原注射后（通常为3周后）由于敏感反应被激发诱导关节炎。关节炎疾病的表现症状包括关节肿胀，滑膜炎症和单核细胞浸润，而这些症状都伴随着炎性细胞因子和胶原蛋白特定致病抗体 IgG1 和 IgG2a 的子类生产的升高。本病的后期阶段涉及更明显和严重的病症，如软骨成骨糜烂。汞对胶原诱导关节炎发生和发展的影响可通过 DBA/1 小鼠实验进行评估，实验中在胶原诱导关节炎发生之前，期间和之后在不同时间点对 DBA/1 小鼠皮下注射氯化汞（浓度 1.6 mg/kg 体重，每隔 3 天，持续为期 4 周）。在给药胶原蛋白期间和之后，根据伤纹、组织、血清观察，汞增加胶原诱导关节炎的严重程度（Hansson et al.，2005）。类似的胶原诱导关节炎模型中，氯化汞注射已被证明增加动物模型自身免疫性心肌炎的严重性和患病率，其中注射液中含有心肌肌球蛋白肽佐剂诱导炎症性自身免疫疾病（Nyland et al.，2004；Silbergeld et al.，2005）。综合起来，这些研究表明，汞暴露作为触发自身免疫性疾病的一个环境辅助因子，在疾病诱导和诱发阶段促进疾病的发展，从而在其他遗传及免疫触发事件存在下提高了临床疾病风险和严重程度。

如上所述，HgIA 表明专用和实验性模型单独暴露于汞诱导敏感小鼠和大鼠菌株重新发作全身性自身免疫性疾病。HgIA 易感性主要是由 MHC 基因型（即小鼠 $H-2$ 基因位点，大鼠 $RT-1$ 基因位点）确定。毫不奇怪，HgIA 基因型影响已在小鼠模型中进行了大量研究，因为这一物种具有彻底免疫遗传分析的必要工具。在敏感小鼠菌株中，HgIA 特征在于血清 IgG1 和 IgE 水平升高，血清抗核仁自身抗体产生和持久性增加，核仁纤维蛋白抗体、34 kDa 核糖核蛋白抗体高特异性（Hultman et al.，1989，1992，1993）。核仁纤维蛋白自身抗体反应在 $H-2$ $I-A$ 基因位点控制之下，具有 $H-2$ 单模标本-s 和-q 小鼠显现出强核仁纤维蛋白自身抗体滴度和免疫复合物，颗粒状 IgG 沉积在肾小球膜，引发血管球型肾炎（Enestrom & Hultman，1984；Hultman et al.，1989）。虽然抗核仁自身抗体发展易感性显然在 $H-2$ $I-A$ 基因位点，但自身抗体量级、持久性和特异性似乎是在非 $H-2$ 基因位点控制下（Hultman et al.，1996）。这些非 $H-2$ 基因有助于控制免疫疾病因素（Johansson et al.，1997；Häggqvist and Hultman，2003），以及汞毒代动力学（Hultman and Nielsen，1998；Ekstrand et al.，2010）和脾脏内汞负荷（Griem et al.，1997）。据报道，当小鼠体内汞负荷类似于一些人类职业性暴露剂量时，发生自身免疫性肾脏损害与小鼠 HgIA（Hultman and Enestrom，1992）。

虽然具有一个敏感 $H-2$ 单模标本是诱导抗核仁蛋白自身抗体的一个先决条件，但影响 HgIA 发生和发展的汞剂量-反应关系和阈值也须满足相应特性。某些疾病发生的原因表明引发不同敏感反应所需的汞剂量有差异。例如，升高 IgE 水平的剂量阈值显然高于诱导抗核仁自身抗体所需的剂量阈值（Nielsen and Hultman，2002）。因此，尽管 IgE 和抗核仁自身抗体都是汞暴露后敏感菌株自身免疫反应发展的特征标记，但 IgE 水平升高和抗核仁自身抗体产生的机制可能大不相同。IgE 水平升高是由于相对短时间暴露于汞诱导（例如，通过饮用水暴露于汞 1 周，浓度为 1 mg/L），而抗核仁自身抗体诱导是由于长期暴露于汞（即通过饮用水暴露于汞 10 周，浓度为 0.5 mg/L，导致敏感菌株中肾脏汞负荷低至 1.1 μg/g 湿重）造成。在 $H-2$ 敏感和非敏感品系小鼠实验中，通过不同给药方案，比较肾汞负荷，也发现了遗传和暴露之间的相互作用。这些实验表明，不同小鼠品系无机汞毒物动力学有差异。增加身体与靶器官汞负荷并不能取代HgIA须有易感单倍型的前提条件。此外，虽然易感单倍型存在，但还需低于无自体免疫反应发展阈值。不同敏感H-2单倍型标本小鼠种内品系之间阈值有差异，汞负荷与H-2位点以外决定因素，以及其他内在或外在遗传决定因子相互作用之间存在复杂性。

用于风险评估的大部分汞暴露研究是通过皮下注射氯化汞使动物模型暴露；然而，汞给药形式与暴露途径更类似于人类暴露的研究，表明HgIA。例如，MHC单倍型$H-2^s$小鼠被注射甲基汞或通过饮用水暴露于甲基汞后，生成抗核仁自身抗体，抗核仁纤维蛋白自身抗体（Hultman and Hansson-Georgiadis，1999）。与注射无机汞后HgIA特点相比较，甲基汞诱导较弱多克隆B细胞反应，较低抗核仁自身抗体滴度，无全身性免疫复合物沉积。甲基汞诱发的较弱自体免疫反应是由其免疫抑制活性造成；然而，免疫抑制阶段后期-初期暴露均不能阻止敏感菌株小鼠随后的免疫刺激和自身免疫疾病发展（Häggqvist et al.，2005）。由巨噬细胞酶活性造成的甲基汞反甲基化被认为能导致无机汞在淋巴组织中积累（Havarinasab & Hultman，2005；Havarinasab et al.，2007）。从有机汞转换为自身免疫性疾病诱导的无机形式的作用可通过硫柳汞观察到，硫柳汞能迅速代谢为乙基汞。作为有机汞化合物，硫柳汞具有甲基汞的一些免疫抑制活性，但是，也许是由于乙基汞更快速地转换为无机汞，易感小鼠暴露于硫柳汞后，引发HgIA更接近于无机汞暴露诱导的结果（Havarinasab et al.，2004，2005）。在理论剂量范围内通过接种疫苗，自身免疫性疾病倾向NZBWF1小鼠暴露于低剂量硫柳汞，将加速抗核抗体发展和肾小球与全身性血管壁免疫复合物沉积，而$H-2^s$小鼠产生HgIA则需要暴露于较高量硫柳汞（Havarinasab & Hultman，2006）。据报道，$H-2^s$小鼠暴露于汞蒸气中，以及人类职业性暴露产生肾脏汞负荷的条件下，将HgIA，包括抗核仁纤维蛋白自身抗体高滴度、免疫复合物沉积、肾小球肾炎（Warfvinge et al.，1995）。最后，作为另一个暴露产生HgIA例子，牙科用汞合金腹腔植入$H-2^s$小鼠，导致发展时间和剂量依赖性血丙种球蛋白过多，抗核仁纤维蛋白自身抗体高血清滴度和全身性免疫复合物沉积（Hultman et al.，1994）。

对人类与小鼠之间HgIA相似性未进行描述。也就是说，HLA位点未出现HgIA，而易感啮齿动物出现MHC基因位点。然而，小鼠HgIA特点可能与人类低剂量汞暴露特点相似。正如在啮齿类动物中HgIA特点，一些患者暴露于低剂量汞后，出现抗核仁纤维蛋白自身抗体、系统性硬化症等自身免疫性结缔组织疾病。如上所讨论的，人类流行病学研究已经报道在系统性硬化症和健康对照受试者研究中，抗核仁纤维蛋白自身抗体呈阳性受试者与抗核仁纤维蛋白自身抗体呈阴性受试者相比较，显示出较高尿汞排泄值。本报告中所有受试者和对照物尿汞排泄均在"正常"范围内；但是，研究结果表明，暴露于汞可能是系统性硬化症的一个促进因素（Arnett et al.，2000）。

动物模型报道的第一例汞诱导自身免疫性疾病是在1978年，观察发现棕色挪威大鼠被注射氯化汞后诱导免疫型肾小球肾炎（Druet et al.，1978）。正如HgIA小鼠模型，自身免疫性疾病诱导大鼠的是特定菌株，RT-1位点敏感于MHC-Ⅱ类复合物。棕色挪威大鼠（RT-1^n）是高度易感，而Lewis品系大鼠（RT-1^l）具有抵抗力（Aten et al.，

1991)。类似于小鼠模型，氯化汞导致多细胞系 T 细胞和 B 细胞活化，血清免疫球蛋白增加，包括 IgE、自身抗体产生和免疫复合物沉积，伴随有双相性肾小球肾炎和蛋白尿症（Druet et al.，1977；Hirsch et al.，1982；Sapin et al.，1984）。尽管有这些相似性，大鼠模型自身抗体特异性不同，自发恢复并提高阻止汞诱导疾病进一步发展的抵抗力（Dubey et al.，1993；Castedo et al.，1994）。在大鼠中发现磷脂、DNA、肾小球基底膜和层粘连蛋白自身抗体反应性。在疾病的早期阶段，表现出抗肾小球基底膜自身抗体的线性沉积。后来，免疫复合物颗粒状 IgG 沉积形成，导致肾炎发展（Druet et al.，1982）。棕色挪威大鼠暴露于汞蒸气及注射氯化汞，引发 HgIA（Hua et al.，1993）。通过蒸汽和注射途径暴露于汞都产生类似的疾病特性，表明自体免疫病是汞剂量依赖性；但是，在所有暴露组肾脏的汞含量相似。据报道，兔子注射氯化汞发生的自身免疫性疾病与在棕色挪威大鼠研究中观察到的特征类似（Roman-Franco et al.，1978）。

从风险评估的角度来看，上述的数据集构成了大量的证据，证明汞暴露与自身免疫性疾病诱导及啮齿类动物模型中各种自身免疫性疾病发生和发展之间的关联性。汞暴露诱导某些易感啮齿动物自身免疫性疾病重新发作，加剧了一些品系遗传性自身免疫性疾病易感小鼠的发病和（或）疾病的严重程度，并加剧后天患有自身免疫小鼠模型的病情。这些动物数据明确证明汞对自身免疫的影响，以及剂量-反应关系。在啮齿类动物模型中，汞剂量增加会导致更强的自体免疫反应，以及较高量全身汞含量积累和汞在靶器官如肾脏中沉积。数据证明阈值低于汞暴露剂量限值不会诱导自身免疫，即使是易受影响的啮齿动物，并表明，长期暴露于低剂量汞会造成靶组织中汞积累，随后发生自身免疫反应（Nielsen & Hultman，2002）。除了 C5.3.1.1 节中提供的有限人类实验数据，动物数据通过证据权重法表明汞与自身免疫性疾病发病率增加和进展之间的关联性。

如上 C5.3.1.1 节中所述，由于普遍缺乏暴露数据，缺乏一个明确的大规模性流行病学研究评估汞暴露和自身免疫性疾病元素之间关联性，因此人类实验数据包含相当大的不确定性。因此，人类实验数据不可用于评估汞暴露与所报道的人类自身免疫性疾病症状之间的潜在剂量-反应关系，可用动物数据可用于制定一个定量风险评估。有关汞暴露与自身免疫关联性的动物研究数据库有两个特点，需要在制定人类风险定量评估中进行论述。首先，与其他风险评估相同，优先使用人体最相关暴露途径数据，因此与通过皮下注射途径暴露相关研究相比较，涉及通过口腔途径暴露于汞的研究中相关动物实验数据应被选择用于风险评估。这是汞研究面临的一个特殊问题，因为许多汞诱导自体免疫动物实验研究涉及肠胃外途径暴露。其次，使用从易发生自身免疫性疾病的啮齿动物模型研究中获得的动物数据具有不确定性因素，因此将这些动物数据用于估计汞诱导自身免疫人类风险被认为具有不确定性。这些不确定性因素的应用将在下面详细讨论，但按照第 7 章中的指导性文件，与一般的人类群体相比较，这些动物模型被认为是极好的易感受试体，因此，当根据自身免疫性疾病易发啮齿动物得到的数据估计人体风险时，种内的不确定性因子一般应从 10 减少到 1。

Hultman 和 Nielsen 研究中暴露途径为口服饮用水（研究结果在两本刊物报道：Hultman and Nielsen，2001；Nielsen and Hultman，2002），研究提供了依据动物数据得出的暴露途径相关影响最低水平与明确的剂量-反应（表C5.1），并选定用于风险量化评估。从雄性和雌性A.SW小鼠通过饮用水暴露于氯化汞10周研究得出的LOAEL为0.5 mg/L，产生的影响是抗核仁蛋白自身抗体滴度增加。0.25 mg/L氯化汞剂量为雌性A.SW小鼠NOAEL，由于在雄性鼠实验中使用的最低剂量是0.5 mg/L，因此雄性鼠的NOAEL未确定（Hultman and Nielsen，2001）。重要的是，要注意，选择的终点（增加的抗核仁蛋白自身抗体）是代表这些小鼠中汞诱导病源或汞加剧自身免疫相对早期影响的终点。抗核仁蛋白自身抗体被认为是一种不利影响，虽然也有其他影响，如免疫复合物沉积，但抗核仁蛋白自身抗体是最明显的有害结果（即肾损害）。

表C5.1 雄性和雌性A.SW小鼠通过饮用水暴露于氯化汞10周后汞蓄积

性别	剂量/(mg/L)	AFA阳性/总	AFA倒数滴度	肾脏汞蓄积/(μg/g湿重)	脾脏汞蓄积/(μg/g湿重)	全身滞留/μg
雌性	0	0/8	—	NR	NR	0
	0.25[a]	0/8	—	0.23	0.009	0.29
	0.5[b]	2/8	340±24	0.71	0.0232	0.85
	1	8/8	1890±1667	1.63		1.76
	2	8/8	4880±2735	3.76		4.08
雄性	0	0/8	—	NR	NR	0
	0.5[b]	2/8	5200±7127[c]	1.56	0.0294	1.19
	1	5/8	1688±2176	2.68	0.0664	2.14
	2	8/8	2600±1875	6.97	0.114	5.24
	4	8/8	5440±2136	27.3	0.335	16.1

注：AFA，抗核仁蛋白自身抗体；NR，不相关。
a 0.25 mg/L是雌性小鼠核内蛋白核仁纤维自身抗体NOAEL。
b 0.5 mg/L是雄性和雌性小鼠核内蛋白核仁纤维自身抗体LOAEL。
c 作者报道一只雄性小鼠有极高的AFA滴度（10 240），在任何其他小鼠中未观察到，与剂量水平无关。
资料来源：Hultman和Nielsen（2001）；Nielsen和Hultman（2002）。

服量持续时间对自身免疫反应观察有影响，雄性和雌性小鼠仅在暴露于0.5 mg/L剂量汞10周后产生抗核仁蛋白自身抗体，暴露2.5周不会产生任何反应（Hultman and Nielsen，2001；Nielsen and Hultman，2002）。随着暴露剂量的增加，在每个暴露群组中自身抗体发生率也同时增长，暴露剂量为0.5 mg/L，每种性别中2/8个体产生自身抗体，较高剂量时，则全部8个个体都产生自身抗体（表C5.1）。抗核仁蛋白自身抗体滴度增加也显示出雌鼠的剂量-反应关系，但是，抗核仁蛋白自身抗体滴度相关的这些数据未表现出雄性小鼠的剂量-反应关系。作者解释缺乏雄性小鼠剂量-反应关系是由于一只雄性小鼠暴露于0.5 mg/L剂量表现出极高的抗核仁蛋白自身抗体滴度，但在任何其他小鼠中未观察到，与剂量水平无关（Nielsen and Hultman，2002）。该研究使用γ辐射同位素标记氯化汞，因此提供了直接暴露剂量（mg/L饮用水），以及反映全身汞蓄积、肾脏汞蓄积、脾脏汞蓄积稳定状态①内部剂量的相关数据（表 C5.1）。

虽然不同作者（Nielsen and Hultman，1999；Pollard et al.，2001）使用肾脏剂量作为汞诱导自体免疫潜在剂量度量，因为肾脏是汞蓄积的主要器官，也是毒性影响的主要区域，自身免疫诱导或特异性影响，如抗核仁蛋白自身抗体，最合适的剂量度量是未知的。Griem 等（1997）推测，脾中汞含量可能是汞诱导自体免疫最佳的剂量度量，因为与测量结果比较，包括血液、肝脏和肾脏中汞含量，他们发现小鼠品系脾脏汞蓄积和氯化汞诱导自身免疫易感性之间存在较高相关性。如果模型已验证毒理动力学和毒作用参数，使用 PBTK 模型将有助于依据动物数据通过内部剂量度量，如血液或组织中汞含量预估人类风险。虽然有人类和啮齿类动物体内汞分布和消除毒代动力学模型（Nordberg and Skerfving，1972；Bernard and Purdue，1984；Carrier et al.，2001a，b；Berlin et al.，2007），但目前没有被公认的模型（Berlin et al.，2007；Ekstrand et al.，2010）。更全面的风险评估应仔细考虑可用毒代动力学模型的效用，以便于使用可用的动物数据，进行人体健康风险评估，推断人类内部和外部剂量与自身免疫性疾病风险增加之间的相关性。然而毒代动力学模型相关信息超出了本案例研究范围；因此，这一案例是基于口腔暴露，提供了应该由风险评估人员考虑的脾、肾及全身蓄积相关的内部剂量数据简短讨论。内部剂量数据仅适用于已验证 PBTK 模型量化。

LOAEL 0.5 mg/L 需要被转换为 mg/kg 体重，作为 POD 值与参考值预估标准计算单位。mg/kg 体重剂量可通过饮用水中的汞含量乘以饮用水中汞浓度乘以平均水摄入量，并除以平均体重，如下所示：

雌性 LOAEL = 0.5 mg/L × (0.0029② L/d)/0.018 35 kg 体重
        = 0.079 mg/(kg 体重·d)

雄性 LOAEL = 0.5 mg/L × (0.0033 L/d)/0.0221 kg 体重
        = 0.075 mg/(kg 体重·d)

LOAEL：雌性雄性都为 0.08 mg/(kg 体重·d)，四舍五入到一个有效位数。

雌性 NOAEL = 0.25 mg/L × (0.0029 L/d)/0.018 35 kg 体重
        = 0.0395 mg/(kg 体重·d)

雌性 NOAEL：0.04 mg/(kg 体重·d)，四舍五入到一个有效位数。

要继续说明本案例研究，根据 Hultman 与 Nielsen 研究调整后的氯化汞 NOAEL（Hultman and Nielsen，2001；Nielsen and Hultman，2002）将用于推导出基于健康的指导值或参考值。如在第 3 章（第 3.3.7.3 节）中描述，风险评估人员应使用 BMD 建模于数据，得出一个接近可用数据低端的 POD 值。鉴于本案例研究的目的，NOAEL 将被用作 POD 值，而不需要选择模型进行计算，但 BMD 一般是优选方法。

风险评估过程的下一步是应用不确定性因子，参见第 3.3.10 章节和第 7.10 章节所

---

① 小鼠暴露 3～5 周，稳态汞含量（Nielsen and Hultman，2002）。
② A. SW 鼠以下剂量信息源自 J.B. Nielsen 个人信件：平均水摄入量为 2.9 ml(雌性)和 3.3 ml(雄性)。在试验开始和最后一剂后，平均体重 17.1～19.6 g(雌性)；在试验开始和最后一剂后，平均体重 19.8～24.4 g(雄性)(10～20 周)。因此，雌性平均质量 = 18.35 g[(17.1+19.6)/2]与雄性平均质量 = 22.1 g[(19.8+24.4)/2]。

述参考自身免疫。

- 种内不确定性因子是1,因为依据自身免疫性疾病多发的啮齿动物模型数据确定人类风险。与一般群体相比较,这些动物模型被认为是优良的易感人群模型。因此,当依据自身免疫性疾病多发的啮齿类动物获得的数据预估人类风险时,种内不确定性因子一般应从10减少到1(参见第7章进一步讨论)。大多数汞诱导或加重自身免疫的动物数据源自敏感品系,因为遗传易感性与暴露之间相互作用,其他环境因素同时对汞诱导自身免疫起到重要作用(Fournié et al., 2001)。如上所述,研究人员已经开始识别一些易感啮齿动物的遗传和机制基础,其中包括毒代动力学差异,毒代动力学将导致这些品系中器官汞负荷在较高的结果。此外,由于动物的数据表明,汞蓄积(全身或在靶器官如肾中的水平)与自体免疫反应直接相关,人类的毒代动力学变化可能与遗传易感性有关。虽然预计类似的基因与环境相互作用触发人类对汞产生易感性,但没有数据证明人类对汞免疫毒性易感性的潜在变化(Silbergeld et al., 2005)。
- 种间不确定性因子是10,依据动物实验数据推断人类风险。
- 慢性暴露评估使用和时间因子将是10,因为研究的长度持续10周,低于2年周期的研究一般被认为是慢性的。应用这一不确定性因子取决于风险评估阶段问题制定的范围定义(如慢性、急性、亚慢性)不确定性因子将适用于亚慢性风险评估。动物数据表明,汞达到一个稳定的状态,连续暴露3~5周(Nielsen and Hultman, 2002),应考虑降低或减少长期不确定性因子。然而,用于风险评估的数据是10周暴露期,该品系动物没有慢性暴露数据,需要对这些端点进行检查(抗核仁蛋白自身抗体),以证实亚慢性不确定因子可被减少。
- 数据库不确定性因子是1,因为汞诱导或加重自身免疫数据库是广泛的。暴露途径相关的数据库存在一些劣势,由于大部分数据从肠胃外研究获得,因此通过口腔途径暴露于汞产生影响的相关研究较少。然而,通过口腔途径暴露于低剂量汞的研究较充足,低剂量通常不会诱导自身免疫。

要完成基于健康指导值或参考值的推导,指导建议考虑风险群体(如儿童、老年人和遗传易感个体),然后使用上述总不确定因子除以POD值。对于本自身免疫和自身免疫性疾病的案例研究,考虑易感人群显得尤为重要。如上所述,在第7章,容易发生自身免疫性疾病的啮齿动物被认为是人类易感汞诱导自身免疫的一个很好的模型。因此,对易感生命阶段或人群使用额外的调整值一般不必要,除非特定化学物质数据表明某一特定人群的风险增加。易感生命阶段可能需要考虑一个附加因素,因为在适应性免疫调制阶段的年长者有可能自身免疫的风险增加(参见Hakim and Gress, 2007,第7章第7.8节中讨论),但是这种汞诱导自身免疫潜在易感性没有人类实验数据。假设使用来自自身免疫性疾病易感小鼠的数据说明整个易感人类生命阶段和群体。

鉴于大多数自身免疫性疾病的观察偏向雌性,因此性别是环境暴露,包括汞,需要考虑的另一个重要的内在因素。在小鼠HgIA模型中,虽然雄性和雌性均易感(给定适当的 *H-2* 单倍型),雌性表现出更高的易感性,表现为抗核仁蛋白自身抗体诱导一个较低的阈值及更高的响应度。因此,雌性中易感汞诱导自身免疫的可能性更大,虽然没有人类实验数据证明易感性潜在的性别倾向性，但得到动物模型数据的证明。然而，在本案例中，数据源自雌性小鼠实验，雄性和雌性 A.SW 小鼠观察到的有害作用剂量相同，因此无需考虑性别差异。

上面的数据适用于氯化汞，因为用于量化的数据源自暴露于氯化汞的动物实验。这些数据可用于制定暴露于氯化汞的基准值，或它们可以被进行调整，以根据若干假设推导出无机汞的参考值。例如，USEPA（1995 年）和加州环保局（2000 年）根据氯化汞暴露研究动物试验数据推导出口腔途径无机汞暴露参考值。USEPA 和加州环保局评估应用的剂量转换是乘以 0.739，按质量计算，将氯化汞中的汞转换为 Hg^{2+}。

使用上述数值，应用于风险评估推导汞慢性参考值的总不确定性因子是 100（种内为 1，种间为 10，亚慢性与慢性，数据库为 1）。

对于氯化汞相关慢性自身免疫风险评估：

氯化汞参考值＝0.04 mg/(kg 体重・d)÷100
　　　　　＝0.0004 mg/(kg 体重・d)

对于无机汞相关慢性自身免疫风险评估：

氯化汞参考值＝0.04 mg/(kg 体重・d)×0.739÷100
　　　　　＝0.0003 mg 无机汞/(kg 体重・d)

该参考值依据雄性和雌性 A.SW 小鼠暴露于每升 0.5 mg 氯化汞 [0.08 mg/(kg 体重・d)] 产生抗核仁蛋白自身抗体观察到的有害作用剂量和雌性 A.SW 小鼠暴露于每升 0.25 mg 氯化汞 [0.04 mg/(kg 体重・d)] 产生抗核仁蛋白自身抗体 NOAEL 推导出，在先前提出的文献中已有多项研究。特别是，观察到的有害作用剂量略低于，但符合 Hultman 和 Enestrom（1992）报道的依据雌性 SJL 小鼠暴露于每升 1.25 mg 氯化汞饮用水 10 周观察到的有害作用剂量和暴露于每升 0.625 mg 氯化汞饮用水 10 周 NOAEL 推导出的诱导抗核仁型抗体参考值。Hultman 与 Nielsen 研究（Hultman and Nielsen，2001；Nielsen and Hultman，2002）也报道抗核仁型抗体数据与雄性和雌性 A.SW 小鼠及 B10.S 小鼠暴露于每升 1.0 mg 氯化汞饮用水 10 周观察到的有害作用剂量和暴露于每升 0.5 mg 氯化汞饮用水 10 周 NOAEL。因此，A.SW 小鼠汞诱导抗核仁型抗体代表最敏感的品系中的自身免疫最敏感终点，已被其他动物数据证明。

汞诱导抗核仁蛋白和抗核仁型抗体是代表汞诱导这些小鼠致病原或汞加剧自身免疫相对早期影响终点。同时存在与明显不良后果更密切相关的终点数据。在一般情况下，这些影响都与稍高水平的汞暴露相关联。例如，雌性 SJL 小鼠暴露于含氯化汞饮用水中 10 周，肾脏沉积物增加，观察到的有害作用剂量为 5 mg/L，NOAEL 为 2.5 mg/L（Hultman and Enestrom，1992）。5 mg/L 氯化汞剂量也会引发肾小球毛细血管内细胞增生和肾小管萎缩。Hultman 和 Nielsen（2001）及 Nielsen 和 Hultman（2002）的数据也证明雌性 A.SW 小鼠暴露于含 5 mg/L 氯化汞饮用水 10 周，也出现相同肾脏 IgG 蓄积，观察到的有害作用剂量也为 5 mg/L。

如前所述，许多汞诱导自身免疫动物数据是通过皮下注射汞途径实验得出。啮齿类动物通过皮下注射暴露于汞的相关研究数据可用于定性支持风险评估，但它们一般不用于定量风险评估，因为非肠道暴露途径，与相关人类口腔或吸入途径暴露不能允许汞经过消化道或肺。非肠道暴露途径研究对于风险评估的潜在效用请参见下面 BXSB 小鼠自身抗体数据说明。Pollard 等（2001）证明 BXSB 小鼠通过皮下注射暴露剂量下降至 0.4 μg 氯化汞，每周两次，持续 40 周，发现抗染色质抗原自身抗体滴度增加（从参照小鼠 3.74±2.02 至受试小鼠）10.70±4.10，蛋白尿增加超过 2 倍。暴露于较高剂量超过 40 周导致自身抗体滴度增加更快速，但最终滴度类似。显然，这些皮下注射途径暴露研究数据不能随时用于预估的每天口腔暴露，因为与相关的口腔或吸入暴露途径相同，通过肠外途径给药化合物不能进入消化呼吸道或肺部，因此肠外暴露对毒代动力学影响是未知的，包括吸收、排泄和生物转化。值得注意的是这些差异和缺乏一个适当的 PBTK 模型，口腔和肠外暴露之间在观察到有害作用剂量时，内部剂量比较可能会提供一些内部剂量度量相关信息。Pollard 等（2001）研究中通过雌性 BXSB 小鼠皮下注射暴露于氯化汞，发现在观察到的有害作用剂量时，肾脏中平均汞含量为（0.0762±0.006）μg/g 湿重，在 NOAEL 时，肾脏中平均汞含量为（0.6627±0.0847）μg/g 湿重。雌性 BXSB 小鼠在观察到的有害作用剂量（肾脏中平均汞含量为 0.66 μg/g 湿重）与雌性 A.SW 老鼠在观察到的有害作用剂量（肾脏中平均汞含量为 0.71 μg/g 湿重）可相比较，说明该剂量度量的潜在效用。

如上所述，有证据证明肾脏浓度可作为剂量度量，但自身免疫诱导或特异性影响，如抗核仁蛋白抗体自身抗体，最合适的剂量度量是未知的。因此，风险评估人员决定比较从上述定量风险评估获得的口服剂量和内部度量相关动物数据与已知人类暴露水平，以便于制定暴露限值，评估人类风险。内部剂量度量，如肾脏内汞含量，也可以用于与人体暴露数据比较。最值得注意的是，在这些比较中，A.SW 小鼠肾脏内汞含量诱导抗核仁蛋白自身抗体，0.71～27.3 μg/g 湿肾脏组织在非职业暴露人类范围内（即未检出为 2.1 μg/g 湿肾脏组织）（Nylander et al.，1987；Barregård et al.，1999）。

C5.3.1.3 是否有证据表明，化学物质会改变自身免疫性疾病动物模型自身免疫性疾病（即抗体水平、炎症标志物、调节性 T 细胞、淋巴结增生等）相关的免疫反应？

有。有很多汞调制免疫终点与自身免疫关联性的例子。目前大量的研究提供了自身抗体产生与汞暴露相关的数据。虽然大多数自身抗体数据源自 HgIA 易感型啮齿动物，一些研究也报道了远交系大鼠暴露于汞后抗核仁自身抗体诱导相关信息（例如，ICR、NMRI 和黑色瑞士小鼠）（Abedi-Valugerdi，2009）。PLNA 提供了自身免疫相关终点的额外证据。在 PLNA 中一些小鼠品系暴露于汞产生阳性反应表征（Stiller-Winkler et al.，1988），例如，汞被作为对照，评估其他金属诱导自身免疫和过敏反应的潜在性（Carey et al.，2006）。也有有限的证据表明汞暴露与促炎性细胞因子释放相关，但是，目前还没有明确的敏感或远交系啮齿动物细胞因子生产模式（综述性文章参见 Vas and Monestier，2008）。在汞诱导自身免疫啮齿类动物模型中，多克隆 B 细胞激活最终引发免疫病理，被人们普遍认为是由于 Th2 细胞有选择性刺激（Badou et al.，1997）。在此模型中，啮齿类动物体内和体外暴露于汞表现出 IL-4 表达上调（Gillespie et al.，1995；Badou et al.，1997；Häggqvist and Hultman，2001），人外周血单核细胞体外暴露于汞也表现出 IL-4 表达上调（De Vos et al.，2007；Hemdan et al.，2007）。然而，Th1 和 Th2 不平衡在汞介导自身免疫易感性中的重要性已被质疑（Kono et al.，1998），HgIA 和 IL-4 生产之间无关联性（Bagenstose et al.，1998）。因此，尽管完善的文献支持汞诱导全身性自身免疫是原型 Th2 细胞介导疾病的观点，但在这些文献中未对疾病过程中细胞免疫机制了解清楚。此外，尽管针对生化信号机制怎样介导汞对 Th2 细胞影响相关理解已经取得了一些进展（Badou et al.，1997），但汞是如何直接或间接影响分子成分的许多相关细节基本上是未知的。数据显示汞易感小鼠品系 IL-4 产生不会引起抗核仁蛋白自身抗体应答，但将会增强 IgE 和 IgG1 应答（Ochel et al.，1991）。

如上所述，汞暴露引发自身免疫可通过许多免疫变化测量，包括非自身免疫疾病易感小鼠自身抗体水平增加，PLNA 呈阳性反应。仅仅这些数据即可表明汞对自身免疫产生影响的一些证据。为说明目的，风险评估人员面临着评估这些免疫与自身免疫测量有关的限制数据集，可以得出汞具有诱导或加重自身免疫潜在性的结论。然而，由于汞免疫毒性的大量数据源自易感啮齿动物株，因此很难从规模较大的汞影响和自身免疫性疾病动物模型中报道的汞诱导免疫指标变化数据库中分离出这些数据。迹象表明，汞改变免疫指标与自身免疫，有助于提供证据表明汞诱发和加重自身免疫，参见以上 C5.3.1.1 和 C5.3.1.2。综合考虑，这些数据支持人类流行病学数据和自身免疫性疾病啮齿动物模型大型数据库，提供了有力的证据证明汞与自身免疫性疾病发病率增加和进展之间的关联性。

C5.3.1.4　是否有证据表明，从化学物质相关的一般性或观察性免疫检测（淋巴细胞表型、细胞活素类、补体、淋巴细胞增殖等）有调节自身免疫性疾病的潜在性？

有。有关于汞诱导般免疫测定变化的例子，但是，针对汞具有调节自身免疫潜在性的假设，这些数据提供的支持极为有限。众多啮齿动物的研究表明，暴露于汞诱导免疫细胞种群变化，细胞因子分泌，选择性 T 细胞增殖（一般 CD4+，在较小程度上，CD8+T 细胞），多克隆乙细胞活化，高丙种球蛋白血症和其他终点（综述性文章参见 Vas and Monestier，2008）。这些影响是自身免疫变化的结果，它们得到自身免疫性疾病多发啮齿动物机制研究数据的验证，说明汞暴露会影响自身耐受，从而促发自身免疫。例如，Laiosa 等（2007）表明，BALB/cJ 小鼠通过自由采食暴露于含氯化汞（浓度 10 mg/L）饮用水 2 周，由于汞暴露，促进自身反应性 T 细胞活化的因素，引发促凋亡信号衰减。然而，淋巴细胞亚群、细胞因子或化学诱导自身免疫信号转导通路的变化预测值不是很明确，并且这些数据提供用于自身免疫的信息缺乏可信性，没有报道自体免疫性疾病动物模型汞诱导免疫指标变化相关的较大数据库。从一般免疫检测获得的汞诱导免疫指标变化相关数据集并不涉及和描述风险评估的其他方面，如易感人群或生活阶段（即雌性和成长中群体易感性较强）。Pilones 等（2009）表明，在子宫内暴露于氯化汞（妊娠期间通过自由采食饮用水途径暴露（浓度 10 mg/L）诱导 F_1 子代免疫细胞表型变化。胸腺和脾组织在 10 周龄成熟，评估 T 细胞表型和功能表现出暴露于汞雌性鼠脾脏CD4+CD25+细胞显著减少，而雄性鼠未表现出变化。相对于对照组小鼠细胞增殖反应，雌性与雄性汞暴露小鼠伴刀豆球蛋白A刺激脾细胞显示显著增加。汞暴露小鼠细胞的因子分泌也被调制，脾细胞中伴刀豆球蛋白A刺激IL-4和IFN增加。生命阶段和性别相关汞诱导自身免疫灵敏度潜在性将在第C5.3.1.2章节定量风险评估中更详细地讨论。

虽然汞相关免疫改变数据库中包括了一些一般性免疫测定，这些数据单独使用所提供的汞诱导自身免疫证据缺乏可信度。在缺乏自体免疫病动物模型自身免疫相关终点汞诱导变化大量数据库的情况下，这种类型的免疫数据将建议免疫调节，并不能明确确定自身免疫性疾病。单独使用淋巴细胞增殖或细胞因子数据将出现数据差距，需要更确凿的自身免疫和免疫功能检测。因此，该数据可以用于支持自身免疫疾病动物模型进一步研究的需要和功能性免疫测定，以便确定自身免疫性、免疫抑制或免疫刺激潜在性。当然，这些数据缺乏可靠性的性质主要是由于事实上，为了便于说明我们断章取义地对淋巴细胞增殖数据进行评估。实际上，一些一般性免疫测定数据被作为机制研究的一部分收集，以便于分析汞暴露诱导的自身免疫影响作用机制表征。现实情况是，汞相关自身免疫支持数据库包括自身免疫性疾病动物模型报道的自身免疫有关影响大型数据库（参见第C5.3.1.2章节），自身免疫性疾病相关免疫指标众多举例（参见第C5.3.1.3章节）与人类流行病学研究有限证据（参见第C5.3.1.1章节）。一般免疫检测数据提供了汞诱导自体免疫的重要证据。

C5.3.1.5 是否有病理组织学证据（胸腺等），或有免疫器官质量和血液系统变化表明该化学物质会导致自体免疫应答（即免疫复合物沉积，炎性细胞浸润）？

有。支持自身免疫相关的汞免疫毒性数据库主要病理组织学证据源自调查和报告免疫复合物沉积研究。相同物种IgG直接免疫染色（即汞暴露大鼠肾毛细血管壁和基底膜与IgG染色）已被用于检测自身免疫性疾病易发大鼠，如棕色挪威和MAXX品系大鼠，汞诱导自体免疫反应（Henry et al., 1988）。汞暴露引发自身抗体生成，导致兔、小鼠和大鼠肾基底膜免疫球蛋白蓄积。在大鼠膜脾、肝、肾上腺、心脏和小肠基底膜观察到类似IgG蓄积（综述性文章参见Bigazzi，1999）。NZBWF1小鼠在肾小球系膜注射汞，确认出现IgM、IgG1、IgG2a和Ig3抗体颗粒蓄积（Abedi-Valugerdi et al., 1997）。

数据表明一些自身免疫证据，包括在各种组织中免疫复合物蓄积、水平上升，免疫复合物是自身抗体表征。正如上述第C5.3.1.3节与第7章第7.7.1节中讨论，自身抗体的存在提供了化学性自身免疫的一些证据。在众多的病理组织学研究中报道汞诱导免疫复合物沉积，有许多案例确定出现自身抗体。因此，在这一案例中，病理组织学数据集包括自身免疫特异性支持数据。这个级别的特异性难以从常规基质组织苏木精和伊红染色获得，因此，风险评估人员从常规组织病理学观察不可能提供这个级别的支持。免疫沉积物抗体识别和表征需要更有针对性的技术，包括适当固定和就绪组织相关免疫组织化学。

如上所讨论，暴露于汞后免疫组织病理学数据集包括特异性自身抗体证明；因此，这些数据本身提供了一些汞诱导自身免疫证据。该数据集还提供机械数据表明作用机制。支持汞相关自身免疫的数据库包括了大量的研究报道自身免疫性疾病动物模型中观察到的自身免疫有关影响（参见第 C5.3.1.2 节），大量的自身免疫性疾病相关免疫指标举例（参见第 C5.3.1.3 节）与人类流行病学研究有限证据（参见第 C5.3.1.1 节）。上述描述的特异性自身免疫相关组织病理学证据为汞诱导自身免疫增加了证据权重。

C5.3.2 危险特性鉴定证据的结论效力

第 C5.3.1.1～C5.3.1.5 节中不同类型自身免疫性数据的个别讨论（包括上述第 C5.3.1.2 节中的定量评估）并不是针对健康影响或免疫毒性的全面性风险评估，而是提供了一个例证概述根据第 7 章指导进行自身免疫评估的过程。如在第 3～7 章中所描述的，风险评估人员应基于第 7 章与图 7.1 中总结证据权重法中列出的所有问题答案，制定证据权重法结论。自身免疫证据权重法结论也应描述该数据库的一致性和生物合理性，包括优势、劣势、不确定性和数据差距。

自身免疫性疾病多发 A.SW 小鼠暴露于饮用水中氯化汞 10 周（Hultman and Nielsen，2001；Nielsen and Hultman，2002）研究中提供了能引发自身免疫的最低汞暴露水平。由于它们代表着最低影响水平，因此这些数据将被用于在汞诱导自身免疫定量风险评估中推导 POD 值。确定 Hultman and Nielsen（2001）及 Nielsen 和 Hultman（2002）数据参考值必需的程序和计算参见上述第 C5.3.1.2 节，包括不确定性因子应用。虽然 BMD 建模是首选的方法，可能会被用于全面性风险评估，NOAEL 算用于说明这一过程。第 C5.3.1.2 节还包括作为全面性风险评估一部分的其他方面考虑，如风险群体的讨论、MOA 和合适的剂量度量选择。单独数据类型的每一章节（第 C5.3.1.1～C5.3.1.4）包括汞诱导自体免疫数据库一致性和优势的简短讨论。全面的风险评估通常包括这些要点、数据差距，以及相关不确定性的延伸讨论。例如，人类数据支持动物实验数据，因为流行病学数据提供的证据表明，人类暴露于汞诱导或加剧自身免疫性疾病。全面的风险评估将细节化这些影响，与实验室动物数据和人类影响，（如系统性红斑狼疮的症状）之间的潜在关联性。数据差距将突出显示；特别是缺乏一个明确的、大规模评估汞暴露的流行病学研究，自身免疫性疾病元素显示出数据差距，证明风险评估存在不确定性。

证据权重方法讨论将体现出以上所述数据集较强的可信度，突出自身免疫性疾病动物模型中观察到的自身免疫有关影响证据（参见第 C5.3.1.2 节），自身免疫性疾病相关免疫指标的大量举例（参见第 C5.3.1.3 节），一般性免疫检测证据（参见第 C5.3.1.4 节），自身免疫有关病理组织学证据（参见第 C5.3.1.5 节），以及有限的人类流行病学研究证据（参见第 C5.3.1.1 节）。这些研究提供了汞诱导自身免疫的大量证据，自身免疫性疾病多发 A.SW 小鼠饮用水暴露于汞研究（Hultman and Nielsen，2001；Nielsen and Hultman，2002）被作为适用于推导汞相关自身免疫 POD 值与剂量-反应评估的主要研究。

C5.4 结论

在本案例研究中,汞诱导自身免疫或自身免疫性疾病的证据可按照第7章自身免疫评估提出的指导进行评估。汞被选定作为研究对象是因为自身免疫性疾病动物模型及人类潜在影响相关的流行病学数据提供了强大的汞暴露影响数据库。案例分析说明流行病学数据(如小样本或共同暴露问题)经常遇到的重要问题和有关动物实验数据用于人类风险评估的局限性。在定量风险评估中使用源自自身免疫性疾病多发的啮齿动物模型的动物数据需要特别慎重。在汞相关自身免疫和自身免疫性疾病定量风险评估中,这些自身免疫动物模型与一般群体相比较,被认为是良好的敏感亚群体模型,因此种内不确定性因子被减少。

应当指出的是,这一关于汞案例目的是描述如何使用所提供的风险评估指导进行自身免疫风险评估,但它并不代表全面性风险评估,也不代表最终监管措施。

C5.5 参考文献

Abedi-Valugerdi M (2009) Mercury and silver induce B cell activation and anti-nucleolar autoantibody production in outbred mouse stocks: are environmental factors more important than the susceptibility genes in connection with autoimmunity? *Clinical and Experimental Immunology*, 155 (1): 117-124.

Abedi-Valugerdi M, Hu H, Möller G (1997) Mercury-induced renal immune complex deposits in young (NZB×NZW) F_1 mice: characterization of antibodies/autoantibodies. *Clinical and Experimental Immunology*, 110 (1): 86-91.

Al-Balaghi S, Möller E, Möller G, Abedi-Valugerdi M (1996) Mercury induces polyclonal B cell activation, autoantibody production and renal immune complex deposits in young (NZB×NZW) F_1 hybrids. *European Journal of Immunology*, 26 (7): 1519-1526.

Aminzadeh KK, Etminan M (2007) Dental amalgam and multiple sclerosis: a systematic review and metaanalysis. *Journal of Public Health Dentistry*, 67 (1): 64-66.

Arnett FC, Fritzler MJ, Ahn C, Holian A (2000) Urinary mercury levels in patients with autoantibodies to U3RNP (fibrillarin). *Journal of Rheumatology*, 27 (2): 405-410.

Aten J, Veninga A, De Heer E, Rozing J, Nieuwenhuis P, Hoedemaeker PJ, Weening JJ (1991) Susceptibility to the induction of either autoimmunity or immunosuppression by mercuric chloride is related to the major histocompatibility complex class II haplotype. *European Journal of Immunology*, 21 (3): 611-616.

Badou A, Savignac M, Moreau M, Leclerc C, Pasquier R, Druet P, Pelletier L (1997) $HgCl_2$-induced interleukin-4 gene expression in T cells involves a protein kinase C-dependent calcium influx through L-type calcium channels. *Journal of Biological Chemistry*, 272 (51): 32 411-32 418.

Bagenstose LM, Salgame P, Monestier M (1998) Mercury-induced autoimmunity in the absence of IL-4. *Clinical and Experimental Immunology*, 114 (1): 9-12.

Barregård L, Eneström S, Ljunghusen O, Wieslander J, Hultman P (1997) A study of autoantibodies and circulating immune complexes in mercury-exposed chloralkali workers. *International Archives of*

Occupational and Environmental Health, 70 (2): 101-106.

Barregård LC, Svalander C, Schutz A, Westberg G, Sallsten G, Blohme I, Molne J, Attman PO, Haglind P (1999) Cadmium, mercury, and lead in kidney cortex of the general Swedish population: a study of biopsies from living kidney donors. *Environmental Health Perspectives*, 107 (11): 867-871.

Bates MN, Fawcett J, Garrett N, Cutress T, Kjellstrom T (2004) Health effects of dental amalgam exposure: a retrospective cohort study. *International Journal of Epidemiology*, 33 (4): 894-902.

Bencko V, Wagner V, Wagnerová M, Ondrejcák V (1990) Immunological profiles in workers occupationally exposed to inorganic mercury. *Journal of Hygiene, Epidemiology, Microbiology, and Immunology*, 34 (1): 9-15.

Berlin M, Fowler BA, Zalups R (2007) Mercury. In: Nordberg GF, Fowler BA, Nordberg M, Friberg L, eds. *Handbook on the toxicology of metals*. San Diego, CA, Academic Press, pp. 675-729.

Bernard SR, Purdue P (1984) Metabolic models for methyl and inorganic mercury. *Health Physics*, 46 (3):695-699.

Bigazzi PE (1999) Metals and kidney autoimmunity. *Environmental Health Perspectives*, 107 (Suppl. 5): 753-765.

California Environmental Protection Agency (2000) Chronic toxicity summary: mercury, inorganic (liquid silver; hyfarargyrum; colloidal mercury); CAS Registry Number 7439-97-6. In: *Chronic toxicity summaries for 22 chemicals*. Sacramento, CA, California Environmental Protection Agency, Office of Environmental Health Hazard Assessment, pp. 99-108 (http://www.oehha.ca.gov/air/chronic_rels/pdf/22Summs.pdf).

Carey JB, Allshire A, Van Pelt FN (2006) Immune modulation by cadmium and lead in the acute reporter antigen-popliteal lymph node assay. *Toxicological Sciences*, 91 (1): 113-122.

Carrier G, Brunet RC, Caza M, Bouchard M (2001a) A toxicokinetic model for predicting the tissue distribution and elimination of organic and inorganic mercury following exposure to methyl mercury in animals and humans. I. Development and validation of the model using experimental data in rats. *Toxicology and Applied Pharmacology*, 171 (1): 38-49.

Carrier G, Bouchard M, Brunet RC, Caza M (2001b) A toxicokinetic model for predicting the tissue distribution and elimination of organic and inorganic mercury following exposure to methyl mercury in animals and humans. II. Application and validation of the model in humans. *Toxicology and Applied Pharmacology*, 171 (1): 50-60.

Castedo M, Pelletier L, Pasquier R, Druet P (1994) Improvement of Th1 functions during the regulation phase of mercury disease in Brown Norway rats. *Scandinavian Journal of Immunology*, 39 (2): 144-150.

Clarkson TW (2002) The three modern faces of mercury. *Environmental Health Perspectives*, 110 (Suppl. 1): 11-23.

Cooper GS, Parks CG, Treadwell EL, St Clair EW, Gilkeson GS, Dooley MA (2004) Occupational risk factors for the development of systemic lupus erythematosus. *Journal of Rheumatology*, 31 (10): 1928-1933.

Dahlgren J, Takhar H, Anderson-Mahoney P, Kotlerman J, Tarr J, Warshaw R (2007) Cluster of systemic lupus erythematosus (SLE) associated with an oil field waste site: a cross sectional study. *Environmental Health: A Global Access Science Source*, 6: 8.

De Vos G, Abotaga S, Liao Z, Jerschow E, Rosenstreich D (2007) Selective effect of mercury on Th2-type cytokine production in humans. *Immunopharmacology and Immunotoxicology*, 29 (3-4):

537-548.

Druet E, Sapin C, Günther E, Feingold N, Druet P (1977) Mercuric chloride-induced anti-glomerular basement membrane antibodies in the rat: genetic control. *European Journal of Immunology*, 7 (6):348-351.

Druet P (1995) Metal-induced autoimmunity. *Human and Experimental Toxicology*, 14 (1): 120-121.

Druet P, Druet E, Potdevin F, Sapin C (1978) Immune type glomerulonephritis induced by $HgCl_2$ in the Brown Norway rat. *Annals of Immunology (Paris)*, 129C (6): 777-792.

Druet P, Bernard A, Hirsch F, Weening JJ, Gengoux P, Mahieu P, Birkeland S (1982) Immunologically mediated glomerulonephritis induced by heavy metals. *Archives of Toxicology*, 50 (3-4): 187-194.

Dubey D, Kuhn J, Vial MC, Druet P, Bellon B (1993) Anti-interleukin-2 receptor monoclonal antibody therapy supports a role for Th1-like cells in $HgCl_2$-induced autoimmunity in rats. *Scandinavian Journal of Immunology*, 37 (4): 406-412.

Ekstrand J, Nielsen JB, Havarinasab S, Zalups RK, Söderkvist P, Hultman P (2010) Mercury toxicokinetics— dependency on strain and gender. *Toxicology and Applied Pharmacology*, 243 (3): 283-291.

Enestrom S, Hultman P (1984) Immune-mediated glomerulonephritis induced by mercuric chloride in mice. *Experientia*, 40 (11): 1234-1240.

Fournié GJ, Mas M, Cautain B, Savignac M, Subra JF, Pelletier L, Saoudi A, Lagrange D, Calise M, Druet P (2001) Induction of autoimmunity through bystander effects. Lessons from immunological disorders induced by heavy metals. *Journal of Autoimmunity*, 16 (3): 319-326.

Gillespie KM, Qasim FJ, Tibbatts LM, Thiru S, Oliveira DB, Mathieson PW (1995) Interleukin-4 gene expression in mercury-induced autoimmunity. *Scandinavian Journal of Immunology*, 41 (3): 268-272.

Griem P, Scholz E, Turfeld M, Zander D, Wiesner U, Dunemann L, Gleichmann E (1997) Strain differences in tissue concentrations of mercury in inbred mice treated with mercuric chloride. *Toxicology and Applied Pharmacology*, 144 (1): 163-170.

Guzzi G, Fogazzi GB, Cantù M, Minoia C, Ronchi A, Pigatto PD, Severi G (2008) Dental amalgam, mercury toxicity, and renal autoimmunity. *Journal of Environmental Pathology, Toxicology and Oncology*, 27 (2): 147-155.

Häggqvist B, Hultman P (2001) Murine metal-induced systemic autoimmunity: baseline and stimulated cytokine mRNA expression in genetically susceptible and resistant strains. *Clinical and Experimental Immunology*, 126 (1): 157-164.

Häggqvist B, Hultman P (2003) Effects of deviating the Th2-response in murine mercury-induced autoimmunity towards a Th1-response. *Clinical and Experimental Immunology*, 134 (2): 202-209.

Häggqvist B, Havarinasab S, Björn E, Hultman P (2005) The immunosuppressive effect of methylmercury does not preclude development of autoimmunity in genetically susceptible mice. *Toxicology*, 208 (1):149-164.

Hakim FT, Gress RE (2007) Immunosenescence: deficits in adaptive immunity in the elderly. *Tissue Antigens*, 70 (3): 179-189.

Hansson M, Djerbi M, Rabbani H, Mellstedt H, Gharibdoost F, Hassan M, Depierre JW, Abedi-Valugerdi M (2005) Exposure to mercuric chloride during the induction phase and after the onset of collagen-induced arthritis enhances immune/autoimmune responses and exacerbates the disease in

DBA/1 mice. *Immunology*, 114 (3): 428-437.

Havarinasab S, Hultman P (2005) Organic mercury compounds and autoimmunity. *Autoimmunity Reviews*, 4 (5): 270-275.

Havarinasab S, Hultman P (2006) Alteration of the spontaneous systemic autoimmune disease in (NZB ×NZW) F_1 mice by treatment with thimerosal (ethyl mercury). *Toxicology and Applied Pharmacology*, 214 (1): 43-54.

Havarinasab S, Lambertsson L, Qvarnström J, Hultman P (2004) Dose-response study of thimerosal-induced murine systemic autoimmunity. *Toxicology and Applied Pharmacology*, 194 (2): 169-179.

Havarinasab S, Häggqvist B, Björn E, Pollard KM, Hultman P (2005) Immunosuppressive and autoimmune effects of thimerosal in mice. *Toxicology and Applied Pharmacology*, 204 (2): 109-121.

Havarinasab S, Björn E, Nielsen JB, Hultman P (2007) Mercury species in lymphoid and non-lymphoid tissues after exposure to methyl mercury: correlation with autoimmune parameters during and after treatment in susceptible mice. *Toxicology and Applied Pharmacology*, 221 (1): 21-28.

Hemdan NY, Lehmann I, Wichmann G, Lehmann J, Emmrich F, Sack U (2007) Immunomodulation by mercuric chloride in vitro: application of different cell activation pathways. *Clinical and Experimental Immunology*, 148 (2): 325-337.

Henry GA, Jarnot BM, Steinhoff MM, Bigazzi PE (1988) Mercury-induced renal autoimmunity in the MAXX rat. *Clinical Immunology and Immunopathology*, 49 (2): 187-203.

Herrström P, Holmén A, Karlsson A, Raihle G, Schütz A, Högstedt B (1994) Immune factors, dental amalgam, and low-dose exposure to mercury in Swedish adolescents. *Archives of Environmental Health*, 49 (3): 160-164.

Hirsch F, Couderc J, Sapin C, Fournie G, Druet P (1982) Polyclonal effect of $HgCl_2$ in the rat, its possible role in an experimental autoimmune disease. *European Journal of Immunology*, 12 (7): 620-625.

Hua J, Pelletier L, Berlin M, Druet P (1993) Autoimmune glomerulonephritis induced by mercury vapour exposure in the Brown Norway rat. *Toxicology*, 79 (2): 119-129.

Hultman P, Enestrom S (1992) Dose-response studies in murine mercury-induced autoimmunity and immune-complex disease. *Toxicology and Applied Pharmacology*, 113 (2): 199-208.

Hultman P, Hansson-Georgiadis H (1999) Methyl mercury-induced autoimmunity in mice. *Toxicology and Applied Pharmacology*, 154 (3): 203-211.

Hultman P, Nielsen JB (1998) The effect of toxicokinetics on murine mercury-induced autoimmunity. *Environmental Research*, 77 (2): 141-148.

Hultman P, Nielsen JB (2001) The effect of dose, gender, and non-H-2 genes in murine mercury-induced autoimmunity. *Journal of Autoimmunity*, 17 (1): 27-37.

Hultman P, Eneström S, Pollard KM, Tan EM (1989) Anti-fibrillarin autoantibodies in mercury-treated mice. *Clinical and Experimental Immunology*, 78 (3): 470-477.

Hultman P, Bell LJ, Eneström S, Pollard KM (1992) Murine susceptibility to mercury. I. Autoantibody profiles and systemic immune deposits in inbred, congenic, and intra-H-2 recombinant strains. *Clinical Immunology and Immunopathology*, 65 (2): 98-109.

Hultman P, Bell LJ, Eneström S, Pollard KM (1993) Murine susceptibility to mercury. II. Autoantibody profiles and renal immune deposits in hybrid, backcross, and H-2d congenic mice. *Clinical Immunology and Immunopathology*, 68 (1): 9-20.

Hultman P, Johansson U, Turley SJ, Lindh U, Eneström S, Pollard KM (1994) Adverse immunological effects and autoimmunity induced by dental amalgam and alloy in mice. *FASEB Journal*, 8 (14): 1183-1190.

Hultman P, Turley SJ, Eneström S, Lindh U, Pollard KM (1996) Murine genotype influences the specificity, magnitude and persistence of murine mercury-induced autoimmunity. *Journal of Autoimmunity*, 9 (2): 139-149.

Johansson U, Sander B, Hultman P (1997) Effects of the murine genotype on T cell activation and cytokine production in murine mercury-induced autoimmunity. *Journal of Autoimmunity*, 10 (4): 347-355.

Kono DH, Balomenos D, Pearson DL, Park MS, Hildebrandt B, Hultman P, Pollard KM (1998) The prototypic Th2 autoimmunity induced by mercury is dependent on IFN-gamma and not Th1/Th2 imbalance. *Journal of Immunology*, 161 (1): 234-240.

Laiosa MD, Eckles KG, Langdon M, Rosenspire AJ, McCabe MJ Jr (2007) Exposure to inorganic mercury in vivo attenuates extrinsic apoptotic signaling in *Staphylococcal aureus* enterotoxin B stimulated T-cells. *Toxicology and Applied Pharmacology*, 225 (3): 238-250.

Langworth S, Elinder CG, Sundquist KG, Vesterberg O (1992) Renal and immunological effects of occupational exposure to inorganic mercury. *British Journal of Industrial Medicine*, 49 (6): 394-401.

Lauwerys R, Bernard A, Roels H, Buchet JP, Gennart JP, Mahieu P, Foidart JM (1983) Anti-laminin antibodies in workers exposed to mercury vapour. *Toxicology Letters*, 17 (1-2): 113-116.

Moszczyński P (1997) Mercury compounds and the immune system: a review. *International Journal of Occupational Medicine and Environmental Health*, 10 (3): 247-258.

Moszczyński P, Rutowski J, Słowiński S, Bem S, Jakus-Stoga D (1996) Effects of occupational exposure to mercury vapors on T-cell and NK-cell populations. *Archives of Medical Research*, 27 (4):503-507.

Moszczyński P, Słowiński S, Rutkowski J, Bem S, Jakus-Stoga D (1995) Lymphocytes, T and NK cells, in men occupationally exposed to mercury vapours. *International Journal of Occupational Medicine and Environmental Health*, 8 (1): 49-56.

Nielsen JB, Hultman P (1999) Experimental studies on genetically determined susceptibility to mercury-induced autoimmune response. *Renal Failure*, 21 (3-4): 343-348.

Nielsen JB, Hultman P (2002) Mercury-induced autoimmunity in mice. *Environmental Health Perspectives*, 110 (Suppl. 5): 877-881.

Nordberg GF, Skerfving S (1972) Metabolism. In: Friberg L, Vostal J, eds. *Mercury in the environment*. Cleveland, OH, CRC Press, pp. 29-91.

Nyland JF, Fairweather D, Rose NR, Silbergeld EK (2004) Inorganic mercury increases severity and frequency of autoimmune myocarditis in mice. *Toxicological Sciences*, 78: 12.

Nylander M, Friberg L, Lind B (1987) Mercury concentrations in the human brain and kidneys in relation to exposure from dental amalgam fillings. *Swedish Dental Journal*, 11 (5): 179-187.

Ochel M, Vohr HW, Pfeiffer C, Gleichmann E (1991) IL-4 is required for the IgE and IgG1 increase and IgG1 autoantibody formation in mice treated with mercuric chloride. *Journal of Immunology*, 146 (9): 3006-3011.

Park SH, Araki S, Nakata A, Kim YH, Park JA, Tanigawa T, Yokoyama K, Sato H (2000) Effects of occupational metallic mercury vapour exposure on suppressor-inducer (CD4+CD45RA+) T lymphocytes and CD57+CD16+ natural killer cells. *International Archives of Occupational and Environmental Health*, 73 (8): 537-542.

Pilones K, Tatum A, Gavalchin J (2009) Gestational exposure to mercury leads to persistent changes in T-cell phenotype and function in adult DBF1 mice. *Journal of Immunotoxicology*, 6 (3): 161-170.

Pollard KM, Pearson DL, Hultman P, Hildebrandt B, Kono DH (1999) Lupus-prone mice as models to study xenobiotic-induced acceleration of systemic autoimmunity. *Environmental Health Perspectives*, 107 (Suppl. 5): 729-735.

Pollard KM, Pearson DL, Hultman P, Deane TN, Lindh U, Kono DH (2001) Xenobiotic acceleration of idiopathic systemic autoimmunity in lupus-prone BXSB mice. *Environmental Health Perspectives*, 109 (1): 27-33.

Pollard KM, Hultman P, Kono DH (2010) Toxicology of autoimmune diseases. *Chemical Research in Toxicology*, 23 (3): 455-466.

Prochazkova J, Sterzl I, Kucerova H, Bartova J, Stejskal VD (2004) The beneficial effect of amalgam replacement on health in patients with autoimmunity. *Neuroendocrinology Letters*, 25 (3): 211-218.

Queiroz ML, Perlingeiro RC, Dantas DC, Bizzacchi JM, De Capitani EM (1994) Immunoglobulin levels in workers exposed to inorganic mercury. *Pharmacology & Toxicology*, 74 (2): 72-75.

Roman-Franco AA, Turiello M, Albini B, Ossi E, Milgrom F, Andres GA (1978) Anti-basement membrane antibodies and antigen-antibody complexes in rabbits injected with mercuric chloride. *Clinical Immunology and Immunopathology*, 9 (4): 464-481.

Sapin C, Hirsch F, Delaporte JP, Bazin H, Druet P (1984) Polyclonal IgE increase after $HgCl_2$ injections in BN and LEW rats: a genetic analysis. *Immunogenetics*, 20 (3): 227-236.

Schiraldi M, Monestier M (2009) How can a chemical element elicit complex immunopathology? Lessons from mercury-induced autoimmunity. *Trends in Immunology*, 30 (10): 502-509.

Silbergeld EK, Silva IA, Nyland JF (2005) Mercury and autoimmunity: implications for occupational and environmental health. *Toxicology and Applied Pharmacology*, 207 (Suppl. 2): 282-292.

Sterzl I, Prochazkova J, Hrda P, Matucha P, Bartova J, Stejskal V (2006) Removal of dental amalgam decreases anti-TPO and anti-Tg autoantibodies in patients with autoimmune thyroiditis. *Neuroendocrinology Letters*, 27 (Suppl. 1): 25-30.

Stiller-Winkler R, Radaszkiewicz T, Gleichmann E (1988) Immunopathological signs in mice treated with mercury compounds—I. Identification by the popliteal lymph node assay of responder and nonresponder strains. *International Journal of Immunopharmacology*, 10 (4): 475-484.

USEPA (1995) *Toxicological review of mercuric chloride ($HgCl_2$); CASRN 7487-94-7 [and IRIS summary]*. Washington, DC, United States Environmental Protection Agency, Integrated Risk Information System (http://www.epa.gov/iris/subst/0692.htm).

Vas J, Monestier M (2008) Immunology of mercury. *Annals of the New York Academy of Sciences*, 1143: 240-267.

Via CS, Nguyen P, Niculescu F, Papadimitriou J, Hoover D, Silbergeld EK (2003) Low-dose exposure to inorganic mercury accelerates disease and mortality in acquired murine lupus. *Environmental Health Perspectives*, 111 (10): 1273-1277.

Warfvinge K, Hansson H, Hultman P (1995) Systemic autoimmunity due to mercury vapor exposure in genetically susceptible mice: dose-response studies. *Toxicology and Applied Pharmacology*, 132 (2): 299-309.

案例研究 6：三氯乙烯自身免疫刺激效应评估

C6.1 简介

暴露于三氯乙烯（TCE）已被证明会出现多种形式的免疫毒性，包括免疫抑制、超敏反应和自身免疫。绝大多数三氯乙烯研究已调查自身免疫有关的终点。大量流行病学研究表明，三氯乙烯或至少工人暴露于有机溶剂，会导致系统性硬化症和其他一些自身免疫性疾病。同样，大量的实验研究报道暴露于三氯乙烯触发自身免疫动物模型自身免疫终点刺激或加重。

本案例研究旨在说明如何使用第 7 章提供的风险评估指导评估自身免疫和自身免疫性疾病。三氯乙烯被选中作为案例研究是因为人类和动物研究中的大量数据库已证明三氯乙烯和自身免疫之间的关联性。三氯乙烯案例研究说明的量化风险评估依赖于动物数据，原因在于流行病学数据虽然能够证明三氯乙烯和自身免疫性疾病之间关联性，但缺乏良好的暴露相关数据（通常情况下为人类研究面临的问题）。

三氯乙烯风险评估中首先简要总结三氯乙烯相关自身免疫现有的证据。然后通过第 7 章中提出的自身免疫评估指导制定三氯乙烯暴露与自身免疫或自身免疫性疾病关联性证据权重结论。本案例研究不是三氯乙烯暴露有关健康影响的全面性风险评估。相反，考虑所需和现有的人类、实验动物和机械数据，以下评估提供的是说明进行三氯乙烯相关自身免疫风险分析的过程。

C6.2 背景：三氯乙烯诱导或加重自身免疫潜在性数据

三氯乙烯已作为工业脱脂剂广泛使用，通常在环境空气、供水和土壤中被当作污染物检测到（USEPA，2011）。针对人体暴露于有机溶剂，包括三氯乙烯，与自身免疫性疾病，如系统性硬化症、结缔组织病、多发性硬化、血管炎（增加抗中性粒细胞胞浆抗体）和类风湿关节炎发展之间的关联性相关研究可以追溯到 20 世纪 70 年代末。最能明确表明三氯乙烯暴露（或一般溶剂暴露）与自身免疫性疾病之间相关性的人类数据是系统性硬化症研究资料。对于动物模型，大部分数据源自 MRL+/+小鼠，MRL+/+小鼠是一种自身免疫性疾病多发的品系。Khan 等（1995）出版了第一个动物模型（雌性 MRL+/+小鼠）暴露于三氯乙烯相关自身免疫研究，说明了三氯乙烯在身免疫应答中作用。Khan 等（1995）研究证明通过腹腔注射高剂量（10 mmol/kg 体重）三氯乙烯会引发自身抗体形成。许多后续研究在较小程度上针对 MRL+/+小鼠暴露于三氯乙烯后的机制作用，以及剂量水平与相关自身免疫影响之间的关联性进行了检验。

三氯乙烯刺激自身免疫现象的基本机制仍然不明确，但可能涉及特异性 T 细胞刺激或这些细胞凋亡诱导抑制（Gilbert et al.，2006）。这可在自身免疫性疾病多发MLR+/+

小鼠研究发现结果中被强调，在研究中 MLR＋/＋小鼠暴露于三氯乙烯，表现出刺激 Th1 细胞与加剧狼疮样症状（Khan et al.，1995；Griffin et al.，2000b；Wang et al.，2009）。此外，实验动物的研究表明，三氯乙烯被代谢成活性中间体，形成蛋白加合物，也可引起诱导型一氧化氮合成酶依赖性蛋白质氧化。每一反应都可能会引起新抗原，最终造成自身免疫及过敏现象（Buben and O'Flaherty，1985；Griffin et al.，2000a；Wang et al.，2009）。

C6.3 三氯乙烯诱导自身免疫潜在性评估

C6.3.1 证据权重方法应用

在第 7 章，第 7.7.1 节"自身免疫性疾病风险评估证据权重方法"提出的一系列问题，旨在帮助组织和评估给定化学物质免疫毒性数据特性，用于评估现有数据的问题，包括最多、最能预测人类自身免疫性和自身免疫性疾病风险的数据至最少、最难预测的数据。通过回答这些问题得出证据权重方法结论将进行自身免疫危险源辨识，并应描述数据库的一致性和生物合理性，包括优势、劣势、不确定性和数据差距。当使用证据权重方法表明自身免疫时，用于剂量-反应评估的数据开始应选择最合适的终点（临界效应），制定 POD 值。下面将再现并回答问题，随后将对免疫毒性支持数据进行讨论。

C6.3.1.1 是否存在流行病学研究，临床研究或个案研究，提供化学物质诱导自身免疫（即所有或特定自身免疫性疾病发病率增加，自身免疫免疫指标参数变化，自身抗体水平提高，调节性 T 细胞功能降低，免疫系统非特异性刺激迹象，炎症标志物水平增加）相关终点的人类实验数据？

有。现有的代表性对照研究表明，三氯乙烯诱导类似于特有药物过敏反应的临床疾病，以及可能与自身免疫相关的临床疾病，人类研究得出的强大自身免疫相关数据也证明了三氯乙烯与系统性硬化症（硬皮病）之间关联性（NRC，2006；Cooper et al.，2009）。

三氯乙烯暴露个体的不良反应，范围包括皮疹、瘙痒、发热、肝功能障碍（如肝炎）和严重的全身性过敏性皮炎，已被记录在特殊药物负面影响中。与其他特殊过敏反应案例相比较，三氯乙烯相关的不良反应发病率通常较低（每 100 例中有 1 例），并表现出与 HLA loci，HLA-B*1301 和 HLA-B*44（OR＝36.8；95％ CI＝17.8～76.1）极强的相关性（Li et al.，2007）。此外，三氯乙烯相关过敏性疾病的剂量-反应关系不是很明确，三氯乙烯受染的个体已被发现表现出反应代谢中间产物与人类疱疹病毒 6（HHV-6）激活（Nakajima et al.，2003；Huang et al.，2006；Kamijima et al.，2007）。某些药物过敏反应也能引发 HHV 等感染，三氯乙烯可能是诱导不良反应、易感自身免疫或过敏反应的因素。

研究发现工人暴露于环境中的三氯乙烯［浓度（35±14）mg/m^3］，血清中细胞因子水平增加，表现出炎症状态（IFN-γ 和 IL-2 水平增加，IL-4 水平降低）（Iavicoli et al.，2005）。在新生儿的研究中也报道出现类似的现象，在研究中，孩子卧室室内空气样品中的三氯乙烯浓度增加，结果表现出 IFN-γ 水平增加，IL-4 水平降低；IL-2 未发生变化（Lehmann et al.，2002）。虽然细胞因子水平这些变化并不代表自身免疫，但它们可能表明免疫稳态的改变，触发自身免疫性疾病的发展。在最近的一项研究中，Kamijima 等（2008）表明，在暴露于三氯乙烯的工人中观察到皮肤疾患（迟发型超敏反应）不是由于杂质或稳定剂，似乎是与三氯乙烯代谢程度相关。研究人员针对 6 家工厂中暴露后被影响的工人与其他两个（对照）工厂暴露后保持健康的工人进行比较。所有工人尿液分析检测出三氯乙酸（TCA），TCA 是三氯乙烯的主要代谢物之一，浓度为 318~1617 mg/L。个体暴露于三氯乙烯后仍保持健康工人的最大 TWA 为 164~2330 mg/m^3。健康工人和过敏患者之间三氯乙烯浓度范围（根据个人暴露测量或通过 TCA 确定）重叠。可用暴露数据不足够用于确定三氯乙烯诱导过敏性疾病的相关剂量-反应关系。

有很多流行病学研究支持溶剂暴露，包括三氯乙烯，与自身免疫性疾病，如系统性硬化症、结缔组织病、多发性硬化症、血管炎（与增加抗中性粒细胞胞浆抗体）和类风湿关节炎之间的关联性。针对一些自身免疫性疾病，已经进行了足够的荟萃分析溶剂暴露与自身免疫关联的研究。这些荟萃分析发现溶剂暴露与系统性硬化症（RR=3.14，95% CI=1.56~6.33）和多发性硬化症（RR=2.6，95% CI=2.0~3.3）相对风险（RR）之间的关联（Landtblom et al.，1996；Aryal et al.，2001）。但是，支持三氯乙烯暴露与自身免疫之间关联性的这些数据不如一般溶剂暴露相关数据充足。例如，Lacey 等（1999）报道在涉及 205 名女性患者的对照病例研究中，发现自报溶剂暴露（OR=2.1；95% CI=1.5~3.0）与未分化结缔组织疾病之间的关联；在这些妇女研究中证明，单独暴露于三氯乙烯，不会增加结缔组织疾病的相关风险。

系统性硬化症是自身免疫性疾病，始终与三氯乙烯或一般溶剂暴露有关。在法国和美国南卡罗来纳州的对照病例研究中发现，职业性暴露于三氯乙烯或一般溶剂，系统性硬化症的风险增加 2~4 倍（Nietert et al.，1998；Diot et al.，2002）。Nietert 等（1998）报道，抗 Scl-70（DNA 拓扑异构酶Ⅰ）的存在，是 HLA 基因型效应调节。通过工作途径暴露，产生抗 Scl-70（DNA 拓扑异构酶Ⅰ）自身抗体和更高最大或累积三氯乙烯强度的工人被证明有 4 倍患上系统性硬化症的风险。在一个较大的病例对照研究中，受试对象只有妇女，暴露于溶剂（OR=2.1；95% CI=1.7~2.6）后发现系统性硬化症的发生率没有自报的三氯乙烯暴露显著（Garabrant et al.，2003）。

Kilburn 和 Warshaw（1992）报道，通过地下水污染暴露于溶剂，包括三氯乙烯和重金属的群体表现出系统性全身性红斑狼疮或结缔组织病症状和抗核自身抗体明显升高。由于 Cooper 等（2009）建议使用风湿性疾病作为暴露群体选择标准的一部分，导致在 Kilburn 和 Warshaw（1992）研究中很难将症状与暴露相关联。最近有关系统性红斑狼疮的对照病例研究也未能显示出溶剂或三氯乙烯与病症之间的关联性（Cooper and Parks，2004；Parks and Cooper，2006）。

综上所述，人类实验数据提供了一些证据表明，人类暴露于三氯乙烯会引起或加剧自身免疫性疾病。三氯乙烯和自身免疫性疾病之间的关联得到多项三氯乙烯暴露和自身免疫性疾病（主要是系统性硬化症）相关对照病例研究的支持，职业研究表明，三氯乙烯会引发严重的全身性过敏性皮炎，一些三氯乙烯有关流行病学研究和促炎细胞因子状态。在跨多个三氯乙烯和系统性硬化症病例对照研究中观察到的一致性三氯乙烯相关影响最有力地证明了这一结论。虽然众多的病例对照研究支持自身免疫性疾病和暴露于溶剂中，包括三氯乙烯之间的关系，但由于观察到的自身免疫有关影响是由三氯乙烯还是由其他溶剂暴露引发具有很大的不确定性，因此这些研究提供了有限三氯乙烯诱导自身免疫的支持。从现有研究获得的大部分暴露数据源自工作暴露矩阵，并涉及多种化学品。风险评估人员须确定是否个别研究暴露相关问题结果支持或提供有疑义的三氯乙烯诱导自体免疫数据。虽然 Iavicoli 等（2005）与 Lehmann 等（2002）提供了一些有关三氯乙烯引发炎性细胞因子的数据，但未提供三氯乙烯和自身免疫性疾病之间潜在剂量-反应关系的数据。数据库中的数据大体上源自代表性或前瞻性的自身免疫性疾病发病率同期组群研究与暴露数据。现有的三氯乙烯流行病学数据提供了极少的三氯乙烯暴露与人类自身免疫性疾病症状之间的潜在剂量-反应关系，因此不支持定量风险评估。人类实验数据也没有提供按年龄或性别潜在易感人群表征的更多信息。有一些证据表明暴露于三氯乙烯，与女性相比较，男性引发系统性硬化症风险较大；然而，由于通常系统性硬化症发病率，男性比女性低 10 倍，所以可反映出这些证据的不确定性。因此虽然人类实验数据提供证据证明三氯乙烯与自身免疫性疾病之间关联性，但是由于暴露数据的有限性，不能被用于进行定量的风险评估。

C6.3.1.2 是否有证据表明该化学品会导致自身免疫性疾病动物模型疾病发病率变化或进展？

有。大多数（Khan et al.，1995；Griffin et al.，2000a，b，c；Blossom et al.，2006，2007，2008；Gilbert et al.，2006，2009；Blossom and Doss，2007），除了（Peden-Adams et al.，2008；Keil et al.，2009），使用自身免疫性疾病多发品系小鼠的研究表明，三氯乙烯促发一些自身免疫性疾病小鼠模型自身免疫性疾病的发生和发展，诱导野生型小鼠自身免疫性疾病的生物标志物（Keil et al.，2009）。然而，迄今为止的研究都未证明三氯乙烯会诱导自身免疫性疾病。因此，进行的研究目前表明，暴露于三氯乙烯，加速自身免疫表征，但不诱导自身免疫。

使用自体免疫疾病易发 MRL+/+ 小鼠的研究证明，三氯乙烯（10 mmol/kg 体重腹膜内注射）本身能够中度刺激抗核抗体（ELISA 中一倍光学密度值）和抗-单-双链 DNA 抗体（ELISA 中光密度 50% 增加）水平，但不刺激抗心磷脂抗体，抗 Sm 抗体，抗组织蛋白，抗双链 DNA 抗体或循环免疫复合物水平（Khan et al.，1995）。此外，也检测到相对脾脏质量（36%）和总血清 IgG 水平（45%）增加。在相同研究中（Khan et al.，1995），三氯乙烯诱导三氯乙烯的代谢产物之一，二氯乙酰氯（DCAC）（0.2 mmol/kg 体重腹膜内注射）被测试出，出现 IgG 抗体增加（即超过 300%）。值得注意的是，DCAC 也诱导 DCAC 特异性抗体，显示出 20～30 倍更高的光密度值。DCAC（也是用 0.2 mmol/kg 体重腹膜内注射）促发疾病和自身抗体产生的影响同样在同一群组的最近研究中得到证实（Cai et al.，2006）。这项研究表明，由于酰化剂 DCAC 引发的蛋白质共价加合物形成可能是产生 DCAC 特异性免疫的初始步骤，也可能促进自身抗原特异性抗体应答。在许多组织，包括肝、肺、肾脏、胃中已发现三氯乙烯共价结合物、DCAC、大量大分子。有趣的是，三氯乙烯同时共价结合 CYP2E1，CYP2E1 是主要负责三氯乙烯代谢的酶。其他三氯乙烯代谢物已经证明如果加合白蛋白，也成为免疫原性（Cai et al., 2007）。与这些研究一致，另一种三氯乙烯氧化代谢物，三氯乙醛水合物（TCAH），已经显示出提升自身免疫性疾病多发 MRL+/+ 小鼠各种自身免疫性参数（Gilbert et al., 2006；Blossom et al., 2007）。

　　类似研究提供的三氯乙烯自身免疫抗原潜在性证据是基于免疫参数范围调制。Griffin 等（2000a，b）研究中 MRL+/+ 小鼠通过饮用水暴露于三氯乙烯 [剂量为 21 mg/(kg 体重·d)，100 mg/(kg 体重·d) 或 400 mg/(kg 体重·d)] 为期 4 周或 32 周。仅有 100 mg/(kg 体重·d) 或 400 mg/(kg 体重·d) 剂量导致单核细胞浸润（CD3+ 和 CD3− 淋巴细胞），肝脏中形成加合物，CD4+T 细胞活化（激活标记和 IFN-γ 产生增加），抗核抗体血清水平增加。值得注意的是，与未经暴露的小鼠相比，暴露的小鼠在第 4 周发现抗核抗体增加 [暴露剂量 21 mg/(kg 体重·d) 和 100 mg/(kg 体重·d)]，在第 32 周控制均衡，但在第 32 周观察到肝脏组织学变化 [暴露剂量 100 mg/(kg 体重·d) 和 400 mg/(kg 体重·d)]，而在 4 周暴露后未发现。在后续研究（Griffin et al., 2000c）中，暴露于较高剂量三氯乙烯 [455 mg/(kg 体重·d) 和 734 mg/(kg 体重·d)] 6~8 周后发现抗核抗体水平增加，再次较长时间（22 周）暴露后表现为正常化。这些结果表明，三氯乙烯可能会加速自身免疫性疾病易感小鼠自身免疫应答发生，但如果加长暴露时间，自身免疫疾病在对照组群自发性发展时，差异不再明显。肝脏病理只发生在 MRL+/+ 小鼠暴露于三氯乙烯的案例研究中，这种病理现象不可能是由于自身反应性，而是特定化合物过敏样过程的结果。暴露于 DCAC 的 MLR+/+ 小鼠研究（Cai et al., 2007）中发现 IgE 水平增加，可能会支持这样的想法，虽然增加 IgE 水平发生在 Th2 细胞介导的过敏性反应中。最近，Cai 等（2008）也表明，三氯乙烯（60 mg/(kg 体重·d) 长达 48 周）诱导血清抗核抗体略微，而不是显著增加。根据 Griffin 等（2000b）上述研究论证，病理变化（肝脏、肺脏、肾脏 CD3+ 细胞涌入和肾小球免疫球蛋白沉积）仅在三氯乙烯暴露小鼠中表现出。

　　其他自身免疫性疾病倾向的小鼠品系，NZBWF1（Keil et al., 2009）和 C3H/HeJ 小鼠（Blossom et al., 2006）及非自身免疫性疾病易感小鼠，即 B6C3F1 品系（Keil et al., 2009），已被用于三氯乙烯相关自身免疫促进作用研究中。三氯乙烯没有使 C3H/HeJ 小鼠（易患自身免疫性脱发）诱导自身免疫现象，仅使 NZBWF1 小鼠（易患系统性红斑狼疮）发生轻微的变化，产生自身抗体。Keil 等（2009）得出结论，低剂量暴露引发肾小球抗原和双链 DNA 自身抗体瞬时增加不能证明 NZBWF1 小鼠慢性暴露于三氯乙烯（浓度 1.4 mg/L 与 14 mg/L）会导致自身免疫性疾病进展。与 NZBWF1 品系小鼠研究结果相反，在同一实验中评估非自身免疫性疾病易发 B6C3F1 小鼠，发现暴露于三氯乙烯（饮用水中三氯乙烯浓度 1.4 mg/L 与 14 mg/L）持续约 30 周后抗单链 DNA 血清水平升高。B6C3F1 小鼠实验中，暴露于三氯乙烯（浓度 14 mg/L）观察到脾脏中活化 T 细胞数量增加相关的剂量-反应关系。仅在 B6C3F1 小鼠中观察到肾脏病理变化，肾脏加号增加（由于炎症、增殖等）。应该指出的是，因为它们肾脏疾病的遗传易感性，基底肾加号比 NZBWF1 小鼠高 3~9 倍。尽管如此，虽然该证据是有限的，并没有被重制，这项研究表明，三氯乙烯可能有自发诱发自身免疫性疾病的潜在性。

在三个最近的研究中，针对交配前开始通过生活饮用水暴露于三氯乙烯的 MRL+/+小鼠进行终身（发育期和幼年）检测（Peden-Adams et al.，2006，2008；Blossom and Doss，2007）。Blossom 和 Doss（2007）研究中母体暴露于高达 684 mg/(kg 体重·d) 的剂量，显示出 IgG2a 和抗组水平略有上升［两个参数只在中间剂量 122 mg/(kg 体重·d)］。Peden-Adams 等（2006，2008）研究中，MRL+/+和 B6C3F1 小鼠暴露于含三氯乙烯饮用水（浓度为 1.4 mg/L 与 14 mg/L）（MRL+/+小鼠暴露周期从交配直到 12 个月的年龄，B6C3F1 小鼠暴露周期从交配到 8 周年龄），未发现抗双链 DNA 或抗肾小球抗体水平变化。

虽然在研究中没有检测 MRL+/+小鼠其他免疫功能，但发现暴露于 1.4 mg/L 与 14 mg/L 浓度三氯乙烯的雄性 MRL+/+小鼠胸腺细胞显著下降；暴露于 14 mg/L 浓度三氯乙烯的雄性 MRL+/+小鼠同时被发现所有胸腺 T 细胞亚群减少（Peden-Adams et al.，2008）。与此相反，暴露于 14 mg/L 浓度三氯乙烯的雄性与雌性 B6C3F1 小鼠都表现出胸腺细胞增加（Peden-Adams et al.，2006）。针对 B6C3F1 小鼠进行了附加的功能性免疫检测（1.4 mg/L 与 14 mg/L 浓度）。发现两个剂量组中的雄性与雌性 B6C3F1 小鼠 SRBC 主要抗体反应降低，而暴露于 14 mg/L 浓度三氯乙烯的雌性与雄性 B6C3F1 小鼠中，仅观察到雌性 B6C3F1 小鼠 SRBC 诱发 DTH 反应增加。

总之，出于风险评估的目的，在一些啮齿类动物模型研究中有相当大量的动物数据支持三氯乙烯暴露与增加自身免疫性疾病进展或发病机制之间的关联性。大多数有关三氯乙烯促进自身免疫性疾病的动物实验研究数据表明，高剂量三氯乙烯（如 100~2500 mg/L）加剧 MRL+/+小鼠自身免疫性疾病症状严重程度的发生和（或）恶化，MRL+/+小鼠是一种基因自身免疫性疾病多发的品系。也有一些研究表明非转基因自身免疫性疾病易发 B6C3F1 小鼠表现出免疫调节（自身免疫性疾病标志物免疫抑制、免疫刺激和促进）。MRL+/+小鼠实验数据支持剂量-反应关系，但没有明确的阈值证据。许多研究使用一种或两种剂量，因为它们的目的是确定作用机制，而不是用于建立剂量-反应关系或影响水平。啮齿类动物实验数据连同上述第 C6.3.1.1 节描述的强大人类实验数据提供了证明三氯乙烯增加自身免疫性疾病严重程度和发展的相关证据。

如上 C6.3.1.1 节中所述，由于普遍缺乏暴露数据，缺乏代表性或前瞻性同期组群自身免疫性疾病发病率与三氯乙烯暴露相关研究，人类实验数据包含相当大的不确定性。因此，人类实验数据不适用于评估三氯乙烯暴露和人类系统性硬化症或其他自身免疫性疾病症状之间的潜在性剂量-反应关系，而现有的动物数据应被用于进行定量风险评估。考虑到动物研究数据库应该开始于评估最低影响水平识别与所观察的影响生物合理性，首先，与其他风险评估相同，优先使用与人体暴露途径最相关的数据，因此与通过腹腔注射途径暴露于三氯乙烯的研究数据相比较，动物实验中涉及口腔暴露于三氯乙烯的研究数据应被优先选择用于风险评估中。其次，在将从易发生自身免疫性疾病的啮齿动物模型中获得的动物数据用于预估三氯乙烯诱导人类自身免疫风险时,需要明确地考虑应用于动物数据的不确定性因子。这些不确定性因子的应用将在下面详细讨论,但是,正如在第 7 章指导文件中所描述的,与一般群体相比较,这些动物模型被认为是最佳的易感人类模型,因此使用自身免疫性疾病易发啮齿动物中得到的数据预估人类风险时,种内不确定性因子一般应从 10 减少到 1。

当考虑到数据库中的可用研究时,很显然许多早期的研究使用高剂量三氯乙烯(例如 100~2500 mg/L 腹腔内注射或在饮用水中,生成有效剂量 60~100 mg/(kg 体重·d)。更近期的研究,如 Keil 等(2009)与 Peden-Adams 等(2006,2008)执行的研究中饮用水中剂量范围降至 14 mg/L 与 1.4 mg/L,个别研究根据体重剂量为 0.14~0.35 mg/(kg 体重·d)。表 C6.1 中显示的是精选低剂量范围自身免疫有关终点免疫影响相关案例研究数据汇总。大多数这些研究的目的是阐明三氯乙烯已知有毒剂量的作用机制,因此剂量范围不低于饮用水中 1.4 mg/L 三氯乙烯剂量。即使测试的最低剂量均高于在美国的平均地下水中剂量,但它们需类似于美国国家优先表上标明的剂量(Peden-Adams et al.,2008)。还应当指出的是,许多这些研究专门针对于一个复杂的(至少两步)作用机制,包括超敏反应(蛋白质结合、代谢物特异性免疫应答)和自身免疫性疾病(自身抗体增加)相关现象。危害识别研究已经证实三氯乙烯诱导各个器官炎症的潜力性,但没有研究建立炎症自身免疫性质。

表 C6.1 口腔途径暴露于三氯乙烯动物免疫毒性数据概述

参考文献	小鼠品系	身体质量/g	剂量/(mg/L)	暴露时间/天	影响	LOAEL[a]
Griffin 等 (200b)	MRL+/+	40	100,500 与 2500	28	加合物形成,T 细胞活性增加,肝炎,单核浸润肝脏,抗核抗体增加	21
Keil 等 (2009)	NZBWF1	40	1.4 与 14	189	在19周双链 DNA 自身抗体增加,然后在 32 和 34 周(而不是在 23,24,30 或 36 周)仅使用剂量 1.4 mg/L;肾小球抗原自身抗体瞬时增加(仅在第 11 和 19 周)	0.16[b]
Keil 等 (2009)	B6C3F1	30	1.4 与 14	210	14 mg/L 剂量时,在第 32~39 周双链和单链 DNA 自身抗体增加,增加肾脏病理得分,降低胸腺质量,增加 T 细胞活化	0.19
Cai 等 (2008)	MRL+/+	26	500	336	增加抗核抗体,肝 T 细胞大量涌入,肺部有炎症迹象,肾功能影响	60

续表

参考文献	小鼠品系	身体质量/g	剂量/(mg/L)	暴露时间/天	影响	LOAEL[a]
Peden-Adams等（2006）	B6C3F1	25	1.4与14	GD 0~56	增加DTH（针对SRBC），减少PFC（针对SRBC）	0.22
Peden-Adams等（2008）	MRL+/+	40	1.4与14	GD 0~386	降低胸腺细胞性	0.14

注：GD，妊娠日

a 每日剂量取决于体重，可能在长期研究过程中发生变化。研究报告（初步或最终）现有的体重用于这些计算，可能不是最佳的剂量计算。

b Keil等（2009）研究得出结论三氯乙烯不会引发MRL+/+小鼠自身免疫性疾病进展。

资料来源：根据Peden-Adams等（2006,2008）研究改编。

Keil等（2009）B6C3F1小鼠试验数据提供了根据通过相关暴露途径自身免疫有关影响动物数据获得的最低剂量与剂量-反应关系证据，因此被选定用于风险量化评估。目前还没有能够用于识别三氯乙烯相关自身免疫性影响NOAEL的数据。最低剂量（1.4 mg/L）为LOAEL，自身免疫相关影响包括双链和单链DNA自身抗体水平增高，肾脏病理分级得分增加。在较高剂量（14 mg/L）时，激活（CD4+/CD44+）T细胞也有所增加。有一些证据表明这些终点剂量-反应关系，但极为有限。例如，活化T细胞增加表明剂量-反应关系，在低剂量（1.4 mg/L）时，活化T细胞增加不显著，但剂量为14 mg/L时，活化T细胞增加显著。双链DNA自身抗体增加也表明剂量-反应关系，高剂量很快观察到影响（即剂量为14 mg/L三氯乙烯时，26周观察到影响，而剂量为1.4 mg/L时，直至32周后影响才显著）。单链DNA自身抗体不存在这样的差异，低剂量（1.4 mg/L）需要时间点（如34周）才可观察到自身抗体水平增加，而高剂量无需时间点，观察到影响较快。

Keil等（2009）研究是一系列小鼠品系暴露于三氯乙烯相关自身免疫研究中的一部分，研究中小鼠品系暴露于三氯乙烯剂量水平为1.4 mg/L和14 mg/L的饮用水中。使用多个研究获得的数据，较长时间三氯乙烯暴露重要性可以在这些剂量水平影响自身免疫有关的发展中观察到。Peden-Adams等（2006）报道的发展研究中，B6C3F1小鼠从妊娠到8周年龄暴露，未观察到自身抗体增加，Keil等（2009）报道在30周龄观察到自身抗体增加。这表明，短期或亚慢性暴露于三氯乙烯不足以促发自身免疫性疾病的发展，更长时间的暴露于三氯乙烯可能增加非转基因倾向B6C3F1小鼠自身免疫性疾病相关标记表达。先前描述的MRL+/+小鼠高剂量三氯乙烯暴露研究中提供的额外证据表明，暴露时间影响观察效果。自身抗体和T细胞活化一般在高剂量三氯乙烯与短期，4周暴露中观察到（Griffin et al.，2000b，c），组织病理变化，如肝脏炎症和淋巴细胞浸润都在暴露32~48周后观察到（Griffin et al.，2000c；Cai et al.，2008）。从这些高剂量三氯乙烯研究中获得的数据也提供了三氯乙烯暴露与加重自身免疫之间的剂量-反应关系。虽然在低剂量水平（即1.4 mg/L与14 mg/L）自身免疫性影响也证明剂量-反应关系，但由于缺乏明确的剂量-反应关系证据，因此在评估中是不确定性的来源。

Keil 等（2009）将 B63CF1 小鼠三氯乙烯暴露数据获得的 LOAEL 1.4 mg/L 用于非自身免疫性疾病多发小鼠品系一些自身免疫有关的终点。两个额外的口腔途径暴露于饮用水研究（Peden-Adams et al.，2006，2008）证明 1.4 mg/L 三氯乙烯剂量水平作为 LOAEL，两个小鼠品系（B6C3F1 与 NZBWF1）也证明 LOAEL 自身免疫性影响。同一实验室发现有限证据证明自身免疫性疾病多发 NZBWF1 小鼠在同样实验中暴露于三氯乙烯引发自身免疫，并得出结论 NZBWF1 小鼠慢性暴露于 1.4 mg/L 与 14 mg/L 剂量三氯乙烯，未发现自身免疫性疾病的进展（Keil et al.，2009）。因此，Keil 等（2009）获得的 NZBWF1 小鼠数据为 B6C3F1 小鼠数据提供了一些支持，但不适用于推导 POD 值。Peden-Adams 等（2008）研究数据也不适用于推导 POD 值，因为 MRL＋/＋小鼠胸腺细胞变化表明的组织病理学变化未被确定与自身免疫有关。Keil 等（2009）与 Peden-Adams 等（2006）也报道 B6C3F1 小鼠从 8 周龄暴露于 1.4 mg/L 三氯乙烯剂量，表现出免疫抑制和免疫刺激（增加 DTH 和降低 PFC）的证据。在全面性的风险评估中，这些终点（降低 PFC 支持抑制和增加 DTH 支持刺激）会被认为是最有可能的附加影响，LOAEL 为相同的剂量水平。虽然增加迟发型过敏 DTH 表明免疫刺激，并可能与促发自身免疫，根据增加 DTH 和 PFC 数据推导 POD 值或影响水平不包括在本文当中，因为本研究案例仅限于自身免疫有关的影响。

因此，Keil 等（2009）研究中，最低剂量（1.4 mg/L）为 LOAEL，B6C3F1 小鼠暴露后，观察到的自身免疫有关终点包括双链和单链 DNA 自身抗体水平提高，肾脏病理分级得分增加三氯乙烯相关自身免疫性疾病的加重。从现有的数据不能确定 NOAEL。LOAEL 的一些终点，如增加单链和双链 DNA 自身抗体，表明在这些小鼠中三氯乙烯暴露表现出的较早病因学影响加剧自身免疫性疾病。如第 7 章中所讨论的，单独 DNA 自身抗体不一定被考虑为不利影响，许多个体研究证明单独 DNA 自身抗体无临床症状，它们也可能发生在正常老化过程中。然而，1.4 mg/L 剂量暴露会引发其他影响，如肾加号，更密切相关的明确不良反应（即肾病理）。事实上，1.4 mg/L 剂量暴露还会引发多种影响，三氯乙烯更高剂量水平被证明引发自身免疫相关调制。当被考虑的终点数据被认为是早期疾病病因影响时，风险评估人员可以考虑减少不确定因子，说明 LOAEL 至 NOAEL，因此 LOAEL 大概是接近 NOAEL。内部剂量指标与自身免疫影响，如肝脏或肾脏三氯乙烯蓄积量 E 或代谢产物水平之间关联性未包括在这些研究中。更全面的风险评估应仔细考虑使用可用毒代动力学模型进行人体健康风险评估，并根据可用的动物数据推断有关人体内部和外部相关三氯乙烯剂量与自身免疫风险增加关联性。然而，这超出了本案例分析的范围，因此，这一案例是基于 Keil 等（2009）研究中 B6C3F1 小鼠通过口腔途径暴露获得的 LOAEL。

1.4 mg/L LOAEL 需要被转换为 mg/kg 体重，作为 POD 值与参考值预估标准计算单位。mg/kg 体重剂量可通过应用水中的三氯乙烯含量乘以饮用水中三氯乙烯浓度乘以平均水摄入量，并除以平均体重。按照 Keil 等（2009）中表 1，使用平均体重为 30g，根据 Peden-Adams 等（2008）中表 5，假设每天消耗饮用水 4 ml，计算方法如下：

LOAEL $=1.4$ mg/L$\times(0.004$ L/d$)/0.030$ kg 体重

=0.187 mg/(kg 体重・d)
　　=0.19 mg/(kg 体重・d)（雌性与雄性）

要继续说明本案例研究，根据 Keil 等（2009）研究调整后的三氯乙烯 LOAEL 0.19 mg/(kg 体重・d) 将用于推导出基于健康的指导值或参考值。如在第 3 章（第 3.3.7.3 节）中描述，风险评估人员应使用 BMD 建模于数据，得出一个接近可用数据低端的 POD 值。鉴于本案例研究的目的，LOAEL 将被用作 POD 值，而不需要选择模型进行计算，但 BMD 一般是优选方法。

风险评估过程的下一步是应用不确定性因子，参见第 3.3.10 章节和第 7.10 章节所述参考自身免疫。

- 种内不确定性因子是 10，因为人与人之间变化缺乏更明确数据。尽管数据库包含多个自身免疫性疾病易感小鼠的研究，但确定人类风险所使用的数据源自非自身免疫性疾病多发的啮齿动物模型，因此在本案例研究中使用标准的 10 倍不确定性因子。当动物数据源自被认为代表敏感人群，而不是一般群体模型时，风险评估人员应考虑减少或消除种内不确定性因子。自身免疫性疾病多发的啮齿类动物被认为是代表易感人类的最佳模型（参见第 7 章进一步讨论）。

- 种间不确定性因子是 10，依据动物实验数据推断人类风险。

- LOAEL 与 NOAEL 不确定性因子是 10，因为 NOAEL 不可用。风险评估人员可以考虑减少 LOAEL 与 NOAEL 不确定性因子，由于在 LOAEL 时一些数据（即增加的单链和双链 DNA 自身抗体）表现出三氯乙烯加剧自身免疫病因的较早影响，因此 LOAEL 大概接近 NOAEL。鉴于本案例研究的目的，不确定性因子未被减少。考虑到数据库不确定性因子与缺少较低剂量范围的研究，因此减少这些不确定性子至 1 或提高不确定性因子至 10，会被认为分别低估和高估不确定性。默认的 LOAEL 与 NOAEL 不确定因子方式被选择。

- 由于研究的长度为 30 周，因此用于慢性暴露评估的亚慢性与长期的不确定性因子，或使用与时间因子将是 1。这种不确定性因子的应用取决于政策和一些机构，如 USEPA，如果暴露不到 2 年的研究，一般认为是慢性，则需要考虑减少不确定性因子。这种不确定性因子还取决于风险评估阶段问题定义的范围（即慢性、亚急性或急性）。动物数据表明，暴露长度增加观察到影响的严重程度，增加持续时间产生较低影响水平[例如，Peden-Adams 等（2006）研究中，B6C3F1 小鼠暴露 30 周以上未观察到自身免疫影响，而暴露 8 周时观察到自身免疫影响]。

- 数据库不确定性因子将是 1，因为三氯乙烯诱导自身免疫发作具有比较大的数据库。缺乏低剂量水平的研究可以用于证明更大的数据库不确定性因子；但是，鉴于这次评估的目的，存在一些多种啮齿动物品系暴露于 1.4 mg/L [0.19 mg/(kg 体重・d)] 的相关研究被认为是足够的。如前面所讨论的，在剂量 1.4 mg/L 观察到的影响可被认为是自身免疫的早期标志物，因此，建议剂量接近 NOAEL。NZBWF1 小鼠在这一剂量暴露时未表现出明确影响表明，研究人员在自身免疫性疾病易感小鼠也提供足够低剂量数据。LOAEL 与 NOAEL 不确定性因子说明缺乏 NOAEL 相关的不确定性。

要完成基于健康指导值或参考值的推导，指导建议考虑风险群体（如儿童、老年人和遗传易感个体），然后使用上述总不确定因子除以 POD 值。另外需要考虑的可能是易感者的人生阶段，因为年长者处于适应性免疫调制阶段，一般自身免疫的风险增加［参见 Hakim 和 Gress（2007）与第 7 章 7.8 节论述］，但没有可用的动物或人类试验数据证明三氯乙烯诱导自身免疫的潜在易感性。鉴于大多数观察到的自身免疫性疾病具有性别倾向，偏向女性，因此性别是另一个重要的内在因素，需在环境暴露风险中考虑，包括三氯乙烯。三氯乙烯加剧自身免疫的动物数据未证明强烈的性别与易感性之间关联性，但在实验中仅使用了雌性 B6C3F1 小鼠，用于推导出参考值。第 C6.3.1.1 节中讨论的人类数据提供了有限的三氯乙烯暴露人群按年龄或性别易感潜在性的有限信息。有一些证据表明暴露于三氯乙烯，与女性相比较，男性引发系统性硬化症风险较大；然而，由于通常系统性硬化症发病率男性比女性低 10 倍，所以可反映出这些证据的不确定性。

使用上述数值，应用于风险评估推导三氯乙烯慢性参考值的总不确定性因子是 100（种内为 1，种间为 10，亚慢性与慢性、LOAEL 与 NOAEL 不确定性因子是 10，数据库为 1）。

对于三氯乙烯相关慢性自身免疫风险评估：

$$参考值 = 0.19 \text{ mg/(kg 体重} \cdot \text{d)} \div 1000$$
$$= 0.000\ 19 \text{ mg/(kg 体重} \cdot \text{d)}$$

参考值是根据雌性 B6C3F1 小鼠暴露于 1.4 mg 三氯乙烯每升 [0.19 mg/(kg 体重·d)] LOAEL 推导出的，B6C3F1 小鼠比表现出双链和单链 DNA 自身抗体水平提高，表示肾脏病理的分级得分增加。此参考值得到在自身免疫性疾病多发 NZBWF1 小鼠暴露于相同剂量三氯乙烯饮用水研究中数据的支持，NZBWF1 小鼠表现出 DNA 和肾小球抗原瞬时升高。B6C3F1 暴露于 1.4 mg/L 剂量同时表现出 DTH 增加（Peden-Adams et al.，2006），表明免疫应答增强可能与自身免疫有关。众多 MRL+/+小鼠研究证明较高剂量三氯乙烯刺激自身免疫（Khan et al.，1995；Griffin et al.，2000a，b，c；Blossom et al.，2006，2007，2008；Gilbert et al.，2006，2009；Blossom and Doss，2007）。因此，B6C3F1 小鼠三氯乙烯诱导 DNA 自身抗体和肾脏病理增加表明大部分易感品系的自身免疫最敏感终点，并得到其他动物实验数据证实。

C6.3.1.3 是否有证据表明，化学物质会改变自身免疫性疾病动物模型自身免疫性疾病（即抗体水平、炎症标志物、调节性 T 细胞、淋巴结增生等）相关的免疫反应？

有。有很多的研究证实三氯乙烯调制自身免疫病小鼠模型自体免疫相关的免疫指标。大量的研究提出自身免疫性疾病易发 MRL+/+小鼠与一些其他品系三氯乙烯暴露后自身抗体产生相关数据。多个研究（Griffin et al.，2000b，c；Blossom et al.，2006，2007，2008；Blossom and Doss，2007）也报道证明 MRL+/+小鼠三氯乙烯相关促炎细胞因子（主要是 IFN-γ）增加与 Th1 型炎症应答。许多这些数据已在上面第 C6.3.1.2 节中有描述，因此，只在这里做简要概述。

MRL+/+小鼠三氯乙烯数据包括抗核抗体（Khan et al.，1995；Griffin et al.，

2000b，c；Cai et al.，2008)、抗组蛋白抗体（Blossom and Doss，2007）与双链和单链 DNA 抗体（Khan et al.，1995）增加报告。直接暴露于几种三氯乙烯代谢产物也将增加 MRL+/+小鼠自身抗体。TCAH 增加抗核抗体和抗组蛋白抗体（Blossom et al.，2006）；DCAC 增加抗核抗体、抗单链 DNA 抗体和抗心磷脂抗体（Khan et al.，1995；Cai et al.，2006）。在自身免疫性疾病多发 NZBWF1 小鼠研究中也观察到肾小球抗原自身抗体瞬时增高（Keil et al.，2009）。在 11 周和 19 周（而不是 16 或 23~36 周龄），两种剂量三氯乙烯暴露都出现肾小球抗原抗体显著增加；在 19 周龄，双链 DNA 抗体显著增加，低剂量暴露时，仅在 32 和 34 周龄双链 DNA 抗体显著增加。作者的结论是 ZBWF1 小鼠长期暴露于 1.4 mg/L 和 14 mg/L 剂量三氯乙烯，不会出现发展自身免疫性疾病。在同样的实验中，研究人员使用非遗传倾向小鼠品系（B6C3F1）检查三氯乙烯暴露发生后自身免疫性疾病相关标志物，发现不会自发地发展自身免疫性疾病。B6C3F1 小鼠暴露于三氯乙烯表现出单链和双链 DNA 抗体显著增加（Keil et al.，2009）。B6C3F1 小鼠 DNA 自身抗体增加是在饮用水中三氯乙烯 LOAEL 1.4 mg/L 时确定的几种影响之一。肾脏病理与这些自身免疫标记被用于推导第 C6.3.1.2 节中的 POD 值和 RfD，因此定量风险评估与先前评估程序相同，在这里不作论述。

如上所述，自身免疫性疾病易感小鼠及非自身免疫性疾病易发 B6C3F1 小鼠的许多案例研究和数据证明三氯乙烯增加自身抗体水平。也有证据表明，三氯乙烯暴露导致炎症状态，特征是 T 细胞 IFN-γ 分泌增加。单独自身抗体数据也可证明三氯乙烯对自身免疫产生影响的一些证据。为说明目的，风险评估人员面临着评估这些免疫与自身免疫测量有关的限制数据集，可以得出三氯乙烯具有诱导或加重自身免疫潜在性的结论。然而，增加自身抗体是三氯乙烯加重自身免疫病因的相对早期影响。DNA 自身抗体、抗核抗体被认为是不利影响，它们一般发生在较高剂量暴露，会引发病理（肾脏 IgG 蓄积，淋巴细胞浸润，肝细胞增殖或坏死）相关。如果没有三氯乙烯不良反应（即肾加号，肾脏病理）相关影响数据，则推导自身抗体影响水平存在较大不确定性。然而，由于三氯乙烯免疫毒性的大量数据源自易感啮齿动物株，因此很难从规模较大的三氯乙烯影响和自身免疫性疾病动物模型中报道的三氯乙烯诱导免疫指标变化数据库中分离出这些数据。考虑到数据库范围广泛，包括 C6.3.1.1 章节中概述的人类案例研究抗体数据与第 C6.3.1.2 节中自身免疫性疾病小鼠模型相对强大的数据库，提供了有力的证据证明三氯乙烯与自身免疫性疾病发病率增加和进展之间的关联性。

C6.3.1.4 是否有证据表明，从化学物质相关的一般性或观察性免疫检测（淋巴细胞表型、细胞活素类、补体、淋巴细胞增殖等）有调节自身免疫性疾病的潜在性？

有。三氯乙烯及其代谢产物 TCAH 和 TCA 已证明激活自身免疫性疾病易发 MRL +/+小鼠的 CD4+T 细胞。暴露于 0.1~2.5 mg/ml 剂量饮用水表现出活化标志物表达增加和细胞因子水平升高（尤其是 IFN-γ）。Griffin 等（2000b，c）报道 MRL+/+小鼠暴露于三氯乙烯，表现出 CD44+和 CD54 上调，CD4+细胞中 CD45RB 下调，脾脏或淋巴结 T 细胞活化。有趣的是，Keil 等（2009）报道非自身免疫性疾病易发

B6C3F1 小鼠暴露于三氯乙烯后出现 T 细胞活化，表明三氯乙烯作用一般机制并不仅限于敏感品系。MRL＋/＋小鼠暴露于三氯乙烯代谢产物 TCAH 和 TCA 后，通过使用激活标记 CD62L^{lo} 也观察到类似三氯乙烯相关 T 细胞激活（Blossom et al.，2006，2007）。类似的剂量，TCAH 和 TCA 两种化合物也增加导致激活诱导细胞死亡抗体（Gilbert et al.，2006）。Griffin 和他的同事进行的一系列研究（Griffin et al.，2000b，c；Blossom et al.，2006，2007，2008；Blossom and Doss，2007）报道 MRL＋/＋小鼠表现出被抗 CD3 或丨四烷酸乙酸大戟二萜醇酯刺激后，脾或外周血 T 细胞 IFN-γ 分泌增加。成年鼠（Griffin et al.，2000b）与 4 周龄（Blossom and Doss，2007）三氯乙烯暴露均观察到 IFN-γ 增加。成年鼠与成长期鼠（可达 7~8 周龄）更长期暴露（22~32 周）于三氯乙烯，未观察到 IFN-γ 增加（Griffin et al.，2000b，c；Blossom and Doss，2007）。MRL＋/＋小鼠暴露于三氯乙烯 4 周和 22 周后（饮用水中三氯乙烯剂量 2.5 mg/ml 与 5.0 mg/ml），抗 CD3 激活 T 细胞 IL-4 分泌减少（Griffin et al.，200b）；然而，MRL＋/＋小鼠暴露于三氯乙烯或其代谢产物 TCAH 或 TCA 后续研究中未观察到 IL-4 改变（Griffin et al.，2000c；Blossom et al.，2006，2007）。MRL＋/＋小鼠暴露于于三氯乙烯（饮用水中于三氯乙烯剂量 0.1 mg/ml）研究中也观察到 IL-2 和 TNF-α 增加（Blossom et al.，2008）。

三氯乙烯相关免疫变化的数据库中包括源自一般免疫测定的两种类型数据：淋巴细胞表型和细胞因子的产生。这些数据提供的三氯乙烯相关自身免疫证据不明确，不能被用于推导 POD 值（参见第 7 章第 7.7 节自身免疫不同检测相对强度和可预见性的论述）。在缺乏比较强大的三氯乙烯诱导自身免疫性疾病标记物表达相关数据库（主要从 MRL＋/＋小鼠研究中）情况下，炎性细胞因子和 T 细胞活化标志物表明免疫调节，但不会明确自身免疫性疾病。这些数据将确定一个数据差距，表明需要更确凿的自身免疫有关终点（如自身抗体增加早期标志物，肾或肝组织病理明显不良反应标记物）。同样，该数据可以用于支持进一步研究自身免疫疾病动物模型的需要，确定自身免疫性潜在性和免疫抑制或免疫刺激功能免疫测定。当然，这些数据缺乏可靠性的性质主要是由于事实上我们为了说明案例目的，断章取义地对细胞因子数据进行评估。在现实中，细胞因子数据和 T 细胞活化证据是与自身免疫性终点相关，作为机制研究一部分收集的数据证明自体免疫作用机制表征与三氯乙烯暴露相关联。因此，完整数据库的三氯乙烯相关数据证明三氯乙烯增加 IFN-γ 细胞因子和 T 细胞活化。在 MRL＋/＋小鼠研究中评估的最低三氯乙烯剂量分别为 0.1 mg/ml 或 100 mg/L。虽然 Keil 和同事们在 B6C3F1 小鼠研究中报道细胞因子水平信息（Keil et al.，2009；Peden-Adams 2006，2008），但作者提供的信息表明暴露于 14 mg/L 剂量三氯乙烯显著增加 T 细胞活化。1.4 mg/L 剂量三氯乙烯暴露也表现出自身免疫相关影响，但最低剂量水平暴露未观察到 T 细胞活化数据。一般免疫检测数据提供了三氯乙烯加重或加速自体免疫的重要证据。三氯乙烯相关诱导自身免疫数据库包括相对大量的自身免疫性疾病动物模型报道的自身免疫相关影响（参见第 C6.3.1.2 节）研究数据，一些报道自身免疫性疾病相关自身抗体与一些其他免疫标志的研究数据（参见第 C6.3.1.3 节）与人类病例对照研究的证据数据（参见第 C6.3.1.1 节）。

C6.3.1.5 是否有病理组织学证据（胸腺等），或有免疫器官质量和血液系统变化表明该化学物质会导致自体免疫应答（即免疫复合物沉积、炎性细胞浸润）？

有。三氯乙烯相关的自身免疫主要病理组织学证据是白细胞浸润研究报告。特别是，在 MRL+/+小鼠研究中，已证明三氯乙烯诱导各种器官，即肝、肺、皮肤和肾脏炎症性细胞浸润（饮用水中剂量为 0.1～2.5 mg/ml）（Griffin et al., 2000b; Cai et al., 2008; Gilbert et al., 2009）。

暴露于三氯乙烯（饮用水中浓度为 0.5 mg/ml）48 周观察到肝脏发生变化，包括肝坏死和增加肝细胞增殖（Cai et al., 2008）。Griffin 等（2000c）报道暴露于三氯乙烯浓度低至 0.5 mg/L，为期 32 周，观察到肝脏淋巴细胞浸润，暴露于三氯乙烯浓度低至 0.1 mg/L，为期 32 周，观察到肝细胞的反应性增加。MRL+/+小鼠暴露于三氯乙烯为期 48 周证明出现免疫复合物沉积在肾脏肾小球（Cai et al., 2008）。虽然上面提到的所有病理改变会在自身免疫性疾病具体研究中观察到，但炎症细胞浸润在常规基质组织苏木精和伊红染色检测中也可能被检测到。鉴于本案例研究的目的，肝、肺、皮肤、肾的常规基质组织苏木精和伊红染色检测信息未在前面章节中的自身免疫性研究数据库中描述。在这种情况下，炎性细胞浸润数据可以用于支持自身免疫疾病动物模型需要的进一步研究，以确定自身免疫潜在性。实际上，病理组织学数据可用于证明其他免疫终点。

如上所讨论，暴露于三氯乙烯后免疫组织病理学数据集包括肝、肾、肺、皮肤炎性浸润，肝细胞增殖和免疫复合物沉积在肾脏中。免疫复合物沉积数据本身提供了自身免疫的一些证据。在较大数据库的背景下，病理组织学数据提供了作用机制相关机械信息。支持三氯乙烯相关加重自身免疫性疾病的数据库包括支持三氯乙烯暴露与一些自身免疫性疾病小鼠模型自身免疫性疾病恶化或发病之间关联性的大量动物数据（参见章节 C6.3.1.2），报道自身免疫性疾病动物模型免疫标志物调制与自身免疫关联性的大量研究（参见第 C6.3.1.3 节），包括一般的免疫试验，如表明自身免疫的促炎症细胞因子水平（参见第 C6.3.1.4 节）与人类病例对照研究的强有力证据（参见第 C6.3.1.1 节）。上述描述的特异性自身免疫相关组织病理学证据为三氯乙烯诱导自身免疫增加了证据权重。

C6.3.2 危险特性鉴定证据的结论效力

前面的部分是分述第 7 章中证据权重方法的问题（图 7.1 中总结）。它们提供例证概述如何按照第 7 章指导进行自身免疫评估。问题被分别论述，以便于帮助风险评估人员在缺乏额外证据的情况下，针对每种类型数据的证据不同级别效力进行评估。鉴于本案例研究目的，数据不应该被单独评估，而是应该整合在一起进行统一评估，并汇集每一个问题的答案，作为给定化学品的整体数据库。如在第 3～7 章中所描述的，风险评估人员应基于第 7 章与图 7.1 中总结证据权重法中列出的所有问题答案制定三氯乙烯相关自身免疫证据权重法结论。自身免疫证据权重法结论也应描述该数据库的一致性和生物合理性，包括优势、劣势、不确定性和数据差距。同样重要的是，要注意，第 C6.3.1.1~C6.3.1.5 节中不同类型自身免疫有关数据讨论（包括上述第 C6.3.1.2 节提供的定量评估）仅限于自身免疫性相关影响，评估未涉及三氯乙烯相关健康影响或其他类型免疫毒性的全面风险评估。例如，免疫毒性的一般评估，可使用从 Peden-Adams 等 (2006) 获得的 PFC 和 DTH 数据推导 POD 值。

人类数据将是进行风险评估的首选，因为人类数据需要较少的假设推导参考值。如在 C6.3.1.1 节中讨论，有极少数的三氯乙烯暴露数据证明三氯乙烯暴露与人类自身免疫性疾病症状之间的潜在定量关系。有限的人类数据源自 Iavicoli 等 (2005) 研究，其中报道了职业性暴露于三氯乙烯和炎性细胞因子增加之间的关联。平均而言，职业性流行病学研究中涉及的暴露水平分别为 35 mg/m^3 或更高。假设每天 8 h 的工作，这相当于约暴露剂量为 5 mg/(kg 体重·d) 或更高。在这些研究中，未建立 NOAEL。由于在重复通过口腔暴露于三氯乙烯研究中观察到小鼠表现出较小反应，因而此研究应被考虑为最适合用于制定参考值的起点。

非自身免疫性疾病多发 B6C3F1 小鼠暴露于饮用水中三氯乙烯（浓度为 1.4 mg/L）为期 30 周，表现出双链和单链 DNA 自身抗体水平提高，肾脏病理分级得分增加，表明暴露于最低水平三氯乙烯会出现加速或加重自身免疫 (Keil et al.，2009)。因为它们代表最低影响水平，因此这些数据将被用于推导 POD 值，以便用于三氯乙烯诱导自身免疫定量风险评估。根据 Keil 等 (2009) 研究制定的参考值程序和计算方法，包括不确定性因子应用请参见上述 C6.3.1.2 节。虽然 BMD 建模是首选的方法，可能会被用于全面性风险评估，LOAEL 计算用于说明这一过程。C6.3.1.2 节还包括作为全面性风险评估一部分的其他方面考虑，如风险群体的讨论，与额外研究提供的 LOAEL 相关数据。单独数据类型的每一章节（第 C5.3.1.1~C5.3.1.5 节）包括三氯乙烯诱导自体免疫数据库一致性和优势的简短讨论。各个章节中提供的论述将被扩展为更全面的风险评估。例如，风险评估人员将获得动物模型中观察到影响更详细的支持或区分证据。还将展开讨论，包括比较人类严重全身性过敏性皮炎数据与动物炎症数据，DTH 和其他过敏症相关终点，三氯乙烯相关自身免疫评估。

证据权重方法讨论将体现出以上所述数据集较强的可信度，突出自身免疫性疾病易感小鼠和非自身免疫性疾病多发 B6C3F1 小鼠中观察到的自身免疫有关影响证据（参见第 C6.3.1.2 节），自身免疫性疾病动物模型自身免疫相关终点调制研究证据（参见第 C6.3.1.3 节），一般免疫检测细胞因子证据（参见第 C6.3.1.4 节），自身免疫有关病理组织学证据（参见第 C6.3.1.5 节）和强大的人类证据，包括人类病例对照研究中三氯乙烯和系统性硬化症之间关联性证据（参见第 C6.3.1.1 节）。这些研究中非自身免疫性疾病易发 B6C3F1 小鼠暴露于含三氯乙烯饮用水，证明三氯乙烯诱导增加自身免疫性疾病的进展或发病机制 (Keil et al.，2009)，被作为适用于推导三氯乙烯相关自身免疫 POD 值与剂量-反应评估的主要研究。

许多研究已经报道三氯乙烯对免疫影响相关参数。虽然缺乏明确的证据表明，三氯乙烯可诱导或诱发人类自身免疫性疾病，这些影响可被视为三氯乙烯潜在自身免疫性疾病诱导或自身免疫性疾病刺激属性的表征。因此需要针对三氯乙烯诱导自身免疫性疾病或刺激自身免疫性疾病属性进行风险评估。这一风险评估着重于长期（慢性或终身）暴露的风险。旨在推导出参考值［单位：mg/（kg 体重·d）］，用于比较（过去、现在或预期）暴露估计。

C6.4 结论

三氯乙烯相关自身免疫和自身免疫性疾病评估旨在说明如何使用第 7 章提供的风险评估指导评估自身免疫和自身免疫性疾病。本案例研究三氯乙烯被选中作为案例研究是因为有相对强大的自身免疫性疾病动物模型自身免疫影响数据库，以及三氯乙烯暴露与自身免疫临床疾病之间关联性的病例对照研究。本案例研究说明了人类评估数据中经常遇到的局限性（即一般溶剂共同暴露问题，缺乏定量暴露测量限制风险评估结论）。类似于大多数化学品与自身免疫潜在关联性数据，大部分三氯乙烯数据源自自身免疫性疾病易发啮齿类动物模型（本案例中选择 MRL+/+小鼠）。然而，POD 值和参考价值均根据非基因易感小鼠品系试验数据推导。

应当指出的是，这一关于三氯乙烯案例目的是描述如何使用所提供的风险评估指导进行自身免疫风险评估，但它并不代表全面性风险评估，也不代表最终监管措施。

C6.5 参考文献

Aryal BK, Khuder SA, Schaub EA (2001) Meta-analysis of systemic sclerosis and exposure to solvents. *American Journal of Industrial Medicine*, 40: 271-274.

Blossom SJ, Doss JC (2007) Trichloroethylene alters central and peripheral immune function in autoimmune disease-prone MRL (+/+) mice following continuous developmental and early life exposure. *Journal of Immunotoxicology*, 4: 129-141.

Blossom SJ, Doss JC, Gilbert KM (2006) Ability of trichloroethylene metabolite to promote immune pathology is strain-specific. *Journal of Immunotoxicology*, 3: 179-187.

Blossom SJ, Doss JC, Gilbert KM (2007) Chronic exposure to a trichloroethylene metabolite in autoimmune-prone MRL+/+mice promotes immune modulation and alopecia. *Toxicological Sciences*, 95: 401-411.

Blossom SJ, Doss JC, Hennings LJ, Jernigan S, Melnyk S, James SJ (2008) Developmental exposure to trichloroethylene promotes CD4+T cell differentiation and hyperactivity in association with oxidative stress and neurobehavioral deficits in MRL+/+mice. *Toxicology and Applied Pharmacology*, 231: 344-353.

Buben JA, O'Flaherty EJ (1985) Delineation of the role of metabolism in the hepatotoxicity of trichloroethylene and perchloroethylene: a dose-effect study. *Toxicology and Applied Pharmacology*, 78: 105-122.

Cai P, Konig R, Khan MF, Qiu S, Kaphalia BS, Ansari GA (2006) Autoimmune response in MRL+/+mice following treatment with dichloroacetyl chloride or dichloroacetic anhydride. *Toxicology and Applied Pharmacology*, 216: 248-255.

Cai P, Konig R, Khan MF, Kaphalia BS, Ansari GA (2007) Differential immune responses to albumin adducts of reactive intermediates of trichloroethene in MRL+/+ mice. *Toxicology and Applied Pharmacology*, 220: 278-283.

Cai P, Konig R, Boor PJ, Kondraganti S, Kaphalia BS, Khan MF, Ansari GA (2008) Chronic exposure to trichloroethene causes early onset of SLE-like disease in female MRL +/+ mice. *Toxicology and Applied Pharmacology*, 228: 68-75.

Cooper GS, Parks CG (2004) Occupational and environmental exposures as risk factors for systemic lupus erythematosus. *Current Rheumatology Reports*, 6: 367-374.

Cooper GS, Makris SL, Nietert PJ, Jinot J (2009) Evidence of autoimmune-related effects of trichloroethylene exposure from studies in mice and humans. *Environmental Health Perspectives*, 117: 696-702.

Diot E, Lesire V, Guilmot JL, Metzger MD, Pilore R, Rogier S, Stadler M, Diot P, Lemarie E, Lasfargues G (2002) Systemic sclerosis and occupational risk factors: a case-control study. *Occupational and Environmental Medicine*, 59: 545-549.

Garabrant DH, Lacey JV Jr, Laing TJ, Gillespie BW, Mayes MD, Cooper BC, Schottenfeld D (2003) Scleroderma and solvent exposure among women. *American Journal of Epidemiology*, 157: 493-500.

Gilbert KM, Pumford NR, Blossom SJ (2006) Environmental contaminant trichloroethylene promotes autoimmune disease and inhibits T-cell apoptosis in MRL (+/+) mice. *Journal of Immunotoxicology*, 3: 263-267.

Gilbert KM, Przybyla B, Pumford NR, Han T, Fuscoe J, Schnackenberg LK, Holland RD, Doss JC, Macmillan-Crow LA, Blossom SJ (2009) Delineating liver events in trichloroethylene-induced autoimmune hepatitis. *Chemical Research in Toxicology*, 22: 626-632.

Griffin JM, Gilbert KM, Pumford NR (2000a) Inhibition of CYP2E1 reverses CD4+T-cell alterations in trichloroethylene-treated MRL+/+mice. *Toxicological Sciences*, 54: 384-389.

Griffin JM, Gilbert KM, Lamps LW, Pumford NR (2000b) CD4+ T-cell activation and induction of autoimmune hepatitis following trichloroethylene treatment in MRL+/+ mice. *Toxicological Sciences*, 57: 345-352.

Griffin JM, Blossom SJ, Jackson SK, Gilbert KM, Pumford NR (2000c) Trichloroethylene accelerates an autoimmune response by Th1 T cell activation in MRL +/+ mice. *Immunopharmacology*, 46: 123-137.

Hakim FT, Gress RE (2007) Immunosenescence: deficits in adaptive immunity in the elderly. *Tissue Antigens*, 70 (3): 179-189.

Huang H, Kamijima M, Wang H, Li S, Yoshikawa T, Lai G, Huang Z, Liu H, Chen J, Takeuchi Y, Nakajima T, Li L (2006) Human herpesvirus 6 reactivation in trichloroethylene-exposed workers suffering from generalized skin disorders accompanied by hepatic dysfunction. *Journal of Occupational Health*, 48: 417-423.

Iavicoli I, Marinaccio A, Carelli G (2005) Effects of occupational trichloroethylene exposure on cytokine levels in workers. *Journal of Occupational and Environmental Medicine*, 47: 453-457.

Kamijima M, Hisanaga N, Wang H, Nakajima T (2007) Occupational trichloroethylene exposure as a cause of idiosyncratic generalized skin disorders and accompanying hepatitis similar to drug hypersensitivities. *International Archives of Occupational and Environmental Health*, 80: 357-370.

Kamijima M, Wang H, Huang H, Li L, Shibata E, Lin B, Sakai K, Liu H, Tsuchiyama F, Chen J,

Okamura A, Huang X, Hisanaga N, Huang Z, Ito Y, Takeuchi Y, Nakajima T (2008) Trichloroethylene causes generalized hypersensitivity skin disorders complicated by hepatitis. *Journal of Occupational Health*, 50: 328-338.

Keil DE, Peden-Adams MM, Wallace S, Ruiz P, Gilkeson GS (2009) Assessment of trichloroethylene (TCE) exposure in murine strains genetically-prone and non-prone to develop autoimmune disease. *Journal of Environmental Science and Health. Part A, Toxic/Hazardous Substances & Environmental Engineering*, 44: 443-453.

Khan MF, Kaphalia BS, Prabhakar BS, Kanz MF, Ansari GA (1995) Trichloroethene-induced autoimmune response in female MRL +/+ mice. *Toxicology and Applied Pharmacology*, 134: 155-160.

Kilburn KH, Warshaw RH (1992) Prevalence of symptoms of systemic lupus erythematosus (SLE) and of fluorescent antinuclear antibodies associated with chronic exposure to trichloroethylene and other chemicals in well water. *Environmental Research*, 57: 1-9.

Lacey JV Jr, Garabrant DH, Laing TJ, Gillespie BW, Mayes MD, Cooper BC, Schottenfeld D (1999) Petroleum distillate solvents as risk factors for undifferentiated connective tissue disease (UCTD). *American Journal of Epidemiology*, 149: 761-770.

Landtblom AM, Flodin U, Soderfeldt B, Wolfson C, Axelson O (1996) Organic solvents and multiple sclerosis: a synthesis of the current evidence. *Epidemiology*, 7: 429-433.

Lehmann I, Thoelke A, Rehwagen M, Rolle-Kampczyk U, Schlink U, Schulz R, Borte M, Diez U, Herbarth O (2002) The influence of maternal exposure to volatile organic compounds on the cytokine secretion profile of neonatal T cells. *Environmental Toxicology*, 17: 203-210.

Li H, Dai Y, Huang H, Li L, Leng S, Cheng J, Niu Y, Duan H, Liu Q, Zhang X, Huang X, Xie J, Feng Z, Wang J, He J, Zheng Y (2007) HLA-B * 1301 as a biomarker for genetic susceptibility to hypersensitivity dermatitis induced by trichloroethylene among workers in China. *Environmental Health Perspectives*, 115: 1553-1556.

Nakajima T, Yamanoshita O, Kamijima M, Kishi R, Ichihara G (2003) Generalized skin reactions in relation to trichloroethylene exposure: a review from the viewpoint of drug-metabolizing enzymes. *Journal of Occupational Health*, 45: 8-14.

Nietert PJ, Sutherland SE, Silver RM, Pandey JP, Knapp RG, Hoel DG, Dosemeci M (1998) Is occupational organic solvent exposure a risk factor for scleroderma? *Arthritis and Rheumatism*, 41: 1111-1118.

NRC (2006) *Assessing the human health risk of trichloroethylene: key scientific issues*. Washington, DC. National Research Council, The National Academies Press.

Parks CG, Cooper GS (2006) Occupational exposures and risk of systemic lupus erythematosus: a review of the evidence and exposure assessment methods in population- and clinic-based studies. *Lupus*, 15: 728-736.

Peden-Adams MM, Eudaly JG, Heesemann LM, Smythe J, Miller J, Gilkeson GS, Keil DE (2006) Developmental immunotoxicity of trichloroethylene (TCE): studies in B6C3F1 mice. *Journal of Environmental Science and Health. Part A, Toxic/Hazardous Substances & Environmental Engineering*, 41: 249-271.

Peden-Adams MM, Eudaly JG, Lee AM, Miller J, Keil DE, Gilkeson GS (2008) Lifetime exposure to trichloroethylene (TCE) does not accelerate autoimmune disease in MRL +/+ mice. *Journal of Environmental Science and Health. Part A, Toxic/Hazardous Substances & Environmental Engineer-

ing，43：1402-1409.

USEPA (2011) *Toxicological review of trichloroethylene (CAS No. 79-01-6) in support of summary information on the Integrated Risk Information System (IRIS)*. Washington，DC，United States Environmental Protection Agency (http://www. epa. gov/iris/toxreviews/0199tr/0199tr. pdf).

Wang G，Wang J，Ma H，Khan MF (2009) Increased nitration and carbonylation of proteins in MRL+/+mice exposed to trichloroethene：potential role of protein oxidation in autoimmunity. *Toxicology and Applied Pharmacology*，237：188-195.